纯粹数学与应用数学专著　第20号

广义多元分析

方开泰　张尧庭 著

科学出版社

1993

（京）新登字 092 号

内 容 简 介

本书系统地介绍了在椭球等高分布的基础上建立的广义多元分析理论．主要讨论了椭球等高分布族的性质、有关的中心分布和非中心分布，球对称矩阵分布和椭球等高矩阵分布的性质，椭球等高分布的各种参数估计量，均值向量和协方差矩阵的各种检验和其他检验，广义线性模型理论．

本书可作为大学教师和研究人员的参考书，也可作为研究生一学期课程的教材．

图书在版编目(CIP)数据

广义多元分析 / 方开泰, 张尧庭著. — 北京 : 科学出版社, 1993.3 (2019.2重印)
(纯粹数学与应用数学专著丛书 ; 20)
ISBN 978-7-03-003057-3

Ⅰ. ①广…　Ⅱ. ①方… ②张…　Ⅲ. ①多元分析　Ⅳ. ①O212.4

中国版本图书馆 CIP 数据核字 (2018) 第 108568 号

责任编辑：李静科／责任校对：李静科
责任印制：张　伟／封面设计：陈　敬

科学出版社出版
北京东黄城根北街 16 号
邮政编码：100717
http://www.sciencep.com
北京建宏印刷有限公司 印刷
科学出版社发行　各地新华书店经销
*
1993 年 3 月第 一 版　开本: 720 × 1000　1/16
2019年 2 月 印 刷　印张: 20
字数: 255 000
定价：168.00元
(如有印装质量问题，我社负责调换)

序

目前，全世界有上百种多元统计方面的书，其中绝大多数论述多元正态分布的理论，也就是所谓的经典多元分析．为了适应理论和实践的需要，我们必须发展一种非正态母体的多元分析．Puri 和 Sen 的《多元分析的非参数方法》一书从非参数的角度论述了多元分析理论．其他一些学者则研究了离散变量的多元分析．在最近的 15 年中，统计学家发现，椭球等高分布族有许多类似于多元正态分布的性质．这种分布族包含许多种的多元分布，特别是包含多元正态分布、多元 t 分布、多元柯西分布、多元拉普拉斯分布、多元稳定律和多元均匀分布，等等．许多数学家在椭球等高分布的基础上建立了与经典多元分析类似的理论和方法，这就是所谓的广义多元分析．

广义多元分析理论的建立与发展是多元分析领域中的一项光辉成就，因而受到许多实际工作者的欢迎与赞扬．本书的目的是总结近 15 年发展起来的广义多元分析理论． 这种理论中所使用的数学工具并没有超出经典多元分析的范围，因此，本书可以用作多元分析课程的教科书，直接向学生介绍这种新的理论，把经典多元分析作为该理论的特例． 本书部分内容曾在 1983 年中国暨南大学的讨论班上由方开泰讲授过，并引起了与会者很大的兴趣，这些内容构成了本书的核心．同时本书也包含了一些新结果．本书第一位作者曾在下列一些大学讲授过这些新结果：美国的斯坦福大学、马里兰大学、乔治华盛顿大学、耶鲁大学、宾夕法尼亚大学、普林斯顿大学、哥伦比亚大学，加拿大的西蒙·伏来佐大学，瑞士联邦苏黎世理工学院、伯恩大学，香港大学，英国的伦敦大学学院、剑桥大学．第二位作者曾在美国的匹兹堡大学讲过本书的部分内容．

第一章介绍了后面几章要用到的矩阵理论的基本知识，详细讨论了矩阵的导数和雅可比行列式，还介绍了极大不变量。第二章叙述广义多元分析的基础，系统地讨论了椭球等高分布族的性质、有关的中心分布和非中心分布。为了发展广义多元分析的抽样理论，在第三章中我们把椭球等高分布的概念从向量情形推广到矩阵情形，其中系统地讨论了球对称矩阵分布和椭球等高矩阵分布的性质。第四章讨论椭球等高分布的各种参数估计量，包括极大似然估计量、极小极大估计量和稳健M估计量等。关于均值向量和协方差矩阵的各种检验和其他检验，则在第五章讨论。最后一章论述广义线性模型理论，包括参数估计(最小二乘估计量和压缩估计量)、假设检验、分布的理论、判别分析以及判别模型和回归模型之间的关系等。

本书的重点是叙述广义多元分析的基本理论。对于非初等而又类似于经典多元分析的那些内容，我们只给出结果或参考文献，读者很容易在其他论述多元分析的书中找到有关的内容。

本书可以用作研究生一学期课程的教材，也可以作为教师和研究人员的参考书。在每章末附有许多练习题。

前三章和最后一章的手稿分别由第一个作者和第二个作者写成。第四、五两章的手稿是陈汉峰在第一作者指导下并经过第二位作者订正而完成的。最后，第一位作者对全部书稿进行了审阅，第二位作者做了全部索引。

我们非常感谢 T. W. Anderson 教授，他指导第一位作者进入了广义多元分析这一重要的方向。本书的许多结果取自 T. W. Anderson 和第一位作者合作的论文。T. W. Anderson 的著名著作《多元统计分析引论》对我们有很大的帮助。本书有些地方还参考了 R. J. Muirhead 的《多元统计概论》以及 M. S. Srivastava 和 C. G. Khatri 的《多元统计引论》两本书。本书中有些结果是由作者的学生陈汉峰、范剑青、李刚、全辉、吴月华、许建伦和张洪青完成的。

我们还要感谢钟开莱教授，是他首先鼓励我们写这本书的．我们感谢邓炜材教授和贺霖教授，他们仔细地阅读了手稿并提出了许多宝贵的意见，使本书得到很大的改进。

本书英文版已由科学出版社和德国 Springer 出版社合作出版。中文版由程锦芙、刘嘉善根据英文版翻译，方碧琪校订。

我们非常欢迎读者对本书提出批评和指正。

中国科学院应用数学研究所　方开泰
武汉大学　张尧庭

目　　录

第一章　矩阵理论和不变性 …… 1

1.1　定义 …… 1

1.1.1　矩阵 …… 1

1.1.2　行列式 …… 3

1.1.3　逆矩阵 …… 4

1.1.4　矩阵的分块 …… 4

1.1.5　矩阵的秩 …… 6

1.1.6　矩阵的迹 …… 6

1.1.7　特征根和特征向量 …… 7

1.1.8　正定阵 …… 8

1.1.9　投影矩阵 …… 9

1.2　矩阵的因子分解 …… 9

1.3　矩阵的广义逆 …… 12

1.4　“向量化”算子和 Kronecker 积 …… 15

1.4.1　“向量化”算子 …… 15

1.4.2　Kronecker 积 …… 16

1.4.3　置换矩阵 …… 18

1.5　矩阵的导数和矩阵微分 …… 20

1.5.1　矩阵关于标量的导数 …… 20

1.5.2　矩阵的标量函数关于矩阵的导数 …… 21

1.5.3　向量的导数 …… 24

1.5.4　矩阵微分 …… 26

1.6　变换的雅可比行列式的计算 …… 28

1.7　群与不变性 …… 34

参考文献 …… 40

练习 1 …… 40

第二章　椭球等高分布 …… 44
2.1　多元分布 …… 44
2.1.1　多元累积分布函数 …… 44
2.1.2　密度 …… 44
2.1.3　边缘分布 …… 45
2.1.4　条件分布 …… 46
2.1.5　独立性 …… 46
2.1.6　特征函数 …… 47
2.1.7　“$\stackrel{d}{=}$”运算 …… 48
2.2　多元分布的矩 …… 52
2.3　多元正态分布 …… 55
2.4　Dirichlet 分布 …… 61
2.5　球对称分布 …… 70
2.5.1　均匀分布及其随机表示 …… 70
2.5.2　密度 …… 77
2.5.3　Φ_∞ 类 …… 79
2.5.4　不变分布 …… 82
2.6　椭球等高分布 …… 84
2.6.1　随机表示 …… 84
2.6.2　组合与边缘分布 …… 86
2.6.3　矩 …… 86
2.6.4　条件分布 …… 88
2.6.5　密度 …… 91
2.7　正态性的刻划 …… 94
2.8　二次型分布和 Cochran 定理 …… 97
2.8.1　二次型分布 …… 97
2.8.2　对于正态情形的 Cochran 定理 …… 100
2.8.3　对于椭球等高分布情形的 Cochran 定理 …… 105
2.9　一些非中心分布 …… 107
2.9.1　广义非中心 χ^2 分布 …… 107
2.9.2　广义非中心 t 分布 …… 112
2.9.3　广义非中心 F 分布 …… 114

参考文献…………………………………………………… 116
练习 2 …………………………………………………… 117
第三章　球对称矩阵分布 …………………………………… 122
3.1　引言 ……………………………………………… 122
3.1.1　左球分布 ……………………………………… 122
3.1.2　球对称分布 …………………………………… 126
3.1.3　多元球对称分布 ……………………………… 127
3.1.4　向量球对称分布 ……………………………… 128
3.2　球对称矩阵分布族之间的关系 ………………… 128
3.2.1　包含关系 ……………………………………… 129
3.2.2　边缘分布的族 ………………………………… 130
3.2.3　坐标系 ………………………………………… 134
3.2.4　密度 …………………………………………… 135
3.3　椭球等高矩阵分布 ……………………………… 137
3.4　二次型分布 ……………………………………… 139
3.4.1　W的密度 ……………………………………… 140
3.4.2　Cochran 定理的多元推广 …………………… 146
3.5　与球对称矩阵分布有关的一些分布 …………… 147
3.5.1　矩阵 Beta 分布 ………………………………… 147
3.5.2　矩阵 Dirichlet 分布 …………………………… 150
3.5.3　矩阵 t 分布 …………………………………… 151
3.5.4　矩阵 F 分布 …………………………………… 153
3.5.5　一些逆矩阵变量分布 ………………………… 154
3.5.6　矩阵变量特征根的分布 ……………………… 157
3.6　球对称矩阵分布的广义 Bartlett 分解和谱分解…… 158
3.6.1　坐标变换 ……………………………………… 158
3.6.2　广义 Bartlett 分解 …………………………… 162
3.6.3　谱分解 ………………………………………… 164
参考文献…………………………………………………… 169
练习 3 …………………………………………………… 169
第四章　参数估计 ………………………………………… 174
4.1　均值向量和协差阵的极大似然估计 …………… 174

4.1.1 $VS_{n\times p}(\mu,\Sigma,f)$ 中的 μ 和 Σ 的极大似然估计 …… 174
4.1.2 例 …… 178
4.1.3 $LS_{n\times p}(\mu,\Sigma,f)$ 和 $SS_{n\times p}(\mu,\Sigma,f)$ 中的 μ 和 Σ 的极大似然估计 …… 180
4.1.4 参数函数的极大似然估计 …… 181
4.2 一些估计量的分布 …… 185
4.2.1 联合密度 …… 185
4.2.2 边缘密度 …… 187
4.2.3 $\bar{x}$ 和 S 的独立性 …… 188
4.2.4 样本相关系数的分布 …… 188
4.3 $\hat{\mu}$ 和 $\hat{\Sigma}$ 的性质 …… 189
4.3.1 无偏性 …… 190
4.3.2 充分性 …… 191
4.3.3 完全性 …… 191
4.3.4 相容性 …… 193
4.4 $\hat{\mu}$ 和 $\hat{\Sigma}$ 的极小极大与可容许性 …… 195
4.4.1 $\bar{x}$ 作为 μ 的估计量的不可容许性 …… 198
4.4.2 关于 Σ 的估计的讨论 …… 203
4.4.3 μ 的极小极大估计 …… 207
参考文献 …… 209
练习 4 …… 210
第五章 假设检验 …… 212
5.1 分布自由统计量 …… 212
5.2 关于均值向量的假设检验 …… 216
5.2.1 似然比准则 …… 216
5.2.2 检验均值向量等于一个指定的向量 …… 216
5.2.3 T^2分布 …… 218
5.2.4 T^2检验与检验的不变性 …… 220
5.2.5 检验具有相等的未知协差阵的几个均值的相等 …… 224
5.3 对协方差阵的检验 …… 228
5.3.1 球性检验 …… 228
5.3.2 几个协方差阵的相等 …… 229

5.3.3 同时检验几个均值和协方差阵的相等 …… 232
5.3.4 检验变量集合间缺乏相关性 …… 234
5.4 关于似然比检验的一个注记 …… 238
5.5 稳健的不变检验 …… 241
5.5.1 球对称性的稳健检验 …… 241
5.5.2 多元检验 …… 244
5.6 椭球对称性的拟合优度检验 …… 250
5.6.1 球对称性的特征 …… 250
5.6.2 球对称性的显著性检验(I) …… 253
5.6.3 球对称性的显著性检验(II) …… 255
5.6.4 椭球对称性的显著性检验 …… 256
参考文献 …… 257
练习5 …… 257
第六章 线性模型 …… 259
6.1 定义和例 …… 259
6.1.1 定义 …… 259
6.1.2 回归模型 …… 259
6.1.3 方差分析模型 …… 260
6.1.4 判别分析 …… 261
6.2 最优线性无偏估计 …… 262
6.2.1 最小二乘估计 …… 262
6.2.2 最优线性无偏估计 …… 263
6.2.3 正则性 …… 264
6.2.4 模型的变异 …… 265
6.3 方差分量 …… 269
6.3.1 最小二乘法 …… 269
6.3.2 不变二次无偏估计(IQUE) …… 270
6.3.3 极小二次无偏估计 …… 271
6.4 假设检验 …… 273
6.4.1 线性假设 …… 273
6.4.2 标准形式 …… 274
6.4.3 预检验估计和 James-Stein 估计 …… 278

6.5 应用 …………………………………………………… 279
6.5.1 双重筛选逐步回归方法（DSSR 方法）………………… 279
6.5.2 例 ………………………………………………… 282
6.5.3 判别分析和回归 ………………………………… 286
参考文献……………………………………………………… 291
练习 6 ……………………………………………………… 291
参考文献……………………………………………………… 293
索引…………………………………………………………… 299

第一章　矩阵理论和不变性

在本章中，我们将介绍本书要用到的矩阵代数的一些重要定义和结果．对于读者已熟悉的一些基本结果，我们只叙述而不证明，仅对那些在矩阵代数书中不常见的结果给出证明．本章的最后一节将定义和讨论一些群的理论并给出本书所需要的在群下的多种极大不变量．

1.1　定　　义

1.1.1　矩阵

定义 1.1.1　按一定顺序排列的实元素 a_{ij} 的矩形阵列叫做 $n\times p$ 实矩阵 A：

$$A=\begin{bmatrix} a_{11} & \cdots & a_{1p} \\ \vdots & & \vdots \\ a_{n1} & \cdots & a_{np}\end{bmatrix}, \tag{1.1.1}$$

记作 $A=(a_{ij})$．

如果 $n=p$，则 A 称为 p **阶方阵**．如果 $p=1$，则 A 是一个列向量；而如果 $n=1$，则 A 是一个行向量．大小相同的两个矩阵 $A(m\times p)$ 和 $B(n\times p)$ 称为**相等的**（记作 $A=B$），如果对于 $i=1,\cdots,n$，$j=1,\cdots,p$ 有 $a_{ij}=b_{ij}$．若所有的 $a_{ij}=0$，则 A 称为**零矩阵**，记作 $A=O$．若 $p=n$，而 $a_{ii}=1$，$i=1,\cdots,p$ 且 $a_{ij}=0$，$i\neq j$，则 A 称为 p **阶单位矩阵**，记作 $A=I_p$ 或 $A=I$．$p\times p$ 矩阵的对角元素是 $a_{11},\cdots,a_{pp}$．

$n\times p$ 矩阵 A 的转置是 $p\times n$ 矩阵 A'：

$$A' = \begin{bmatrix} a_{11} & \cdots\cdots & a_{n1} \\ \vdots & & \vdots \\ a_{1p} & \cdots\cdots & a_{np} \end{bmatrix}.$$

它是由交换A的行与列的位置而得到的. 矩阵A可由元素、列和行表示如下:

$$A = (a_{ij}) = (a_1, \cdots, a_p) = \begin{bmatrix} a'_{(1)} \\ \vdots \\ a'_{(n)} \end{bmatrix}. \tag{1.1.2}$$

设A是p阶方阵. A称为**对称的**,如果 $A' = A$. A称为**斜对称的**,如果 $A = -A'$. 显然,斜对称的所有对角元素都是零.

p阶方阵A称为**对角阵**,如果它的所有非对角元素都是零,记作 $A = \mathrm{diag}(a_{11}, \cdots, a_{pp})$. 如果$p$阶方阵 $A = (a_{ij})$中对 $j < i$ 有 $a_{ij} = 0$, 则A称为**上三角阵**, 记作 $UT(p)$; 如果对 $j > i$ 有 $a_{ij} = 0$,则A称为**下三角阵**,记作 $LT(p)$. p阶方阵称为正交的,如果 $A'A = AA' = I_p$,记为 $A \in O(p)$.

两个 $n \times p$ 矩阵A和B的和定义作 $A + B = (a_{ij} + b_{ij})$. 两个矩阵 $A(p \times q)$ 和 $B(q \times r)$ 的积是 $p \times r$ 矩阵 C, 定义作 $AB = C$,其中

$$c_{ij} = \sum_{k=1}^{q} a_{ik} b_{kj}.$$

矩阵A与数量α的乘积定义为 $\alpha A = (\alpha a_{ij})$.

能够验证,如上定义的运算有如下的性质(这里, 如果涉及到矩阵的和或积,我们假定它们都是有定义的):

$$\begin{cases} A + B = B + A \\ (A + B) + C = A + (B + C) \\ A + (-1)A = O \\ (c + d)A = cA + dA \\ c(A + B) = cA + cB \\ (AB)' = B'A' \end{cases}$$

$$
\left\{
\begin{aligned}
(A')' &= A \\
(A+B)' &= A'+B' \\
A(BC) &= (AB)C \\
A(B+C) &= AB+AC \\
(A+B)C &= AC+BC \\
AI &= IA = A
\end{aligned}
\right.
$$

1.1.2 行列式

定义1.1.2 p 阶方阵 A 的行列式定义为

(1.1.3) $$|A| = \sum_{\pi} \varepsilon_{\pi} a_{1j_1} a_{2j_2} \cdots a_{pj_p},$$

其中 Σ_{π} 表示对$(1,\cdots,p)$的所有 $p!$ 个排列 $\pi=(j_1,\cdots,j_p)$求和；$\varepsilon_{\pi}=1$ 或-1 视 π 为偶排列或奇排列而定.

A的子矩阵的行列式称为子式. 去掉A的第 i 行与第 j 列而得到的子矩阵的行列式叫做 a_{ij} 的余子式. 将 a_{ij} 的余子式乘以$(-1)^{i+j}$就得到 a_{ij} 的代数余子式，记作 A_{ij}. 能够证明:

(1.1.4) $$|A| = \sum_{j=1}^{p} a_{ij} A_{ij} = \sum_{j=1}^{p} a_{jk} A_{jk}.$$

行列式有如下的初等性质:

(1) 对某个 i 或 j，若 $a_i=0$ 或 $a_{(j)}=0$，则$|A|=0$.

(2) $|A|=|A'|$.

(3) $|(a_1,\cdots,a_{i-1},\alpha a_i,a_{i+1},\cdots,a_p)|=\alpha|A|$.

(4) $|\alpha A|=\alpha^p|A|$.

(5) $|AB|=|A||B|$和$|A_1\cdots A_m|=|A_1|\cdots|A_m|$.

(6) 若A是$p\times p$阵，则 $|AA'|=|A'A|\geqslant 0$.

(7) $\left|\begin{bmatrix} A & C \\ O & B \end{bmatrix}\right| = \left|\begin{bmatrix} A & O \\ D & B \end{bmatrix}\right| = |A|\cdot|B|$，其中 $A:p\times p$，$B:q\times q$，$C:p\times q$ 和 $D:q\times p$.

(8) $|I_p+AB|=|I_q+BA|$. 其中 $A:p\times q$和 $B:q\times p$.

(9) $|T| = \prod_{i=1}^{p} t_{ii}$,其中 $T = (t_{ij}) \in UT(p)$。

(10) $|H| = \pm 1$,若 $H \in O(p)$。

1.1.3 逆矩阵

定义 1.1.3 如果$|A| \neq 0$,则存在唯一的B使得 $AB = I$。B称为A的逆,记作 A^{-1}。

$B = A^{-1}$的(i,j)元素为 $b_{ij} = A_{ij}/|A|$,其中 A_{ij} 是 a_{ij}的代数余子式。一个方阵称为非异的,如果它的行列式不等于零. 下列的性质是初等的:

(1) $AA^{-1} = A^{-1}A = I$。

(2) $(A^{-1})' = (A')^{-1}$。

(3) $(AB)^{-1} = B^{-1}A^{-1}$。

(4) $|A^{-1}| = |A|^{-1}$。

(5) $A^{-1} = A'$,若 $A \in O(p)$。

(6) 若 $A = \mathrm{diag}(a_{11}, \cdots, a_{pp})$,其中 $a_{ii} \neq 0\ (i=1, \cdots, p)$,则 $A^{-1} = \mathrm{diag}(a_{11}^{-1}, \cdots, a_{pp}^{-1})$。

(7) 若 $A \in UT(p)$, 则 $A^{-1} \in UT(p)$ 且其对角元素是 a_{ii}^{-1}, $i = 1, \cdots, p$。

1.1.4 矩阵的分块

定义 1.1.4 我们说$n \times p$矩阵 $A = (a_{ij})$分块为子矩阵,如果

$$A = \begin{bmatrix} A_{11} & A_{12} \\ A_{21} & A_{22} \end{bmatrix},$$

其中 $A_{11} = (a_{ij})$, $i = 1, \cdots, m, j = 1, \cdots, q$; $A_{12} = (a_{ij}), i = 1, \cdots, m$, $j = q + 1, \cdots, p$; $A_{21} = (a_{ij}), i = m + 1, \cdots, n, j = 1, \cdots, q$; $A_{22} = (a_{ij})$, $i = m + 1, \cdots, n$, $j = q + 1, \cdots, p$。

若大小相同的矩阵 A, B 类似地分块,则

$$A + B = \begin{bmatrix} A_{11} + B_{11} & A_{12} + B_{12} \\ A_{21} + B_{21} & A_{22} + B_{22} \end{bmatrix}.$$

同样,如果 $q \times l$ 矩阵 C

$$C = \begin{bmatrix} C_{11} & C_{12} \\ C_{21} & C_{22} \end{bmatrix}$$

其中 $C_{11}:q \times r$; C_{12}: $q \times (l - r)$, C_{21}: $(p - q) \times r$, $C_{22}:(p - q)(l - r)$,则

$$AC = \begin{bmatrix} A_{11}C_{11} + A_{12}C_{21} & A_{11}C_{12} + A_{12}C_{22} \\ A_{21}C_{11} + A_{22}C_{21} & A_{21}C_{12} + A_{22}C_{22} \end{bmatrix}.$$

如下的结果是非常有用的:

(1) 设 A 是 $p \times p$ 非异阵且 $B = A^{-1}$. 以相同方式把 A 和 B 分块

(1.1.5) $$A = \begin{bmatrix} A_{11} & A_{12} \\ A_{21} & A_{22} \end{bmatrix}, \quad B = \begin{bmatrix} B_{11} & B_{12} \\ B_{21} & B_{22} \end{bmatrix},$$

其中 $A_{11}:q \times q$ 和 $A_{22}:(p - q) \times (p - q)$. 记

(1.1.6) $$A_{11.2} = A_{11} - A_{12}A_{22}^{-1}A_{21}, \quad A_{22.1} = A_{22} - A_{21}A_{11}^{-1}A_{12}.$$

则

(1.1.7) $$\begin{aligned} B_{11} &= A_{11.2}^{-1} & B_{12} &= -A_{11}^{-1}A_{12}A_{22.1}^{-1} \\ B_{21} &= -A_{22}^{-1}A_{21}A_{11.2}^{-1} & B_{22} &= A_{22.1}^{-1}, \end{aligned}$$

或

(1.1.8) $$\begin{aligned} B_{11} &= A_{11}^{-1} + A_{11}^{-1}A_{12}A_{22.1}^{-1}A_{21}A_{11}^{-1} & B_{12} &= -A_{11}^{-1}A_{12}A_{22.1}^{-1}, \\ B_{21} &= -A_{22.1}^{-1}A_{21}A_{11}^{-1} & B_{22} &= A_{22.1}^{-1} \end{aligned}$$

或

(1.1.9) $$\begin{aligned} B_{11} &= A_{11.2}^{-1} & B_{12} &= -A_{11.2}^{-1}A_{12}A_{22}^{-1} \\ B_{21} &= -A_{22}^{-1}A_{21}A_{11.2}^{-1} & B_{22} &= A_{22}^{-1}A_{21}A_{11.2}^{-1}A_{12}A_{22}^{-1} + A_{22}^{-1}. \end{aligned}$$

(2) 设 A 按(1.1.5)分块且 $A_{11.2}$ 和 $A_{22.1}$ 如(1.1.6)所定义。

(i) 若 $|A_{22}| \neq 0$,则 $|A| = |A_{22}||A_{11.2}|$.

(ii) 若 $|A_{11}| \neq 0$,则 $|A| = |A_{11}||A_{22.1}|$.

(iii) 若 $|A_{11}| \neq 0, |A_{22}| \neq 0$,则

$$|A_{11}||A_{22.1}| = |A_{22}||A_{11.2}|.$$

(3) 设A和B分别为$p \times p$和$q \times q$非异阵且C和D分别是$p \times q$和$q \times p$矩阵，则我们有

$$(A + CBD)^{-1} = A^{-1} - A^{-1}CB(B + BDA^{-1}CB)^{-1}BDA^{-1}. \tag{1.1.10}$$

特别，令 $B = I$, $C = u$ 和 $D = -v$，则

$$(A - uv')^{-1} = A^{-1} + (A^{-1}uv'A^{-1})/(1 - v'A^{-1}u). \tag{1.1.11}$$

(4) 若X是由(1.1.2)表示的$n \times p$矩阵，则

$$X'X = \begin{bmatrix} x_1'x_1 & \cdots\cdots & X_1'X_p \\ \vdots & & \vdots \\ \vdots & & \vdots \\ x_p'x_1 & \cdots\cdots & x_p'x_p \end{bmatrix} = \sum_{i=1}^{n} x_{(i)}x_{(i)}'. \tag{1.1.12}$$

1.1.5 矩阵的秩

定义 1.1.5 令A是$n \times p$矩阵. 我们称 A 有秩 r，记为 $\mathrm{rk}(A) = r$，如果它的 r 阶子式至少有一个不等于零，而所有的 $r+1$ 阶子式都等于零.

显然，$\mathrm{rk}(O) = 0$，并且 $\mathrm{rk}(A) = p$，如果A是$p \times p$非异阵. 我们能够验证下列性质:

(1) $\mathrm{rk}(A) = \mathrm{rk}(A') = \mathrm{rk}(A'A) = \mathrm{rk}(AA')$.

(2) $\mathrm{rk}(A) \leqslant \min(n, p)$，其中 $A: n \times p$.

(3) $\mathrm{rk}(AB) \leqslant \min(\mathrm{rk}(A), \mathrm{rk}(B))$.

(4) $\mathrm{rk}(A + B) \leqslant \mathrm{rk}(A) + \mathrm{rk}(B)$.

(5) $\mathrm{rk}(ABC) = \mathrm{rk}(B)$，若$A$和$C$是非异方阵.

(6) 若A和B分别是$p \times q$和$q \times r$矩阵使得 $AB = \mathbf{0}$，则 $\mathrm{rk}(B) \leqslant q - \mathrm{rk}(A)$.

1.1.6 矩阵的迹

定义 1.1.6 p阶方阵 $A = (a_{ij})$ 的迹定义作其对角元素之和，记为 $\mathrm{tr}(A) = \sum_{1}^{p} a_{ii}$.

我们有以下基本的事实：

(1) $\mathrm{tr}(A)=\mathrm{tr}(A')$.

(2) $\mathrm{tr}(A+B)=\mathrm{tr}(A)+\mathrm{tr}(B)$.

(3) $\mathrm{tr}(AB)=\mathrm{tr}(BA)$.

(4) $\mathrm{tr}(cA)=c\,\mathrm{tr}(A)$.

在本书中，我们总假定 $\exp(x)=e^x$ 并且

$$\mathrm{etr}(A)=\exp(\mathrm{tr}(A)). \tag{1.1.13}$$

1.1.7 特征根和特征向量

定义 1.1.7 p 阶方阵 A 的特征根定义为特征方程

$$|A-\lambda I|=0 \tag{1.1.14}$$

的根.

(1.1.14) 的左边是 λ 的 p 次多项式，因而这个方程刚好有 p 个根. 这些根不一定是不同的，它们可以是实的或是复的或者两者兼有. 如果 λ 是 A 的特征值，则 $|A-\lambda I|x=0$，因而 $A-\lambda I$ 是奇异的. 这样，存在非零向量 x 使得 $(A-\lambda I)x=0$，x 称为相应于 λ 的 A 的特征向量. 如果 A 有 r 重特征根 λ，则存在相应于 λ 的 r 个正交特征向量.

我们有以下的有用的结果：

(1) 如果 A 是 p 阶实对称阵，则它的全部特征根都是实的. 设 $\lambda_1\geqslant\lambda_2\geqslant\cdots\geqslant\lambda_p$ 是 A 的特征根. 设 $\lambda(A)=\mathrm{diag}(\lambda_1,\cdots,\lambda_p)$.

(2) 相应于对称阵的相异的特征根的特征向量是相互正交的.

(3) 如果 $B=PAP^{-1}$，其中 A, B 和 P 是方阵且 P 非异，则 A 和 B 有相同的特征值.

(4) A 和 A' 有相同的特征根.

(5) AB 和 BA 的非零特征根相同.

(6) 如果 $A=\mathrm{diag}(a_{11},\cdots,a_{pp})$，则 $a_{11},\cdots,a_{pp}$ 是 A 的特征根并且 $e_1'=(1,0,\cdots,0)$, $e_2'=(0,1,0,\cdots,0)$, $\cdots$, $e_p'=(0,\cdots,0,1)$ 是相伴特征向量.

(7) 如果A的特征根是 $\lambda_1,\cdots,\lambda_p$，则 A^{-1} 的特征根是 $\lambda_1^{-1},\cdots,\lambda_p^{-1}$.

(8) 如果 $A\in O(p)$,则它的所有的特征根的绝对值是1.

(9) 如果 $A\in UT(p)$ 或 $LT(p)$，则A的特征根为 $a_{11},\cdots,a_{pp}$(对角元素).

(10) 如果A的特征根为 $\lambda_1,\cdots,\lambda_p$,则 $A-kI$ 的特征根为 $\lambda_1-k,\cdots,\lambda_p-k$.

1.1.8 正定阵

定义 1.1.8 $p\times p$ 对称阵A称为正（负）定的，如果对每个 $x\neq 0$ 有 $x'Ax>0(<0)$,记作 $A>0(<0)$; A称为半正（负)定的,如果对每个 $x\neq 0$, 有 $x'Ax\geqslant 0(\leqslant 0)$, 记作 $A\geqslant 0(\leqslant 0)$.

如果A的 $r\times r$ 子阵的对角元素也是A的对角元素，则该子阵的行列式称为 r 阶主子式,记为 $A_{i_1,\cdots,i_r}$,其中 $i_1,\cdots,i_r$ 是该子阵中对角元素的次序. 当 $(i_1,\cdots,i_r)=(1,\cdots,r)$ 时,我们则把 $A_{1,\cdots,r}$ 记为 A_r.

在本书中,下列的事实是需要的:

(1) $A>0$ 当且仅当 $A_r>0$, $r=1,\cdots,p$.

(2) $A>0$ 当且仅当 $A^{-1}>0$.

(3) 如果$A>0$且A分块如 (1.1.5), 则 $A_{11}>0$, $A_{22}>0$, $A_{11.2}>0$ 和 $A_{22.1}>0$,其中 $A_{11.2}$ 和 $A_{22.1}$ 由(1.1.6)定义.

(4) 一个对称阵是正定(半正定)的，当且仅当它的全部特征根是正的(非负的).

(5) 设$A>0$是 $p\times p$ 方阵且B是秩为 r 的 $q\times p$ 矩阵. 则 $BAB'>0$,若 $r=q$; $BAB'\geqslant 0$,若 $r\leqslant q$. 特别，对任意B有 $BB'\geqslant 0$.

(6) 如果 $A>0,B>0$ 和 $A-B>0$,则 $B^{-1}-A^{-1}>0$ 且 $|A|>|B|$. 此时,我们记 $A>B$.

1.1.9 投影矩阵

定义 1.1.9 矩阵 A 称为幂等的，如果 $A^2 = A$；A 称为三幂等的，如果 $A^3 = A$。对称的幂等阵称为投影阵。

在本书中，我们常常要用到投影阵。它有如下的一些有用的性质：

(1) 如果 A 是投影阵，则 $I - A$ 也是投影阵。

(2) 如果 A 是投影阵，则 $\mathrm{tr}(A) = \mathrm{rk}(A)$。

(3) 一个投影阵的特征根是 0 或 1。

1.2 矩阵的因子分解

在多元分析中，一个特别有用的工具是矩阵的因子分解。在许多多元分析的教科书中都有有关矩阵因子分解的附录。例如，Murihead 书的附录中就有非常好的这方面的内容。这里，我们只列出一些有用的结果而不加证明。

(1) 如果 A 是一个有实特征根的 $p \times p$ 实矩阵，则

$$A = HTH', \tag{1.2.1}$$

其中 $H \in O(p)$，$T \in UT(p)$，其对角元素是 A 的特征根。

(2) 如果 A 是 $p \times p$ 对称阵，其特征值为 $\lambda_1, \cdots, \lambda_p$，则

$$A = H'\Lambda H, \tag{1.2.2}$$

其中 $H \in O(p)$ 且 $\Lambda = \mathrm{diag}(\lambda_1, \cdots, \lambda_p)$。如果 $H' = (h_1, \cdots, h_p)$，则 h_i 是相应于 $\lambda_i, i = 1, \cdots, p$，的 A 的特征向量。我们常常假设 $\lambda_1 \geqslant \lambda_2 \geqslant \cdots \geqslant \lambda_p$。而且如果 $\lambda_1, \cdots, \lambda_p$ 是不相同的，则(1.2.2)的表达式是唯一的，除 H 的第一行的每一个元素改变符号外。我们能够把(1.2.2)改写为下式：

$$A = \sum_{i=1}^{p} \lambda_i h_i h_i',$$

此式称为 A 的谱分解。当 $\lambda_1 = \cdots = \lambda_r = 1$ 和 $\lambda_{r+1} = \cdots = \lambda_p = 0$ 时，上述分解变为

$$A = \sum_{i=1}^{r} h_i h_i' = (h_1, \cdots, h_r)\begin{pmatrix} h_1' \\ \vdots \\ h_r' \end{pmatrix} \triangleq H_1' H_1.$$

(3) 如果 $A > 0(\geqslant 0)$，则存在 $A^{1/2} > 0(\geqslant 0)$ 使得 $A = A^{\frac{1}{2}} A^{\frac{1}{2}}$. 在本书中，我们总是以 $A^{-\frac{1}{2}}$ 表示 $(A^{\frac{1}{2}})^{-1}$. 这里 $A^{\frac{1}{2}}$ 可以如下分解:

(1.2.3) $$A^{\frac{1}{2}} = H' \Lambda_1^{1/2} H,$$

其中 H 和 Λ 如 (1.2.2) 定义且 $\Lambda_1^{\frac{1}{2}} = \text{diag}(\lambda_1^{\frac{1}{2}}, \cdots, \lambda_p^{\frac{1}{2}})$. 更一般地，我们有

(1.2.4) $$f(A) = H' f(\Lambda) H,$$

其中 $f(\Lambda) = \text{diag}(f(\lambda_1), \cdots, f(\lambda_p))$ 且 $f(\cdot)$ 是一个 Borel 函数。

(4) 如果 $A \geqslant 0$ 是秩为 $r(\leqslant p)$ 的 $p \times p$ 阵，则

(i) 存在一个秩为 r 的 $p \times p$ 阵使得

(1.2.5) $$A = BB'.$$

(ii) 存在一个 $p \times p$ 非异阵 C 使得

(1.2.6) $$A = C \begin{bmatrix} I_r & O \\ O & O \end{bmatrix} C'.$$

(iii) 存在 $T \in UT(p)$ 使得

(1.2.7) $$A = T'T.$$

当 T 的对角元素非负时，(1.2.7) 称为 Cholesky 分解. 如果 $A > 0$，则 Cholesky 分解是唯一的.

(5) 若 A 是一个 $n \times p(n \geqslant p)$ 矩阵，则 A 能作如下分解:

(1.2.8) $$A = UB,$$

其中 U 是 $n \times p$ 矩阵，满足 $U'U = I_p$ 且 $B > 0$. 若 $\text{rk}(A) = p$，则 $B > 0$. 或

(1.2.9) $$A = U \begin{bmatrix} I_p \\ O \end{bmatrix} B,$$

其中 $U \in O(p)$ 且 B 定义作 (1.2.8) 或

(1.2.10) $$A = UT,$$

其中 U 是 $n \times p$ 矩阵，满足 $U'U = I_p$ 且 $T \in UT(p)$ 具有非负

的对角元素. 当 $\mathrm{rk}(A)=p$ 时，全部对角元素都是正的.

若 $\mathrm{rk}(A)=r$，则存在 $n\times r$ 和 $r\times p$ 矩阵 F 和 G，使得

$$A=FG. \tag{1.2.11}$$

(6) 设 A 和 B 分别是 $k\times m$ 和 $k\times n$ 矩阵，$m\leqslant n$. 则 $AA'=BB'$ 当且仅当存在 $m\times n$ 矩阵 H 满足 $HH'=I_m$ 使得 $AH=B$.

(7) 若 A 是 $n\times p$ 矩阵 $(n\geqslant p)$，则

$$A=U\Lambda V, \tag{1.2.12}$$

其中 U 是 $n\times p$ 矩阵，满足 $U'U=I_p, V=O(p)$，$\Lambda=\mathrm{diag}(\lambda_1,\cdots,\lambda_p)$ 且 $\lambda_1^2,\cdots,\lambda_p^2$ 是 $A'A$ 的特征根. 或

$$A=H(\Lambda O)'V, \tag{1.2.13}$$

其中 $H\in O(n)$，V 和 Λ 与(1.2.12)中的相同且 O' 是 $n\times(n-p)$ 矩阵. (1.2.12)或(1.2.13)称为退化值分解.

(8) 若 $A_1,\cdots,A_k$ 是对称阵使得 $A_iA_j=0$，$i\neq j$，$i,j=1,\cdots,k$，则存在正交阵 H 使得 $H'A_iH=\Lambda_i$，$\Lambda_i, i=1,\cdots,k$，是对角阵.

(9) 设 A 是 $n\times n$ 非异阵. 若 i 阶主子式非零，$i=1,\cdots,n$，则

$$A=TU, \tag{1.2.14}$$

其中 $T\in LT(n)$ 且 $U=(u_{ij})\in UT(n)$ 满足 $u_{ii}=1, i=1,\cdots,n$.

(10) 若 A 和 B 是 $n\times n$ 矩阵，$A>0$ 且 $B'=B$ 则存在 $n\times n$ 非异阵 H 使得

$$A=HH',\quad B=H\Lambda H', \tag{1.2.15}$$

其中 $\Lambda=\mathrm{diag}(\lambda_1,\cdots,\lambda_n)$ 且 $\lambda_1,\cdots,\lambda_n$ 是 $A^{-1}B$ 的特征值. 若 $B>0$ 且 $\lambda_1,\cdots,\lambda_n$ 各不相同，则 H 唯一，只差 H 的首行的每一元素改变符号.

1.3 矩阵的广义逆

定义 1.3.1 给定 $n\times p$ 矩阵 A,若存在 $p\times n$ 矩阵 X 使得

$$AXA=A \tag{1.3.1}$$

则 X 称为 A 的**广义逆矩阵**,记作 $X=A^{-}$。

首先,我们指出,对任何 A 都存在广义逆矩阵。若 $\mathrm{rk}(A)=r$,则由(1.2.11),A 可表示为

$$A=P\begin{bmatrix} I_r & O \\ O & O \end{bmatrix}Q, \tag{1.3.2}$$

其中 P 和 Q 分别为 $n\times n$ 和 $p\times p$ 的非异阵。我们有

$$AXA=A \Longleftrightarrow P\begin{bmatrix} I_r & O \\ O & O \end{bmatrix}QXP\begin{bmatrix} I_r & O \\ O & O \end{bmatrix}Q=P\begin{bmatrix} I_r & O \\ O & O \end{bmatrix}Q$$

$$\Longleftrightarrow \begin{bmatrix} I_r & O \\ O & O \end{bmatrix}QXP\begin{bmatrix} I_r & O \\ O & O \end{bmatrix}=\begin{bmatrix} I_r & O \\ O & O \end{bmatrix}.$$

记

$$QXP=\begin{bmatrix} T_{11} & T_{12} \\ T_{21} & T_{22} \end{bmatrix},$$

其中 $T_{11}:r\times r$。则 $AXA=A$ 当且仅当 $T_{11}=I_r$ 且

$$A^{-}=X=Q^{-1}\begin{bmatrix} I_r & T_{12} \\ T_{21} & T_{22} \end{bmatrix}P^{-1}, \tag{1.3.3}$$

其中 T_{12},T_{21} 和 T_{22} 可以是任意的。由(1.3.3),我们立得如下结论:

(1) $\mathrm{rk}(A^{-})\geqslant \mathrm{rk}(A)$。

(2) A^{-}是唯一的,如果 A 是非异方阵。此时,$A^{-}=A^{-1}$。

(3) $\mathrm{rk}(A)=\mathrm{rk}(AA^{-})=\mathrm{rk}(A^{-}A)=\mathrm{tr}(AA^{-})=\mathrm{tr}(A^{-}A)$,

因为

$$AA^{-}=P\begin{bmatrix} I_r & T_{12} \\ O & O \end{bmatrix}P^{-1},A^{-}A=Q^{-1}\begin{bmatrix} I_r & O \\ T_{21} & O \end{bmatrix}Q. \tag{1.3.4}$$

因此,AA^{-}和 $A^{-}A$ 都是幂等的。

(4) 若 $\mathrm{rk}(A)=p$,则 $A^{-}A=I_p$; 若 $\mathrm{rk}(A)=n$,则 $AA^{-}=I_n$。

(5) 对每一个 A,

(1.3.5) $$A'A(A'A)^{-}A'=A',\quad A(A'A)^{-}A'A=A.$$

因为 $Ax=0\Rightarrow A'Ax=0\Rightarrow x'A'Ax=0\Rightarrow Ax=0$, 故我们有

(1.3.6) $$AA'x=AA'y\Longleftrightarrow A'x=A'y$$

和

(1.3.7) $$A'Ax=A'Ay\Longleftrightarrow Ax=Ay.$$

由这两个关系式,(1.3.5)得证.

(6) $A(A'A)^{-}A'$是投影矩阵,它与$(A'A)^{-}$的取法无关.

设 $(A'A)_1^{-}$和 $(A'A)_2^{-}$是 $A'A$ 的两个广义逆矩阵. 由定义

$$A'A(A'A)_1^{-}A'A=A'A=A'A(A'A)_2^{-}A'A.$$

因此,由(1.3.6)我们有 $A(A'A)_1^{-}A'=A(A'A)_2^{-}A'$. 因而 $A(A'A)^{-}A'$ 与 $(A'A)^{-}$的取法无关; 特别,我们可把一个对称阵取作$(A'A)^{-}$. 利用(1.3.5),我们有

$$(A(A'A)^{-}A')^2=A(A'A)^{-}A'A(A'A)^{-}A'=A(A'A)^{-}A'.$$

所以 $A(A'A)^{-}A'$ 是投影阵.

因 A^{-}不唯一,故在许多情况下给我们带来了不方便. 这样,人们总希望定义一种唯一的广义逆矩阵.

定义 1.3.2 令 A 是 $n\times p$ 矩阵. 若存在 $p\times n$ 矩阵 X 使得

(1.3.8) $$\begin{cases}AXA=A & XAX=X\\(AX)'=AX & (XA)'=XA,\end{cases}$$

则 X 称为 A 的 Moore-Penrose 逆矩阵,记作 $X=A^{+}$.

现在我们来证明 A^{+}的存在唯一性. 设 $r=\mathrm{rk}(A)$. 若 $r=0$,则 $A=0$ 且取 $A^{+}=0$. 若 $r>0$, 则存在 $P(n\times r)$ 和 $Q(p\times r)$使得 $r=\mathrm{rk}(P)=\mathrm{rk}(Q)$和 $A=PQ'$ (见(1.2.11)).所以$(P'P)^{-1}$和 $(Q'Q)^{-1}$存在. 设

(1.3.9) $$X=Q(Q'Q)^{-1}(P'P)^{-1}P'.$$

现在,我们验证 X 满足(1.3.8)的条件.

$$AXA=PQ'Q(Q'Q)^{-1}(P'P)^{-1}P'PQ'=PQ'=A,$$

$$XAX = Q(Q'Q)^{-1}(P'P)^{-1}P'PQ'Q(Q'Q)^{-1}(P'P)^{-1}P'$$
$$= Q(Q'Q)^{-1}(P'P)^{-1}P' = X,$$
$$AX = P(P'P)^{-1}P' \text{ 是对称阵,}$$

且

$$XA = Q(Q'Q)^{-1}Q' \text{ 是对称阵.}$$

因此,X是A的 Moore-Penrose 逆矩阵. 令 A_1^+和 A_2^+ 是A的两个 Moore-Penrose 逆矩阵. 则

$$A_1^+ = A_1^+AA_1^+ = A_1^+(A_1^+)'A' = A_1^+(A_1^+)'A'(A_2^+)'A'$$
$$= A_1^+(AA_1^+)'(AA_2^+)' = A_1^+AA_1^+AA_2^+ = A_1^+AA_2^+,$$

且

$$A_2^+ = A_2^+AA_2^+ = A'(A_2^+)'A_2^+ = A'(A_1^+)'A'(A_2^+)'A_2^+$$
$$= (A_1^+A)'(A_2^+A)'A_2^+ = A_1^+AA_2^+AA_2^+ = A_1^+AA_2^+,$$

故 $A_1^+ = A_2^+$.

下面介绍 Moore-Penrose 逆矩阵的一些基本性质,这些性质可以由定义和(1.3.9)直接推出.

(1) 若 $\mathrm{rk}(A) = n$,则 $A^+ = A'(A'A)^{-1}$;若 $\mathrm{rk}(A) = p$,则 $A^+ = (A'A)^{-1}A'$;若 $\mathrm{rk}(A) = n = p$,则 $A^+ = A^{-1}$.

(2) $(A^+)^+ = A$.

(3) $A^+ = (A'A)^+A' = A'(AA')^+$.

(4) $(A'A)^+ = A^+(A^+)'$.

(5) 设 $A = PQ'$ 且 $\mathrm{rk}(A) = \mathrm{rk}(P) = \mathrm{rk}(Q) = r$. 则 $A^+ = (Q^+)'P^+$.

(6) 若A是投影矩阵,则 $A^+ = A$.

(7) 若 $A' = A$,则 $A = H'\Lambda H$(见(1.2.2)), 其中 $H \in O(n)$ 和 $\Lambda = \mathrm{diag}(\lambda_1, \cdots, \lambda_n)$. 设

$$\lambda^+ = \begin{cases} \lambda^{-1}, & \lambda \neq 0, \\ 0, & \lambda = 0. \end{cases}$$

则 $A^+ = H'\mathrm{diag}(\lambda_1^+, \cdots, \lambda_n^+)H$.

(8) AA^+和 A^+A 是投影矩阵.

1.4 "向量化"算子和 Kronecker 积

在本书中，我们总假定 $e_i(n)=(0,\cdots,0,1,0,\cdots,0)'$ 是第 i 个元素为 1 的 $n\times 1$ 向量且 $E_{ij}(m,n)=e_i(m)e_j'(n)$. 有时，为简单起见，我们把它们记为 e_i 或 E_{ij}. 显然，我们有下列基本的结果：

(1) $e_i'e_j=\delta_{ij}$，其中 $\delta_{ii}=1$ 且对 $i\neq j$ 有 $\delta_{ij}=0$。

(2) $E_{ij}e_r=\delta_{jr}e_i$ 和 $e_r'E_{ij}=\delta_{ri}e_j'$。

(3) $E_{ij}E_{rs}=\delta_{jr}E_{is}$。

(4) $I=\sum_i E_{ii}=\sum_i e_ie_i'$。

(5) $E_{ij}'(m,n)=[E_{ij}(m,n)]'=E_{ji}(n,m)$。

1.4.1 "向量化"算子

定义 1.4.1 设 $A=(a_1,\cdots,a_p)$是 $n\times p$ 矩阵. 定义一个 np 维向量

$$\text{vec}(A)=\begin{bmatrix}a_1\\ \vdots\\ a_p\end{bmatrix}, \tag{1.4.1}$$

其中"vec"可看作一个算子.

显然，

$$\text{vec}(A')=\begin{bmatrix}a_{(1)}\\ \vdots\\ a_{(n)}\end{bmatrix},\ 其中\ A=\begin{bmatrix}a_{(1)}'\\ \vdots\\ a_{(n)}'\end{bmatrix}. \tag{1.4.2}$$

我们有下列基本的结果：

(1) $\text{vec}(cA+dB)=c\,\text{vec}(A)+d\,\text{vec}(B)$，其中 c 和 d 是实数。

(2) $A=\sum_{i,j}a_{ij}E_{ij}=\sum_{i,j}a_{ij}e_ie_j'=\sum_j a_je_j'=\sum_i e_ia_{(i)}'$。

(3) $a_j=Ae_j=\sum_i a_{ij}e_i$ 且 $a_{(i)}=A'e_i=\sum_j a_{ij}e_j$。

(4) $a_{ij} = e_i'Ae_j$.

(5) $\operatorname{tr}(E_{rs}'A) = a_{rs}$.

(6) $\operatorname{tr}(AB) = \sum_{i,j} a_{ij}b_{ji} = (\operatorname{vec}(A'))'(\operatorname{vec}(B))$.

我们只证明(6). 由(2),(3)和(4),我们有

$$\operatorname{tr}(AB) = \sum_i e_i'ABe_i = \sum_i a_{(i)}'b_i = (\operatorname{vec}(A'))'(\operatorname{vec}(B)).$$

1.4.2 Kronecker 积

定义 1.4.2 设 $A = (a_{ij})$ 和 B 分别是 $n \times p$ 和 $m \times q$ 矩阵. 则 A 和 B 的 Kronecker 积是一个 $nm \times pq$ 的矩阵, 定义作

$$A \otimes B = (a_{ij}B) = \begin{bmatrix} a_{11}B & \cdots & a_{1p}B \\ \vdots & & \vdots \\ a_{n1}B & \cdots & a_{np}B \end{bmatrix}. \tag{1.4.3}$$

Kronecker 积在多元分析中是一个有用的工具. 由定义(1.4.3),我们立得下列结论:

(1) $(\alpha A)\otimes B = A\otimes(\alpha B) = \alpha(A\otimes B)$,其中 α 是实数.

(2) $A\otimes(B + C) = A\otimes B + A\otimes C$,

$(B + C)\otimes A = B\otimes A + C\otimes A$.

(3) $(A\otimes B)\otimes C = A\otimes(B\otimes C)$.

(4) $I_{mn} = I_m\otimes I_n = I_n\otimes I_m$.

(5) $(A\otimes B)' = A'\otimes B'$.

(6) $(A\otimes B)(C\otimes D) = (AC)\otimes(BD)$.

(7) 若 A 和 B 是非异方阵,则

$$(A\otimes B)^{-1} = A^{-1}\otimes B^{-1}.$$

这是因为由(6)和(4),我们有

$$(A\otimes B)(A^{-1}\otimes B^{-1}) = (AA^{-1})\otimes(BB^{-1}) = I\otimes I = I.$$

(8) 设 A, X 和 B 分别是 $n \times m$, $m \times p$ 和 $p \times q$ 矩阵. 则我们有

$$\operatorname{vec}(AXB) = (B'\otimes A)\operatorname{vec}(X). \tag{1.4.4}$$

用$(A)_i$和$(A)_{(j)}$分别表示A的第i列和第j行。我们有

$$(AXB)_k = AXBe_k = A\left(\sum_i (X)_i e_i'\right)Be_k$$

$$= \sum_i A(X)_i (e_i'Be_k) = \sum_i b_{ik} A(X)_i$$

$$= (b_{1k}A, \cdots, b_{pk}A)\begin{bmatrix}(X)_1\\ \vdots \\ (X)_p\end{bmatrix} = ((B)_k'\otimes A)\mathrm{vec}(X),$$

因而

$$\mathrm{vec}(AXB) = \begin{bmatrix}(AXB)_1\\ \vdots \\ (AXB)_q\end{bmatrix} = \begin{bmatrix}(B)_1'\otimes A\\ \vdots \\ (B_q')\otimes A\end{bmatrix}\mathrm{vec}(X)$$

$$= (B'\otimes A)\mathrm{vec}(X).$$

(9) $\mathrm{tr}(A\otimes B) = (\mathrm{tr}(A))(\mathrm{tr}(B))$.

(10) 设x和y是列向量。则$xy' = x\otimes y' = y'\otimes x$.

(11) 设A和B分别为具有特征值$\{\lambda_i, i=1,\cdots,n\}$和$\{u_j, j=1,\cdots,m\}$的$n\times n$和$m\times m$矩阵。设$x_i$和$y_j$分别是相应于$\lambda_i$和$\mu_j$的$A$和$B$的特征向量。则$\{\lambda_i\mu_j, i=1,\cdots,n; j=1,\cdots,m\}$是$A\otimes B$的特征值，$\{x_i\otimes y_j, i=1,\cdots,n; j=1,\cdots,m\}$是相应的特征向量。

现在，我们来证明这个论断。由(1.2.1)，存在$H\in O(n)$和$P\in O(m)$使得

$$A = HTH' \text{ 和 } B = PVP',$$

其中$T\in UT(n)$且$\lambda_1,\cdots,\lambda_n$为其对角元素，而$V\in UT(m)$且$\mu_1,\cdots,\mu_m$为其对角元素。因此，

$$A\otimes B = (HTH')\otimes(PVP') = (H\otimes P)(T\otimes V)(H\otimes P)'.$$

显然，$H\otimes P\in O(nm)$，$T\otimes V\in UT(nm)$且$\{\lambda_i\mu_j, i=1,\cdots,n; j=1,\cdots,m\}$为其对角元素，亦即$\{\lambda_i\mu_j, i=1,\cdots,n; j=1,\cdots,m\}$是$A\otimes B$的特征值。由于

$$(A\otimes B)(x_i\otimes y_j) = (Ax_i)\otimes(By_j) = (\lambda_i x_i)\otimes(\mu_j y_j)$$

$$= \lambda_i\mu_j(x_i\otimes y_j),$$

故$x_i\otimes y_j$是相应于$\lambda_i\mu_j$的$A\otimes B$的特征向量，$i=1,\cdots,n$;

$j=1,\cdots,m$。

由(11),我们直接得到以下性质。

(12) 若A和B分别是 $n\times n$ 和 $m\times m$ 矩阵,则

$$|A\otimes B|=|A|^m|B|^n. \tag{1.4.5}$$

1.4.3 置换矩阵

在许多情况下,人们希望建立 vec(X) 和 vec (X')之间的关系式。为此目的,我们需要置换矩阵的概念。

定义 1.4.3 矩阵

$$K_{mn}=\sum_{i=1}^{m}\sum_{j=1}^{n}E_{ij}(m,n)\otimes E'_{ij}(m,n) \tag{1.4.6}$$

称为 $m\times n$ 阶置换矩阵。

置换矩阵有如下性质:

(1) 设 $A=(a_{ij})$是 $m\times n$ 矩阵。则我们有

$$\text{vec}(A')=K_{mn}\text{vec}(A). \tag{1.4.7}$$

证

$$\begin{aligned}
\text{vec}(A')&=\text{vec}\left(\sum_{i=1}^{m}\sum_{j=1}^{n}a_{ij}E_{ij}(m,n)\right)\\
&=\text{vec}\left(\sum_{i=1}^{m}\sum_{j=1}^{n}e_j(n)a_{ij}e'_i(m)\right)\\
&=\text{vec}\left(\sum_{i=1}^{m}\sum_{j=1}^{n}e_j(n)e'_i(m)Ae_j(n)e'_i(m)\right)\\
&=\text{vec}\left(\sum_{i=1}^{m}\sum_{j=1}^{n}E'_{ij}(m,n)AE'_{ij}(m,n)\right)\\
&=\sum_{i=1}^{m}\sum_{j=1}^{n}\text{vec}(E'_{ij}(m,n)AE'_{ij}(m,n)) \qquad (\text{由 } (1.4.4))\\
&=\sum_{i=1}^{m}\sum_{j=1}^{n}E_{ij}(m,n)\otimes E'_{ij}(m,n)\text{vec}(A)\\
&=K_{mn}\text{vec}(A).
\end{aligned}$$

□

（2）设 A 和 B 分别是 $n\times s$ 和 $m\times r$ 矩阵. 则

$$K_{mn}(A\otimes B)K_{st}=B\otimes A.$$

证 对任何 $s\times t$ 矩阵 X，我们有

$$K_{mn}(A\otimes B)K_{st}\mathrm{vec}(X)=K_{mn}(A\otimes B)\mathrm{vec}(X')$$
$$=K_{mn}\mathrm{vec}(BX'A')=\mathrm{vec}(BX'A')'=\mathrm{vec}(AX'B')$$
$$=(B\otimes A)\mathrm{vec}(X)\qquad\square$$

结论得证.

（3）$K'_{mn}=K_{nm}$，$K_{1n}=K_{n1}=I_n$.

（4）$K_{mn}=[\mathrm{vec}(E'_{11}),\mathrm{vec}(E'_{21}),\cdots,\mathrm{vec}(E'_{m1}),\cdots,$
$\mathrm{vec}(E'_{1n}),\mathrm{vec}(E'_{2n}),\cdots,\mathrm{vec}(E'_{mn})]$.

证 由定义1.4.3,(3)显然. 我们只证明(4).

$$K_{mn}\mathrm{vec}(A)=\mathrm{vec}(A')=\mathrm{vec}\left(\sum_{i=1}^{m}\sum_{j=1}^{n}a_{ij}E_{ij}\right)'$$
$$=\sum_{i=1}^{m}\sum_{j=1}^{n}a_{ij}\mathrm{vec}(E'_{ij})$$
$$=[\mathrm{vec}(E'_{11}),\mathrm{vec}(E'_{21}),\cdots,\mathrm{vec}(E'_{m1}),\cdots,$$
$$\mathrm{vec}(E'_{1n}),\mathrm{vec}(E'_{2n}),\cdots,\mathrm{vec}(E'_{mn})]\times\mathrm{vec}(A).\qquad\square$$

（5）
$$K_{mn}=\sum_{j=1}^{n}(e'_j(n)\otimes I_m\otimes e_j(n))$$
$$=\sum_{i=1}^{m}(e_i(m)\otimes I_n\otimes e'_i(m)).$$

（6）$K_{mn}K_{mn}=I_{mn}$，即 K_{mn} 是正交矩阵.

我们只证明(6). 由 K_{mn} 的定义，我们有

$$K'_{mn}K_{mn}=\left(\sum_i\sum_j E'_{ij}\otimes E_{ij}\right)\left(\sum_s\sum_t E_{st}\otimes E'_{st}\right)$$
$$=\sum_i\sum_j\sum_s\sum_t(E'_{ij}E_{st})\otimes(E_{ij}E'_{st})$$
$$=\sum_i\sum_j\sum_s\sum_t(\delta_{is}E_{jt})\otimes(\delta_{jt}E_{is})$$

$$= \sum_i \sum_j E_{jj} \otimes E_{ii} = \left(\sum_j E_{jj} \right) \otimes \left(\sum_i E_{ii} \right)$$

在练习 1.12，1.13 和 1.14 中，我们可以看到一些其他的性质。

1.5 矩阵的导数和矩阵微分

1.5.1 矩阵关于标量的导数

定义 1.5.1 设 $Y = (y_{ij}(t))$ 是 $p \times q$ 矩阵，其中 $y_{ij}(t)$ 是 t 的函数。记

$$\frac{\partial Y}{\partial t} = \begin{bmatrix} \frac{\partial y_{11}}{\partial t} & \cdots & \frac{\partial y_{1q}}{\partial t} \\ \vdots & & \vdots \\ \frac{\partial y_{p1}}{\partial t} & \cdots & \frac{\partial y_{pq}}{\partial t} \end{bmatrix} = \left(\frac{\partial y_{ij}(t)}{\partial t} \right). \tag{1.5.1}$$

按此定义，易得如下结论：

(1) $\dfrac{\partial (X+Y)}{\partial t} = \dfrac{\partial X}{\partial t} + \dfrac{\partial Y}{\partial t}$.

(2) $\dfrac{\partial (XY)}{\partial t} = \dfrac{\partial X}{\partial t} Y + X \dfrac{\partial Y}{\partial t}$.

(3) $\dfrac{\partial (X \otimes Y)}{\partial t} = \dfrac{\partial X}{\partial t} \otimes Y + X \otimes \dfrac{\partial Y}{\partial t}$.

(4) $\left(\dfrac{\partial X}{\partial t} \right)' = \dfrac{\partial X'}{\partial t}$.

(5) $\dfrac{\partial X}{\partial x_{ij}} = E_{ij}$， 其中 $X = (x_{ij})$.

(6) $\dfrac{\partial (AXB)}{\partial x_{ij}} = AE_{ij}B$， 其中 A 和 B 是常数阵.

(7) $\dfrac{\partial (X'AX)}{\partial x_{ij}} = E'_{ij}AX + X'AE_{ij}$，其中 A 是常数阵.

(8) 若 X 是非异阵且 A 和 B 是常数阵，则我们有

$$\frac{\partial (AX^{-1}B)}{\partial x_{ij}} = -AX^{-1}E_{ij}X^{-1}B.$$

证 事实上，我们只需证明

$$\frac{\partial X^{-1}}{\partial x_{ij}} = -X^{-1}E_{ij}X^{-1}.$$

利用(3)，微分 $X^{-1}X = I$，我们有

$$\frac{\partial X}{\partial x_{ij}}X^{-1} + X\frac{\partial X^{-1}}{\partial x_{ij}} = O.$$

因而

$$\frac{\partial X^{-1}}{\partial x_{ij}} = -X^{-1}\frac{\partial X}{\partial x_{ij}}X^{-1} = -X^{-1}E_{ij}X^{-1}. \qquad \square$$

(9) $$\frac{\partial X^n}{\partial x_{ij}} = \sum_{k=0}^{n-1}X^kE_{ij}X^{n-k-1}.$$

(10) $$\frac{\partial X^{-n}}{\partial x_{ij}} = -X^{-n}\left[\sum_{k=0}^{n-1}X^kE_{ij}X^{n-k-1}\right]X^{-n}.$$

1.5.2 矩阵的标量函数关于矩阵的导数

定义 1.5.2 设 $X=(x_{ij})$是 $m\times n$ 矩阵并设 $y=f(X)$是X的标量函数。我们把y关于X的导数定义为如下的$m\times n$矩阵

(1.5.2) $$\frac{\partial y}{\partial X} = \begin{bmatrix} \frac{\partial y}{\partial x_{11}} & \cdots & \frac{\partial y}{\partial x_{1n}} \\ \vdots & & \vdots \\ \frac{\partial y}{\partial x_{m1}} & \cdots & \frac{\partial y}{\partial x_{mn}} \end{bmatrix} = \left(\frac{\partial y}{\partial x_{ij}}\right).$$

由此定义，显然有下列事实：

(1) $$\left(\frac{\partial f(X)}{\partial X}\right)' = \frac{\partial f(X)}{\partial X'}.$$

(2) $$\frac{\partial \mathrm{tr}(X)}{\partial X} = I \text{ 和 } \frac{\partial \mathrm{tr}(AXB)}{\partial X} = A'B'.$$

(3) $$\frac{\partial \mathrm{tr}(X'AXB)}{\partial X} = AXB + A'XB'.$$

证 利用1.5.1节的(7)，我们有

$$\frac{\partial \operatorname{tr}(X'AXB)}{\partial x_{ij}} = \operatorname{tr}(E'_{ij}AXB) + \operatorname{tr}(X'AE_{ij}B).$$

因此

$$\begin{aligned}\frac{\partial \operatorname{tr}(X'AXB)}{\partial X} &= \sum_i \sum_i \frac{\partial \operatorname{tr}(X'AXB)}{x_{ij}} E_{ij} \\ &= \sum_i \sum_j [\operatorname{tr}(e'_i AXBe_j) + \operatorname{tr}(e'_j BX'Ae_i)] E_{ij} \\ &= AXB + A'XB'. \end{aligned}$$ □

(4) 若 $\frac{\partial f(X)}{\partial x_{ij}} = \operatorname{tr}(E'_{ij}A)$，则 $\frac{\partial f(X)}{\partial X} = A$.

证 由于

$$\frac{\partial f(X)}{\partial x_{ij}} = \operatorname{tr}(E'_{ij}A) = a_{ij},$$

故结论得证. □

利用(4)，我们可以容易地计算一些有用的导数.

(5) 若 $X = (x_{ij})$是 $n \times n$ 非异阵，则

$$\frac{\partial |X|}{\partial X} = \begin{cases} |X|(X^{-1})' \\ 2|X|(X^{-1})' - \operatorname{diag}(X_{11}, \cdots, X_{nn}) & \text{若 } X' = X, \end{cases}$$

其中 X_{ij} 是 x_{ij} 的余因子.

证 设

$$Z = \begin{bmatrix} X_{11} & \cdots & X_{1n} \\ \vdots & & \vdots \\ X_{n1} & \cdots & X_{nn} \end{bmatrix}.$$

由于

$$|X| = \sum_i x_{ij} X_{ij},$$

故我们有

$$\frac{\partial |X|}{\partial x_{ij}} = X_{ij} = \operatorname{tr}(E'_{ij}Z).$$

利用(4)

$$\frac{\partial |X|}{\partial X} = Z = |X|(X^{-1})'.$$

若 $X = X'$,则

$$\frac{\partial |X|}{\partial x_{ij}} = \operatorname{tr}\left[\left(\frac{\partial X}{\partial x_{ij}}\right)' Z\right] = \operatorname{tr}[(E'_{ij} + E'_{ji})Z]$$

$$= X_{ij} + X_{ji} \text{ 若 } i \neq j,$$

和

$$\frac{\partial |X|}{\partial x_{ii}} = X_{ii}.$$

结论得证. □

类似地,我们能够求得

$$\frac{\partial \log |X|}{\partial X} = \begin{cases} (X^{-1})' \\ |X|[2(X^{-1})' - \operatorname{diag}(X_{11}, \cdots, X_{nn})] \text{若 } X' = X \end{cases}$$

和

$$\frac{\partial |AXB|}{\partial X} = |AXB| A'(B'X'A')^{-1}B'.$$

(6) $$\frac{\partial \operatorname{tr}(AX)}{\partial X} = \begin{cases} A' \\ A + A' - \operatorname{diag}(a_{11}, \cdots, a_{nn}) \text{若 } X = X', \end{cases}$$

其中 $A = (a_{ij})$.

以下的定理建立了矩阵关于标量的导数和矩阵的标量函数关于矩阵的导数之间的关系.

定理 1.5.1 设 X, Y, A, B, C 和 D 分别是 $m \times n$, $p \times q$, $p \times m$, $n \times q$, $p \times n$ 和 $m \times q$ 矩阵. 下列的事实是等价的:

(1) $$\frac{\partial Y}{\partial x_{rs}} = AE_{rs}(m,n)B + CE'_{rs}(m,n)D,$$

$$r = 1, \cdots, m; s = 1, \cdots, n.$$

(2) $$\frac{\partial y_{ij}}{\partial X} = A'E_{ij}(p,q)B' + DE'_{ij}(p,q)C,$$

$$i = 1, \cdots, p; j = 1, \cdots, q.$$

证 结论可由下式推出:

$$\begin{aligned} e'_i(AE_{rs}B + CE'_{rs}D)e_j &= (e'_iAe_r)(e'_sBe_j) + (e'_iCe_s)(e'_rDe_j) \\ &= (e'_rA'e_i)(e'_jB'e_s) + (e'_rDe_j)(e'_iCe_s) \\ &= e'_r(A'E_{ij}B' + DE'_{ij}C)e_s \end{aligned}$$

这里 $r=1,\cdots,m;s=1,\cdots,n;i=1,\cdots,p$ 且 $j=1,\cdots,q$. □

利用定理 1.5.1，我们通常能够由 $\partial Y/\partial x_{rs}$ 求得 $\partial y_{ij}/\partial X$。例如，若 $Y=AXB$，则我们有

$$\frac{\partial Y}{\partial x_{rs}}=AE_{rs}B,$$

因此

$$\frac{\partial y_{ij}}{\partial X}=A'E'_{ij}B'.$$

类似地，我们可以求出

$$\frac{\partial y_{ij}}{\partial X}=-(X^{-1})'A'E_{ij}B'(X^{-1})',$$

如果 $Y=AX^{-1}B$。还可求出

$$\frac{\partial y_{ij}}{\partial X}=AXE'_{ij}+A'XE_{ij},$$

如果 $Y=X'AX$。

1.5.3 向量的导数

定义 1.5.3 设 x 和 y 分别是 n 维和 m 维向量。我们把向量 y 关于向量 x 的导数定义为矩阵

$$\frac{\partial y'}{\partial x}=\begin{bmatrix}\frac{\partial y_1}{x_1} & \cdots & \frac{\partial y_m}{x_1}\\ \vdots & & \vdots\\ \frac{\partial y_1}{\partial x_n} & \cdots & \frac{\partial y_m}{\partial x_n}\end{bmatrix}=\begin{bmatrix}\frac{\partial y'}{\partial x_1}\\ \vdots\\ \frac{\partial y'}{\partial x_n}\end{bmatrix}。\tag{1.5.3}$$

定理 1.5.2（对向量的连锁法则） 设 $x'=(x_1,\cdots,x_n)$，$y'=(y_1,\cdots,y_m)$ 和 $z'=(z_1,\cdots,z_p)$。则

$$\frac{\partial z'}{\partial x}=\frac{\partial y'}{\partial x}\frac{\partial z'}{\partial y}.\tag{1.5.4}$$

证 因对 $i=1,\cdots,n$ 和 $j=1,\cdots,p$，我们有

$$e'_i\left(\frac{\partial y'}{\partial x}\frac{\partial z'}{\partial y}\right)e_j=\sum_k\left(e'_i\frac{\partial y'}{\partial x}e_k\right)\left(e'_k\frac{\partial z'}{\partial y}e_j\right)$$

$$= \sum_k \frac{\partial y_k}{\partial x_i} \frac{\partial z_j}{\partial y_k} = \frac{\partial z_j}{\partial x_i} = e_i' \frac{\partial z'}{\partial x} e_j$$

因此,(1.5.4)得证。□

定理 1.5.3 设 X 和 Y 分别是 $m \times n$ 和 $u \times v$ 矩阵。若

(1.5.5) $$\frac{\partial Y}{\partial x_{ij}} = AE_{ij}(m,n)B + CE_{ij}'(m,n)D,$$

则

(1.5.6) $$\frac{\partial(\mathrm{vec}(Y))'}{\partial(\mathrm{vec}(X))} = B \otimes A' + K_{mn}'(D \otimes C').$$

证 能够证明

(1.5.7) $$I_{mn} = (\mathrm{vec}(E_{11}), \mathrm{vec}(E_{21}), \cdots, \mathrm{vec}(E_{m1}), \cdots, \mathrm{vec}(E_{1n}), \cdots, \mathrm{vec}(E_{mn})).$$

由假设(1.5.5),我们有

$$\mathrm{vec}\left(\frac{\partial Y}{\partial x_{ij}}\right) = (B' \otimes A)\mathrm{vec}(E_{ij}) + (D' \otimes C)\mathrm{vec}E_{ij}'.$$

因此,

$$\frac{\partial(\mathrm{vec}(Y))'}{\partial x_{ij}} = (\mathrm{vec}(E_{ij}))'(B \otimes A') + (\mathrm{vec}(E_{ij}'))'(D \otimes C'),$$

和

$$\frac{\partial(\mathrm{vec}(Y))'}{\partial(\mathrm{vec}(X))} = (\mathrm{vec}(E_{11}), \cdots, \mathrm{vec}(E_{m1}), \cdots, \mathrm{vec}(E_{1n}), \cdots, \mathrm{vec}(E_{mn}))'(B \otimes A') + (\mathrm{vec}(E_{11}'), \cdots, \mathrm{vec}(E_{m1}'), \cdots, \mathrm{vec}(E_{1n}'), \cdots, \mathrm{vec}(E_{mn}'))'(D \otimes C').$$

利用(1.5.7)和 K_{mn} 的第四个性质,(1.5.6)得证。□

由定义和上述定理,我们容易得到下列有用的结论:

(1) 若 $y = Ax$,则 $\dfrac{\partial y'}{\partial x} = A'$.

(2) 若 $y = x'Ax$,则 $\dfrac{\partial y}{\partial x} = (A + A')x$.

(3) 若 $Y = AXB$ 其中 A, B, X 和 Y 如定理(1.5.1)中所给定,则

(1.5.8) $$\frac{\partial(\operatorname{vec}(Y))'}{\partial(\operatorname{vec}(X))} = B \otimes A';$$

且若 $Y = AX'B$，则

(1.5.9) $$\frac{\partial(\operatorname{vec}(Y))'}{\partial(\operatorname{vec}(X))} = K_{nm}(B \otimes A').$$

(4) 若 $Y = X'AX$，其中 $Y: n \times m$ 和 $X: m \times n$，则

(1.5.10) $$\frac{\partial(\operatorname{vec}(Y))'}{\partial(\operatorname{vec}(X))} = K_{nm}(AX \otimes I_n) + (I_n \otimes A'X)$$

(5) 若 $Y = AX^{-1}B$，则

(1.5.11) $$\frac{\partial(\operatorname{vec}(Y))'}{\partial(\operatorname{vec}(X))} = -(X^{-1}B) \otimes (AX^{-1})'.$$

1.5.4 矩阵微分

对于标量函数 $f(x)$，其中 $x = (x_1, \cdots, x_n)'$，微分 df 定义为

(1.5.12) $$df = \sum_{i=1}^{n} \frac{\partial f}{\partial x_i} dx_i = \frac{\partial f}{\partial x'} dx,$$

其中 $dx = (dx_1, \cdots, dx_n)'$。相应于此定义，我们把 $m \times n$ 阶矩阵 $X = (x_{ij})$ 的矩阵微分定义作

(1.5.13) $$dX = \begin{bmatrix} dx_{11} & \cdots & dx_{1n} \\ \vdots & & \vdots \\ dx_{m1} & \cdots & dx_{mn} \end{bmatrix}.$$

对于标量函数 $f(X)$，微分 $f(x)$ 现在是

(1.5.14) $$df = \sum_{i=1}^{m} \sum_{j=1}^{n} \frac{\partial f}{\partial x_{ij}} dx_{ij} = \operatorname{tr}\left[\left(\frac{\partial f}{\partial X}\right)' dX\right].$$

我们立即得到下列结果：

(1) $d(X + Y) = dX + dY$.

(2) $d(cX) = c\,dX$，其中 c 是常数。

(3) $(dX)' = dX'$.

(4) $d(\operatorname{tr}(X)) = \operatorname{tr}(dX)$.

(5) $d(XY) = (dX)Y + X(dY)$.

证 $d(XY)$的 (i,j)元素是

$$d\left(\sum_k x_{ik}y_{kj}\right)=\sum_k(dx_{ik})y_{kj}+\sum_k x_{ik}(dy_{kj})$$

此即 $(dX)Y+X(dY)$的(i,j)元素. □

(6) $d(X\otimes Y)=(dX)\otimes Y+X\otimes(dY)$.

(7) 若 $f(X)$是一个标量函数且对某一个A有

$$df=\mathrm{tr}(A'dX),$$

则

$$\frac{\partial f}{\partial X}=A.$$

证明是容易的,我们留给读者完成. 利用 df 和 $\partial f/\partial X$ 之间的关系,我们可以通过矩阵微分得到许多导数.

例 1.5.1 由于

$$d\mathrm{tr}(AX)=\mathrm{tr}(d(AX))=\mathrm{tr}(AdX),$$

故我们有

$$\frac{\partial\mathrm{tr}(AX)}{\partial X}=A'.$$

例 1.5.2 由于

$$\begin{aligned}d\mathrm{tr}(X'AX)&=\mathrm{tr}[(dX')AX+X'AdX]\\&=\mathrm{tr}[(AX)'dX+X'AdX]\\&=\mathrm{tr}[(AX+A'X)'dX],\end{aligned}$$

我们有

$$\frac{\partial\mathrm{tr}(X'AX)}{\partial X}=(A+A')X.$$

例 1.5.3 设X是方阵且 X_{ij} 是 x_{ij} 的余子式, 又 $Z=(X_{ij})$. 则我们有

$$d|X|=\sum_{i,j}\frac{\partial|X|}{\partial x_{ij}}dx_{ij}=\sum_{i,j}X_{ij}dx_{ij}=\mathrm{tr}(Z'dX).$$

因此

$$\frac{\partial|X|}{\partial X}=Z=|X|(X^{-1})'.$$

例 1.5.4 若 $|X'AX|>0$,则由上例我们有

$$d\log|X'AX| = \mathrm{tr}[(X'AX)^{-1}d(X'AX)]$$
$$= \mathrm{tr}[(X'AX)^{-1}X'(A+A')dX].$$

因此

$$\frac{\partial \log|X'AX|}{\partial X} = (A+A')X(X'A'X)^{-1}.$$

1.6 变换的雅可比行列式的计算

为了计算各种统计量的多元累积分布函数，我们经常遇到重积分的变量的变换。现在，我们来考虑在 n 维空间的子集 R 上的重积分

(1.6.1) $$\int_R g(x_1,\cdots,x_n)dx_1\cdots dx_n.$$

设 $x_1,\cdots,x_n$ 通过关系式 $y_i = f_i(x_1,\cdots,x_n), i=1,\cdots,n$，一一变换为新变量 $y_1,\cdots,y_n$，其中$\{f_i\}$是连续可微的。这些关系式将记作 $y=f(x)$和 $x=f^{-1}(y)$。 $\partial x'/\partial y$ 的行列式的绝对值称为**变换 x 到 y 的雅可比行列式**，记作

$$J(x\to y) = \left|\frac{\partial x'}{\partial y}\right|_+ \quad 或 \quad \left|\frac{\partial(x_1,\cdots,x_n)}{\partial(y_1,\cdots,y_n)}\right|_+$$

因此，(1.6.1)可以表为

(1.6.2) $$\int_T g(f^{-1}(y))J(x\to y)dy,$$

其中

(1.6.3) $$T=\{y|y=f(x), x\in R\}.$$

定理 1.6.1

(1) $J(y\to x) = J(x\to y)^{-1}$.

(2) 若 $y=f(x)$和 $z=g(y)$，则

(1.6.4) $$J(x\to z) = J(x\to y)J(y\to z).$$

(3) 若 $dx = A\,dy$，则 $J(x\to y)$是$|A|$的绝对值，或记为

$$J(dx\to dy) = J(x\to y).$$

(4) 若 $y_1 = f_1(x_1, \cdots, x_n), y_i = f_i(y_1, \cdots, y_{i-1}, x_i, \cdots, x_n)$, $i = 2, \cdots, n-1$. $y_n = f_n(y_1, \cdots, y_{n-1}, x_n)$, 其中 y_i 和 x_i 是 $q_i \times 1$ 向量, $i = 1, \cdots, n$,则我们有

$$(1.6.5) \qquad J[(y_1, \cdots, y_n) \to (x_1, \cdots, x_n)] = \prod_{i=1}^{n} \left| \frac{\partial f_i}{\partial x_i} \right|_+.$$

证 由定理 1.5.2,我们有

$$\frac{\partial z'}{\partial x} = \frac{\partial z'}{\partial y} \frac{\partial y'}{\partial x},$$

故(2)得证. 在(2)中置 $z = x$,则得到(1). 由(1.5.11)我们有

$$dy = \frac{\partial y}{\partial x'} dx, \text{且 } J(dx \to dy) = \left| \frac{\partial x'}{\partial y} \right|_+ = J(x \to y) = |A|_+.$$

最后,我们证明(4). 设

$$T_{ij} = \begin{cases} \dfrac{\partial f_i}{\partial x_j} & i \leqslant j, \\ O & i > j, \end{cases}$$

$$G_{ij} = \begin{cases} -\dfrac{\partial f_i}{\partial y_j'} & j < i \\ I_{qi} & j = i, \\ O & j > i \end{cases}$$

$T = (T_{ij}), G = (G_{ij}), dx = (dx_1', \cdots, dx_n')'$ 和 $dy = (dy_1', \cdots, dy_n')'$. 因为 $y_i = f_i(y_1, \cdots, y_{i-1}, x_i, \cdots, x_n)$, 故 y_i 的微分是

$$\begin{aligned} dy_i &= \sum_{j=1}^{i-1} \frac{\partial f_i}{\partial y_j} dy_j + \sum_{j=i}^{n} \frac{\partial f_i}{\partial x_j'} dx_j \\ &= -\sum_{j=i}^{i-1} G_{ij} dy_j + \sum_{j=i}^{n} T_{ij} dx_j, \end{aligned}$$

即

$$\sum_{j=1}^{n} G_{ij} dy_j = \sum_{j=1}^{n} T_{ij} dx_j$$

或

$$Gdy = Tdx \text{ 和 } dy = G^{-1} T dx.$$

因此

$$J(y \to x) = J(dy \to dx) = |G^{-1}T|_+ = |T|_+$$
$$= \prod_{i=1}^{n} |T_{ii}|_+ = \prod_{i=1}^{n} \left|\frac{\partial f'_i}{\partial x_i}\right|_+. \qquad \square$$

由定理 1.6.1，我们能计算下列有用的雅可比行列式.

例 1.6.1 若 $Y = AXB$,其中 $Y: n \times p$, $X: n \times p$, $A: n \times n$ 和 $B: p \times p$,则 $J(Y \to X) = |A|_+^p |B|_+^n$.

证 首先,若 $y = Ax$, 其中 y 和 x 是向量,则由定理 1.6.1 的 (3),我们能够证明 $J(y \to x) = |A|_+$. 利用(1.4.4)我们有

$$\text{vec}(Y) = (B' \otimes A)\text{vec}(X), \quad J(Y \to X) = J(\text{vec}(Y) \to \text{vec}(X)) = |B' \otimes A|_+ = |A|_+^p |B|_+^n.$$

例 1.6.2 设 $Y = B'XB$,其中 $|B| \neq 0$ 且 X, Y 和 B 都是 $n \times n$ 阵。我们有

(1) 若 $X' = X$,则 $J(Y \to X) = |B|_+^{n+1} = |B'B|^{\frac{1}{2}(n+1)}$,

(2) 若 $X' = -X$,则 $J(Y \to X) = |B|_+^{n-1} = |B'B|^{\frac{1}{2}(n-1)}$.

证 为证明 1 设 B 是上三角阵. 则我们能把变换表为

$$\begin{bmatrix} Y_{11} & y \\ y' & y_{nn} \end{bmatrix} = \begin{bmatrix} B'_{11} & 0 \\ b' & b_{nn} \end{bmatrix} \begin{bmatrix} X_{11} & x \\ x' & x_{nn} \end{bmatrix} \begin{bmatrix} B_{11} & b \\ 0 & b_{nn} \end{bmatrix}.$$

由上式可得到

$$Y_{11} = B'_{11}X_{11}B_{11},$$
$$y = B'_{11}X_{11}b + B'_{11}xb_{nn},$$
$$y_{nn} = b_{nn}^2 x_{nn} + 2b_{nn}x'b + b'X_{11}b.$$

由定义 1.6.1 的(4)

$$J(Y \to X) = J(Y_{11} \to X_{11})J(y \to x)J(y_{nn} \to x_{nn})$$
$$= J(Y_{11} \to X_{11})|B'_{11}|_+|b_{nn}^{n-1}| + b_{nn}^2$$
$$= J(Y_{11} \to X_{11})|B_{11}|_+|b_{nn}^{n+1}|_+,$$

因为 $J(y \to x) = |B_{11}|_+|b_{nn}^{n-1}|_+$且 $J(y_{nn} \to x_{nn}) = b_{nn}^2$. 因此由归纳法 $J(Y_{11} \to X_{11}) = |B_{11}|_+^n$且 $J(Y \to X) = |B|_+^{n+1}$.

类似地,若 B 是下三角阵,则 $J(Y \to X) = |B|_+^{n+1}$.

当 B 是非异阵时，交换其行与列的位置并不改变变换的雅可比行列式的值，因此，i 阶前主子式非零。由(1.2.14)我们有分解式 $A=TU$,其中 $T\in LT(n)$和 $U\in UT(n)$。因此

$$Y=U'(TXT)U=U'X^*U,$$

其中 $X^*=T'XT$。由定理 1.6.1 的(2)我们有

$$\begin{aligned}J(Y\to X)&=J(Y\to X^*)J(X^*\to X)\\&=|U|_+^{n+1}|T|_+^{n+1}=|B|_+^{n+1}.\end{aligned}$$

类似地可证明(2)。 □

例 1.6.3 设 $Y=AX$,其中 A,X 和Y是 $n\times n$ 阵。

(1) 若 X,Y 和 A 都是下三角阵，则

$$J(Y\to X)=\prod_{i=1}^{n}|a_{ii}|^i.$$

(2) 若 X,Y 和 A 都是上三角阵，则

$$J(Y\to X)=\prod_{i=1}^{n}|a_{ii}|^{n+1-i}.$$

证 我们只证明(1)。因为 $y_{ij}=\sum_{k=1}^{i}a_{ik}x_{kj}$, $1\leqslant j\leqslant i\leqslant n$, 因此

$$\frac{\partial(y_{11},y_{21},y_{22},y_{31},y_{32},y_{33},\cdots,y_{n1},\cdots,y_{nn})}{\partial(x_{11},x_{21},x_{22},x_{31},x_{32},x_{33},\cdots,x_{n1},\cdots,x_{nn})}$$

是下三角阵且有 $a_{11},a_{22},a_{22},a_{33},a_{33},a_{33},\cdots,a_{pp},\cdots,a_{pp}$ 为其对角元素。故(1)得证。 □

例 1.6.4 若 $Y=X+X'$, 其中 X 是 $n\times n$ 下三角矩阵，则 $J(Y\to X)=2^n$。

证 由于

$$y_{ij}=\begin{cases}2x_{ii}, & i=j,\\ x_{ij}, & i\neq j,\end{cases}$$

则 $\dfrac{\partial(y_{11},y_{21},y_{22},\cdots,y_{n1},\cdots,y_{nn})}{\partial(x_{11},x_{21},x_{22},\cdots,x_{n1},\cdots,x_{nn})}$ 是下三角阵且有 n 个 2 和 $\frac{1}{2}n(n-1)$个 1 为其对角元素，这就是说，$J(Y\to X)=2^n$。 □

例 1.6.5 设 $Y = XA' + AX'$，其中 A, X 和 Y 是 $n \times n$ 阵.

(1) 若 X 和 A 是下三角阵，则

$$J(Y \to X) = 2^n \prod_1^n |a_{ii}|^{n+i-1}.$$

(2) 若 X 和 A 是上三角阵，则

$$J(Y \to X) = 2^n \prod_1^n |a_{ii}|^i.$$

证 设 $Z = A^{-1}YA^{-1} = A^{-1}X + X'A'^{-1} = W + W'$，其中 $W = A^{-1}X$ 是下三角阵. 因此，由定理 1.6.1 的(2)，例 1.6.2，例 1.6.4 和例 1.6.3，我们有

$$J(Y \to X) = J(Y \to Z)J(Z \to W)J(W \to X)$$
$$= |A|_+^{n+1} 2^n \prod_1^n |a_{ii}|^{-i} = 2^n \prod_1^n |a_{ii}|^{n+1-i}.$$

类似地，我们能够证明(2). □

例 1.6.6 设 $Y = XX' > 0$ 是 Y 的 Cholesky 分解，其中 $X \in LT(n)$ 有正的对角元素(见1.2.7). 那么我们有

$$J(Y \to X) = 2^n \prod_1^n x_{ii}^{n-i+1}.$$

证 由于 $dY = (dX)X' + X(dX)'$，故由定理 1.6.1 和例 1.6.5，我们有

$$J(Y \to X) = J(dY \to dX) = 2^n \prod_1^n x_{ii}^{n+1-i}. \quad □$$

例 1.6.7 设 S 是 $n \times n$ 对称阵，使得其所有的特征值都相异且非零. 设 $S = HD_\lambda H'$，其中 $D_\lambda = \text{diag}(\lambda_1, \lambda_2, \cdots, \lambda_n)$，$\lambda_1 > \lambda_2 > \cdots > \lambda_n$ ($\lambda_i \neq 0$)，并且 $H \in O(n)$，其第一行的元素是正的且其对角元素也全是正的. 则我们有

$$J(S \to H, D_i) = f_n(H) \prod_{i=1}^{n-1} \prod_{j=i+1}^n (\lambda_i - \lambda_j),$$

其中

$$j_n(H)=\frac{1}{\prod_{i=1}^{n}|H_{(i)}|_+},$$

并且 $H_{(i)}$ 是H的第一个 i 维主子式.

证 因为 $H'H=I$ 和 $(dH')H+H'(dH)=O$, 故我们有 $R+R'=O$,其中 $R=H'(dH)$. 因此R是斜对称阵. 设H的独立变量是 $\{h_{12},\cdots,h_{1n},h_{23},\cdots,h_{2n},\cdots,h_{n-1,n}\}$和 $dH=HR$. 令 $r_{ij}=-r_{ji},i<j$. 我们有

$$dh_{ij}=\sum_{k=1}^{j-1}h_{ik}r_{kj}-\sum_{k=j}^{n}h_{ik}r_{jk},\quad i<j=1,\cdots,n.$$

注意到变换是有条件的且由定理 1.6.1(5), 我们有

$$J(dH\to R)=\prod_{j=2}^{n}J(dh_{1j},\cdots,dh_{j-1,j}\to r_{1j},r_{2j},\cdots,r_{j-1,j})$$

$$=\prod_{j=2}^{n}|H_{(j-1)}|_+=\prod_{j=1}^{n-1}|H_{(j)}|=\prod_{j=1}^{n}|H_{(j)}|_+.$$

取 $S=HD_iH'$的微分,我们有

$$dS=(dH)D_iH'+H(dD_i)H'+HD_i(dH)'$$

和

$$dW=H'(dS)H=RD_i-D_iR+dD_i.$$

比较两边的元素, 我们得到 $dw_{ii}=d\lambda_i$ 和 $dw_{ij}=(\lambda_i-\lambda_j)r_{ij}$, $i<j$. 因此

$$J(S\to H,D_i)=J(dS\to(dH,dD_i))=J(dS\to dW)J(dW\to(dH,dD_i))=J(dW\to(R,dD_i))J(R\to dH)$$

$$=\prod_{i<j}(\lambda_i-\lambda_j)/J(dH\to R),$$

此即所要证明的结果. □

例 1.6.8 广义球坐标变换是

$$\begin{cases}x_j=r\left(\prod_{k=1}^{j-1}\sin\varphi_k\right)\cos\varphi_j,\quad 1\leqslant j\leqslant n-2\\ x_{n-1}=r\left(\prod_{k=1}^{n-2}\sin\varphi_k\right)\cos\theta,\quad 0\leqslant\varphi_k\leqslant\pi,\quad 1\leqslant k\leqslant n-2\end{cases}$$

$$x_n = r\left(\prod_{k=1}^{n-2}\sin\varphi_k\right)\sin\theta,\quad 0 \leqslant \theta \leqslant 2\pi,\quad 0 \leqslant r < \infty.$$

则

$$J(x_1, \cdots, x_n \to r, \varphi_1, \cdots, \varphi_{n-2}, \theta) = r^{n-1}\left(\prod_{k=1}^{n-2}\sin^{n-k-1}\varphi_k\right).$$

证 显然，我们有

$$x_n^2 = r^2\left(\prod_{k=1}^{n-2}\sin^2\varphi_k\right)\sin^2\theta,$$

$$x_{n-1}^2 + x_n^2 = r^2\prod_{k=1}^{n-2}\sin^2\varphi_k,$$

$$\cdots\cdots\cdots\cdots$$

$$x_2^2 + \cdots + x_n^2 = r^2\sin^2\varphi_1,$$

$$x_1^2 + \cdots + x_n^2 = r^2.$$

利用(1.6.5)能够证明

$$\begin{aligned}
&J(x_1, \cdots, x_n \to r, \varphi_1, \cdots, \varphi_{n-2}, \theta)\\
&= J(x_n \to \theta)J(x_{n-1} \to \varphi_{n-2})\cdots J(x_2 \to \varphi_1)J(x_1 \to r)\\
&= (1/x_n)r^2\left(\prod_{k=1}^{n-2}\sin^2\varphi_k\right)\sin\theta\cos\theta\cdot(1/x_{n-1})r^2\\
&\quad\cdot\left(\prod_{k=1}^{n-3}\sin^2\varphi_k\right)\sin\varphi_{n-2}\cos\varphi_{n-2}\cdots(1/x_2)r^2\sin\varphi_1\cos\varphi_1\\
&\quad\cdot(1/x_1)r\\
&= \left[r\left(\prod_{k=1}^{n-2}\sin\varphi_k\right)\cos\theta\right]\cdot\left[(r/\cos\theta)\left(\prod_{k=1}^{n-3}\sin\varphi_k\right)\cos\varphi_{n-2}\right]\cdots\\
&\quad[(r/\cos\varphi_2)\cos\varphi_1]\cdot\left[\frac{1}{\cos\varphi_1}\right] = r^{n-1}\left(\prod_{k=1}^{n-2}\sin^{n-k-1}\varphi_k\right).
\end{aligned}$$

□

1.7 群与不变性

在多元分析中，一个非常重要的事实是：基于一些统计量的不变检验类在某一个变换群下是不变的。一些似然比检验在一般的条件下就是这样的不变检验。

令G表示由空间$\mathscr{X}$到自身的一个变换群。这意味着：

(1) 若 $g_1 \in G$ 和 $g_2 \in G$，则 $g_1 g_2 \in G$，其中 $g_1 g_2$ 定义作 $(g_1 g_2)x = g_1(g_2 x)$；

(2) 若 $g \in G$，则 $g^{-1} \in G$，其中 g^{-1} 满足 $gg^{-1} = g^{-1}g = e$，e 是G中的恒等变换。

定义 1.7.1 $\mathscr{X}$中的点 x_1 和 x_2 称为**在 G 下是等价的**，如果存在$g \in G$使得 $x_2 = gx_1$。我们把它记为 $x_1 \sim x_2\ (\mathrm{mod}G)$。

显然，等价关系有如下的性质：

(1) $x \sim x(\mathrm{mod}G)$；

(2) $x \sim y(\mathrm{mod}G)$ 蕴涵 $y \sim x(\mathrm{mod}G)$；

(3) $x \sim y(\mathrm{mod}G)$ 和 $y \sim z(\mathrm{mod}G)$ 蕴涵 $x \sim z(\mathrm{mod}G)$。

集合$\{gx \mid g \in G\}$称为在G下x的轨道。显然，两个轨道或者恒同，或者不交，并且轨道构成了x的分划。如果对$\mathscr{X}$中所有的x_1, x_2，有 $x_1 \sim x_2$，则G称为在$\mathscr{X}$上平移行动，而$\mathscr{X}$称为关于G是齐性的。因此，如果是存在一个轨道，亦即$\mathscr{X}$本身则G在$\mathscr{X}$上平移行动。

定义 1.7.2 $\mathscr{X}$上的函数 $f(x)$ 称为在G下是不变的，如果对每一个 $x \in \mathscr{X}$和每一个 $g \in G$，有

$$f(gx) = f(x).$$

因此f在G下是不变的当且仅当在每一G下轨道上，f是常数。

定义 1.7.3 $\mathscr{X}$上的函数 $f(x)$称为是G下的极大不变量，如果它在G下是不变的且

$$f(x_1) = f(x_2) \text{ 蕴涵 } x_1 \sim x_2(\mathrm{mod}G).$$

显然，f是一个极大不变量当且仅当它在每一个轨道上都是常数且对每一个轨道都取不同值。下述定理表明，任一不变函数都是一个极大不变量的函数。

定理 1.7.1 设$\mathscr{X}$上的函数 $f(x)$是G下的一个极大不变量。则$\mathscr{X}$上的函数 $h(x)$在G下是不变的当且仅当h是 $f(x)$的函数。

证 若 h 是 $f(x)$ 的一个函数，则存在函数 q 使得对所有的 $x\in\mathscr{X}$，$h(x)=q(f(x))$。因此，对所有的 $g\in G$，$x\in\mathscr{X}$，我们有 $h(gx)=q(f(gx))=q(f(x))=h(x)$，即 h 是不变的。

现设 h 是不变的。因 f 是极大不变量，故 $f(x_1)=f(x_2)$ 蕴涵 $x_1\sim x_2(\mathrm{mod}G)$，即对某个 $g\in G$，$x_2=gx_1$。因此，$h(x_2)=h(gx_1)=h(x_1)$。这就是说，$h(x)$ 只通过 $f(x)$ 而依赖于 x。□

下面的例子在其余各章中是有用的。

例 1.7.1 设 $\mathscr{X}=R^n$ 且 $G=O(n)$，是 $n\times n$ 正交矩阵群。$H\in O(n)$ 在 $x\in R^n$ 上的作用是

$$x\to Hx,$$

并且群的运算是矩阵的乘法。

我们要证明，在 G 下的极大不变量是 $f(x)=x'x$。首先，f 是不变的，这是因为对所有 $x\in R^n$ 和 $H\in O(n)$，有 $f(Hx)=x'H'Hx=x'x$。若 $x_1'x=f(x_1)=f(x_2)=x_2'x_2$，则存在 $H\in O(n)$ 使得 $x_2=Hx_1$（见 1.2 节 (6)），即 $x_1\sim x_2$。这意味着在 G 下的极大不变量是 $x'x$ 和任一不变函数是 $x'x$ 的函数。

类似地，设 $\mathscr{X}$ 是所有 $n\times m$ 矩阵的集合且 $G=O(n)$。$H\in O(n)$ 在 $X\in\mathscr{X}$ 上的作用是 $X\to HX$，并且群的运算是矩阵的乘法。则在 G 下的极大不变量是 $X'X$。□

例 1.7.2 设 $\mathscr{X}=\{(\mu,\Sigma)\mid\mu\in R^n,\ \Sigma>0\ 且\ \Sigma:\ n\times n\}$ 且 $G=\{(H,c),\ H\in O(n)\text{且}\ c\in R^n\}$。$G$ 在 $\mathscr{X}$ 上的作用是

$$\mu\to H\mu+c\quad 和\quad \Sigma\to H\Sigma H',$$

群的运算是矩阵乘法和加法。则在 G 下的极大不变量是 $\lambda(\Sigma)=\mathrm{diag}(\lambda_1,\cdots,\lambda_n)$，$\Sigma$ 的特征值 $\lambda_1\geqslant\lambda_2\geqslant\cdots\geqslant\lambda_n>0$。

证 设 $f(\mu,\Sigma)=\lambda(\Sigma)$ 且注意到因为对每个 $H\in O(n)$，$H\Sigma H'$ 和 Σ 有相同的特征根，所以 $f(\mu,\Sigma)$ 是不变的。为证 $\lambda(\Sigma)$ 是极大不变量，设 $f(\mu,\Sigma)=f(\nu,V)$，即 Σ 和 V 有相同的特征根 $\lambda_1,\cdots,\lambda_n$。取 $H_1\in O(n)$ 和 $H_2\in O(n)$ 使得

$$H_1\Sigma H_1'=\mathrm{diag}(\lambda_1,\cdots,\lambda_n)=H_2VH_2'.$$

记 $H=H_2'H_1\in O(n)$。因此 $V=H_2'H_1\Sigma H_1'H_2=H\Sigma H'$。令 $c=$

$-H\mu+\nu$，我们有

$$H\mu+c=\nu \text{ 和 } H\Sigma H'=V.$$

因此 $(\mu,\Sigma)\sim(\nu,V)\pmod G$. □

例 1.7.3 设 $\mathscr{X}=\{X|X$ 是 $n\times p$ 矩阵$\}$和 $G=\{(H,P)|H\in O(n),\ P\in O(p)\}$. 在$\mathscr{X}$上的变换群给定为 $X\to HXP$，其运算为矩阵乘法. 则在G下的极大不变量是 $\lambda(X'X)$，即为 $X'X$ 的特征值.

证 设 $f(X)=\lambda(X'X)$. 显然 $f(X)$是不变的，因为 $X'X$和 $(HXP)'(HXP)$有相同的特征值. 设 $f(X)=f(Y)$，即 $X'X$ 和 $Y'Y$ 有相同的特征值. 我们要证明 $X\sim Y\pmod G$. 事实上，由上面两例，存在 $P\in O(p)$ 和 $H\in O(n)$ 使得 $Y'Y=PX'XP'=(XP')'XP'$ 和 $Y=HXP'$，即 $X\sim Y$. □

例 1.7.4 设 $\mathscr{X}=\{(\mu,\Sigma)|\mu\in R^n,\Sigma>0$ 且 $\Sigma:n\times n\}$和 $G=O(n)$. G 在$\mathscr{X}$上的作用是

$$\mu\to H\mu \text{ 和 } \Sigma\to H\Sigma H'.$$

则在G下的极大不变量是 $(\lambda_1,\cdots,\lambda_n,P\mu)$，其中 $\lambda_1,\cdots,\lambda_n$ 是Σ的特征值且 $P\in O(n)$ 满足 $P\Sigma P'=\lambda(\Sigma)=\mathrm{diag}(\lambda_1,\cdots,\lambda_n)$.

证 设 $f(\mu,\Sigma)=(\lambda(\Sigma),P\mu)$，其中 $P\Sigma P'=\lambda(\Sigma)$. 显然，$f(\mu,\Sigma)$ 是不变的，因为Σ和 $H\Sigma H'$ 有相同的特征值，并且若 $Q(H\Sigma H')Q'=\lambda(\Sigma)$，则 $P\Sigma P'=\lambda(\Sigma)$ 且 $Q(H\mu)=P\mu$. 为证明它是极大不变量，设 $f(\mu,\Sigma)=f(\nu,V)$. 由例 1.7.2，存在 $H\in O(n)$使得 $V=H\Sigma H'$. 设 $P\in O(n)$满足 $P\Sigma P'=\lambda(\Sigma)$且 $Q=PH'$. 则 $QVQ'=PH'H\Sigma H'HP'=P\Sigma P'=\lambda(\Sigma)$，$PH'\nu=Q\nu=P\mu$ 且 $\nu=H\mu$，即 $(\mu,\Sigma)\sim(\nu,V)\pmod G$. □

注：由此例容易看出，$\mu'\mu$，$\mu'\Sigma^{-1}\mu$ 和 $\lambda\Sigma$ 是不变的，而它们并不是极大不变量.

类似地，我们还能够得到如下的例子，其证明留给读者去完成.

例 1.7.5 设 $\mathscr{X}=\{(\mu,\Sigma)|\mu\in R^n,\ \Sigma>0$ 且$\Sigma:n\times n\}$和 $G=\{(a,b,H)|a\neq 0,\ b\in R^n$且 $H\in O(n)\}$. 在$\mathscr{X}$上的变换群

给定为

$$\mu \to aH\mu + b \text{ 和 } \Sigma \to a^2 H\Sigma H'.$$

在此变换群下，一个极大不变量是

$$(\lambda_1/\lambda_m, \cdots, \lambda_{m-1}/\lambda_m),$$

其中 $\lambda_1 \geqslant \lambda_2 \geqslant \cdots \geqslant \lambda_m > 0$ 是 Σ 的特征值.

例 1.7.6 设 $\mathscr{X}$ 是与例 1.7.5 相同的，$G = \{B \mid B$ 是 $n \times n$ 非异阵$\}$. G 在 $\mathscr{X}$ 上的作用是

$$\mu \to B\mu \text{ 和 } \Sigma \to B\Sigma B'.$$

则极大不变量是 $\mu'\Sigma^{-1}\mu$.

证 设 $f(\mu, \Sigma) = \mu'\Sigma^{-1}\mu$. 显然，$f$ 在 G 下是不变的，因为

$$f(B\mu, B\Sigma B') = \mu'B'(B\Sigma B')^{-1}B\mu = \mu'\Sigma^{-1}\mu = f(\mu, \Sigma).$$

假设

$$f(\mu, \Sigma) = f(\nu, V),$$

亦即 $\mu'\Sigma^{-1}\mu = \nu'V^{-1}\nu$. 则

$$(\mu'\Sigma^{-\frac{1}{2}})(\mu'\Sigma^{-\frac{1}{2}})' = (\nu'V^{-\frac{1}{2}})(\nu'V^{-\frac{1}{2}})'.$$

由 1.2 节(6)存在 $H \in O(n)$ 使得

$$H\Sigma^{-\frac{1}{2}}\mu = V^{-\frac{1}{2}}\nu.$$

取 $B = V^{\frac{1}{2}}H\Sigma^{-\frac{1}{2}}$，我们有 $B\mu = \nu$ 和 $B\Sigma B' = V$，即 $(\mu, \Sigma) \sim (\nu, V)(\text{mod}G)$。因此，$f$ 是极大不变量. □

例 1.7.7 设 $\mathscr{X}$ 如前例所述而 $G = \{(B, c) \mid B = \text{diag}(b_1, \cdots, b_n) > 0,\ c \in R^n\}$. 群的运算定义为

$$(B_1, c_1)(B_2, c_2) = (B_1B_2, B_1c_2 + c_1),$$

G 在 $\mathscr{X}$ 上的作用为

$$\mu \to B\mu + c \text{ 和 } \Sigma \to B\Sigma B'.$$

则在 G 下的极大不变量是 $f(\mu, \Sigma) = R = (r_{ij})$，其中

$$r_{ij} = \frac{\sigma_{ij}}{(\sigma_{ii}\sigma_{jj})^{\frac{1}{2}}},\ i, j = 1, \cdots, n,$$

且 $\Sigma = (\sigma_{ij})$.

证 首先，因为

$$f(B\mu+c, B\Sigma B')=\left(\frac{b_ib_j\sigma_{ij}}{(b_i^2\sigma_{ii}b_j^2\sigma_{jj})^{\frac{1}{2}}}\right)=(r_{ij})=R=f(\mu,\Sigma).$$

所以R是不变的，为证明它是极大不变量，设 $f(\mu,\Sigma)=f(\nu,V)$ 且 $V=(v_{ij})$，即

$$\frac{\sigma_{ij}}{(\sigma_{ii}\sigma_{jj})^{\frac{1}{2}}}=\frac{v_{ij}}{(v_{ii}v_{jj})^{\frac{1}{2}}}, \quad i,j=1,\cdots,n.$$

设 $b_i=(v_{ii}/\sigma_{ii})^{\frac{1}{2}}$，$i=1,\cdots,n$ 和 $c=-B\mu+\nu$. 则我们有

$$V=B\Sigma B' \text{ 和 } \nu=B\mu+c$$

所以 $(\mu,\Sigma)\sim(\nu,V)(\mathrm{mod}G)$. 因此，$R$是极大不变量. □

更一般地，我们有如下的例子.

例 1.7.8 设 $\mathscr{X}=\{(\mu_1,\mu_2,\Sigma_1,\Sigma_2)/\mu_1\in R^n, \mu_2\in R^n, \Sigma_1>0, \Sigma_2>0: n\times n\}$ 和 $G=\{(c, d, B)/c\in R^n, d\in R^n, B$ 是 $n\times n$ 非异阵$\}$，其中群的运算是

$$(B_1,c_1,d_1)(B_2,c_2,d_2)=(B_1B_2, B_1c_2+c_1, B_1d_2+d_1).$$

G在$\mathscr{X}$上的作用是

$(\mu_1,\mu_2)\to(B\mu_1+c, B\mu_2+d)$ 和 $(\Sigma_1,\Sigma_2)\to(B\Sigma_1B', B\Sigma_2B')$. 在变换群$G$下，极大不变量是$(\lambda_1,\cdots,\lambda_n)$，其中 $\lambda_1\geqslant\lambda_2\geqslant\cdots\geqslant\lambda_n>0$ 是 $\Sigma_1\Sigma_2^{-1}$ 的特征值.

证 设 $f(\mu_1,\mu_2,\Sigma_1,\Sigma_2)=(\lambda_1,\cdots,\lambda_n)$. 容易看到 f 是不变的. 设 $f(\mu_1,\mu_2,\Sigma_1,\Sigma_2)=f(\nu_1,\nu_2,V_1,V_2)$，即 $\Sigma_1\Sigma_2^{-1}$ 和 $V_1V_2^{-1}$有相同的特征值 $\Lambda=\mathrm{diag}(\lambda_1,\cdots,\lambda_n)$. 由 1.2 节(10)，存在非异阵 B_1 和 B_2 使得

$$B_1\Sigma_1B_1'=\Lambda \qquad B_1\Sigma_2B_1'=I_n,$$
$$B_2V_1B_2'=\Lambda \qquad B_2V_2B_2'=I_n.$$

则

$$V_1=B_2^{-1}\Lambda B_2'=B_2^{\ 1}B_1\Sigma_1B_1'B_2'^{-1}=B\Sigma_1B',$$

和

$$V_2=B_2^{-1}B_2'^{-1}=B_2^{-1}B_1\Sigma_2B_1'B_2'^{-1}=B\Sigma_2B',$$

其中 $B=B_2^{-1}B_1$. 置 $c=-B\mu_1+\nu_1$ 和 $d=-B\mu_2+\nu_2$，我们

有 $(\mu_1, \mu_2, \Sigma_1, \Sigma_2) \sim (\nu_1, \nu_2, V_1, V_2)$，即 Λ 是极大不变量。□

参考文献

Bellman (1970), Graham (1981), Muirhead (1982), Rao (1973), Srivastava and Khatri (1979), 张尧庭，方开泰(1982).

练 习 1

1.1 证明 $|I_p - AB| = |I_q + BA|$，其中 A: $p \times q$ 和 B: $q \times p$(提示：令

$$V = \begin{bmatrix} I_p & A \\ B & I_q \end{bmatrix}$$

且利用(1.1.7)和(1.1.9))。

1.2 证明：若 $A = (a_{ij}) \in LT(p)$，则 $A^{-1} = (a^{ij}) \in LT(p)$. 求用 a_{ij} 表示 a^{ij} 的公式.

1.3 证明公式(1.1.10).

1.4 证明 $\mathrm{rk}(A) = \mathrm{rk}(A'A) = \mathrm{rk}(AA')$.

1.5 设 A 是 $n \times n$ 方阵满足 $A^m = A$ 且对 $1 \leqslant i < m$ 有 $A^i \neq A$。试求 A 的特征值. 按 $i = 2$, $i = 3$ 或 $i > 3$，我们把 A 称为幂等的，三重幂等的或幂零的.

1.6 若 $A > 0$，则 A 的所有的主子方阵都是正定阵.

1.7 证明：若 $A > B$，则 $\lambda_i > \mu_i, i = 1, \cdots, n$，其中 $\lambda_1 \geqslant \lambda_2 \geqslant \cdots \geqslant \lambda_n > 0$ 和 $\mu_1 \geqslant \mu_2 \geqslant \cdots \geqslant \mu_n$ 分别是 A 和 B 的特征值.

1.8 证明：AB 和 BA 的非零特征值相同. 试求出 AB 和 BA 的特征向量之间的关系式.

1.9 设 $A > 0$ 且特征值 $\lambda_1 \geqslant \lambda_2 \geqslant \cdots \geqslant \lambda_n$. 证明

$$\sup_{x \neq 0} \frac{x'Ax}{x'x} = \lambda_1, \inf_{x \neq 0} \frac{x'Ax}{x'x} = \lambda_n.$$

1.10 设 A 和 B 为 $n \times n$ 阵，$A' = A$ 且 $B > 0$. 证明

$$\sup_{x\neq 0}\frac{x'Ax}{x'Bx}=\lambda_1,\inf_{x\neq 0}\frac{x'Ax}{x'Bx}=\lambda_n,$$

其中 $\lambda_1\geqslant\lambda_2\geqslant\cdots\geqslant\lambda_n$ 是 AB^{-1} 的特征值.

1.11 设A是秩为k的$n\times m$的矩阵，$\lambda_1,\cdots,\lambda_k$ 是非零特征值且 $h_1,\cdots,h_k$ 是 $A'A$ 相应的特征向量. 证明 $\lambda_1^{-1}h_1h_1'+\cdots+\lambda_k^{-1}h_kh_k'$ 是 $A'A$ 的广义逆.

1.12 设A和B是两个$m\times n$矩阵. 则

$$\mathrm{tr}[K_{mn}(A'\otimes B)]=\mathrm{tr}(A'B)=(\mathrm{vec}(A))'(\mathrm{vec}(B)).$$

1.13 证明: $\mathrm{tr}(K_{mn})=1+d(m-1,n-1)$,其中 $d(m,n)$ 表示m和n的最大公因子且 $d(0,n)=d(n,0)=n$.

1.14 证明: K_{mn} 有 $\frac{1}{2}n(n+1)$ 个 1 和 $\frac{1}{2}n(n-1)$个 -1 为其特征值. 因此,$|K_{mn}|=(-1)^{\frac{1}{2}n(n-1)}$.

1.15 试求$\begin{bmatrix}A'A & B\\ B' & O\end{bmatrix}$的广义逆.

1.16 若 $A=\begin{vmatrix}A_{11} & A_{12}\\ A_{21} & A_{22}\end{vmatrix}>0$,则对任意的广义逆有 $A_{22}A_{22}^{-}A_{21}=A_{21}$.

1.17 设A和B分别是$m\times m$和$n\times n$矩阵. 定义$A\oplus B=A\otimes I_n+I_m\otimes B$. 设$\{\lambda_1,\cdots,\lambda_m\}$和$\{\mu_1,\cdots,\mu_n\}$分别是$A$和$B$的特征值且$\{x_1,\cdots,x_m\}$和$\{y_1,\cdots,y_n\}$ 是相应的特征向量。证明: $\{\lambda_i+\mu_j,i=1,\cdots,m;\ j=1,\cdots,n\}$ 是$A\oplus B$的全部特征值且 $\{x_i\otimes y_j,i=1,\cdots,m;j=1,\cdots,n\}$是相伴特征向量. 因此

$$|A\oplus B|=\prod_{i=1}^{m}\prod_{j=1}^{n}(\lambda_i+\mu_j).$$

1.18 计算

$$\frac{\partial\mathrm{tr}(X'AXB)}{\partial X}=AXB+A'XB'.$$

1.19 利用定理 1.5.1 和

$$\frac{\partial X^n}{\partial x_{ij}}=\sum_{k=0}^{n-1}X^kE_{ij}X^{n-k-1},$$

证明

$$\frac{\partial y_{ij}}{\partial X}=\sum_{k=0}^{n-1}(X')^kE_{ij}(X')^{n-k-1},$$

其中 $Y=X^n$。

1.20 设 $X=(x_{ij})$ 和 $Y=(y_{ij})$ 分别是 $m\times n$ 和 $p\times q$ 矩阵. 定义 Y 关于 X 的导数 $\partial Y/\partial X$ 是如下的 $(m+p)\times(n+q)$ 矩阵:

$$\frac{\partial Y}{\partial X}=K_{pm}\begin{bmatrix}\frac{\partial Y}{\partial x_{11}} & \cdots & \frac{\partial Y}{x_{1n}}\\ \vdots & & \vdots\\ \frac{\partial Y}{\partial x_{m1}} & \cdots & \frac{\partial Y}{\partial x_{mn}}\end{bmatrix}$$

$$=K_{pm}\sum_{i=1}^{m}\sum_{j=1}^{n}\left((E_{ij}(m,n)\otimes\frac{\partial Y}{\partial x_{ij}}\right).$$

证明:

(1) $\frac{\partial(Y+Z)}{\partial X}=\frac{\partial Y}{\partial X}+\frac{\partial Z}{\partial X}.$

(2) $\frac{\partial(XY)}{\partial Z}=\frac{\partial X}{\partial Z}(I\otimes Y)+(X\otimes I)\frac{\partial Y}{\partial Z}.$

(3) 若 X,Y 和 Z 是 $m\times n,u\times v$ 和 $p\times q$ 矩阵,则

$$\frac{\partial(X\otimes Y)}{\partial Z}=(I_m\otimes K_{up})\left(\frac{\partial X}{\partial Z}\otimes Y\right)+\left(X\otimes\frac{\partial Y}{\partial Z}\right)(K_{nq}\otimes I_v).$$

(4) $\frac{\partial X'}{\partial X}=I_{mn}.$

(5) $\frac{\partial(X^{-1})'}{\partial X}=-(X^{-1}\otimes X^{-1})'.$

(6) $\frac{\partial(AX'B)}{\partial X}=A\otimes B.$

1.21 设 Y 和 X 是上三角阵且 $Y=X^{-1}$. 试求 $J(X\to Y)$.

1.22 设 X 是 $n \times p$ 矩阵且 $X = UA$，其中 $A \in UT(p)$，具有正对角元素，U: $n \times p$ 且 $U'U = I_p$. 证明

$$J(X \to (U, A)) = \left(\prod_{i=1}^{p} a_{ii}^{n-i}\right) g_{n,p}(U)$$

1.23 设 $Y = X^{-1}$ 是 $n \times n$ 矩阵. 证明

$$J(Y \to X) = |X|^{-2n},$$

和

$$J(Y \to X) = |X|^{-(n+1)}, \text{ 若 } X' = X.$$

1.24 设 $x = \{U | U: n \times p, U'U = I_p\}$，为具有标准正交列的 $n \times p$ 矩阵的 Stiefel 流形，并且 $G = O(n)$. 而 $H \in O(n)$ 在 $U \in x$ 上的作用给定为

$$U \to HU,$$

群的运算为矩阵的乘法. 试求在 G 下的极大不变量.

1.25 证明 $A^{-} = Q(PAQ)^{-}P$，其中 P 和 Q 是非异阵.

1.26 证明 $\begin{bmatrix} A & O \\ O & B \end{bmatrix} = \begin{bmatrix} A^{-} & X \\ Y & B^{-} \end{bmatrix}$，其中 X 和 Y 为满足 $AXB = O$ 且 $BYA = O$ 的任意矩阵.

(注: $\begin{bmatrix} A & O \\ A & B \end{bmatrix}^{-} = \begin{bmatrix} A^{-} & X \\ Y & B^{-} \end{bmatrix}$ 在下述意义下成立: 对任意给定的 $\begin{bmatrix} A & O \\ O & B \end{bmatrix}_0^{-}$ 存在 A_0^{-}, B_0^{-}, X 和 Y 使得该方程成立.)

1.27 若 A_{11} 非异，证明

$$\begin{bmatrix} A_{11} & A_{12} \\ A_{21} & A_{22} \end{bmatrix} = \begin{bmatrix} A_{11}^{-1} - A_{11}^{-1}A_{12}Y - XA_{21}A_{11}^{-1} & X \\ Y & O \end{bmatrix} + \begin{bmatrix} A_{11}^{-1}A_{12} \\ -I \end{bmatrix} A_{22.1}^{-}(A_{21}A_{11}^{-1}, -I),$$

其中 X 和 Y 为满足 $XA_{22.1} = O$ 和 $A_{22.1}Y = O$ 的任意阵.

1.28 若 $A \geqslant 0$，试证明练习 1.27 中的公式成立，但 X 和 Y 满足 $A_{11}XA_{22.1} = O$ 且 $A_{22.1}YA_{11} = O$.

第二章　椭球等高分布

在本章中，我们将定义构成广义多元分析之基础的椭球等高分布(ECD),并讨论它们的性质．作为椭球等高分布的特殊情形，我们将首先在第 3 节和第 5 节讨论多元正态分布和球对称分布．第 7 节将给出一些正态性的特征．球对称分布和 Dirichlet 分布之间有密切的联系．后者将在第 4 节讨论．第 8 节和第 9 节将分别说明如何计算二次型分布和某些广义非中心分布(χ^2 分布、广义非中心 t 分布和广义非中心 F 分布等)． 第 1 节和第 2 节将引入一些初等概念和工具．

2.1　多 元 分 布

2.1.1　多元累积分布函数

设 $x=(X_1,\cdots,X_p)'$ 是 $p\times 1$ 随机向量．它的联合分布定义为

$$F(x)=F(x_1,\cdots,x_p)=P\{X_1\leqslant x_1,\cdots,X_p\leqslant x_p\}.$$

显然，任何多元累积分布函数(mcdf)都有如下的性质:

(1) $F(x)$ 对 x 的每个分量都是单调非减且右连续的;

(2) $0\leqslant F(x)\leqslant 1$;

(3) $F(-\infty,x_2,\cdots,x_p)=F(x_1,-\infty,x_3,\cdots,x_p)=\cdots$
$=F(x_1,\cdots,x_{p-1},-\infty)=0$;

(4) $F(+\infty,\cdots,+\infty)=1$.

2.1.2　密度

给定 mcdf $F(x)$,若存在一个非负函数 $f(x)$使得对每个 $x=(x_1,\cdots,x_p)'\in R^p$ 有

(2.1.1) $$F(x)=\int_{-\infty}^{x_1}\cdots\int_{-\infty}^{x_p}f(t)dt,$$

则我们说,多元累积分布函数 $F(x)$有**密度** $f(x)$。任何密度$f(x)$有下列性质:

(1) $f(x)\geqslant 0$。

(2) $\int_{R^p}f(x)dx=1$。

(3) 对 R^p中每一个 Borel 集 B,我们有

(2.1.2) $$P\{x\in B\}=\int_B f(x)dx.$$

特别

$$P\{a_i\leqslant X_i\leqslant b_i,i=1,\cdots,p\}=\int_{a_1}^{b_1}\cdots\int_{a_p}^{b_p}f(x)dx.$$

(4) 对 $f(x)$的每个连续点 x, 我们有

(2.1.3) $$f(x_1,\cdots,x_p)=\frac{\partial^p F(x_1,\cdots,x_p)}{\partial x_1\partial x_2\cdots\partial x_p},$$

其中 $F(x)$是 $f(x)$的多元累积分布函数。

2.1.3 边缘分布

设 x 是 p 维随机向量且 $x^{(1)}$是具有其 q 个分量的 x 的子向量. 则 $x^{(1)}$的分布称为 x 的边缘分布。

不失一般性,我们可假定 $x=\begin{bmatrix}x^{(1)}\\ x^{(2)}\end{bmatrix}$,即 $x^{(1)}$的分量是 x 的前 q 个分量. 那么,$x^{(1)}$的边缘分布是$F(x_1,\cdots,x_q,+\infty,\cdots,+\infty)$.

若 x 有密度 $f(x)$,则 $x^{(1)}$也有密度. 由于

$$F(x_1,\cdots,x_q,+\infty,\cdots,+\infty)=\int_{-\infty}^{x_1}\cdots\int_{-\infty}^{x_q}\int_{-\infty}^{+\infty}\cdots$$

$$\cdots\int_{-\infty}^{+\infty}f(y_1,\cdots,y_p)dy_1\cdots dy_p,$$

故 $x^{(1)}$的边缘密度是

(2.1.4) $$f^{(1)}(x_1,\cdots,x_q)=\int_{-\infty}^{\infty}\cdots\int_{-\infty}^{\infty}f(x_1,\cdots,x_p)dx_{q+1}\cdots dx_p.$$

2.1.4 条件分布

在概率论中，熟知若A和B是两个事件，则在A出现的条件下B的条件概率为

$$P\{B|A\}=\frac{P\{AB\}}{P\{A\}} \tag{2.1.5}$$

假定 $P(A)\neq 0$. 现设 $A=\{a\leqslant X\leqslant b\}$和 $B=\{c\leqslant Y\leqslant d\}$，其中X和Y是两个随机变量. 则我们有

$$P\{a\leqslant X\leqslant b|c\leqslant Y\leqslant d\}=\frac{P\{a\leqslant X\leqslant b,c\leqslant Y\leqslant d\}}{P\{c\leqslant Y\leqslant d\}}$$

和

$$P\{a\leqslant X\leqslant b|c\leqslant Y\leqslant d\}=\frac{\int_a^b\int_c^d f(x,y)dxdy}{\int_c^d g(y)dy}, \tag{2.1.6}$$

其中 $f(x,y)$ 是X和Y的联合密度且 $g(y)$是Y的边缘密度（若它们存在），须假定 $P(c\leqslant Y\leqslant d)\neq 0$. 给定$Y=y$时$X$的条件密度定义为

$$f(x|y)=\frac{f(x,y)}{g(y)}. \tag{2.1.7}$$

一般地，若 $x=\begin{bmatrix}x^{(1)}\\ \\ x^{(2)}\end{bmatrix}$和$x^{(2)}$分别有密度 $f(x^{(1)},x^{(2)})$和 $g(x^{(2)})$，则给定 $x^{(2)}$ 时 $x^{(1)}$的条件密度是

$$f(x^{(1)}|x^{(2)})=\frac{f(x^{(1)},x^{(2)})}{g(x^{(2)})}. \tag{2.1.8}$$

当x没有密度时，我们仍然能够定义$\{x^{(1)}|x^{(2)}\}$的条件分布. 它的定义和性质可以在许多教科书中找到，例如在 Loève 的书(1960)中.

2.1.5 独立性

定义 2.1.1 两个随机向量 $x:p\times 1$ 和 $y:q\times 1$ 称为独立的

如果 $F(x,y)=G(x)H(y)$,其中 $F(x,y)$, $G(x)$和 $H(y)$分别是(x,y),x 和 y 的多元累积分布函数. 若它们分别有密度 $f(x,y)$, $g(x)$和 $h(y)$,则 x 和 y 是**独立的**当且仅当

$$f(x,y)=g(x)h(y), \tag{2.1.9}$$

或

$$f(x|y)=g(x). \tag{2.1.10}$$

定义 2.1.2 设 $F(x_1,\cdots,x_p)$是随机向量 $x=(X_1,\cdots,X_p)'$ 的分布函数且 $F_j(x_j)$, $j=1,\cdots,p$ 是其边缘分布. 随机变量 $X_1,\cdots,X_p$ 称为**独立的**如果

$$F(x_1,\cdots,x_p)=\prod_{j=1}^{p}F_j(x_j). \tag{2.1.11}$$

熟知,$X_1,\cdots,X_p$ 的独立性蕴涵 X_i 和 $X_j(i\neq j)$ 的独立性. 但反之却不总真确. 事实上,存在一些例子,其中 X_i 和 X_j, $i\neq j$, 是独立的,而 $X_1,\cdots,X_p$ 却不是独立的(见练习 2.1).

2.1.6 特征函数

定义 2.1.3 设 x 是具有多元累积分布函数 $F(x)$的 $p\times 1$ 随机向量 t 是 $p\times 1$ 常向量. x 的**特征函数**定义为

$$\phi_x(t)=\int_{-\infty}^{\infty}\cdots\int_{-\infty}^{\infty}e^{it'x}dF(x), \tag{2.1.12}$$

其中 $i=\sqrt{-1}$。

我们来回顾一元分析的情形. 它表明下列的性质是有用的:

(a) $\phi_x(0)=1$;

(b) $|\phi_x(t)|\leqslant 1$;

(c) $\phi_x(t)$在 R^p 上一致连续;

(d) 若 x 和 y 是独立的随机向量, 其特征函数为 $\phi_x(t)$ 和 $\phi_y(t)$,则$(x+y)$的特征函数是

$$\phi_{x+y}(t)=\phi_x(t)\phi_y(t). \tag{2.1.13}$$

例如,若 x 的分量$\{X_j\}$是独立的,则

$$(2.1.14) \qquad \phi_x(t_1,\cdots,t_p)=\phi_x(t)=\prod_{j=1}^{p}\phi X_j(t_j).$$

(e) 设 x 和 y 是两个随机向量，其多元累积分布函数分别为 $F_1(x)$ 和 $F_2(y)$，特征函数分别为 $\phi_x(t)$和 $\phi_y(t)$. 则 $F_1(x)$ 和 $F_2(y)$是恒等的当且仅当 $\phi_x(t)$和 $\phi_y(t)$是恒等的. 这就是说，R^p 中的多元累积分布函数由其特征函数唯一确定.

(f) 设 $\phi_x(t)$ 是 x 的特征函数且 $y=Ax+a$. 则 y 的特征函数是 $\exp(ia't)\phi_x(A't)$,

(g) 若 x 是 $p\times 1$ 随机向量，则对每个 $a\in R^p$，x 的分布由 $a'x$ 的分布唯一确定.

证 由于 $a'x$ 的特征函数是

$$\phi_a(t)=E(e^{ita'x}),$$

因此

$$\phi_a(1)=E(e^{ia'x}),$$

作为 a 的函数是 x 的特征函数. 由 (e),结论得证. □

定义 2.1.4 我们说一个特征函数属于$(\bar{U})$类如果在零的邻域内，它等于而不恒等于另一个特征函数. 一个特征函数属于 (U) 类如果它不属于$(\bar{U})$类.

许宝騄(1954, 1983)考察了一个特征函数属于$(\bar{U})$的熟知的例子，并给出另一些例子和定理. Marčinkiewicz(1938)证明：一个非负(或非正)随机变量的特征函数属于(U)(见定理 3). Zygmund(1951) 给出一个特征函数属于(U)的充分条件，即其相应的分布函数 $F(x)$应满足条件

$$(2.1.15) \qquad \int_{-\infty}^{0}e^{-rx}dF(x)<\infty \left(\text{或}\int_{0}^{\infty}e^{rx}dF(x)<\infty\right),$$

其中 r 为正常数. Essen(1945) 证明：若一个分布函数存在有限矩 μ_r' 且由这些矩$\{\mu_r'\}$唯一确定，则相应的特征函数属于(U).

2.1.7 $\overset{\text{“}d\text{”}}{=}$ 运算

定义 2.1.5 若随机向量 x 和 y 有相同的分布，则记为 $x\overset{d}{=}y$,

"d" $\stackrel{}{=}$ 运算在本书中将起重要作用. 我们有下列基本事实:

(a) 设 $x \stackrel{d}{=} y$ 且 $f_j(\cdot), j=1,\cdots,m$, 是 Borel 函数. 则

$$\begin{bmatrix} f_1(x) \\ \vdots \\ f_m(x) \end{bmatrix} \stackrel{d}{=} \begin{bmatrix} f_1(y) \\ \vdots \\ f_m(y) \end{bmatrix}, \tag{2.1.16}$$

因为

$$\phi_{f_1(x),\cdots,f_m(x)}(t_1,\cdots,t_m) = \int e^{i(t_1f_1(x)+\cdots+t_mf_m(x))}dF_1(x)$$

$$= \int e^{i(t_1f_1(y)+\cdots+t_mf_m(y))}dF_2(y) = \phi_{f_1(y),\cdots,f_m(y)}(t_1,\cdots,t_m)$$

其中 $F_1(x)$和 $F_2(y)$分别是 x 和 y 的多元累积函数,例如,我们有

$$\begin{bmatrix} x'A_1x \\ \vdots \\ x'A_mx \end{bmatrix} \stackrel{d}{=} \begin{bmatrix} y'A_1y \\ \vdots \\ y'A_my \end{bmatrix},$$

其中 $A_1,\cdots,A_m$ 是常数阵.

(b) 设 X,Y,Z 和W是随机变量, X和Z独立且Y和W也独立. 则我们有

(1) $X \stackrel{d}{=} Y$ 和 $Z \stackrel{d}{=} W$蕴涵 $X+Z \stackrel{d}{=} Y+W$.

(2) 若 $Z \stackrel{d}{=} W$且对几乎所有的 t 有 $\phi_Z(t) \neq 0$,或若 $\phi_X(t) \in (U)$, 则 $X+Z \stackrel{d}{=} Y+W$蕴涵 $X \stackrel{d}{=} Y$.

证 由(2.1.13),结论(1)显然. 设 $Z \stackrel{d}{=} W$和$X+Z \stackrel{d}{=} Y+W$,我们要证明 $X \stackrel{d}{=} Y$. 由于

$$\phi_X(t)\phi_Z(t) = \phi_{X+Z}(t) = \phi_{Y+W}(t) = \phi_Y(t)\phi_W(t), \tag{2.1.17}$$

故若对几乎所有的 t 有 $\phi_Z(t)(=\phi_W(t)) \neq 0$, 则对几乎所有的 t 有 $\phi_X(t)=\phi_Y(t)$, 即 $X \stackrel{d}{=} Y$. 若 $\phi_X(t) \in (U)$,则由(2.1.17)和在 $t=0$ 处特征函数的连续性,存在 $\delta>0$ 使得

$$\phi_X(t)=\phi_Y(t), \quad 当\ 0 \leqslant t \leqslant \delta.$$

由 $\phi_X(t)\in(U)$,结论(2)得证. □

(c) 设 X,Y 和 Z 是随机变量且 Z 分别与 X 和 Y 独立. 则

(1) $X\overset{d}{=}Y$ 蕴涵 $ZX\overset{d}{=}ZY$.

(2) 若

$$P(X>0)=P(Y>0)=P(Z>0)=1 \tag{2.1.18}$$

且对几乎所有的 t 有 $\phi_{\log X}(t)\in\phi_{\log Z}(t)\neq 0$ 的 (U),则 $ZX\overset{d}{=}ZY$ 蕴涵 $X\overset{d}{=}Y$.

(3) 若 $P(Z>0)=1$ 且对几乎所有的 t 有 $\phi_{\log Z}(t)\neq 0$,则 $ZX\overset{d}{=}ZY$ 蕴涵 $X\overset{d}{=}Y$.

(4) 若 $P(Z>0)=1$ 且 $\{\log X\,|\,X>0\}$ 和 $\{\log(-X)\,|\,X<0\}$ 的特征函数属于 (U),则 $ZX\overset{d}{=}ZY$ 蕴涵 $X\overset{d}{=}Y$.

证 结论(1)和(2)显然. 我们只证明(3). 若 X 和 Y 满足(2.1.18),则由假设我们有 $\log Z+\log X\overset{d}{=}\log Z+\log Y$ 和 $\log X\overset{d}{=}\log Y$,即 $X\overset{d}{=}Y$.

现在我们考虑 X 和 Y 是任意的随机变量. 设

$$f_+(x)=\begin{cases}x & 若\ x>0\\ 0 & 若\ x\leqslant 0,\end{cases}\qquad f_-(x)=\begin{cases}0 & 若\ x\geqslant 0\\ -x & 若\ x<0\end{cases}$$

且 $X^+=f_+(x),X^-=f_-(x);Y^+=f_+(y)$ 和 $Y^-=f_-(y)$. 我们要证明:

$$X\overset{d}{=}Y\Longleftrightarrow X^+\overset{d}{=}Y^+;X^-\overset{d}{=}Y\ . \tag{2.1.19}$$

由于 $f_+(\cdot)$ 和 $f_-(\cdot)$ 是 Borel 函数,故必要性的结论显然. 若 $X^+=Y^+$ 和 $X^-=Y^-$,则我们有

$$\begin{aligned}E(e^{itX})&=\int_{\{x>0\}}e^{itX}dF(x)+\int_{\{x<0\}}e^{itX}dF(x)+P(X=0)\\&=E(e^{itX^+})-P(X\leqslant 0)+E(e^{-itX^-})\\&\quad -P(X\geqslant 0)+P(X=0)\\&=E(e^{itX^+})+E(e^{-itX^-})-1\end{aligned}$$

$$= E(e^{itY^+}) + E(e^{-itY^-}) - 1 = E(e^{itY}),$$

其中 $F(x)$是 x 的累积分布函数,即 $X \stackrel{d}{=} Y$. 若我们能够证明 $ZX^+ \stackrel{d}{=} ZY^+ \Longleftrightarrow X^+ \stackrel{d}{=} Y^+$和 $ZX^- \stackrel{d}{=} ZY^- \Longleftrightarrow X^- \stackrel{d}{=} Y^-$,则由 $ZX \stackrel{d}{=} ZY \Longleftrightarrow (ZX)^+ \stackrel{d}{=} (ZY)^+$和 $(ZX)^- \stackrel{d}{=} (ZY)^- \Longleftrightarrow ZX^+ \stackrel{d}{=} ZY^+$和 $ZX^- \stackrel{d}{=} ZY^- \Longleftrightarrow X^+ \stackrel{d}{=} Y^+$和 $X^- \stackrel{d}{=} Y^- \Longleftrightarrow X \stackrel{d}{=} Y$. 结论得证. 现在,我们证明 $ZX^+ \stackrel{d}{=} ZY^+ \Longleftrightarrow X^+ \stackrel{d}{=} Y^+$. 设 $ZX^+ \stackrel{d}{=} ZY^+$. 则

$$P(X > 0) = P(X^+ > 0) = P(ZX^+ > 0) = P(ZY^+ > 0)$$
$$= P(Y^+ > 0) = P(Y > 0)$$

和

$$P(X > 0)E(e^{itZX} | X > 0) = E(e^{itZX^+}) - P(X \leqslant 0)$$
$$= E(e^{itZY^+}) - P(Y \leqslant 0) = E(e^{itZY} | Y > 0)P(Y > 0).$$

由证明的前一部分,我们有 $E(e^{itX} | X > 0) = E(e^{itY} | Y > 0)$,即 $X^+ \stackrel{d}{=} Y^+$. 同样的方法可以证明充分性条件. 类似地,我们有 $ZX^- \stackrel{d}{=} ZY^- \Longleftrightarrow X^- \stackrel{d}{=} Y^-$. 我们可用同样的方法证明(4). □

注 1 当 x 和 y 是随机向量时,(1)和(2)仍然成立. 在(2)中条件应用于 x 和 y 的分量.

注 2 在结论(3)中,条件 $P(Z > 0) = 1$ 是必要的. 例如,若

$$P(Z = 1, X = -1) = P(Z = 1, X = -2)$$
$$= P(Z = -1, X = -1) = P(Z = -1, X = -2)$$
$$= \frac{1}{4},$$

$$P(Z = 1, Y = 1) = P(Z = 1, Y = 2)$$
$$= P(Z = -1, Y = 1) = P(Z = -1, Y = 2)$$
$$= \frac{1}{4},$$

则容易看到，Z 分别与 X 和 Y 独立，$ZX \overset{d}{=} ZY$ 和对几乎所有的 t 有 $\phi_{\log Z}(t) = \frac{1}{2}(e^{it} + e^{-it}) = \cosh t \neq 0$，而 $X \overset{d}{=} Y$.

如上的结果是 Anderson 和方开泰(1982a)得到的.

2.2 多元分布的矩

随机变量 X 的期望定义为

$$E(X) = \int_{-\infty}^{\infty} x dF(x),$$

其中 $F(x)$ 是 X 的累积分布函数.

定义 2.2.1 设 $X = (X_{ij})$ 是 $n \times p$ 的随机阵. 若 X 的每个元素 X_{ij} 有有限的期望，则我们写

$$\mathscr{E}X = (EX_{ij}). \tag{2.2.1}$$

当 $n = p = 1$ 时，$\mathscr{E}X = EX$.

由此定义，我们有下列的性质:

(1) 设 $A = (a_{ij})$, $B = (b_{ij})$ 和 $C = (c_{ij})$ 分别是 $m \times n$, $p \times q$ 和 $m \times q$ 的常数阵. 则

$$\mathscr{E}(AXB + C) = A\mathscr{E}(X)B + C. \tag{2.2.2}$$

特别，若 x 是 $n \times 1$ 的随机向量，则我们有

$$\mathscr{E}(Ax) = A\mathscr{E}(x). \tag{2.2.3}$$

这里 $\mathscr{E}(x)$ 称为 x 的均值向量.

(2) 设 $A = (a_{ij})$ 和 $B = (b_{ij})$ 是 $m \times n$ 的常数阵，且 x 和 y 是 $n \times 1$ 的随机向量. 则

$$\mathscr{E}(Ax + By) = A\mathscr{E}(x) + B\mathscr{E}(y). \tag{2.2.4}$$

(3) 设 X 和 Y 是 $n \times p$ 的随机阵，且 a 和 b 是常数. 则

$$\mathscr{E}(aX + bY) = a\mathscr{E}(X) + b\mathscr{E}(Y). \tag{2.2.5}$$

(4) 设 X 是 $n \times p$ 随机阵和 A 是 $p \times n$ 的常数阵，则

$$E(\mathrm{tr} AX) = \mathrm{tr}(\mathscr{E}AX). \tag{2.2.6}$$

熟知，两个标量的随机变量 X 和 Y 之间的协方差定义为

(2.2.7) $$\operatorname{cov}(X,Y)=E(X-EX)(Y-EY).$$

现在我们把协方差的概念推广到随机向量的情形.

定义 2.2.2 设 x 和 y 分别是 $n\times 1$ 和 $p\times 1$ 的随机向量. 则**协方差阵**定义为

(2.2.8) $$\operatorname{cov}(x,y)=(\operatorname{cov}(X_i,Y_j)),$$

即 $\operatorname{cov}(x,y)$是元素为 $\operatorname{cov}(X_i,Y_j)$的 $n\times p$ 阵. 若 $\operatorname{cov}(x,y)=0$,则我们说,$x$ 和 y 是**不相关的**. 若 x 和 y 独立,则我们有$\operatorname{cov}(x,y)=0$(若它存在. 然而,一般地说,逆命题不成立. 2.7 节将给出许多例子.

能够证明

(2.2.9) $$\operatorname{cov}(x,y)=\mathscr{E}(x-\mathscr{E}(x))(y-\mathscr{E}(y))'.$$

当 $n=p$ 且 $x=y$ 时,我们将用$\mathscr{D}(x)$代替 $\operatorname{cov}(x,y)$ 并称之为**向量 x 的协方差阵**.

我们有下列基本性质:

(1) 我们有

(2.2.10) $$\mathscr{D}(x)=\mathscr{E}(xx')-\mathscr{E}(x)\mathscr{E}(x)'.$$

(2) 若 a 是 $n\times 1$ 的常向量,则

(2.2.11) $$\mathscr{D}(x-a)=\mathscr{D}(x)$$

和

(2.2.12) $$\mathscr{E}(x-a)(x-a)=\mathscr{D}(x)+(\mathscr{E}(x)-a)(\mathscr{E}(x)-a)'.$$

(3) 设 x 和 y 分别为 $n\times 1$ 和 $m\times 1$ 的随机向量且 A 和 B 分别是 $p\times n$ 和 $q\times m$ 的常矩阵. 则

(2.2.13) $$\operatorname{cov}(Ax,By)=A\operatorname{cov}(x,y)B'.$$

特别,我们有

(2.2.14) $$\mathscr{D}(Ax)=A\mathscr{D}(x)A'.$$

定义 2.2.3 两个标量随机变量 X 和 Y 的**相关系数**定义为

(2.2.15) $$\rho=\operatorname{corr}(X,Y)=\frac{\operatorname{cov}(X,Y)}{[\operatorname{var}(X)\operatorname{var}(Y)]^{\frac{1}{2}}}.$$

随机向量 x 的**相关矩阵**定义为 $R=(\rho_{ij})$, 其中 $\rho_{ij}=\operatorname{corr}(X_i,$

Y_j).

记 $D=\operatorname{diag}(\sigma_{11},\cdots,\sigma_{nn})$,其中 $\sigma_{11},\cdots,\sigma_{nn}$ 是 $\Sigma=\mathscr{D}(x)$ 的对角元素且 $\sigma_j^2=\sigma_{jj}, j=1,2,\cdots,n$。$\Sigma$ 和 R 的关系式为

(2.2.16) $$\Sigma=D^{\frac{1}{2}}RD^{\frac{1}{2}},$$

其中 $D^{\frac{1}{2}}=\operatorname{diag}(\sigma_1,\cdots,\sigma_n)$。

若随机变量 X 的各阶矩存在,则半不变量(或称为累积量)是

$$\log\phi_X(t)=\sum_{j=0}^{\infty}\kappa_j\frac{(it)^j}{j!}$$

中的系数 κ,其中 $\phi_X(t)$ 是 X 的特征函数。用 X 的矩 $\mu_j'=\Sigma(X^j)$ 表示的前三个半不变量是

$$\kappa_1=\mu_1'=E(X),$$
$$\kappa_2=\mu_2'-(\mu_1')^2=\operatorname{var}(X),$$
$$\kappa_3=\mu_3'-3\mu_1'\mu_2'+2(\mu_1')^3.$$

定义 2.2.4 若随机向量 x 的各阶矩存在,则半不变量是

(2.2.17) $$\log\phi_x(t)=\sum_{s_1,\cdots,s_n}\frac{(it_1)^{s_1}\cdots(it_n)^{s_n}}{s_1!\cdots s_n!}\kappa_{s_1,\cdots,s_n}.$$

中的系数 κ。

一般地,我们能够定义 x 关于原点的 k 阶矩如下:

(2.2.18) $$\Gamma_k=\begin{cases}\mathscr{E}(x\otimes x'\otimes x\cdots\otimes x', & \text{若 } k \text{ 是偶数},\\ \mathscr{E}(\underbrace{x\otimes x'\otimes x\cdots\otimes x}_{k\text{ 个因子}}), & \text{若 } k \text{ 是奇数},\end{cases}\quad k=1,2,\cdots.$$

如果它存在,例如,$\Gamma_1=(x)$,$\Gamma_2=\mathscr{E}(xx')$,$\Gamma_3=\mathscr{E}(x\otimes x'\otimes x)$。由归纳法,我们有

(2.2.19) $$E(X_{i_1}X_{i_2}\cdots X_{i_k})=r_{st}^{(k)},$$

这里 $\Gamma_k=(r_{ij}^{(k)})$,

$$s=\sum_{x=1}^{\frac{k+1}{2}}(i_{2\alpha-1}-1)n^{\frac{k+1}{2}-1}+1,$$

$$t=\sum_{x=1}^{\frac{k}{2}}(i_{2\alpha-1}-1)n^{\frac{k}{2}-1}+1,$$

其中$[x]$表示小于或等于x的最大整数. 其证明留给读者.

我们知道,一个随机变量的矩和特征函数之间存在一种关系. 设 $\phi(t)$ 是随机变量 X 的特征函数. 则 $E(X^k)=1/i^k\phi^{(k)}(0)$, $k=1,2,\cdots$,其中 $i=(-1)^{\frac{1}{2}}$ 若它们存在. 类似地,若特征函数为 $\phi(t)$的随机变量 x 有 k 阶矩,则

$$\Gamma_k=\begin{cases}\dfrac{1}{i^k}\dfrac{\partial^k\phi(t)}{\partial t\,\partial t'\,\partial t\cdots\partial t\,\partial t'}\Bigg|_{t=0} & \text{若 } k \text{ 是偶数},\\[2ex] \dfrac{1}{i^k}\dfrac{\partial^k\phi(t)}{\partial t\,\partial t'\,\partial t\cdots\partial t'\,\partial t}\Bigg|_{t=0} & \text{若 } k \text{ 是奇数}.\end{cases}\tag{2.2.20}$$

利用符号 Γ_k,我们能够计算 x 的二次型的矩.

定理 2.2.1 设 x 有 $2k$ 阶矩且 A 是 $n\times n$ 常数阵. 则

$$E[(x'Ax)^k]=\mathrm{tr}[(\underbrace{A\otimes\cdots\otimes A}_{k}\Gamma_{2k}].\tag{2.2.21}$$

证 由 Kronecker 积的性质,我们有

$$\begin{aligned}E[(x'Ax)^k]&=E[(x'Ax)\otimes(x'Ax)\otimes\cdots\otimes(x'Ax)]\\&=E[(x'\otimes\cdots\otimes x')(A\otimes\cdots\otimes A)(x\otimes\cdots\otimes x)\\&=\mathscr{E}\{\mathrm{tr}[(A\otimes\cdots\otimes A)(x\otimes x'\otimes x\otimes\cdots\otimes x')]\}\\&=\mathrm{tr}[(A\otimes\cdots\otimes A)\Gamma_{2k}].\end{aligned}$$ □

推论 1 设 x 有有限均值向量 μ 和有限协方差阵 Σ 且 A 是 $n\times n$ 常数阵. 则我们有

$$E(x'Ax)=\mathrm{tr}(A\Sigma)+\mu'A\mu.\tag{2.2.22}$$

证 由于

$$\Gamma_2=\mathscr{E}(xx')=\mathscr{D}(x)+\mu\mu'=\Sigma+\mu\mu',$$

故由(2.2.21),其中 $k=1$,推出(2.2.22). □

2.3 多元正态分布

若X的密度是$(2\pi)^{-\frac{1}{2}}e^{-x^2/2}$,则我们记 $X\sim N(0,1)$并说X遵从标准正态分布. 在本节中, x 表示随机向量,具有独立同分布的分量$\{X_i\}$且 $X_i\sim(0,1)$. x 的维数随情况而定.

定义 2.3.1 若$m\times 1$随机向量y能够表示为

$$y \stackrel{d}{=} \mu + A'x, \tag{2.3.1}$$

其中μ是$m\times 1$的常向量，A是$n\times m$的常数阵且x是n维向量，则我们写 $y\sim N_m(\mu, A'A)$并说y**遵从多元正态分布.**

由此定义，我们能写 $x\sim N_n(0, I_n)$，其中x如(2.3.1)所定义并且我们有下列的事实:

(1) 设 $y\sim N_m(\mu', A'A)$和 $z=B'y+d$，其中 $B:m\times 1$且$d:l\times 1$. 则 $z\sim N_l(B'\mu+d, B'A'AB)$.

证 由假设我们有 $y\stackrel{d}{=}\mu+A'x$. 则

$$z\stackrel{d}{=}(B'\mu+d)+(AB)'x,$$

即 $z\sim N_1(B'\mu+d, B'A'AB)$. □

(2) 设 $y\sim N_m(\mu, A'A)$ 并设

$$y=\begin{bmatrix} y^{(1)} \\ y^{(2)} \end{bmatrix},\ \mu=\begin{bmatrix} \mu^{(1)} \\ \mu^{(2)} \end{bmatrix} \text{和}\ A'A=\begin{bmatrix} \Sigma_{11} & \Sigma_{12} \\ \Sigma_{21} & \Sigma_{22} \end{bmatrix}, \tag{2.3.2}$$

其中 $y^{(1)}:r\times 1, \mu^{(1)}:r\times 1, \Sigma_{11}:r\times r$. 则

$$y^{(1)}\sim N_r(\mu^{(1)}, \Sigma_{11}) \text{ 和 } y^{(2)}\sim N_{m-r}(\mu^{(2)}, \Sigma_{22}). \tag{2.3.3}$$

证 取 $B'=(I_r:O)$, $O:r\times(m-r)$ 和 $B'=(O:I_{m-r})$, $O:r\times r$，则由(1)，结论得证. □

这个性质告诉我们，多元正态分布的任何边缘分布仍然是正态分布. 但逆命题一般不成立. 也就是说，一个随机向量的每个分量是边缘正态分布的事实不能得到该向量有多元正态分布的结论. 作为一个反例，设 $x=(X_1, X_2)'$ 的密度是

$$f(x_1, x_2)=\frac{1}{2\pi}e^{-\frac{1}{2}(x_1^2+x_2^2)}[1+x_1x_2e^{-\frac{1}{2}(x_1^2+x_2^2)}].$$

容易看到，$X_1\sim N(0,1)$和 $X_2\sim N(0,1)$，但 X_1 和 X_2 的联合分布却不是二元正态分布.

定理 2.3.1 设 $y\sim N_m(\mu, A'A)$. 则y的特征函数是

$$\phi_y(t)=\exp\left(it'\mu-\frac{1}{2}t'A'At\right). \tag{2.3.4}$$

证 由于 $y \overset{d}{=} \mu + A'x$ 且 $x = (X_1, \cdots X_n)' \sim N_n(0, I_n)$，故由特征函数的性质(*d*)和(*f*)，我们有

$$\phi_x(t) = \prod_1^n \phi_{X_i}(t_i) = \prod_1^n e^{-t_i^2/2} = e^{-\frac{1}{2}(t_1^2+\cdots+t_n^2)} = e^{-\frac{1}{2}t't}$$

和

$$\phi_y(t) = e^{it'\mu}\phi_x(At) = e^{it'\mu}e^{-\frac{1}{2}t'A'At}$$
$$= \exp\left(it'\mu - \frac{1}{2}t'A'At\right). \qquad \square$$

这个定理表明，多元正态分布 $N_m(\mu, A'A)$ 由 μ 和 $A'A$ 唯一确定。从现在开始，我们将以 Σ 表示 $A'A$。显然 $\Sigma \geqslant 0$。对于每个 $\Sigma \geqslant 0$，$\Sigma = A'A$ 的因子分解一般不唯一。特别，我们能取 $m \times m$ 矩阵作为 A，其相应的 $x: m \times 1$。

定理 2.3.2 设 $y \sim N_m(\mu, \Sigma)$ 且 $|\Sigma| \neq 0$。则 y 的密度是

(2.3.5) $$f_m(y) = (2\pi)^{-m/2}|\Sigma|^{-\frac{1}{2}}\exp\left(-\frac{1}{2}(y-\mu)'\Sigma^{-1}(y-\mu)\right).$$

证 取(2.3.1)中的 $m \times m$ 矩阵 A 且 $x \sim N_m(0, I_m)$。由于 $A'A = \Sigma$ 非异，故 A^{-1} 存在。x 的密度是

$$f_x(x) = \prod_{i=1}^m (2\pi)^{-\frac{1}{2}}\exp\left(\frac{1}{2}x_i^2\right) = (2\pi)^{-\frac{1}{2}m}\exp\left(-\frac{1}{2}x'x\right).$$

考虑变换 $x = A'^{-1}(y-\mu)$，而相应的雅可比行列式(见例 1.6.1)是

$$\left|\frac{\partial x}{\partial y}\right|_+ = |A'|_+^{-1} = |A'A|^{-\frac{1}{2}} = |\Sigma|^{-\frac{1}{2}},$$

因此，y 的密度函数是

$$f_y(y) = (2\pi)^{-\frac{1}{2}m}|\Sigma| - \frac{1}{2}\exp\left(-\frac{1}{2}(y-\mu)'A^{-1}(y-\mu)\right).$$

则由 $\Sigma = A'A$，结论得证。 $\square$

例 2.3.1 二元分布。这时

$$y = \begin{bmatrix} Y_1 \\ Y_2 \end{bmatrix}, \quad \mu = \begin{bmatrix} \mu_1 \\ \mu_2 \end{bmatrix} \text{和} \quad \Sigma = \begin{pmatrix} \sigma_{11} & \sigma_{12} \\ \sigma_{21} & \sigma_{22} \end{pmatrix} = \begin{pmatrix} \sigma_1^2 & \sigma_1\sigma_2\rho \\ \sigma_1\sigma_2\rho & \sigma_2^2 \end{pmatrix}.$$

由(2.3.4)，其特征函数是

$$\phi_y(t_1,t_2)=\exp i(t_1\mu_1+t_2\mu_2)$$
$$-\frac{1}{2}(t_1^2\sigma_1^2+2t_1t_2\sigma_1\sigma_2+t_2^2\sigma_2^2).$$

由于 $|\Sigma|=\sigma_1^2\sigma_2^2(1-\rho^2)$，故若 $\sigma_1>0$，$\sigma_2>0$ 和 $|\rho|<1$，则 $\Sigma>0$。这时

$$\Sigma^{-1}=\frac{1}{\sigma_1^2\sigma_2^2(1-\rho^2)}\begin{pmatrix}\sigma_2^2 & -\sigma_1\sigma_2\rho\\ -\sigma_1\sigma_2\rho & \sigma_1^2\end{pmatrix}.$$

因此，y 的密度是

$$f(y_1,y_2)=(2\pi\sigma_1\sigma_2\sqrt{1-\rho^2})^{-1}\exp\left\{-\frac{1}{2(1-\rho^2)}\left[\left(\frac{y_1-\mu_1}{\sigma_1}\right)^2\right.\right.$$
$$\left.\left.-2\left(\frac{y_1-\mu_1}{\sigma_1}\right)\left(\frac{y_2-\mu_2}{\sigma_2}\right)+\left(\frac{y_2-\mu_2}{\sigma_2}\right)^2\right]\right\}.$$

定理 2.3.3 设 $y\sim N_m(\mu,\Sigma)$。则

(2.3.6) $$\mathscr{E}(y)=\mu,\mathscr{D}(y)=\Sigma.$$

证 由(2.3.1)和 $\mathscr{E}(x)=0$，$\mathscr{D}(x)=I_m$，定理得证，因为

$$\mathscr{E}(y)=\mu+\mathscr{E}(A'x)=\mu$$

和

$$\mathscr{D}(y)=A'\mathscr{D}(x)A=A'A=\Sigma.$$ □

定理 2.3.4 设 y 是 $m\times 1$ 的随机向量，则 y 遵从多元正态分布当且仅当对每个 $a\in R^m$，有 $a'y$ 遵从一元正态分布。

证 显然，我们只须证明充分性。假设对每个 $a\in R^m$，我们有 $a'y$ 遵从一元正态分布。则存在 $\mathscr{E}(y)$和$\mathscr{D}(y)$。记$\mu=\mathscr{E}(y)$，$\Sigma=\mathscr{D}(y)$。由假设，我们有 $a'y\sim N(a'\mu,a'\Sigma a)$ 并且 $a'y$ 的特征函数是

$$\phi_{a'y}(t)=\exp\left(ita'\mu-\frac{1}{2}t^2a'\Sigma a\right).$$

取 $t=1$，我们得到 y 的特征函数。它可看作 a 的函数，即

$$\phi_y(a)=\exp\left(ia'\mu-\frac{1}{2}a'\Sigma a\right).$$

由特征函数的性质(g)(见 2.1.6 节)和定理 2.3.1，定理得证。 □

设 $y \sim N_m(\mu, \Sigma)$。把 y 按(2.3.2)的方式分块。

定理 2.3.5 设 $y \sim N_m(\mu, \Sigma), \Sigma > 0$。则

(1) 给定 $y^{(2)}$时 $y^{(1)}$的条件分布是

$$N_r(\mu_{1\cdot 2}, \Sigma_{11\cdot 2}), \tag{2.3.7}$$

其中

$$\mu_{1\cdot 2} = \mu^{(1)} + \Sigma_{12}\Sigma_{22}^{-1}(y^{(2)} - \mu^{(2)}) \tag{2.3.8}$$

和

$$\Sigma_{11\cdot 2} = \Sigma_{11} - \Sigma_{12}\Sigma_{22}^{-1}\Sigma_{21}. \tag{2.3.9}$$

(2) $y^{(1)} - \Sigma_{12}\Sigma_{22}^{-1}y^{(2)}$与 $y^{(2)}$独立。

(3) $y^{(2)} - \Sigma_{21}\Sigma_{11}^{-1}y^{(1)}$与 $y^{(1)}$独立。

证 显然，$\Sigma > 0$ 蕴涵 $\Sigma_{11} > 0$ 和 $\Sigma_{22} > 0$。设

$$z = \begin{bmatrix} z^{(1)} \\ z^{(2)} \end{bmatrix} = \begin{bmatrix} I_p & -\Sigma_{12}\Sigma_{22}^{-1} \\ O & I_q \end{bmatrix} \begin{bmatrix} y^{(1)} \\ y^{(2)} \end{bmatrix} \equiv By$$

$$= \begin{bmatrix} y^{(1)} - \Sigma_{12}\Sigma_{22}^{-1}y^{(2)} \\ y^{(2)} \end{bmatrix}.$$

z 的多元累积分布函数是正态的且相应的均值向量和协方差矩阵是

$$\mathscr{E}(z) = B\mathscr{E}(y) = \begin{bmatrix} \mu^{(1)} - \Sigma_{12}\Sigma_{22}^{-1}\mu^{(2)} \\ \mu^{(2)} \end{bmatrix}$$

和

$$\mathscr{D}(y) = B\mathscr{D}(y)B' = \begin{pmatrix} \Sigma_{11} - \Sigma_{12}\Sigma_{22}^{-1}\Sigma_{21} & O \\ O & \Sigma_{22} \end{pmatrix} = \begin{pmatrix} \Sigma_{11.2} & O \\ O & \Sigma_{22} \end{pmatrix}.$$

显然，$\Sigma > 0$ 蕴涵 $\Sigma_{11\cdot 2} > 0$ 和 $\Sigma_{22} > 0$。我们能看到 z 的密度是两个正态密度的积，即

$$N_r(\mu_{1\cdot 2}, \Sigma_{11\cdot 2})N_{m-r}(\mu^{(2)}, \Sigma_{22}).$$

注意，雅可比行列式 $\left|\frac{\partial y'}{\partial z}\right|_+ = |B|_+ = 1$，$y$ 的密度可表示为

$$f(y) = f(y^{(1)}, y^{(2)})$$

$$= (2\pi)^{-r/2}|\Sigma_{11\cdot 2}|^{-\frac{1}{2}}\exp\left\{-\frac{1}{2}(y^{(1)}-\mu_{1\cdot 2})'\Sigma_{11\cdot 2}^{-1}(y^{(1)}-\mu_{1\cdot 2})\right\}$$

$$\times (2\pi)^{-(m-r)/2}|\Sigma_{22}|^{-\frac{1}{2}}\exp\left\{-\frac{1}{2}(y^{(2)}-\mu^{(2)})'\Sigma_{22}^{-1}(y^{(2)}-\mu^{(2)})\right\}.$$

则定理是(2.1.8)和(2.3.3)的结果。□

现在我们来考虑在多元正态分布情形下的独立性。

引理 2.3.1 设 $x \sim N_n(0, I_n)$，$y = \mu + A'x$ 和 $z = \gamma + B'x$，其中 $A: n \times p$，$B: n \times q$。则 y 和 z 独立当且仅当 $A'B = 0$。

证 记

$$w = \begin{bmatrix} y \\ z \end{bmatrix} = \begin{bmatrix} \mu \\ \gamma \end{bmatrix} + \begin{bmatrix} A' \\ B' \end{bmatrix} x.$$

则

$$w \sim N_{p+q}\left(\begin{pmatrix} \mu \\ \gamma \end{pmatrix}, \begin{pmatrix} A'A & A'B \\ B'A & B'B \end{pmatrix}\right).$$

设 y 和 z 独立，我们有

$$\begin{aligned} O &= \mathrm{cov}(y, z) = \mathrm{cov}(\mu + A'x, \gamma + B'x) \\ &= \mathrm{cov}(A'x, B'x) = A'\mathscr{D}(x)B = A'B. \end{aligned}$$

另一方面，若 $A'B = O$，则

$$w \sim N_{p+q}\left(\begin{pmatrix} \mu \\ \gamma \end{pmatrix}, \begin{pmatrix} A'A & O \\ O & B'B \end{pmatrix}\right),$$

且 w 的特征函数是 $N_p(\mu, A'A)$ 和 $N_q(\gamma, B'B)$，的特征函数的乘积，即 y 和 z 独立。□

推论 1 设 $y \sim N_m(\mu, \Sigma)$，$z \stackrel{d}{=} \alpha + B'y$ 和 $w \stackrel{d}{=} \beta + C'y$，其中 $B: m \times p$ 和 $C: m \times q$。则 z 和 w 独立当且仅当 $B'\Sigma C = 0$。

证 因 $z \stackrel{d}{=} (B'\mu + \alpha) + (AB)'x$，$w \stackrel{d}{=} (C'\mu + \beta) + (AC)'x$，故 z 和 w 独立当且仅当

$$O = (AB)'AC = B'A'AC = B'\Sigma C,$$

这要利用引理 2.3.1。□

类似地，我们有如下的推论。

推论 2 设 $y \sim N_m(\mu,\Sigma)$. 把 y 和 Σ 分块为

$$y = \begin{bmatrix} y^{(1)} \\ \vdots \\ y^{(k)} \end{bmatrix} \qquad \Sigma = \begin{bmatrix} \Sigma_{11} & \cdots & \Sigma_{1k} \\ \vdots & & \vdots \\ \Sigma_{k1} & \cdots & \Sigma_{kk} \end{bmatrix}.$$

则 $y^{(1)},\cdots,y^{(k)}$ 独立当且仅当 $\Sigma_{ij}=0, i\neq j$. 这里,独立性等价于不相关性. 然而,这一般也不总是正确的(见2.7节).

2.4 Dirichlet 分布

定义 2.4.1 若 $x \sim N_n(\mu, I_n)$,则我们说 $Y = x'x$ 遵从非中心 χ^2分布,其自由度为 n 且非中心参数 $\delta^2 = \mu'\mu$, 并记为 $Y \sim \chi_n^2(\delta^2)$. 当 $\delta=0$(即 $\mu=0$)时, Y 的分布称为 n 个自由度的χ^2分布并记为 $Y \sim \chi_n^2$.

在例 2.4.1 中,我们将证明 $Y \sim \chi_n^2$ 的密度是

$$(\Gamma(n))^{-1}y^{\frac{1}{2}n-1}e^{-\frac{1}{2}y}. \tag{2.4.1}$$

若随机变量 B 有密度

$$\frac{\Gamma(\alpha_1+\alpha_2)}{\Gamma(\alpha_1)\Gamma(\alpha_2)} b^{\alpha_1-1}(1-b)^{\alpha_2-1}, 0 \leqslant b < 1, \tag{2.4.2}$$

则我们说 B 遵从 Beta 分布并记为$B \sim B(\alpha_1,\alpha_2)$.

熟知,若 $Y \sim \chi_n^2$ 和 $Z \sim \chi_m^2$ 独立, 则

$$Y/(Y+Z) \sim B\left(\frac{1}{2}n, \frac{1}{2}m\right).$$

Beta 分布的一个推广是所谓的 Dirichlet 分布.

定义 2.4.2 若 $y=(Y_1,\cdots,Y_m)'$是随机向量使 $\sum_1^m Y_i = 1$ 且 $Y_1,\cdots,Y_{m-1}$ 有联合密度, $\alpha_i > 0, i=1,\cdots,m$,

$$p_m(y_1,\cdots,y_{m-1}) = \frac{\Gamma\left(\sum_1^m \alpha_i\right)}{\prod_1^m \Gamma(\alpha_i)} \prod_{i=1}^{m-1} y_i^{\alpha_i-1}\left(1-\sum_1^{m-1} y_i\right)^{\alpha_m-1}, \tag{2.4.3}$$

若 $y_i \geqslant 0, i=1,\cdots,m-1$ 和 $\sum_1^{m-1} y_i < 1$; $=0$

其他

则我们说 y 遵从 Dirichlet 分布并记为 $(Y_1,\cdots,Y_m)\sim D_m(\alpha_1,\cdots,\alpha_{m-1},\alpha_m)$ 或 $(Y_1,\cdots,Y_{m-1})\sim D_m(\alpha_1,\cdots,\alpha_{m-1};\alpha_m)$，我们可根据需要选择之。当 $m=2$ 时，$D_2(\alpha_1;\alpha_2)$ 则成为 Beta 分布 $B(\alpha_1,\alpha_2)$。

首先，我们需要证明在(2.4.3)中定义的 $p_m(y_1,\cdots,y_{m-1})$是一个密度。这就相当于证明如下的引理。

引理 2.4.1 记

$$B_m(\alpha_1,\cdots,\alpha_m)=\int_{D(x_1,\cdots,x_{m-1})}x_1^{\alpha_1-1}\cdots\cdots x_{m-1}^{\alpha_{m-1}-1}\left(1-\sum_1^{m-1}x_i\right)^{\alpha_m-1}dx_1\cdots dx_{m-1},\tag{2.4.4}$$

其中

$$D(x_1,\cdots,x_{m-1})=\left\{(x_1,\cdots,x_{m-1})\,|\,x_i\geqslant 0,\ i=1,\cdots,m-1;\sum_1^{m-1}x_i<1\right\}.\tag{2.4.5}$$

则

$$B_m(\alpha_1,\cdots,\alpha_m)=\prod_{i=1}^m\Gamma(\alpha_i)/\Gamma\left(\sum_{i=1}^m\alpha_i\right).\tag{2.4.6}$$

证 我们用归纳法证明(2.4.6)。已知当 $m=2$ 时，(2.4.6)正确。假设(2.4.6)对 $m\leqslant k$ 正确。由(2.4.4)，

$$\begin{aligned}B_{k+1}(\alpha_1,\cdots,\alpha_{k+1})&=\int_{D(x_1,\cdots,x_k)}\left(1-\sum_1^k x_i\right)^{\alpha_{k+1}-1}\left(\prod_{i=1}^k x_i^{\alpha_i-1}dx_i\right)\\&=\int_{D(x_1,\cdots,x_{k-1})}\left(\prod_1^{k-1}x_i^{\alpha_i-1}dx_i\right)\int_0^{1-\sum^{m-1}x_i}\\&\quad x_k^{\alpha_k-1}\left(1-\sum_{i=1}^{k-1}x_i\right)^{\alpha_{k+1}-1}dx_k.\end{aligned}$$

设 $u_i=x_i, i=1,\cdots,k-1$，和 $u_k=x_k/\left(1-\sum_{i=1}^{k-1}x_i\right)$，则这个

变换的雅可比行列式是$\left|\dfrac{\partial(x_1,\cdots,x_k)}{\partial(u_1,\cdots,u_k)}\right|_+ = 1-\sum\limits_{i=1}^{k-1} u_i$。 由归纳假设，我们有

$$\begin{aligned}
&B_{k+1}(\alpha_1,\cdots,\alpha_{k+1}) \\
&= \int_{D(x_1,\cdots,x_{k-1})}\left(\prod_{i=1}^{k-1} u_i^{\alpha_i-1}du_i\right)\left(1-\sum_{i=1}^{k-1}u_i\right)^{\alpha_k+\alpha_{k+1}-1} \\
&\quad\cdot\int_0^1 u_k^{\alpha_k-1}(1-u_k)^{\alpha_{k+1}-1}du_k \\
&= \frac{\Gamma(\alpha_k)\Gamma(\alpha_{k+1})}{\Gamma(\alpha_k+\alpha_{k+1})}B_k(\alpha_1,\cdots,\alpha_{k-1},\alpha_k+\alpha_{k+1}) \\
&= \frac{\Gamma(\alpha_k)\Gamma(\alpha_{k+1})}{\Gamma(\alpha_k+\alpha_{k+1})}\frac{\left(\prod\limits_1^{k-1}\Gamma(\alpha_i)\right)\Gamma(\alpha_k+\alpha_{k+1})}{\Gamma\left(\sum\limits_1^{k+1}\alpha_i\right)} \\
&= \prod_1^{k+1}\Gamma(\alpha_i)\Big/\Gamma\left(\sum_1^{k+1}\alpha_i\right),
\end{aligned}$$

因而引理得证。 □

推论 由(2.4.1)定义的函数 $p_m(y_1,\cdots,y_{m-1})$ 是一个密度。

定理 2.4.1 设 $Z_i\sim\chi^2_{n_i}, i=1,\cdots,m$，独立且 $Z_1+\cdots+Z_m$。则 $(Z_1/Z,\cdots,Z_m/Z)\sim D_m(n_1/2,\cdots,n_m/2)$。

证 $Z_1,\cdots,Z_m$ 的联合密度是

$$\left[\prod_1^m\Gamma\left(\frac{1}{2}n_i\right)\right]^{-1}2^{-\frac{1}{2}(n_1+\cdots+n_m)}\left[\prod_1^m z_i^{\frac{1}{2}n_i-1}\right]e\left(-\frac{1}{2}\sum_1^m z_i\right).$$

设

$$\begin{cases}Y_i = Z_i/Z,\ i=1,\cdots,m-1\\ Z=Z_1+\cdots+Z_m.\end{cases}$$

则变换的雅可比行列式是

$$J=\left|\frac{\partial(z_1,z_2,\cdots,z_m)}{\partial(z,y_1,\cdots,y_{m-1})}\right|$$

$$
= \operatorname{mod}\begin{vmatrix} y_1 & z & 0 & \cdots & 0 \\ y_2 & 0 & z & \cdots & 0 \\ \vdots & \vdots & \vdots & \cdots & \vdots \\ 1-\sum_1^{m-1} y_i & -z & -z & \cdots & -z \end{vmatrix}
$$

$$
= \operatorname{mod}|\operatorname{diag}(z,\cdots,z)|\left\{\left(1-\sum_1^{m-1} y_i\right)\right.
$$

$$
\left. -(y_1,\cdots,y_{m-1})\begin{bmatrix} z & & & & \\ & \cdot & & & \\ & & \cdot & & \\ & & & \cdot & \\ & & & & z \end{bmatrix}^{-1}\begin{bmatrix} -z \\ \cdot \\ \cdot \\ \cdot \\ \cdot \\ \cdot \\ -z \end{bmatrix}\right\}
$$

$$
= z^{m-1}\left(1-\sum_1^{m-1} y_i + \sum_1^{m-1} y_i\right) = z^{m-1}.
$$

因之，$Z, Y_1, \cdots, Y_{m-1}$ 的联合密度是

$$
\left[2^{\frac{1}{2}n}\prod_1^m \Gamma\left(\frac{1}{2}n_i\right)\right]^{-1}\left[\prod_{i=1}^{m-1} y_i^{\frac{1}{2}n_i-1}\right]\left(1-\sum_1^{m-1} y_i\right)^{\frac{1}{2}n_m-1} z^{\frac{1}{2}n-1}e^{-\frac{1}{2}z}
$$

$$
= \left\{\left[2^{\frac{1}{2}n}\Gamma\left(\frac{1}{2}n\right)\right]^{-1} z^{\frac{1}{2}n-1}e^{-\frac{1}{2}z}\right\}
$$

$$
\times\left\{\frac{\Gamma\left(\frac{1}{2}\sum_1^m n_i\right)}{\prod_1^m \Gamma\left(\frac{1}{2}n_i\right)}\prod_{i=1}^{m-1} y_i^{\frac{1}{2}n_i-1}\left(1-\sum_1^{m-1} y_i\right)^{\frac{1}{2}n_m-1}\right\},
$$

其中 $n = n_1 + \cdots + n_m$. 第一个因子是具有 n 个自由度的 χ^2 分布的密度，第二个因子是 $D_m\left(\frac{1}{2}n_1, \cdots, \frac{1}{2}n_{m-1}; \frac{1}{2}n_m\right)$的密度。于是定理得证。 □

推论 1 $Z = Z_1 + \cdots + Z_m \sim \chi_n^2$ 与 $(Z_1/Z, \cdots, Z_{m-1}/Z)$ 独立。

推论 2 设 $x \sim N_n(0, I_n)$且被分为m个部分，$x^{(1)}, \cdots, x^{(m)}$，

其每一部分分别有 x 的 $n_1,\cdots,n_m$ 个分量，即

$$x=\begin{bmatrix}x^{(1)}\\ \vdots\\ x^{(m)}\end{bmatrix}. \tag{2.4.7}$$

则$\left(\frac{\|x^{(1)}\|^2}{\|x\|^2},\cdots,\frac{\|x^{(m)}\|^2}{\|x\|^2}\right)\sim D_m\left(\frac{1}{2}n_1,\cdots,\frac{1}{2}n_m\right)$且与$\|x\|^2$独立。

利用(2.4.6)容易计算 Dirichlet 分布的混合矩。

定理 2.4.2 设 $y=(Y_1,\ \cdots,\ Y_{m+1})'\sim D_{m+1}(\alpha_1,\ \cdots,\ \alpha_m,\ \alpha_{m+1})$。则对每个 $r_1,\cdots,r_m\geqslant 0$，我们有

$$\mu_{r_1,\cdots,r_m}=E\left(\prod_{j=1}^m Y_j^{r_j}\right)=\left(\prod_{j=1}^m \alpha_j^{[r_j]}\right)\Big/\left(\sum_1^{m+1}\alpha_j\right)^{[r_1+\cdots+r_m]}, \tag{2.4.8}$$

其中 $x^{[r]}=x(x+1)\cdots(x+r-1)$。

证 因 $\Gamma(x+1)=x\Gamma(x)$，故我们有

$$\mu_{r_1,\cdots,r_m}=\frac{\Gamma\left(\sum_1^{m+1}\alpha_j\right)}{\prod_{j=1}^{m+1}\Gamma(\alpha_j)}\int_{E(y_1,\cdots,y_m)}\left(1-\sum_{j=1}^m y_j\right)^{\alpha_{m+1}-1}$$

$$\times\left(\prod_{j=1}^m y_j^{\alpha_j+r_j-1}dy_j\right)$$

$$=\frac{\Gamma\left(\sum_1^{m+1}\alpha_j\right)\Gamma(\alpha_{m+1})\prod_1^m\Gamma(\alpha_j+r_j)}{\prod_{j=1}^{m+1}\Gamma(\alpha_j)\Gamma\left(\sum_1^m(\alpha_j+r_j)+\alpha_{m+1}\right)}$$

$$=\prod_{j=1}^m\alpha_j^{[r_j]}\Big/\left(\sum_{j=1}^{m+1}\alpha_j\right)^{[r_1+\cdots+r_m]}. \qquad \square$$

特别

$$E(Y_j)=\alpha_j/\alpha \quad 和 \quad \operatorname{var}(Y_j)=\frac{\alpha_j(\alpha-\alpha_j)}{\alpha^2(\alpha+1)},$$

其中 $\alpha=\alpha_1+\cdots+\alpha_{m+1}$ 且 Y_i 和 Y_j 的协方差是

$$\frac{-\alpha_i\alpha_j}{\alpha^2(\alpha+1)}.$$

定理 2.4.1 说明，χ^2 分布和 Dirichlet 分布之间有密切的关系。下面是进一步的结果。

引理 2.4.2 设 $(Z_1,\cdots,Z_m)\sim D_{m+1}\left(\frac{1}{2}n_1,\cdots,\frac{1}{2}n_m;\frac{1}{2}n_{m+1}\right)$，其中 $n_1,\cdots,n_{m+1}$ 是整数满足 $n_1+\cdots+n_{m+1}=n$，并且 $Y_0,Y_1,\cdots,Y_m$ 独立遵从 χ^2 分布，分别有 $n,n_1,\cdots,n_m$ 的自由度。则

$$(2.4.9)\qquad \phi_{\log z_1,\cdots,\log z_m}(t_1,\cdots t_m)=\frac{\prod_1^m \phi_{\log Y_j}(t_j)}{\phi_{\log Y_0}(t_1+\cdots+t_m)}$$

$$=\frac{\Gamma\left(\frac{1}{2}n\right)}{\Gamma\left(\frac{1}{2}n+i(t_1+\cdots+t_m)\right)}\prod_{j=1}^m\frac{\Gamma\left(\frac{1}{2}n_j+it_j\right)}{\Gamma\left(\frac{1}{2}n_j\right)}.$$

证 设 $x\sim N_n(0,I_n)$且 $x^{(1)},\cdots,x^{(m+1)}$与(1.5.5)有相同的意义.由下面的例 2.4.1，我们有$\|x^{(j)}\|^2\overset{d}{=}Y_j,j=1,\cdots,m$, $\|x\|^2\overset{d}{=}Y_0$,和

$$\begin{bmatrix}\|x^{(1)}\|^2\\ \vdots\\ \|x^{(m)}\|^2\end{bmatrix}=\begin{bmatrix}\|x^{(1)}\|^2/\|x\|^2\\ \vdots\\ \|x^{(m)}\|^2/\|x\|^2\end{bmatrix}\cdot\|x\|^2.$$

$$\begin{bmatrix}\log\|x^{(1)}\|^2\\ \vdots\\ \log\|x^{(m)}\|^2\end{bmatrix}\overset{d}{=}\log\|x\|^2_m 1_m+\begin{bmatrix}\log\|x^{(1)}\|^2/\|x\|^2\\ \vdots\\ \log\|x^{(m)}\|^2/\|x\|^2\end{bmatrix},$$

其中 $1_m=(1,\cdots,1)'$. 因$\|x\|^2$和 $(\|x^{(1)}\|^2/\|x\|^2,\cdots,\|x^{(m)}\|^2/\|x\|^2)\overset{d}{=}(Z_1,\cdots,Z_m)$独立，故(2.4.9)的第一部分得证。注意到

$$E(e^{it\log Y_j})=\left(2^{\frac{1}{2}n_j}\Gamma\left(\frac{1}{2}n_j\right)\right)^{-1}\int_0^\infty e^{it\log y-\frac{1}{2}y}y^{\frac{1}{2}n_j-1}\,dy$$

$$= 2^{it}\Gamma\left(\frac{1}{2}n_j + it\right)/\Gamma\left(\frac{1}{2}n_j\right),$$

则(2.4.9)的第二部分得证。 □

利用 Dirichlet 分布的密度，我们能得到 $x/\|x\|$ 的全部边缘密度。在定理 2.4.1 的推论 2 中令 $m = k + 1$ 和 $n_1 = \cdots = n_k = 1$，则我们有 $(X_1^2/\|x\|^2, \cdots, X_k^2/\|x\|^2) \sim D_{k+1}\left(\frac{1}{2}, \cdots, \frac{1}{2}; \frac{1}{2}(n-k)\right)$，$0 < k < n$。由此事实，能够证明 $(|X_1|/\|x\|, \cdots, |X_k|/\|x\|)$ 的密度是

$$(2.4.10)\qquad \frac{\Gamma\left(\frac{1}{2}n\right)2^k}{\Gamma\left(\frac{1}{2}(n-k)\right)\pi^{\frac{1}{2}k}}\left(1 - \sum_1^k x_i^2\right)^{\frac{1}{2}(n-k)-1},$$

$$\text{若 } x_i \geqslant 0, i = 1, \cdots, k$$

且 $(X_1/\|x\|, \cdots, X_k/\|x\|)$ 的密度是 $x_1^2 + \cdots + x_k^2 < 1$

$$(2.4.11)\qquad \frac{\Gamma\left(\frac{1}{2}n\right)}{\Gamma\left(\frac{1}{2}(n-k)\right)\pi^{\frac{1}{2}k}}\left(1 - \sum_1^k x_i^2\right)^{\frac{1}{2}(n-k)-1}, \text{若} \sum_1^k x_i^2 < 1.$$

我们能够把(2.4.4)推广到更一般的情形。对任何非负可测函数 $f(\cdot)$，设

$$(2.4.12)\qquad I_m(f|\alpha_1, \cdots, \alpha_m) = \int_{E(x_1,\cdots,x_m)} f\left(\sum_1^m x_i\right)\left(\prod_1^m x_i^{\alpha_i-1}dx_i\right),$$

其中 $E(x_1, \cdots, x_m) = \{(x_1, \cdots, x_m): x_i \geqslant 0, i = 1, \cdots, m\}$。

引理 2.4.3 对 $\alpha_i > 0, i = 1, \cdots, m$，我们有

$$(2.4.13)\qquad \int_{R^m} f\left(\sum_1^m x_i^2\right)\left(\prod_1^m |x_i|^{2\alpha_i-1}dx_i\right) = I_m(f|\alpha_1, \cdots, \alpha_m).$$

证 由 $x_1, \cdots, x_m$ 关于原点的对称性，我们有

$$I = \int_{R^m} f\left(\sum_{i=1}^m x_i^2\right)\left(\prod_{i=1}^m |x_i|^{2\alpha_i-1}dx_i\right)$$

$$= 2^m\int_{E(x_1,\cdots,x_m)} f\left(\sum_{i=1}^m x_i^2\right)\prod_{i=1}^m x_i^{2\alpha_i-1}dx_i.$$

设 $u_i = x_i^2, i=1,\cdots,m$。其雅可比行列式是 $\left(2^m \prod_{i=1}^m u_i^{\frac{1}{2}}\right)^{-1}$。因此，我们有

$$I = \int_{E(u_1,\cdots,u_m)} f\left(\sum_{i=1}^m u_i\right)\left(\prod_{i=1}^m u_i^{\alpha_i-1} du_i\right) = I(f|\alpha_1,\cdots,\alpha_m). \square$$

引理 2.4.4

$$I_m(f|\alpha_1,\cdots,\alpha_m) = B_m(\alpha_1,\cdots,\alpha_m) I_1\left(f\Big|\sum_{i=1}^m \alpha_i\right). \tag{2.4.14}$$

证 在(2.4.12)中作变换

$$\begin{cases} y_i = x_i, \ i=1,\cdots,m-1, \\ y_m = x_1+\cdots+x_m. \end{cases}$$

并注意到其雅可比行列式为 1，则我们有

$$I_m(f|\alpha_1,\cdots,\alpha_m) = \int_D f(y_m)\left(y_m - \sum_{i=1}^{m-1} y_i\right)^{\alpha_m-1}\left(\prod_{i=1}^m y_i^{\alpha_i-1} dy_i\right),$$

其中

$$D = \left\{(y_1,\cdots,y_m) \,|\, y_i \geqslant 0, \ i=1,\cdots,m; \sum_{i=1}^{m-1} y_i \leqslant y_m\right\}.$$

考虑另一个变换 $u_i = y_i/y_m, \ i=1,\cdots,m-1; y=y_m$。其雅可比行列式是 y^{m-1}。因此

$$I_m(f|\alpha_1,\cdots,\alpha_m) = \int_{D(u_1,\cdots,u_{m-1})}\left(1 - \sum_1^{m-1} u_i\right)^{\alpha_m-1}\left(\prod_1^{m-1} u_i^{\alpha_i-1} du_i\right)$$
$$\cdot \int_0^\infty f(y) y^{\sum_1^m \alpha_i - 1} dy.$$

引理得证。 $\square$

下面是上述引理的一些应用。

例 2.4.1 在(2.4.13)中取 $\alpha_i = \frac{1}{2}, i=1,\cdots,m$，我们有

$$\int f\left(\sum_1^m x_i^2\right) dx_1,\cdots,dx_m \tag{2.4.15}$$

$$= \frac{(\pi)^{\frac{1}{2}m}}{\Gamma\left(\frac{1}{2}m\right)}\int_0^\infty y^{\frac{1}{2}m-1}f(y)dy$$

$$= (\pi)^{\frac{1}{2}m}\Gamma\left(\frac{1}{2}m\right)^{-1} I_1\left(f\,|\,\frac{1}{2}m\right).$$

这个公式很有用。例如，在(2.4.15)中置

$$f(y) = \begin{cases}(2\pi)^{-\frac{1}{2}m}e^{-y/2}, & y \leqslant x, \\ 0, & y > x,\end{cases}$$

则我们有

$$\int_{\sum_1^m x_i^2 \leqslant x} (2\pi)^{-\frac{1}{2}m} e^{-\frac{1}{2}(x_1^2+\cdots+x_m^2)} dx_1 \cdots dx_m$$

$$= (\pi)^{\frac{1}{2}m}\Gamma\left(\frac{1}{2}m\right)^{-1}\int_0^x (2\pi)^{-\frac{1}{2}m} e^{-\frac{1}{2}y} y^{\frac{1}{2}m-1} dy$$

$$= 2^{-\frac{1}{2}m}\Gamma\left(\frac{1}{2}m\right)^{-1}\int_0^x y^{\frac{1}{2}m-1}e^{-\frac{1}{2}y}dy.$$

这意味着，若 $x \sim N_m(0, I_m)$，则 $x'x$ 的分布由上式，即自由度为 m 的 χ^2 分布给出。

例 2.4.2 在(2.4.15)中置

$$f(y) = \begin{cases}1 & 若\ y \leqslant a^2, \\ 0 & 若\ y > a^2,\end{cases}$$

则我们得到半径为 a 的 m 维球的体积，即

$$(2.4.16)\quad \int_{x_1^2+\cdots+x_m^2 \leqslant a^2} dx_1 \cdots dx_m = (\pi)^{\frac{1}{2}m}\Gamma\left(\frac{1}{2}m\right)^{-1}\int_0^{a^2} y^{\frac{1}{2}m-1}dy$$

$$= (\pi)^{\frac{1}{2}m}\Gamma\left(\frac{1}{2}(m+2)\right)^{-1}a^m = \frac{2(\pi)^{m/2}}{m\Gamma(m/2)}a^m.$$

我们能够把(2.4.15)推广到多元的情形。

引理 2.4.5 对每个非负可测函数 f，我们有

$$(2.4.17)\quad \int_{\substack{n_1 \\ R\times\cdots\times R}}\cdots\int_{n_m} f\left(\sum_{i=1}^{n_1} x_{1i}^2, \cdots, \sum_{i=1}^{n_m} x_{mi}^2\right)\prod_{i=1}^m\prod_{j=1}^{n_i} dx_{ij}$$

$$= \frac{(\pi)^{\frac{1}{2}(n_1+\cdots+n_m)}}{\prod_{i=1}^m \Gamma\left(\frac{1}{2}n_i\right)}\int_0^\infty\cdots\int_0^\infty f(u_1, \cdots, u_m)\left(\prod_1^m u_i^{\frac{1}{2}n_i-1}du_i\right).$$

2.5 球对称分布

多元正态分布一直是多元分析中论述的中心课题．而统计学家却总是试图把多元分析推广到更一般的情形．最近，许多学者对一类分布十分感兴趣．这种分布的密度等高线具有与正态分布一样的椭球的形状，并且包含长尾和短尾分布（相对于正态分布）．这就是所谓的椭球等高分布族，或简称椭球分布族．

定义 2.5.1 若 n 维随机向量 x 的特征函数有 $\exp(it'\mu)\phi(t'\Sigma t)$ 的形式，其中 $\mu: n\times 1, \Sigma: n\times n$ 且 $\Sigma\geqslant 0$，则我们说 x 遵从具有参数 μ,Σ 和 ϕ 的椭球等高分布，并记为 $x\sim EC_n(\mu,\Sigma,\phi)$． 特别，当 $\mu=0$ 和 $\Sigma=I_n$ 时，$EC_n(0,I_n,\phi)$称为球对称分布，记为 $S_n(\phi)$．

这一节讨论球对称分布族，下一节讨论椭球分布族．

2.5.1 均匀分布及其随机表示

设 $u^{(n)}$表示 R^n 中单位球上均匀分布的随机向量，我们将证明 $u^{(n)}$遵从球对称分布．为此，我们需要如下引理：

引理 2.5.1 设 $g(\cdot)$是非负 Borel 函数且 $a=(a_1,\cdots,a_n)'=0$．则

$$(2.5.1)\quad \int_{S:x'x=c^2} g(a'x)ds=\frac{2c\pi^{(n-1)/2}}{\Gamma\left(\frac{1}{2}(n-1)\right)}\int_{-c}^{c} g(\|a\|y)(c^2-y^2)^{\frac{1}{2}(n-3)}dy.$$

证 设T是 $n\times n$ 正交阵，其第一行为$(a_1/\|a\|,\cdots,a_n/\|a\|)$，并作变换 $y=Tx$．则 $y'y=x'x=c^2$，$y_1=a'x/\|a\|$．我们能取T使得$(T|=1$，因为我们能够交换除第一行的其他行．考虑 $x_1,\cdots,x_{n-1}$ 和 $y_1,\cdots,y_{n-1}$ 是独立的变量．因此，$x_n=\pm(c^2-x_1^2-\cdots-x_{n-1}^2)^{\frac{1}{2}}$和

$$\left|\frac{\partial(y_1,\cdots,y_{n-1})}{\partial(x_1,\cdots,x_{n-1})}\right|$$

$$=\begin{vmatrix} t_{11}-t_{1n}x_1/x_n & \cdots & t_{1,n-1}-t_{1n}x_{n-1}/x_n \\ \vdots & & \vdots \\ t_{n-1,1}-t_{n-1,n}x_1/x_n & \cdots & t_{n-1,n-1}-t_{n-1,n}x_{n-1}/x_n \end{vmatrix}$$

$$=t_{nn}+t_{n1}x_1/x_n+\cdots+t_{n,n-1}x_{n-1}/x_n$$

$$=y_n/x_n$$

利用 $|T|=1$。所以

$$\overbrace{\int\cdots\int}^{n}_{S:x'x=c^2} g(a'x)\,ds=c\overbrace{\int\cdots\int}^{n-1}_{x'x=c^2} g(a'x)/|x_n|\,dx_1\cdots dx_{n-1}$$

$$=2c\overbrace{\int\cdots\int}^{n-1}_{y_1^2+\cdots+y_{n-1}^2\leqslant c^2} g(\|a\|y_1)\frac{dy_1\cdots dy_{n-1}}{\sqrt{c^2-y_1^2-\cdots-y_{n-1}^2}}$$

$$=2c\int_{-c}^{c} g(\|a\|y_1)dy_1$$

$$\times\overbrace{\int\cdots\int}^{n-2}_{y_2^2+\cdots+y_{n-1}^2\leqslant c^2-y_1^2}\frac{dy_2\cdots dy_{n-1}}{\sqrt{(c^2-y_1^2)-y_2^2-\cdots-y_{n-1}^2}}$$

$$=2c\int_{-c}^{c}\frac{\pi^{\frac{1}{2}(n-1)}}{\Gamma((n-1)/2)}(c^2-y_1^2)^{\frac{1}{2}(n-3)}g(\|a\|y_1)dy_1$$

$$=\frac{2c\pi^{\frac{1}{2}(n-1)}}{\Gamma((n-1)/2)}\int_{-c}^{c} g(\|a\|y)(c^2-y^2)^{\frac{1}{2}(n-3)}dy$$ □

定理 2.5.1 $u^{(n)}$的特征函数是

(2.5.2) $\Omega_n(\|t\|^2)$

$$=\int_0^{\pi}\exp(i\|t\|\cos\theta)\sin^{n-2}\theta d\theta/B\left(\frac{1}{2}(n-1),\frac{1}{2}\right).$$

因此，$u^{(n)}$遵从球对称分布.

证 设 S_n 表示 R^n中单位球表面面积。则由练习 2.9 有

$$S_n=2\pi^{n/2}\Gamma(n/2),$$

由引理 2.5.1，我们有

$$\phi_u^{(n)}(t)=\frac{1}{S_n}\int\cdots\int_{S:x'x=1} e^{it'x}ds$$

$$= \frac{1}{S_n}\frac{2\pi^{\frac{1}{2}(n-1)}}{\Gamma((n-1)/2)}\int_{-1}^{1} e^{i\|t\|x}(1-x^2)^{\frac{1}{2}(n-3)}dx$$

$$= \frac{\Gamma(n/2)}{\pi^{\frac{1}{2}}\Gamma((n-1)/2)}\int_{-1}^{1} e^{i\|t\|x}(1-x^2)^{\frac{1}{2}(n-3)}dx$$

$$(\text{令 } x = \cos\theta)$$

$$= \frac{\Gamma(n/2)}{\pi^{\frac{1}{2}}\Gamma((n-1)/2)}\int_{0}^{\pi} e^{i\|t\|\cos\theta}\sin^{n-2}\theta d\theta.$$

因而定理得证. □

记

(2.5.3) $$\Phi_n = \{\phi(\cdot) \mid \phi(t_1^2+\cdots+t_n^2) \text{ 是特征函数}\}.$$

则我们容易看到

(2.5.4) $$\Phi_1 \supset \Phi_2 \supset \Phi_3 \cdots.$$

令

(2.5.5) $$\Phi_\infty = \bigcap_{n=1}^{\infty} \Phi_n.$$

练习 2.11 表明 ϕ_{n+1} 是 ϕ_n, $n \geqslant 1$, 的真子集.

定理 2.5.2 函数 $\phi(\cdot) \in \phi_k$ 当且仅当

(2.5.6) $$\phi(x) = \int_0^\infty \Omega_k(xr^2)dF(r),$$

其中 $\Omega_k(\cdot)$如定理 2.5.1 中所定义且 $F(\cdot)$是 $[0,\infty)$ 上的累积分布函数.

证 设 $\phi(\cdot) \in \Phi_k$. 则 $g(t_1,\cdots,t_k) = \phi(\|t\|^2)$ 是具有累积分布函数$G(y)$的某一随机向量 y 的特征函数.因此, $g(t_1,\cdots,t_k)$ 是 $t_1,\cdots,t_k$ 的对称函数. 对每个满足$\|x\| = 1$ 的 x,我们有

$$g(t_1,\cdots,t_k) = \phi(t't) = g(\|t\|x_1,\cdots,\|t\|x_k)$$

和

$$\phi(t't) = \frac{1}{S_k}\int_{S:\|x\|=1} g(\|t\|x_1,\cdots,\|t\|x_k)ds$$

$$= \frac{1}{S_k}\int_{S:\|x\|=1}\left[\int_{R^k} e^{i\|t\|x'y}dG(y)\right]ds$$

$$= \int_{R^k}\left[\frac{1}{S_k}\int_{S:\|x\|=1} e^{i\|t\|x'y}ds\right]dG(y)$$

$$= \int_{R^k} \Omega_k(\|t\|^2\|y\|^2)dG(y).$$

设

$$F(u) = \int_{\|y\|\leqslant u} dG(y).$$

则$F(\cdot)$是$[0,\infty)$上的累积分布函数且

$$\phi(x) = \int_0^\infty \Omega_k(xu^2)dF(u).$$

设$\phi(\cdot)$能表为(2.5.6)的形式且令随机变量 $R \sim F(x)$与$u^{(k)}$独立．则 $Ru^{(k)}$的特征函数是

$$\begin{aligned} E(e^{it'Ru^{(k)}}) &= \int_0^\infty E(e^{irt'u^{(k)}})dF(r) \\ &= \int_0^\infty \Omega_k(r^2\|t\|^2)dF(r) = \phi(\|t\|^2), \end{aligned}$$

即$\phi(\|x\|^2)$是 $Ru^{(k)}$的特征函数且 $\phi(\cdot)\in\Phi_k$。

如上的两个定理属于 Schoenberg (1938)．下面的两个重要的推论是定理 2.5.2 的结果．

推论 1 设$k\times 1$的随机向量x的特征函数是$\phi(t't)$且 $\phi\in\Phi_k$。则x有随机表示

$$x \overset{d}{=} Ru^{(k)}, \tag{2.5.7}$$

其中 $R\sim F(x)$与ϕ的关系有如(2.5.6)且与 $u^{(k)}$独立。

设 $O(n)$ 表示$n\times n$的正交阵类．

推论 2 $n\times 1$的随机向量 $x\sim S_n(\phi)$当且仅当对每个 $\Gamma\in O(n)$有

$$x \overset{d}{=} \Gamma x. \tag{2.5.8}$$

证 设 $x\sim S_n(\phi)$。x 的特征函数是 $\phi(t't)=\phi(\|t\|^2)$其中 $\phi\in\Phi_k$．因此；Γx 的特征函数是 $\phi(t'\Gamma\Gamma't)=\phi(t't)$．故公式(2.5.8)得证。

设(2.5.8)对任何 $\Gamma\in O(n)$ 成立．x 的特征函数对任何 $\Gamma\in O(n)$满足 $\phi(t)=\phi(\Gamma t)$。所以，由定理 1.7.1 和例 1.7.1，$\phi(\cdot)$必定有形式 $\phi(\|t\|^2)$，其中 $\phi\in\Phi_n$。 □

现在，我们可把上述结果总结如下：

定理 2.5.3 设 x 是 $n\times 1$ 的随机向量。则下列的陈述是等价的：

(1) x 的特征函数有形式 $\phi(\|t\|)^2$，其中 $\phi\in\phi_n$；

(2) x 有随机表示 $x\overset{d}{=}Ru^{(n)}$，其中 $R\geqslant 0$ 与 $u^{(n)}$独立；

(3) 对任何 $\Gamma\in O(n)$有 $x\overset{d}{=}\Gamma x$。

推论 1 设 $x\overset{d}{=}Ru^{(n)}\sim S_n(\phi)$且 $P(x=0)=0$。则

$$\|x\|\overset{d}{=}R,\ x/\|x\|\overset{d}{=}u^{(n)},\tag{2.5.9}$$

且它们是独立的。

证 因 $P(x=0)=P(R=0)=0$，故取 $f_1(x)=(x'x)^{\frac{1}{2}}$ 和 $f_2(x)=x/\sqrt{x'x}$。则

$$\begin{bmatrix}\|x\|\\ x/\|x\|\end{bmatrix}=\begin{bmatrix}f_1(x)\\ f_2(x)\end{bmatrix}\overset{d}{=}\begin{bmatrix}f_1(Ru^{(n)})\\ f_2(Ru^{(n)})\end{bmatrix}=\begin{bmatrix}R\\ u^{(n)}\end{bmatrix}$$

故推论得证。□

从现在起，若 $x\sim S_n(\phi)$ 且 $P(x=0)=0$，则记为 $x\sim S_n^+(\phi)$。

$x/\|x\|$ 的分布与 $S_n^+(\phi)$ 类的任何元素无关。特别，我们能够假设 $x\sim N_n(0,I_n)$。这个事实很重要，我们将多次用到它。首先，我们有如下结果。

推论 2

$$\mathscr{E}(u^{(n)})=0,\ \mathscr{D}(u^{(n)})=\frac{1}{n}I_n.\tag{2.5.10}$$

证 设 $x\sim N_n(0,I_n)$。由推论 1 我们有 $x\overset{d}{=}\|x\|u^{(n)}$，其中 $\|x\|$ 与 $u^{(n)}$ 独立。熟知，$\|x\|^2\sim\chi_n^2$。则由 $\mathscr{E}(x)=0$，$E\|x\|>0,E\|x\|^2=n$ 和 $\mathscr{D}(x)=I_n$。推论得证。□

记 $u^{(n)}=(u_1,\cdots,u_n)'$。因 $(u^{(n)\prime},u^{(n)})=1$，故 $u^{(n)}$ 没有密度，但 $u^{(n)}$ 的所有的边缘分布有密度。由(2.4.11)，$u_1,\cdots,u_i$

的边缘密度是

$$(2.5.11)\qquad \frac{\Gamma\left(\frac{1}{2}n\right)}{\Gamma\left(\frac{1}{2}(n-k)\right)\pi^{\frac{1}{2}k}}\left(1-\sum_{1}^{k}u_i^2\right)^{\frac{1}{2}(n-k)-1},$$

若
$$\sum_{1}^{k}u_i^2<1.$$

推论 3 把 $u^{(n)}$ 分割为 m 个部分，即 $u^{(n)}=(u'_{(1)},\cdots,u'_{(m)})'$，分别有 $n_1,\cdots,n_m$ 个 $u^{(n)}$ 的分量. 则

$$(2.5.12)\qquad \begin{bmatrix}u_{(1)}\\ \vdots\\ u_{(m)}\end{bmatrix}\overset{d}{=}\begin{bmatrix}d_1u_1\\ \vdots\\ d_mu_m\end{bmatrix},$$

其中 $d_i\geqslant 0, i=1,\cdots,m;(d_1^2,\cdots,d_m^2)\sim D_m\left(\frac{1}{2}n_1,\cdots,\frac{1}{2}n_m\right)$ 与$(u_1,\cdots,u_m)$独立；$u_1,\cdots,u_m$ 是独立的且 $u_j\overset{d}{=}u^{(n_j)}$, $j=1,\cdots,m$.

证 令 $x\sim N_n(0,I_n)$如(2.4.5)式那样分割. 由推论1，我们有

$$\begin{bmatrix}u_{(1)}\\ \vdots\\ u_{(m)}\end{bmatrix}\overset{d}{=}\begin{bmatrix}x^{(1)}/\|x\|\\ \vdots\\ x^{(m)}/\|x\|\end{bmatrix}=\begin{bmatrix}x^{(1)}/\|x^{(1)}\|\cdot\|x^{(1)}\|/\|x\|\\ \vdots\\ x^{(m)}/\|x^{(m)}\|\cdot\|x^{(m)}\|/\|x\|\end{bmatrix}.$$

设 $d_j=\|x^{(j)}\|/\|x\|, j=1,\cdots,m$. 显然$(d_1,\cdots,d_m)$满足所需要的条件(见定理 2.4.1 的推论 2). 再次应用推论 1，我们有 $u_j=x^{(j)}/\|x^{(j)}\|\overset{d}{=}u^{(n_j)}$, $j=1,\cdots,m$. 由 $\{x^{(j)},j=1,\cdots,m\}$ 独立和 $\|x^{(j)}\|$与 $x^{(j)}/\|x^{(j)}\|$独立的事实，推论得证. □

现在我们要证明 $\phi\in\Phi_k$ 和 F 的关系(2.5.6)是一对一的.

定理 2.5.4 $\phi\in\Phi_k$ 当且仅当 ϕ 连续且

$$(2.5.13)\qquad \int_0^\infty\phi(2sv)g_k(V)dv,\quad s\geqslant 0$$

是一个非负随机变量的 Laplace 变换且当 ϕ 由(2.5.6)给定时，它的分布函数是 $F(\sqrt{\cdot})$，其中 g_k 表示自由度是 $k, 1\leqslant k\leqslant\infty$,

的 χ^2 密度。

证 由于 $N_k(0, I_k)$ 是 $S_k(\phi)$ 且 $\phi(u)=\exp(-u/2)$，故(2.5.6)产生恒等式

$$(2.5.14)\qquad \exp(-u/2)=\int_0^\infty \Omega_k(uv)g_k(v)dv,\quad u\geqslant 0,$$

其中 g_k 是二次型 $R^2=x'x$ 的密度(见(2.5.9))且 $x\sim N_k(0,I_k)$. 当 $\phi\in\Phi_R$ 时，由(2.5.6)和(2.5.14)直接推出(2.5.13)是 R^2 的 Laplace 变换,其中 R 有累积分布函数 F. 反之,设(2.5.13)是 R^2 的 Laplace 变换以及 ϕ 是连续的. 设 F 是 R 的累积分布函数且 $\phi_0\in\Phi_k$ 是由(2.5.6)定义的函数. 由证明的第一部分,我们有

$$\int_0^x \phi_0(2sv)g_k(v)dv=\int_0^\infty \phi(2sv)g_k(v)dv.\quad s\geqslant 0$$

并且由于 $g_k(v)=cv^{\frac{1}{2}k-1}\exp(-v/2)$(见 2.4 节例 2.4.1),故由 Laplace 变换的唯一性推出 $\phi_0=\phi$. □

这个定理来自 Cambians, Huang 和 Simons(1981). 事实上,利用运算 $\overset{d}{=}$ 我们能够证明 ϕ 与 F 的关系是一对一的(见练习 2.13).

若 $\phi(\cdot)\in\Phi_n$,则对每个 $m,1\leqslant m\leqslant n$,有 $\phi\in\Phi_m$. 因 ϕ 和 F 的关系(2.5.6)是一对一的,故存在两个累积分布函数 F_n 和 F_m 使得

$$\phi(x)=\int_0^\infty \Omega_n(xu^2)dF_n(u),$$

和

$$\phi(x)=\int_0^\infty \Omega_m(xu^2)dF_m(u).$$

F_n 和 F_m 的精确的关系由如下推论得到.

推论 若 R_n 和 R_m 分别有累积分布函数 F_n 和 F_m,则 $R_m\overset{d}{=}R_n b_{\frac{1}{2}m,\frac{1}{2}(n-m)}$,其中 $b_{\frac{1}{2}m,\frac{1}{2}(n-m)}\geqslant 0$ 和 $b^2_{\frac{1}{2}m,\frac{1}{2}(n-m)}\sim B\left(\frac{1}{2}m,\frac{1}{2}(n-m)\right)$与 R_n 独立。

证 设 $x=(x^{(1)\prime},x^{(2)\prime})'\sim S_n(\phi)$,其中 $x^{(1)}$: $m\times 1$. 则 $x^{(1)}$ 的特征函数是 $\phi(\|t^{(1)}\|^2)$, 其中 $t^{(1)}$: $m\times 1$. 另一方面，由定理 2.5.3 的推论 3, 我们有 $x^{(1)}\overset{d}{=}R_n d_1 u_1^{(m)}$. 故推论得证. □

ϕ 和 R_n(或 R_m)的如上的关系能够写作 $\phi\in\Phi_n\longleftrightarrow R_n$ (或 F_n)和 $\phi\in\Phi_m\longleftrightarrow R_m\overset{d}{=}R_n b_{\frac{1}{2}m,\frac{1}{2}(n-m)}$(或 F_m). 能够证明 R_m 在 $(0,\infty)$上有密度函数

$$(2.5.15)\quad f_m(x)=\frac{2x^{m-1}\Gamma\left(\frac{1}{2}n\right)}{\Gamma\left(\frac{1}{2}m\right)\Gamma\left(\frac{1}{2}(n-m)\right)}\int_x^\infty r^{-(n-2)}(r^2-x^2)^{\frac{1}{2}(n-m)-1}dF_n(r).$$

2.5.2 密度

若 $x\sim S_n(\phi)$,则一般地说 x 不一定有密度. 由定理 2.5.3 容易看到,若 x 有密度,则它对某一非负函数 $f(\cdot)$必定有 $f(x'x)$ 的形式. 这时,由(2.4.15)我们有

$$1=\int f(x'x)dx=\frac{\pi^{\frac{1}{2}n}}{\Gamma\left(\frac{1}{2}n\right)}\int_0^\infty y^{\frac{1}{2}n-1}f(y)dy.$$

因此,函数 $f(\cdot)$能用来定义一个球对称分布的密度 $cf(\cdot)$当且仅当

$$(2.5.16)\qquad \int_0^\infty y^{\frac{1}{2}n-1}f(y)dy<\infty.$$

此时,若 x 的密度存在, 则我们将用 $x\sim S_n(cf)$ 代替 $x\sim S_n(\phi)$.

定理 2.5.5 设 $x\overset{d}{=}Ru^{(n)}\sim S_n(\phi)$. 则 x 有密度当且仅当 R 有密度 $g(\cdot)$. 并且 $f(\cdot)$和 $g(\cdot)$的关系为

$$(2.5.17)\qquad g(r)=\frac{2\pi^{\frac{1}{2}n}}{\Gamma\left(\frac{1}{2}n\right)}r^{n-1}f(r^2).$$

证 设 x 有密度 $f(x'x)$. 令 $h(\cdot)$ 是任一非负 Borel 函数. 利用(2.4.15),我们有

$$E[h(R)]=\int h[(x'x)^{\frac{1}{2}}]f(x'x)dx$$

$$=\frac{\pi^{\frac{1}{2}n}}{\Gamma\left(\frac{1}{2}n\right)}\int_0^\infty h(y^{\frac{1}{2}})y^{\frac{1}{2}n-1}f(y)dy \quad (令\ r=y^{\frac{1}{2}})$$

$$=\frac{2\pi^{\frac{1}{2}n}}{\Gamma\left(\frac{1}{2}n\right)}\int_0^\infty h(r)r^{n-1}f(r^2)dr.$$

这就证明了 R 有形为(2.5.17)的密度 $g(\cdot)$. 逆命题显然. □

定理 2.5.6 设 $x\overset{d}{=}Ru^{(n)}\sim S_n^-(\phi)$. 则 x 的所有的边缘分布都有密度. 特别, $X_1,\cdots,X_k(1\leqslant k<n)$ 的边缘密度是

$$(2.5.18)\quad \frac{\Gamma\left(\frac{1}{2}n\right)}{\Gamma\left(\frac{1}{2}(n-k)\right)\pi^{\frac{1}{2}k}}\int_{\left(\sum_1^k x_i^2\right)^2}^{x} r^{-(n-2)}\left(r^2-\sum_1^k x_i^2\right)^{\frac{1}{2}(n-k)}dF(r),$$

其中 $F(r)$是 R 的累积分布函数.

证 第一个结论显然. 我们只证明(2.5.18). 由(2.5.11), $X_1,\cdots,X_k$ 的累积分布函数是

$$\frac{\Gamma\left(\frac{1}{2}n\right)}{\Gamma\left(\frac{1}{2}(n-k)\right)\pi^{\frac{1}{2}k}}\int_0^\infty dF(r)\int_{-1}^{x_1/r}\cdots\int_{-1}^{x_k/r}\left(1-\sum_1^k u_i^2\right)^{\frac{1}{2}(n-k)-1}I_A(u_1,\cdots,u_k)du_1\cdots du_k,$$

其中

$$I_A(u_1,\cdots,u_k)=\begin{cases}1 & \sum_1^k u_i^2<1\\ 0 & 其他.\end{cases}$$

分别对 $x_1,\cdots,x_k$ 微分上式，则(2.5.18)得证。 □

若 $x\sim S_n(\phi)$有密度，则存在所有的边缘密度。以 $g_m(x_1^2+\cdots+x_m^2), 1\leqslant m\leqslant n$。表示$(X_1,\cdots,X_m)$ 的密度。则对 $m\geqslant 3$ 有

$$
\begin{aligned}
g_{m-2}(u) &= \int_{-\infty}^{\infty}\int_{-\infty}^{\infty} g_m(u^2+x_{m-1}^2+x_m^2)dx_{m-1}dx_m \\
&= \int_0^{2\pi}\int_0^{\infty} r g_m(u^2+r^2)dr d\vartheta = 2\pi\int_{|u|}^{\infty} y g_m(y^2)dy.
\end{aligned}
$$

由如上的公式，我们立即得到以下的结论：

(1) 若 $x\sim S(\phi)$有密度，则维数小于或等于 $n-2$ 的边缘密度是连续的且维数小于或等于 $n-4$ 的边缘密度是可微的（这两种情况可能要把原点除外）。

(2) 对于 $u\geqslant 3$ 的一元边缘密度在$(-\infty,0)$上非减而在$(0,\infty)$上非增。

(3) 对于 $1\leqslant m\leqslant n-1$，我们有

(2.5.19) $$g_{m+2}(x) = -(1/\pi)g_m'(x), \quad 对\ \text{a.e. } x>0.$$

(4) 若只知道一元边缘密度，则方程(2.5.19)使我们能够构造所有的边缘密度。

本节内容来自 Keller(1970)和 Cambanis Huang 和 Simons (1981)。

2.5.3 Φ_∞ 类

Φ_∞ 类由(2.5.5) 式定义。 类似于定理 2.5.2，我们有如下定理。

定理 2.5.7 函数 $\phi\in\Phi_\infty$ 当且仅当

(2.5.20) $$\phi(x) = \int_0^{\infty} e^{-xr^2}dF_\infty(r),$$

其中 F_∞是[0,∞)上的累积分布函数。

证 若π是 $1,\cdots,n$ 的一个排列，则把$(X_1,\cdots,X_n)$变成$(X_{\pi1},\cdots,X_{\pi n})$的 R^n到自身的线性映射是一个旋转，因而球对称性要求 $(X_1,\cdots,X_n)\overset{d}{=}(X_{\pi1},\cdots,X_{\pi n})$。因此，序列 X_n 是可交换的，并

且 de Finetti 定理(Feller, 1971, 第七章,第 4 节及其所列的参考文献)表明,存在事件的 σ 域 $\mathscr{F}$,在 $\mathscr{F}$ 下, $X_n, n=1,\cdots,$ 独立且有相同的分布函数 F. 我们有

$$(2.5.21)\qquad \Phi(t)=\int_{-\infty}^{\infty} e^{itx}dF(x)=E(e^{itX_n}|\mathscr{F}),\ n=1,2,\cdots,$$

因此, ϕ 是一个随机的、$\mathscr{F}$ 可测的连续函数且

$$(2.5.22)\qquad \Phi(-t)=\overline{\Phi(t)},\ |\Phi(t)|\leqslant 1,\ \Phi(0)=1.$$

条件独立性意味着,对实数 $t_1,\cdots,t_n$, 有

$$(2.5.23)\qquad E\left\{\exp\left(i\sum_{r=1}^{n}t_rX_r\right)\middle|\mathscr{F}\right\}=\prod_{r=1}^{n}\Phi(t_r),$$

因此

$$(2.5.24)\qquad \Phi(t_1^2+\cdots+t_n^2)=E\left\{\exp\left(i\sum_{r=1}^{n}t_rX_r\right)\right\}$$

$$=E\left\{\prod_{r=1}^{n}\Phi(t_r)\right\}.$$

球对称性蕴涵(2.5.24)的左边,因而还有右边,只依赖于 $t_1^2+\cdots+t_n^2$. 对任意实的 u 和 v, 令 $t=(u^2+v^2)^{\frac{1}{2}}$ 且用 (2.5.22) 和 (2.5.24)计算,我们有

$$\begin{aligned}
&E\{|\Phi(t)-\Phi(u)\Phi(v)|^2\}\\
&\quad=E[\{\Phi(t)-\Phi(u)\Phi(v)\}\{\Phi(-t)-\Phi(-u)\Phi(-v)\}]\\
&\quad=E\{\Phi(t)\Phi(-t)-E\{\Phi(t)\Phi(-u)\Phi(-v)\}\\
&\qquad-E\{\Phi(u)\Phi(v)\Phi(-t)\}\\
&\qquad+E\{\Phi(u)\Phi(v)\Phi(-u)\Phi(-v)\}.
\end{aligned}$$

后四项形如(2.5.24)的右边,并且由于 $t=(u^2+v^2)^{\frac{1}{2}}$,我们有

$$\begin{aligned}
&E\{\Phi(t)\Phi(-t)\}=\phi(2t^2)\\
&E\{\Phi(t)\Phi(-u)\Phi(-v)\}=\phi(t^2+u^2+v^2)=\phi(2t^2)\\
&E\{\Phi(u)\Phi(v)\Phi(-t)\}=\phi(u^2+v^2+t^2)=\phi(2t^2)\\
&E\{\Phi(u)\Phi(v)\Phi(-u)\Phi(-v)\}=\phi(2u^2+2v^2)=\phi(2t^2).
\end{aligned}$$

因而它们都相等且

$$E\{|\Phi(t)-\Phi(u)\Phi(v)|^2\}=0$$

或

$$\Phi(t)=\Phi(u)\Phi(v),$$

其概率为1。因此，ϕ以概率1地满足函数方程

$$\Phi\{(u^2+v^2)^{\frac{1}{2}}\}=\Phi(u)\Phi(v)$$

对所有有理的u和v，因而由连续性也对所有实的u和v。因此（Feller，1971 第三章第4节）对某一个复数A有$\phi(t)=\exp\left(-\frac{1}{2}At^2\right)$，并且(2.5.22)表明$A$是非负的实数。

因为$A=-2\log\phi(1)$，故A是$\mathscr{F}$可测的随机变量且对任何一个随机变量Z（见 Loève(1960)，p. 350)有

$$E(Z\mid A)=E\{E(Z\mid\mathscr{F})\mid A\}$$

令

$$Z=\exp\left(i\sum_{r=1}^{n}t_rX_r\right),$$

并利用(2.5.23)，我们有

$$E\left\{\exp\left(i\sum_{r=1}^{n}t_rX_r\right)\Big|A\right\}=E\left(\prod_{r=1}^{n}e^{-\frac{1}{2}At_r^2}\Big|A\right)$$

$$=\prod_{r=1}^{n}e^{-\frac{1}{2}At_r^2}=\exp\left(-\frac{1}{2}A\sum_{1}^{n}t_r^2\right).$$

因此，在A的条件下，X_r是独立的并且有分布$N(0,A)$。设$F(\cdot)$是A的累积分布函数，则

$$E\left\{\exp\left(i\sum_{1}^{n}t_rX_r\right)\right\}=\int_0^\infty\exp\left(-\frac{1}{2}a\sum_{1}^{n}t_r^2\right)dF(a),$$

这就证明了$F_\infty(\cdot)=F(\ )$。□

定理 2.5.7 首先为 Schoenherg(1938) 所证明。这里的证明是由 Kingman(1972) 给出的。

推论 1 $x\sim S_n(\phi)$，$\phi\in\Phi_\infty$ 当且仅当

$$x\overset{d}{=}Rz,\tag{2.5.25}$$

其中$z\sim N_n(0,I_n)$与$R\geqslant0$独立。这意味着x的分布是一些正态分布的混合。若x有密度，则它的形式为

$$\int_0^{\infty}\frac{1}{(2\pi r^2)^{n/2}}\exp\left(-\frac{1}{2}x'x/r^2\right)dF_{\infty}(r), \tag{2.5.26}$$

其中 $F_{\infty}(\cdot)$是R的累积分布函数.

显然,关于 Φ_{∞} 的许多结果比对 $\Phi_n, n<\infty$,的结果更容易得到. 这就是为什么许多结论首先在 Φ_{∞} 中建立的原因.

2.5.4 不变分布

设 $x=(X_1,\cdots,X_n)'$是随机向量. 令

$$\bar{X}=\frac{1}{n}\sum_{i=1}^{n}X_i=\frac{1}{n}1_n'x,$$

$$s^2=\frac{1}{n-1}\sum_{i=1}^{n}(X_i-\bar{X})^2=\frac{1}{n-1}x'Dx$$

和

$$D=I_n-\frac{1}{n}1_n1_n',$$

其中 $1_n=(1,\cdots,1)'$. 在一元分析中有一些非常有用的统计量. 例如

$$t=\sqrt{n}\frac{\bar{X}}{s} \tag{2.5.27}$$

和

$$F=\frac{x'C_1x/r}{x'C_2x/k}, \tag{2.5.28}$$

其中 C_1 和 C_2 是投影矩阵,秩分别为 $\mathrm{rk}(C_1)=r$ 和 $\mathrm{rk}(C_2)=k$,且 $C_1C_2=0$. 我们有一个熟知的事实,$t\sim t_{n-1}$ 和 $F\sim F(r,k)$,如果 $x\sim N_n(0,I_n)$,其中 t_r 表示自由度为 r 的 t 分布,$F(r,k)$表示自由度为 r 和 k 的 F 分布.现在我们要证明,当 $x\sim S_n^+(\phi)$ 时,这个结论是正确的. 事实上,设 $f(\cdot)$定义为

$$f(x)=\sqrt{n}\frac{\frac{1}{n}1_n'x}{\left(\frac{1}{n-1}x'Dx\right)^{\frac{1}{2}}}.$$

则

$$t = f(x) \overset{d}{=} f(Ru^{(n)}) = \sqrt{n}\,\frac{\dfrac{R}{n}1'_n u^{(n)}}{\left(\dfrac{R^2}{n-1}u^{(n)\prime}Du^{(n)}\right)^{\frac{1}{2}}}$$

$$= \sqrt{n}\,\frac{\dfrac{1}{n}1'_n u^{(n)}}{\left(\dfrac{1}{n-1}u^{(n)\prime}Du^{(n)}\right)^{\frac{1}{2}}},$$

其分布与R无关．因正态分布 $N_n(0, I_n)$是 $S_n^+(\phi)$，其中 $\phi(u) = \exp(-u/2)$，故对整个类 $\{S_n^+(\phi)\}$，t 与正态情况一样有相同的分布 t_{n-1}．类似地，F 在类$\{S_n^+(\phi)\}$中有相同的分布 $F(r, k)$．一般地，我们有如下的定理．

定理 2.5.8 当 $x \sim S_n^+(\phi)$时，统计量 $t(x)$保持相同的分布如果

(2.5.29) $t(\alpha x) \overset{d}{=} t(x)$ 对每个 $\alpha > 0$ 和每个 $x \sim S_n^+(\cdot)$．

证 由假设 $x \overset{d}{=} Ru^{(n)}$，$R \sim F(r)$与 $u^{(n)}$独立且有

$$E(e^{ist(x)}) = E(e^{ist(Ru^{(n)})}) = \int_{(0,x)} E(e^{ist(ru^{(n)})} \mid R = r)dF(r)$$

$$= \int_{(0,\infty)} E(e^{ist(u^{(n)})})dF(r) = E(e^{ist(u^{(n)})}),$$

此式与R(或$\varnothing$)无关． □

更一般地，若 $x \sim EC_n(\mu, \Sigma, \phi)$，其中 $\Sigma > 0$ 且$P(x = 0) = 0$，则我们有如下推论．

推论 1 设$\Omega_m \subset R^n$且给定Ω_c，其中 $0 \in \Omega_m$，$I_n \in \Omega_c$，并且 Ω_c是 $n \times n$ 正定阵的子集使得 $A \in \Omega_c$ 蕴涵对每个 $\alpha > 0$ 有 $\alpha A \in \Omega_c$．则 $t(x)$在 $x \sim EC_n(\mu, \Sigma, \phi)$，$(\mu, \Sigma) \in \Omega_m \times \Omega_c$ 且 $P(x = \mu) = 0$，的类中保持相同的分布，如果以下的条件成立：

(2.5.30) $t(\Sigma^{-\frac{1}{2}}(x - \mu)) \overset{d}{=} t(x)$，对每个$(\mu, \Sigma) \in \Omega_m \times \Omega_c$ 和每个类中的 x．

证 在(2.5.30)中令 $\Sigma=\sqrt{\alpha}\, I_n$ 就得到(2.5.29). 因此结论得证. □

2.6 椭球等高分布

在上一节中，我们已给出椭球等高分布的定义. 我们在这一节将讨论它们的性质. 读者将会发现，椭球等高分布的许多性质类似于正态分布的性质.

2.6.1 随机表示

定理 2.6.1 对每个 $\mu\in R^n$和 $\Sigma>0$, 其中 $\mathrm{rk}\Sigma=k$, 一元函数$\varnothing(\cdot)$能够用来定义一个椭球等高分布的 $EC_n(\mu,\Sigma,\phi)$ 当且仅当 $\phi\in\Phi_k$.

证 由 Φ_k 的定义,令$\mu=0$ 和$\Sigma=\begin{pmatrix}I_k & 0\\ 0 & 0\end{pmatrix}$. 则必要性得证.

设 $\phi\in\Phi_k$. 对任意给定的μ和 $\Sigma\geqslant0$, $\mathrm{rk}\Sigma=k$, 存在$k\times n$ 矩阵 A使得 $A'A\neq\Sigma$. 令 x 是 $k\times1$ 随机向量, 其特征函数为 $\phi(t't)$. 定义 $y=\mu+A'x$. 则 y 的特征函数是

$$e^{it'\mu}\phi(t'A'At)=e^{it'\mu}\phi(t\,\Sigma t). \qquad □$$

推论 1 $x\sim EC_n(\mu,\Sigma,\phi)$, $\mathrm{rk}\Sigma=k$ 当且仅当

$$x\overset{d}{=}\mu+RA'u^{(k)}, \tag{2.6.1}$$

其中$R\geqslant0$ 与 $u^{(k)}$ 独立, $R\longleftrightarrow\phi\in\Phi_k$ 且 A是 $k\times n$ 矩阵使得 $A'A=\Sigma$.

证 充分性可由定理 2.6.1 的证明中得到. 现证必要性. 设$x\sim EC_n(\mu,\Sigma,\phi)$, $\mathrm{rk}\Sigma=k$,即 x 的特征函数是 $\exp(it'\mu)\phi(t'\Sigma t)$. 由于推论中定义的$\mu+RA'u^{(k)}$的特征函数与 x 的特征函数相同, 故结论得证. □

推论 2 设 $x=\mu+RA'u^{(k)}\sim EC_n(\mu,\Sigma,\varphi)$, 其中 $\mathrm{rk}\Sigma=k$. 则

(2.6.2) $$Q(x)=(x-\mu)'\Sigma^{-}(x-\mu)\overset{d}{=}R^2,$$
其中 Σ^-是Σ的一个广义逆(见 1.3 节).

证 由(2.6.1)

$$Q(x)\overset{d}{=}R^2u^{(k)'}A(A'A)^{-}A'u^{(k)}=R^2u^{(k)'}u^{(k)}=R^2,$$
因为 $A(A'A)^-A'$是秩为k的投影矩阵. □

现在我们要证明，非退化的椭球等高分布的随机表示及其参数表示在本质上是唯一的,只相差一些显然的常数.

定理 2.6.2 设 x 是非退化的.

(i) 若 $x\sim EC_n(\mu,\Sigma,\phi)$和 $x\sim EC_n(\mu^*,\Sigma^*,\phi^*)$,则存在 $c>0$ 使得

(2.6.3) $$\mu^*=\mu,\Sigma^*=c\Sigma,\phi^*(.)=\phi(c^{-1}.).$$

(ii) 若 $x\overset{d}{=}\mu+RA'u^{(r)}\overset{d}{=}\mu^*+R^*A^{*'}u^{(r^*)}$,其中 $r\geqslant r^*$,则存在 $c>0$ 使得

(2.6.4) $$\mu^*=\mu,\ A^{*'}A^*=cA'A,\ R^*\overset{d}{=}c^{-\frac{1}{2}}Rb_{r^*/2,(r-r^*)/2},$$
其中 $b_{r^*/2,(r-r^*)/2}\geqslant 0$ 与R独立且 $b^2_{r^*/2,(r-r^*)/2}\sim B(r^*/2,(r-r^*)/2)$若 $r>r^*$;$b_{r^*/2,(r-r^*)/2}\equiv 1$ 若 $r=r^*$.

证 (i) 因 $x-\mu$和 $x-\mu^*$关于 0 对称,则我们有

$$\begin{aligned}x-\mu&\overset{d}{=}(-x-\mu)\overset{d}{=}(\mu-\mu^*)-(x-\mu^*)\\&\overset{d}{=}(\mu-\mu^*)+(x-\mu^*)=x-(2\mu^*-\mu),\end{aligned}$$
这蕴涵 $\mu^*=\mu$. 记$\Sigma=(\sigma_{ij}),\Sigma^*=(\sigma^*_{ij})$ 和 $\mu=(\mu_i)$. 由于 x 是非退化的,故它的一个分量 X_j 是非退化的,并且 $X_j-\mu_j$ 的特征函数为 $\phi(\sigma_{jj}u^2)=\phi^*(\sigma^*_{jj}u^2),u\in R^1$,其中 $\sigma_{jj},\sigma^*_{jj}>0$,这就得到 $\phi^*(\cdot)=\phi(c^{-1}\cdot)$, $c=\sigma^*_{jj}/\sigma_{jj}$. 则 $x-\mu$ 的特征函数为 $\phi(t'\Sigma t)=\phi^*(t'\Sigma^*t)=\phi(c^{-1}t'\Sigma^*t),t\in R^n$. 现在,若$\Sigma^*\neq c\Sigma$,则对某 $t_0\in R^n$,我们有 $a^2=t_0'\Sigma t_0\neq c^{-1}t_0'\Sigma^*t_0=b^2$; $t=ut_0$. 则我们得到 $\phi(a^2u^2)=\phi(b^2u^2)$, 而由递推法, 我们得到 $\phi(u^2)=$

$\phi(0)=1, u\in R^1$. 这与 x 的非退化性矛盾. 故推出 $\Sigma^*=c\Sigma$. □

(ii) 由假设,我们有 $x\sim EC_n(\mu, A'A, \phi)$和 $x\sim EC_n(\mu^*, A^{*\prime}A^*, \phi^*)$;所以由(i)得 $\mu^*=\mu, A^{*\prime}A^*=cA'A$ 和 $\phi^*(\cdot)=\phi(c^{-1}\cdot)$. 因此,令 $R_r=R, R_{r*}=c^{\frac{1}{2}}R^*, \Sigma=A'A$,则我们有

$$x-\mu\overset{d}{=}R_rA'u^{(1)}\sim EC_n(0,\Sigma,\phi),\qquad \phi\in\Phi_r,$$

$$x-\mu\overset{d}{=}R_{r*}(c^{-\frac{1}{2}}A^*)'u^{(r^*)}\sim EC_n(0,\Sigma,\phi),\quad \phi\in\Phi_{r*}.$$

当 $r^*<r$ 时,由定理 2.5.4 的推论并令 $m=r^*$, $n=r$, 我们有 $R_r^*\overset{d}{=}R_rb_{r^*/2,(r-r^*)/2}$ 因此 $R^*\overset{d}{=}c^{-\frac{1}{2}}Rb_{r^*/2,(r-r^*)/2}$. 当 $r^*=r$ 时, ϕ与F之间的一一对应蕴涵 $R_{r^*}\overset{d}{=}R_n$. 因此, $R^*\overset{d}{=}c^{-\frac{1}{2}}R$. □

2.6.2 组合与边缘分布

定理 2.6.3 设 $x\sim EC_n(\mu,\Sigma,\phi)$, $\mathrm{rk}\Sigma=k$, B 为 $n\times m$的矩阵且 γ 为$m\times 1$ 的向量. 则

(2.6.5) $\qquad \gamma+B'x\sim EC_m(B'\mu+\gamma, B'\Sigma B,\phi).$

证 由于

$$\gamma+B'x\overset{d}{=}(B'\mu+\gamma)+R(AB)'u^{(k)}.$$

故定理得证. □

把 x, μ 和Σ分块为

(2.6.6) $\quad x=\begin{bmatrix}x^{(1)}\\ x^{(2)}\end{bmatrix}, \mu=\begin{bmatrix}\mu^{(1)}\\ \mu^{(2)}\end{bmatrix}$和 $\Sigma=\begin{bmatrix}\Sigma_{11} & \Sigma_{12}\\ \Sigma_{21} & \Sigma_{22}\end{bmatrix},$

其中 $x^{(1)}: m\times 1, \mu^{(1)}: m\times 1$ 和 $\Sigma_{11}: m\times m$. 类似于多元正态分布情形,我们能得到椭球等高分布的边缘分布.

推论 1 设 $x\sim EC_n(\mu,\Sigma,\phi)$. 则 $x^{(1)}\sim EC_m(\mu^{(1)},\Sigma_{11},\phi)$ 和 $x^{(2)}\sim EC_{n-m}(\mu^{(2)},\Sigma_{22},\phi)$.

2.6.3 矩

若 $x\sim N_n(\mu, \Sigma)$, 则在 2.3 节我们知道, $\mathscr{E}(x)=\mu$ 和

$\mathscr{D}(x)=\Sigma$. 在椭球等高分布情形,则不一定存在矩. 假设 $x\sim EC_n(\mu,\Sigma,\phi)$. 由(2.6.1)我们能证明, $\mathscr{E}(x)$, ($\mathscr{D}(x)$)存在当且仅当 $E(R)<\infty(E(R^2)<\infty)$.

定理 2.6.4 设 $x\sim EC_n(\mu,\Sigma,\phi)$ 和 $E(R^2)<\infty$. 则

(2.6.7) $\qquad \mathscr{E}(x)=\mu$ 和 $\mathscr{D}(x)=(ER^2/\mathrm{rk}\Sigma)\Sigma$.

证 令 $k=\mathrm{rk}\Sigma$. 则我们有 $x\overset{d}{=}\mu+RA'u^{(k)}$. 由定理2.5.3的推论 2, 我们看到

$$\mathscr{E}(x)=\mu+RA'\mathscr{E}(u^{(k)})=\mu$$

和

$$\begin{aligned}\mathscr{D}(x)&=\mathscr{D}(RA'u^{(k)})=ER^2\cdot A'\mathscr{D}(u^{(k)})A\\&=ER^2\cdot\frac{1}{k}A'I_KA=\frac{1}{k}ER^2\cdot\Sigma,\end{aligned}$$

则定理得证. □

这里, x 的协方差阵与 Σ 成比例,但一般不一定等于 Σ.

利用 ϕ 对矩的另一种刻画和表示如下:

定理 2.6.5 设 $x\sim EC_n(\mu,\Sigma,\phi)$是非退化的. 则

(a) $\Gamma_1(x)=\mu$;

(b) $\Gamma_2(x)=\mu\mu-2\phi'(0)\Sigma$ 和 $\mathscr{D}(x)=-2\phi'(0)\Sigma$;

(c) $\Gamma_3(x)=\mu\otimes\mu'\otimes\mu-2\phi'(0)[\mu\otimes\Sigma+\Sigma\otimes\mu$
$\qquad+\mathrm{vec}(\Sigma)\mu']$.

若它们存在,其中 $\Gamma_k(x),k=1,2,\cdots$,在(2.2.18)中定义且“vec”算子在 1.4 节中定义.

证 利用(2.2.20),由直接计算,定理得证. 例如,设 $\phi_x(t)=\exp(it'\mu)\phi(t'\Sigma t)$是 x 的特征函数, 则

$$\frac{\partial\phi_x(t)}{\partial t}=ie^{it'\mu}\phi(t'\Sigma t)\mu+2e^{it'\mu}\phi'(t'\Sigma t)\Sigma t,$$

$$\Gamma_1(x)=\frac{1}{i}\left.\frac{\partial\phi_x(t)}{\partial t}\right|_{t=0}=\mu,$$

$$\frac{\partial^2 \phi_x(t)}{\partial t \partial t'} = i^2 e^{it'\mu}\phi(t'\Sigma t)\mu\mu' + 4e^{it'\mu}\phi''(t'\Sigma t)[\Sigma t \otimes t'\Sigma]$$

$$+ 2ie^{it'\mu}\phi'(t'\Sigma t)[\mu \otimes t'\Sigma + \mu' \otimes \Sigma t - i\Sigma],$$

和

$$\Gamma_2(x) = \frac{1}{i^2} \frac{\partial^2 \phi_x(t)}{\partial t \partial t'}\bigg|_{t=0} = \mu\mu' - 2\phi'(0)\Sigma.$$

$\Gamma_3(x)$的计算留给读者去完成。 □

当 $x \sim EC_n(\mu, \Sigma, \phi)$的协方差阵 Σ_0 存在时，把Σ选作 Σ_0 有特殊的意义.$\Sigma = \Sigma_0$ 当且仅当能够选择 ϕ 使得$-2\phi'(0) = 1$.

2.6.4 条件分布

设 x 是 $n \times 1$ 随机向量且 $x = (x^{(1)'}, x^{(2)'})'$，其中 $x^{(1)}: m \times 1$，$0 < m < n$. 我们来考虑给定 $x^{(2)} = x_0^{(2)}$时 $x^{(1)}$的条件分布.

定理 2.6.6 设 $x = Ru^{(n)} \sim S_n(\phi)$. 则给定 $x^{(2)} = x_0^{(2)}$时 $x^{(1)}$ 的条件分布为

(2.6.8) $\qquad (x^{(1)} | x^{(2)} = x_0^{(2)}) \sim EC_m(0, I_m, \phi_{\|x_0^{(2)}\|^2})$

其随机表示为

(2.6.9) $\qquad (x^{(1)} | x^{(2)} = x_0^{(2)}) \overset{d}{=} R(\|x_0^{(2)}\|^2)u^{(m)},$

其中对每个 $a^2 > 0$，$R(a^2)$和 $u^{(m)}$ 独立，并且

(2.6.10) $\qquad R(\|x_0^{(2)}\|^2) \overset{d}{=} ((R^2 - \|x_0^{(2)}\|^2)^{\frac{1}{2}} | x^{(2)} = x_0^{(2)}),$

函数 ϕ_{a^2} 由(2.5.6)给定，其中 $k = m$ 且 F 由 $R(a^2)$ 的分布代替.

证 由定理 2.5.3 的推论 3 我们有

$$\begin{bmatrix} x^{(1)} \\ x^{(2)} \end{bmatrix} \overset{d}{=} R \begin{bmatrix} u_{(1)} \\ u_{(2)} \end{bmatrix} \overset{d}{=} \begin{bmatrix} Rd_1 u^{(m)} \\ Rd_2 u^{(n-m)} \end{bmatrix},$$

其中 R, d_1(或 d_2), $u^{(m)}$ 和 $u^{(n-m)}$ 独立, $d_1^2 + d_2^2 = 1$ 且 $d_1^2 \sim B\left(\frac{1}{2}m, \frac{1}{2}(n-m)\right)$. 当 $Rd_2 u^{(n-m)} = x_0^{(2)}$时，容易看到 $Rd_1 = (R^2 - \|x_0^{(2)}\|^2)^{\frac{1}{2}}$，因此(2.6.10)和(2.6.9)得证. 如(2.6.10)所定义，$R(\|x_0^{(2)}\|^2)$只通过$\|x_0^{(2)}\|^2$依赖于 $x_0^{(2)}$ 当 $x_0^{(2)} = 0$ 时是显然的；而当

$x_0^{(2)} \neq 0$ 时，上述事实可由下式推出：

$$((R^2 - \|x_0^{(2)}\|^2)^{\frac{1}{2}} | x^{(2)} = x_0^{(2)}) \overset{d}{=} ((R^2 - \|x_0^{(2)}\|^2)^{\frac{1}{2}} | Rd_2 u^{(n-m)} = x_0^{(2)})$$

$$\overset{d}{=} ((R^2 - \|x_0^{(2)}\|^2)^{\frac{1}{2}} | R^2 d_2^2 = \|x_0^{(2)}\|^2)$$

因为 $u^{(n-m)}$与R和 d_1 独立。因此，由下式

$$(x^{(1)} | x^{(2)} = x_0^{(2)}) \overset{d}{=} (Rd_1 u^{(m)} | x^{(2)} = x_0^{(2)})$$

$$\overset{d}{=} ((R^2 - \|x_0^{(2)}\|^2)^{\frac{1}{2}} u^{(m)} | x^{(2)} = x_0^{(2)})$$

$$\sim EC_m(0, I_m, \phi_{\|x_0^{(2)}\|^2}). \quad \square$$

(2.6.8)得证。 □

为得到 R_{a^2} 的分布，我们需要如下引理，其证明是直接的，故略去。

引理 2.6.1 设非负随机变量R和S独立，R有累积分布函数F且S绝对连续，具有密度 g。则 $T = RS$ 有一个大小为 $F(0)$ 的原子，如果 $F(0) > 0$。它在$(0, \infty)$上绝对连续且具有如下式给定的密度 h，

$$h(t) = \int_{(0,\infty)} r^{-1} g(t/r) dF(r).$$

给定$T = t$ 时R的一个规则条件分布表述如下：

$$P(R \leqslant \rho | T = t)$$

$$= \begin{cases} 0 & \text{当 } \rho < 0; \\ 1 & \text{当 } t = 0 \text{ 或 } t > 0 \text{ 且 } h(t) = 0,\ \rho \geqslant 0; \\ \dfrac{1}{h(t)} \displaystyle\int_{(0,\rho]} r^{-1} g(t/r) dF(r) & \text{当 } t > 0 \text{ 且} h(t) \neq 0,\ \rho \geqslant 0. \end{cases}$$

推论 1 利用定理 2.6.6 的记号，我们有

$$R_{a^2} = 0, \text{a.s. 当 } a = 0 \text{ 或 } F(a) = 1 \text{ 时}$$

$$(2.6.11) \quad P(R_{a^2} \leqslant \rho) = \frac{\displaystyle\int_{(a,(\rho^2+a^2)^{\frac{1}{2}}]} (r^2 - a^2)^{m/2-1} r^{-(n-2)} dF(r)}{\displaystyle\int_{(a,\infty)} (r^2 - a^2)^{m/2-1} r^{-(n-2)} dF(r)}$$

对于 $\rho \geqslant 0$，$a > 0$ 和 $F(a) < 1$。为简单起见，记$R_{a^2} = R(a^2)$。

证 由 R_{a^2}的定义，我们有

$$R_{a^2} = (\sqrt{R^2 - a^2} \mid \|x_2\|^2 = a^2) = (\sqrt{R^2 - a^2} \mid R^2 d_2^2 = a^2).$$

则

$$P(R_{a^2} \leqslant \rho) = P(R \leqslant \sqrt{a^2 + \rho^2} \mid R d_2 = a).$$

在引理 2.6.1 中令 $T = \|x_2\|$，$R = R$ 和 $S = d_2$ 且注意到 $d_2^2 \sim B((n-m)/2, m/2)$ 和

$$g(t) = \frac{2\Gamma(m/2)\Gamma((n-m)/2)}{\Gamma(n/2)}(1-t^2)^{m/2-1}t^{n-m-1},$$

$$0 < t < 1,$$

其中 $g(t)$是 d_2 的密度，则由引理 2.6.1，我们有(2.6.11). □

公式(2.6.11)表明，R_{a^2} 的分布函数 F_{a^2} 如何由 F(与 m, n 和 a)确定. 对相反的情形，我们有

推论 2 以 C_{a^2}表示(2.6.11)中的分母，则我们有

$$(2.6.12)\quad 1 - F(r) = C_{a^2}\int_{((r^2-a^2)^{\frac{1}{2}},\infty)} (\rho^2 + a^2)^{n/2-1}\rho^{-(m-2)} dF_{a^2}(\rho),$$

$$r \geqslant a > 0.$$

证 对 ρ 微分(2.6.11)的两边，则(2.6.12)得证. □

因此，当 $a > 0$ 时，F_{a^2}在区间$[a, \infty)$上确定了 F，只差一个未知的因子 $C_{a^2} \geqslant 0$. 当然，这公式并未给出在$[0, a)$上的 F 的值.

现在，我们可以把定理 2.6.6 推广到 $x \sim EC_n(\mu, \Sigma, \phi)$ 的情形.

推论 3 设 $x \overset{d}{=} \mu + RA'u^{(n)} \sim EC_n(\mu, \Sigma, \phi)$其中 $\Sigma > 0$. 令

$$x = \begin{bmatrix} x^{(1)} \\ x^{(2)} \end{bmatrix},\ \mu = \begin{bmatrix} \mu^{(1)} \\ \mu^{(2)} \end{bmatrix},\ \Sigma = \begin{bmatrix} \Sigma_{11} & \Sigma_{12} \\ \Sigma_{21} & \Sigma_{22} \end{bmatrix},$$

其中 $x^{(1)}: m \times 1$, $\mu(1): m \times 1$, $\Sigma_{11}: m \times m$ 和 $0 < m < n$。则

$$(2.6.13)\qquad (x^{(1)} \mid x^{(2)} = x_0^{(2)}) \overset{d}{=} \mu_{1.2} + R_{q(x_0^{(2)})} A'_{11.2} u^{(m)}$$

$$\sim EC_m(\mu_{1.2}, \Sigma_{11.2}, \phi_{q(x_0^{(2)})})$$

其中

$$(2.6.14)\qquad \begin{cases}\mu_{1.2}=\mu^{(1)}+\Sigma_{12}\Sigma_{22}^{-1}(x_0^{(2)}-\mu^{(2)}),\\ \Sigma_{11.2}=\Sigma_{11}-\Sigma_{12}\Sigma_{22}^{-1}\Sigma_{21},\\ q(x_0^{(2)})=(x_0^{(2)}-\mu^{(2)})'\Sigma_{22}^{-1}(x_0^{(2)}-\mu^{(2)}),\end{cases}$$

且 $\Sigma_{11.2}=A'_{11.2}A_{11.2}$。并且对每个 $a\geqslant 0$, R_{a^2} 与 $u^{(m)}$独立，其分布由(2.6.11)给出。

$$R_{q(x_0^{(2)})}\overset{d}{=}((R^2-q(x_0^{(2)}))^{\frac{1}{2}}\,|\,x^{(2)}=x_0^{(2)}),$$

且函数 ϕ_{a^2} 由(2.5.6)给出，其中 $k=m$ 且 F 由 R_{a^2} 的累积分布代替。

证 设 $A'A=\Sigma$, $A_2A_2=\Sigma_{22}$, $A_2>0$ 和

$$\Sigma=A'A=\begin{bmatrix}I & \Sigma_{12}\Sigma_{22}^{-1}\\ 0 & I\end{bmatrix}\begin{bmatrix}\Sigma_{11.2} & 0\\ 0 & \Sigma_{22}\end{bmatrix}\begin{bmatrix}I & 0\\ \Sigma_{22}^{-1}\Sigma_{21} & I\end{bmatrix}=F'F,$$

其中

$$F=\begin{bmatrix}A_{11.2} & 0\\ 0 & A_2\end{bmatrix}\begin{bmatrix}I & 0\\ \Sigma_{22}^{-1}\Sigma_{21} & I\end{bmatrix}=\begin{bmatrix}A_{11.2} & 0\\ A_2\Sigma_{22}^{-1}\Sigma_{21} & A_2\end{bmatrix}.$$

设 $y\sim EC_n(0,I_n,\phi)$. 我们有

$$\begin{aligned}x&\overset{d}{=}\mu+A'y\overset{d}{=}\mu+F'y\\ &=\begin{bmatrix}\mu^{(1)}\\ \mu^{(2)}\end{bmatrix}+\begin{bmatrix}A'_{11.2}y^{(1)}+\Sigma_{12}\Sigma_{22}^{-1}A'_2y^{(2)}\\ A'_2y^{(2)}\end{bmatrix}\end{aligned}$$

和

$$\begin{aligned}(x^{(1)}\,|\,x^{(2)})&=(A'_{11.2}y^{(1)}+\Sigma_{12}\Sigma_{22}^{-1}A'_2y^{(2)}+\mu^{(1)}\,|\,\mu^{(2)}+A'_2y^{(2)}=x^{(2)})\\ &=\mu^{(1)}+\Sigma_{12}\Sigma_{22}^{-1}(x^{(2)}-\mu^{(2)})\\ &\qquad+A'_{11.2}(y^{(1)}\,|\,y^{(2)}=A_2^{-1}(x^{(2)}-\mu^{(2)})).\end{aligned}$$

我们现在可以看到，此推论是定理 2.6.6 的一个结果. □

这个推论可以推广到 Σ 是奇异的情形（见 Cambanis, Huang 和 Simons (1981)）. 而且本节的内容来自他们的论文.

2.6.5 密度

设 $x\sim EC_n(\mu,\Sigma,\phi)$，一般地说，$x$ 不一定有密度(见前一

节）．现在，我们考虑两种情形：（1） x 有密度；（2）$\Sigma>0$ 和 $P(x=0)=0$。

显然 $x\sim EC_n(\mu,\Sigma,\phi)$ 有密度的必要条件是 $\mathrm{rk}\Sigma=n$，这时，随机表示为

$$x\overset{d}{=}\mu+RA'u^{(n)},$$

其中 A 是非异阵．设 $y=(A')^{-1}(x-\mu)$．则 y 的特征函数是 $\phi(t'A'^{-1}\Sigma A^{-1}t)=\phi(t't)$，即 $y\sim S_n(\phi)$ 且有密度．

在前一节，我们已经看到，y 的密度有 $f(y'y)$ 的形式．因 $x=\mu+A'y$，故 x 的密度形如

$$|\Sigma|^{-\frac{1}{2}}f((x-\mu)'\Sigma^{-1}(x-\mu)), \tag{2.6.15}$$

且 R 有密度(2.5.7)．

若 x 没有密度且 $P(R=0)=0$ 和 $\Sigma>0$，则常常作相同的变换 $x=\mu+A'y$，$P(y=0)=0$，y 有全部边缘密度并且 x 也有全部边缘密度．这时，由(2.5.18)，$x_{(k)}=(X_1,\cdots,X_k)'-\mu_{(k)}$，$1\leqslant k<n$，其中 $\mu_{(k)}=(\mu_1,\cdots,\mu_k)'$，的边缘密度是

$$\frac{\Gamma\left(\frac{1}{2}n\right)}{\Gamma\left(\frac{1}{2}(n-k)\right)\pi^{\frac{1}{2}k}}\int_{(x'_{(k)}\Sigma_k^{-1}x_{(k)})^{j}}^{x} r^{-(n-2)}(r^2 - x'_{(k)}\Sigma_k^{-1}x_{(k)})^{\frac{1}{2}(n-k)-1}dF(r), \tag{2.6.16}$$

其中 Σ_k 是 Σ 的第一个 k 阶主子式．

任何满足(2.5.16)的函数 $f(\cdot)$ 能够定义一个具有正规化常数 c_n 的椭球等高分布的密度(2.6.15)，其中

$$c_n=\frac{\Gamma(n/2)}{2\pi^{n/2}\int_0^\infty r^{n-1}f(r^2)dr}. \tag{2.6.17}$$

我们有下列的例子：

例 2.6.1 对于 $r,s>0$，$2N+n>2$ 设

$$f(t)=t^{N-1}\exp(-rt^s). \tag{2.6.18}$$

由(2.6.17)，我们有

$$c_n=s\pi^{-n/2}r^{(2N+n-2)/(2s)}\Gamma(n/2)/\Gamma((2N \tag{2.6.19}$$

$+ n - 2)/(2s))$.

多元正态分布是 $N = 1, s = 1, r = \frac{1}{2}$时的特例. $s = 1$ 的情形是 Kotz (1975)引入的.

例 2.6.2 Pearson VII 型分布. 我们有

(2.6.20) $$f(t) = (1 + t/s)^{-N},\ N > n/2, s > 0,$$

(2.6.21) $$c_n = (\pi s)^{-n/2}\Gamma(n)/\Gamma(N - n/2).$$

这个族包括多元 t 分布. 设 $y \sim N_n(0,\Sigma)(\Sigma > 0)$和 $S \sim X_m$ 是独立的. 则 $x = m^{\frac{1}{2}}y/S$ 称为多元 t 分布 (见 Johnson 和 Kotz (1972)). 这是(2.6.20)$N = (n + m)/2, S = m$时的特殊情形.当 $m = 1$ 时,所对应的分布称为多元 Cauchy 分布.

例 2.6.3 R^n中单位球上的均匀分布. 设 x 遵照 R^n中单位球上的均匀分布. 由例 2.4.2, 其密度是

$$P_x(x) = \begin{cases} \dfrac{\Gamma\left(\frac{1}{2}n\right)}{\pi^{\frac{1}{2}n}}, & 若\ \sum_1^n x_i^2 \leqslant 1, \\ 0, & 其他. \end{cases}$$

显然,对任何 $\Gamma \in O(n)$ 有 $\Gamma x \overset{d}{=} x$ 且在单位球上的均匀分布属于椭球等高分布族. x 能够表示为 $x \overset{d}{=} Ru^{(n)}$. 由(2.5.17), $R = \|x\|$ 的密度是

$$g_R(r) = \begin{cases} \dfrac{2\pi^{\frac{1}{2}n}\Gamma\left(\frac{1}{2}(n+2)\right)}{\Gamma\left(\frac{1}{2}n\right)\pi^{\frac{1}{2}n}} r^{n-1} = nr^{n-1}, & 若\ 0 \leqslant r \leqslant 1, \\ 0, & 其他. \end{cases}$$

例 2.6.4 广义 Laplace 分布式 Bessel 分布取

(2.6.22) $$f(t) = (t^{\frac{1}{2}}/\beta)^a K_a(t^{\frac{1}{2}}/\beta), a > -n/2, \beta > 0.$$

正规化常数是

(2.6.23) $$c_n^{-1} = 2^{a+n-1}\pi^{n/2}\beta^n\Gamma(a + n/2).$$

这里 $K_a(\cdot)$表示第三种修正的 Bessel 函数, 即

$$K_a(z)=\frac{\pi}{2}\frac{I_{-a}(z)-I_a(z)}{\sin(a\pi)}, |\arg z|<\pi, a=0,\pm 1,\pm 2,\cdots,$$

$$I_a(z)=\sum_{k=0}^{\infty}\frac{1}{k!\,\Gamma(k+a+1)}(z/2)^{a+2k}, |z|<\infty,$$
$$|\arg z|<\pi,$$

这公式在 $a=\frac{n}{2}-1$ 时有重要的意义(见 Laurent (1974)).

2.7 正态性的刻划

正态分布是椭球等高分布族的元素．本节中，我们讨论不能够推广到椭球等高分布的一些正态分布的性质．这一节中的主要结果来自 Keller(1970)和 Cambams, Huang 和 Simons(1981). 例如,设 $x\sim EC_n(\mu,\Sigma,\phi)$,$\mathrm{rk}\Sigma=k$. 则 x 有正态分布当且仅当 $Q(x)=(x-\mu)'\Sigma^-(x-\mu)\sim\chi_k^2$, 因为 ϕ 和 F 之间的关系是一对一的.

定理 2.7.1 设 $x\sim EC_n(\mu,\Sigma,\phi)$. 则任何一个边缘分布是正态的当且仅当 x 是正态分布.

证 设 $x=\begin{pmatrix}x^{(1)}\\ x^{(2)}\end{pmatrix}$且 $x^{(1)}$有正态分布. 因 $x^{(1)}$ 的特征函数是 $\phi(t't)$, 其中 t 与 $x^{(1)}$有相同的维数, 故从 $x^{(1)}$ 的正态性我们有 $\phi(u)=\exp(-u/2)$. 因此, x 有正态分布. 充分性显然 (见 2.3 节). □

定理 2.7.2 设 $x\sim EC_n(\mu,\Sigma,\phi)$, 其中 $\Sigma=\mathrm{diag}(\sigma_{11},\cdots,\sigma_{nn})$. 则以下的陈述是等价的:

(a) x 是正态分布的;

(b) x 的分量是独立的;

(c) X_i 和 X_j $(1\leqslant i\leqslant j\leqslant n)$是独立的.

证 $(a)\Rightarrow(b)\Rightarrow(c)$显然. 现证$(c)\Rightarrow(a)$. 由假设，我们有

$\phi(t_i^2\sigma_{ii}+t_j^2\sigma_{jj})=\phi(t_i^2\sigma_{ii})\phi(t_j^2\sigma_{jj})$ 设 $u_k=t_k\sigma_{kk}^{\frac{1}{2}}$，$k=i,j$)。因此

$$\phi(u_i+u_j)=\phi(u_i)\phi(u_j).$$

这个方程叫做 Hamel 方程，它有解 $\phi(u)=e^{au}$,a 是某一常数(虽然 $\phi(u)\equiv 1$ 是方程的解,但相应的分布是奇异的)。因 $\phi(u)$ 是特征函数,故 a 必定是负数。定理得证。□

定理 2.7.2 表明,$x\sim S_n(\phi)$ 的分量是不相关的，然而除了正态情形外却是相依的。若 $x=\begin{pmatrix}x^{(1)}\\x^{(2)}\end{pmatrix}$是正态分布，则在给定 $x^{(2)}$ 时，$x^{(1)}$的条件分布当然是正态的且定理 2.6.4 的推论 3 中的函数 $\phi_{q(x^{(2)})}$ 有形式 $\phi_{q(x^{(2)})}=\exp(-cu/2)$，其中 $c\geqslant 0$ 与 $x^{(2)}$无关。$\phi_{q(x^{(2)})}$不依赖 $x^{(2)}$ 的事实刻划了正态性。

定理 2.7.3 设 $x=\begin{pmatrix}x^{(1)}\\x^{(2)}\end{pmatrix}\sim EC_n(\mu,\Sigma,\phi)$，其中 $\Sigma>0$ 且 $x^{(1)}:m\times 1,0<m<n$。则 $\phi_{q(x^{(2)})}$不依赖于 $x^{(2)}$ 的值当且仅当 x 是正态分布。

证 我们只证必要性。由引理 2.6.1 的推论 3,对所有的 $t=\begin{pmatrix}t^{(1)}\\t^{(2)}\end{pmatrix}\in R^n,t^{(1)}\in R^m$,

$$\begin{aligned}\phi(t'\Sigma t)&=E[\exp(it'(x-\mu))]\\&=E\{\exp[it^{(2)\prime}(x^{(2)}-\mu^{(2)})]E(\exp[it^{(1)\prime}(x^{(1)}\\&\qquad-\mu^{(1)})]\,|\,x^{(2)})\}\\&=E\{\exp[it^{(2)\prime}(x^{(2)}-\mu^{(2)})+it^{(1)\prime}(\mu_{1.2}\\&\qquad-\mu^{(1)})]\phi_{q(x^{(2)})}(t^{(1)\prime}\Sigma_{11.2}t^{(1)})\}.\end{aligned}$$

由假设,对每个 $u\geqslant 0$ 令 $\phi(u)=\phi_{q(x^{(2)})}(u)$ a.s.,则我们有

$$\begin{aligned}\phi(t'\Sigma t)&=\phi(t^{(1)\prime}\Sigma_{11.2}t^{(1)})E\exp[i(t^{(2)}+\Sigma_{22}^{-1}\Sigma_{21}t^{(1)})'(x^{(2)}-\mu^{(2)})]\\&=\phi(t^{(1)\prime}\Sigma_{11.2}t^{(1)})\phi\{(t^{(2)}\\&\qquad+\Sigma_{22}^{-1}\Sigma_{21}t^{(1)})'\Sigma_{22}(t^{(2)}+\Sigma_{22}^{-1}\Sigma_{21}t^{(1)})\}.\end{aligned}$$

由于 $t'\Sigma t=t^{(1)\prime}\Sigma_{11.2}t^{(1)}+(t^{(2)}+\Sigma_{22}^{-1}\Sigma_{21}t^{(1)\prime}\ \Sigma_{22}(t^{(2)}+\Sigma_{22}^{-1}\Sigma_{21}t^{(1)})$，则推出 $\phi(u+v)=\phi(u)\phi(v)$，u，$v\geqslant 0$。置 $v=0$，则推出

$\phi = \hat{\phi}$. 因此,对某 $c > 0$ 有$\phi(u) = \exp(-cu/2)$. □

我们还有如下的定理.

定理 2.7.4 设 $x = \begin{bmatrix} x^{(1)} \\ x^{(2)} \end{bmatrix} \sim EC_n(\mu, \Sigma, \phi)$其中 $\Sigma > 0$ 和$x^{(1)}$: $m \times 1, 0 < m < n$. 则$(x^{(1)} | x^{(2)})$以概率 1 为正态分布当且仅当 x 是正态分布.

证 设$(x^{(1)} | x^{(2)})$以概率 1 为正态分布. 则我们有 $\phi_{q(x^{(2)})}(u) = \exp(-c(q(x^{(2)}))u/2), u \geqslant 0$, 对某一函数 $c: (0, \infty) \to (0, \infty)$. 若 $c(q(x^{(2)}))$是退化随机变量, 则由定理 2.7.3 推出 x 的正态性. 设 A是所有 $a > 0$ 的集使得

(2.7.1) $$\phi_{a^2}(u) = \exp(-c(a^2)u/2), u \geqslant 0.$$

注意 $P(q(x^{(2)})^{\frac{1}{2}} \in A) = 1$. 今(2.7.1) 蕴涵 R_{a^2} 的累积分布函数 $F_{a^2}, a \in A$,是 k_1 个自由度的 χ^2 变量乘以 $c(a^2)^{1/2}$ 的分布函数.把这个事实与(2.6.12)相结合,则对 $a \in A$ 我们有

$$1 - F(r) = (\text{const})\int_r^\infty s^{n-1}\exp(-s^2/2c(a^2))ds, \quad r \geqslant a,$$

(2.7.2)

$$F(r) = (\text{const})r^{n-1}\exp(-r^2/2c(a^2))ds, r \geqslant a.$$

由(2.7.2),显然对所有的 $a \in A$,我们有 $c(a^2)$ 是一个常数. 因而得到 $c(q(x^{(2)}))$的退化性. □

定理 2.7.5 $EC_n(\mu, \Sigma, \phi), \Sigma > 0$,是一个正态分布当且仅当两个不同维的边缘密度存在且有只差一个正因子的函数形式.

证 只证明充分性. 设 $x \sim EC_n(\mu, \Sigma, \phi)$ 有维数 p 和 $q + p$ 的边缘分布,且有函数形式 g_p 和 g_{p+q} 满足下式

(2.7.3) $$g_{p+q}(u) = cg_p(u), \quad c\text{:常数}, \quad u \geqslant 0.$$

(以下 c 表正常数,但不总是相同的.)不失一般性,我们假定 $\mu = 0$ 和 $\Sigma = I_n$(否则,我们可考虑 $y = \Sigma^{-\frac{1}{2}}(x - \mu)$). 则

$$g_p(x_1^2 + \cdots + x_p^2) = \int g_{p+q}(x_1^2 + \cdots + x_{p+q}^2)dx_{p-1}\cdots dx_{p-q}$$

$$= c\int g_p(x_1^2 + \cdots + x_{p+q}^2)dx_{p+1}\cdots dx_{p-q},$$

因而我们有

$$g_p(u)=c\int g_p(u+z_1^2+\cdots+z_q^2)dz_1\cdots dz_q,\ u\geqslant 0.$$

因而

$$g_{p+q}(x_1^2+\cdots+x_{p+q}^2)=c\int g_p(x_1^2+\cdots+x_{p+2q}^2)dx_{p+q+1}\cdots dx_{p+2q}.$$

所以 $g_p(x_1^2+\cdots+x_{p+2q}^2)$的倍数是 $z\sim EC_{p+2q}(0,I_{p+2q},\phi)$ 的密度且 z 有 $p+q$ 维的边缘密度 $g_{p+q}(x_1^2+\cdots+x_{p+q}^2)$. 因此 $\phi=\psi\in\Phi_{p+2q}$. 类似地，我们有 $\phi\in\Phi_{p+jq}$ 对所有的 $j=1,2,\cdots$. 故我们有 $\phi\in\Phi_\infty$且在$[0,\infty)$上存在累积分布函数 F_∞ 使得 g_p 和 g_{p+q} 都满足(2.5.26). 由 Laplace 变换的唯一性和(2.7.3), 我们有 $r^{-p}dF_\infty(r)=cr^{-(p+q)}dF_\infty(r)$. 因此在某一点 $\sigma>0,F_\infty$ 是退化的. 故我们有 $g_p(u)=\exp[-u/(2\sigma^2)]$,即 x 是正态的. □

在 Cambanis, Huang 和 Simons 的文章中或在本书的其他章节中,读者能够发现更有趣的结果.

2.8 二次型分布和 Cochran 定理

二次型分布和 Cochran 定理在线性模型理论中起重要的作用. 在这一节，我们将给出二次型分布并讨论在正态分布和球对称分布中的 Cochran 定理. 本节中关于椭球等高分布的主要结果取自 Anderson 和方开泰(1982a)和(1984).

2.8.1 二次型分布

设 $x\overset{d}{=}Ru^{(n)}\sim S_n(\phi)$和 $R\sim F(\cdot)$. 把 x 分为 $x=(x^{(1)\prime},\cdots,x^{(m)\prime})'$,其中 $x^{(1)},\cdots,x^{(m)}$分别有 x 的 $n_1,\cdots,n_m$ 个分量. 由(2.5.12),我们有

$$x\overset{d}{=}(Rd_1u_1,\cdots,Rd_mu_m')', \tag{2.8.1}$$

其中 $d_1,\cdots,d_m \geqslant 0,(d_1^2,\cdots,d_m^2) \sim D_m(n_1/2,\cdots,n_m/2)$；$R,(d_1,\cdots,d_m),u_1,\cdots,u_{m-1}$ 和 u_m 是独立的，并且 $u_j \stackrel{d}{=} u^{(n_j)},j=1,\cdots,m$。因此

$$(2.8.2)\qquad (x^{(1)\prime}x^{(1)},\cdots,x^{(m)\prime}x^{(m)}) \stackrel{d}{=} R^2(d_1^2,\cdots,d_m^2).$$

我们记$(x^{(1)\prime}x^{(1)},\cdots,x^{(m)\prime}x^{(m)})\sim G_m(n_1/2,\cdots,n_m/2;\phi)$和$(x^{(1)\prime}x^{(1)},\cdots,x^{(m-1)\prime}x^{(m-1)}) \sim G_m(n_1/2,\cdots,n_{m-1}/2;n_m/2;\phi)$。如果$(y_1,\cdots,y_m)\sim G(n_1/2,\cdots,n_m/2;\phi)$，则容易看到$(y_1,\cdots,y_k)\sim G_{k+1}(n_1/2,\cdots,n_k/2;(n_{k+1}+\cdots+n_m)/2;\phi),1\leqslant k<m$。

引理 2.8.1 设 $x\sim S_n(\phi)$.

(1) 若 $P(x=0)=0$ 和 $n_m\geqslant 1$。则 $(Y_1,\cdots,Y_k)=(x^{(1)\prime}x^{(1)},\cdots,x^{(k)\prime}x^{(k)})(1\leqslant k<m)$有密度

$$(2.8.3)\qquad \frac{\Gamma(n/2)}{(n^*/2)\prod_1^k\Gamma(n_i/2)}\prod_1^k y_i^{n_i/2-1}\int_{\left(\sum_1^k y_i\right)^{\frac{1}{2}}}^{\infty} r^{2-n}\left(r^2-\sum_1^k y_i\right)^{n^*/2-1}dF(r).$$

其中 $n^*=n_{k+1}+\cdots+n_m$。

(2) 若 x 有密度 $f(x'x)$，则 $y_1,\cdots,y_m$ 的联合密度是

$$(2.8.4)\qquad \frac{\pi^{\frac{1}{2}n}}{\prod_1^m\Gamma(n_i/2)}\prod_1^m y_i^{n_i/2-1}f\left(\sum_1^m y_i\right).$$

证 由(2.8.2)和(2.5.18)我们可直接得到(2.8.3)。由于 $x^{(1)},\cdots,x^{(m)}$的密度函数是 $f(x'x)=f\left(\sum_1^m x^{(i)\prime}x^{(i)}\right)$，故对每个非负 Borel 函数 $h(\cdot)$，利用(2.4.17)我们有

$$Eh(Y_1,\cdots,Y_m)$$
$$=\int h(x^{(1)\prime}x^{(1)},\cdots,x^{(m)\prime}x^{(m)})f\left(\sum_1^m x^{(i)\prime}x^{(i)}\right)dx^{(1)}\cdots dx^{(m)}$$

$$= \frac{\pi^{\frac{1}{2}n}}{\prod_1^m \Gamma(n_i/2)} \int h(y_1, \cdots, y_m) f\left(\sum_1^m y_i\right) \prod_1^m (y_i^{n_i/2-1} dy_i)$$

因此(2.8.4)得证. □

例 2.8.1 设 x 在 R^n中单位球上均匀分布(见例2.6.3). 则由(2.8.4),$(Y_1, \cdots, Y_m)$ 的密度是

$$\frac{\Gamma\left(\frac{1}{2}n+1\right)}{\prod_1^m \Gamma(n_i/2)} \prod_1^m y_i^{n_i/2-1} \qquad y_i > 0, i = 1, \cdots, m; \ \sum_1^m y_i \leqslant 1.$$

由(2.8.3),我们得到一个有趣的结果: $Y_1, \cdots, Y_k, 1 \leqslant k < m$,的边缘密度是 $D_{k+1}(n_1/2, \cdots, n_k/2; (n^*+2)/2)$,其中 $n^* = n_{k+1} + \cdots + n_m$.

若 $x \sim N_n(0, I_n)$,则 $x^{(1)\prime}x^{(1)}, \cdots, x^{(m)\prime}x^{(m)}$独立地遵照 χ^2 分布,自由度分别为 $n_1, \cdots, n_m$. 反之,若 $x^{(1)\prime}x^{(1)}$和 $x^{(2)\prime}x^{(2)}$ 是独立的,则我们将证明 x 为正态分布.

定理 2.8.1 设 $x = \begin{bmatrix} x^{(1)} \\ x^{(2)} \end{bmatrix} \overset{d}{=} Ru^{(n)} \sim S_n^+(\phi)$,其中 $x^{(1)}: m \times 1$ 且 $0 < m < n$. 则 $x^{(1)\prime}x^{(1)}$ 和 $x^{(2)\prime}x^{(2)}$ 是独立的. 当且仅当 x 为正态分布.

证 充分性是熟知的. 现假设 $x^{(1)\prime}x^{(1)}$和 $x^{(2)\prime}x^{(2)}$是独立的.我们有 $P(R=0)=0$. 由于$(y_1, y_2) = (x^{(1)\prime}x^{(1)}, x^{(2)\prime}x^{(2)}) \overset{d}{=} (R^2d_1^2, R^2d_2^2)$, 故 $Y_1/Y_2 \overset{d}{=} R^2d_1^2/(R^2d_2^2) = d_1^2/d_2^2$ 的分布与 $Y_1+Y_2 = x'x = R^2$ 独立. 因此, Y_1 和 Y_2 为具有相同标量参数的 Gamma 分布(见 Lukacs (1956), p. 208), 并且 R^2 也为具有那个参数的 Gamma 分布. 因此, x 有密度 $f(x'x)$且 Y_1 和 Y_2的密度是

$$\text{const}\, y_1^{a-1} y_2^{b-1} e^{-(y_1+y_2)/2c} = \text{const}\, y_1^{m/2-1} y_2^{(n-m)/2-1} f(y_1+y_2)$$

由(2.8.4). 即我们有

$$f(y_1+y_2) = \text{const}\, y_1^{a-m/2} y_2^{b-(n-m)/2} e^{-(y_1+y_2)/2c}.$$

对 $y_1 \geqslant 0$ 和 $y_2 \geqslant 0$，这是一个恒等式仅当 $a = \frac{m}{2}$和 $b = \frac{(n-m)}{2}$. 因此，$R^2 = y_1 + y_2 \sim \text{const}\chi_n^2$. 则由定理 2.5.4，对某一个 $\sigma > 0$，我们有 $x = N_n(0, \sigma^2, I_n)$. □

例 2.8.2 设 $x = (X_1, \cdots, X_n)' \sim S_n(\phi)$ 且有密度 $f(x'x)$. 设

$$\overline{X} = \frac{1}{n}\sum_1^n X_i, \quad S = \sum_1^n (X_i - \overline{X})^2.$$

显然，$\overline{X} = I_n' x/n$ 且 $S = x'Dx$，其中 $D = I_n - \frac{1}{n} 1_n 1_n'$. 设 Γ 是 $n \times n$ 的正交矩阵，其最后一行为$(1/n^{\frac{1}{2}}, \cdots, 1/n^{\frac{1}{2}})$且 $y = (Y_1, \cdots, Y_n)' = \Gamma x$. 则 $y \sim S_n(\phi)$ 和

$$\overline{X} = n^{-\frac{1}{2}} Y_n, \qquad S = \sum_1^{n-1} Y_i^2.$$

由(2.8.4)，Y_n^2 和 S 的联合密度是

$$\frac{\pi^{(n-1)/2}}{\Gamma((n-1)/2)} s^{(n-1)/2-1} (y_n^2)^{-\frac{1}{2}} f(s + y_n^2).$$

则 $\overline{X}$ 和 S 的联合密度是

$$\frac{n^{\frac{1}{2}} \pi^{(n-1)/2}}{\Gamma((n-1)/2)} s^{(n-1)/2-1} f(s + n\bar{x}^2).$$

由定理 2.8.1，$\overline{X}$ 和 S 独立当且仅当 $x \sim N_n(0, \sigma^2, I_n)$ 对某一个 $\sigma^2 > 0$.

2.8.2 对于正态情形的 Cochran 定理

设 $x \sim N_n(\mu, I_n)$ 且 C 是 $n \times n$ 的常对称阵. 我们在这一小节将讨论，在什么情况下，$x'Cx$ 为 χ^2 分布. 我们还要给出两个二次型是独立的必要充分条件.

引理 2.8.2 设 $x \sim N_n(\mu, I_n)$且 C 是 $n \times n$ 的常对称阵，其特征值为 $\alpha_1, \cdots, \alpha_n$. 则

(2.8.5) $$E(e^{tx'Cx}) = \prod_{j=1}^{n}(1-2t\alpha_j)^{-\frac{1}{2}}\exp\left\{\frac{t\alpha_j\lambda_j^2}{1-2t\alpha_j}\right\},$$

其中 $\lambda = (\lambda_1,\cdots,\lambda_n)' = \Gamma'\mu$ 和 $\Gamma'C\Gamma = \mathrm{diag}(\alpha_1,\cdots,\alpha_n)$.

证 设 $y = \Gamma'x$. 则 $y \sim N_n(\Gamma'\mu, I_n) = N_n(\lambda, I_n)$ 且

$$E(e^{tx'Cx}) = E(e^{ty'\Gamma'C\Gamma y}) = \prod_{j=1}^{n}E(e^{t\alpha_j Y_j^2})$$

$$= \prod_{j=1}^{n}\left[(1-2t\alpha_j)^{-\frac{1}{2}}\exp\left\{\frac{t\alpha_j\lambda_j^2}{1-2t\alpha_j}\right\}\right].$$

定理 2.8.2(Cochran) 设 $x \sim N_n(\mu, I_n)$ 且 C 是对称阵. 则 $x'Cx \sim \chi_k^2(\mu'C\mu)$当且仅当

(2.8.6) $$C^2 = C \text{ 和 } \mathrm{rk}C = k.$$

证 设(2.8.6)成立. 则存在正交阵 Γ 使得 $\Gamma'C\Gamma = \begin{bmatrix} I_k & 0 \\ 0 & 0 \end{bmatrix}$.

设 $y = \Gamma'x$. 则 $y \sim N_n(\Gamma'\mu, I_n)$且 $x'Cx = y'\Gamma'C\Gamma y = \sum_{1}^{p} y_i^2$.

由定义 2.4.1,我们有 $x'Cx \sim \chi_k^2(\mu', C\mu)$. 反之,设 $x'Cx \sim \chi_k^2(\mu', C\mu)$. 由引理 2.8.2, 我们有

$$(1-2t)^{-k/2}\exp\left\{\frac{t\lambda}{1-2t}\right\} = \prod_{j=1}^{n}(1-2\alpha_j t)^{-\frac{1}{2}}\exp\left\{\frac{\alpha_j\lambda_j^2}{1-2\alpha_j}\right\}$$

其中 $\lambda = \mu'C\mu$ 且$\{\alpha_j\}$,$\{\lambda_j\}$ 有和引理 2.8.2 同样的意义. 比较上式两边的奇异点, 则对 $1 \leqslant i_1 < i_2 < \cdots < i_k \leqslant n$ 和 $\alpha_j = 0$, $j \neq i_1,\cdots,i_k$,我们必有 $\alpha_{i_1} = \cdots = \alpha_{i_k} = 1$. 这意味着 $C^2 = C$ 和 $\mathrm{rk}C = k$. □

推论 1 若定理 2.8.2 的假设成立, 则 $x'Cx \sim \chi_k^2$ 当且仅当 $C^2 = C, \mathrm{rk}C = k$ 且 $C\mu = 0$.

定理 2.8.3(Craig) 设 $x \sim N_n(\mu, I_n)$且 $C_i(1 \leqslant i \leqslant m)$ 是 $n \times n$ 对称阵. 则 $x'C_ix, i = 1,\cdots,m$ 独立当且仅当$C_iC_j = O$, 对所有的 $i \neq j$ 成立.

在证明这个定理之前我们需要下述的来自 1962 年许宝騄的

讲义的一个引理.

引理 2.8.3 设 A 和 B 分别为具有非零特征值 $\{\lambda_1,\cdots,\lambda_r\}$ 和 $\{\mu_1,\cdots,\mu_s\}$ 的 $n\times n$ 的对称阵. 若 $A+B$ 的非零特征值是 $\{\lambda_1,\cdots,\lambda_r,\mu_1,\cdots,\mu_s\}$,则 $AB=BA=O$.

证 先设 $r+s=n$. 不失一般性,我们能够设 $A=\begin{bmatrix} D_\lambda & O \\ O & O \end{bmatrix}$,其中 $D_\lambda=\mathrm{diag}(\lambda_1,\cdots,\lambda_r)$. 取正交阵 Γ 使得 $\Gamma'B\Gamma=\begin{bmatrix} O & O \\ O & D_\mu \end{bmatrix}$,其中 $D_\mu=\mathrm{diag}(\mu_1,\cdots,\mu_s)$. 按照 $\Gamma'B\Gamma$ 分块的形式:设 $\Gamma=\begin{bmatrix} C & F \\ D & G \end{bmatrix}$. 则我们有

$$
\begin{aligned}
B &= \begin{bmatrix} C & F \\ D & G \end{bmatrix}\begin{bmatrix} O & O \\ O & D_\mu \end{bmatrix}\begin{bmatrix} C & D' \\ F & G' \end{bmatrix} \\
&= \begin{bmatrix} I & F \\ O & G \end{bmatrix}\begin{bmatrix} O & O \\ O & D_\mu \end{bmatrix}\begin{bmatrix} I & O \\ F & G' \end{bmatrix} \\
A &= \begin{bmatrix} I & F \\ O & G \end{bmatrix}\begin{bmatrix} D_\lambda & O \\ O & O \end{bmatrix}\begin{bmatrix} I & O \\ F & G' \end{bmatrix}
\end{aligned}
$$

和

$$
A+B=\begin{bmatrix} I & F \\ O & G \end{bmatrix}\begin{bmatrix} D_\lambda & O \\ O & D_\mu \end{bmatrix}\begin{bmatrix} I & O \\ F' & G' \end{bmatrix}.
$$

由于 AB 有和 BA 相同的非零特征值,因此 $A+B$ 有和

$$
\begin{aligned}
E &= \begin{bmatrix} D_\lambda & O \\ O & D_\mu \end{bmatrix}\begin{bmatrix} I & O \\ F' & G' \end{bmatrix}\begin{bmatrix} I & F \\ O & G \end{bmatrix} \\
&= \begin{bmatrix} D_\lambda & O \\ O & D_\mu \end{bmatrix}\begin{bmatrix} I & F' \\ F' & F'F+G'G \end{bmatrix}=\begin{bmatrix} D_\lambda & O \\ O & D_\mu \end{bmatrix}\begin{bmatrix} I & F \\ F' & I \end{bmatrix},
\end{aligned}
$$

相同的非零特征值,对于 $\Gamma'\Gamma=I$ 和 $F'F+G'G=I$. 因此

$$
\prod_1^y \lambda_i \prod_1^s \mu_j=|A+B|=|E|=\begin{bmatrix} D_\lambda & O \\ O & D_\mu \end{bmatrix}\begin{bmatrix} I & F \\ F & I \end{bmatrix}
$$

$$= \prod_{1}^{y} \lambda_i \prod_{1}^{s} \mu_j |I - F'F|.$$

则结论是$|I - F'F| = 1$ 和$|G'G| = 1$. 因此,$G'G$ 的特征值都等于1且 $F'F = O$,即 $F = O$,并且

$$B = \begin{bmatrix} I & O \\ O & G \end{bmatrix} \begin{bmatrix} O & O \\ O & D_\mu \end{bmatrix} \begin{bmatrix} I & O \\ O & G' \end{bmatrix} = \begin{bmatrix} O & O \\ O & GD_\mu G' \end{bmatrix}.$$

故结论 $AB = BA = 0$ 推出.

其次, 若 $r + s < n$, 则不失一般性, 我们能够假设 $A = \begin{bmatrix} D_\lambda & O \\ O & O \end{bmatrix}$. 存在正交阵$Q$使得

$$Q'BQ = \begin{bmatrix} O & O & O \\ O & D_\upsilon & O \\ O & O & O \end{bmatrix} \begin{matrix} r \\ s \\ n-r-s \end{matrix}.$$

把证明的前一部分应用于 $Q'BQ$ 的$(r + s)$维的第一个主子式,则推出 $AB = BA = O$. □

定理 2.8.3 的证明. 设 $C_iC_j = O$,对所有的$i \neq j$成立. 这意味着 $C_iC_j = C_jC_i$ 且存在正交阵 Γ 使得 $\Gamma C_i \Gamma' = \Lambda_i = \text{diag}(\lambda_1^{(i)}, \cdots, \lambda_n^{(i)}), i = 1, \cdots, m$(见 1.2 节(8)). 设 $G_i = \{t: \lambda_t^{(i)} \neq 0, t = 1, \cdots, n\}$. 因 $\Lambda_i\Lambda_j = \Gamma C_i \Gamma' \Gamma C_j \Gamma' = \Gamma C_i C_j \Gamma' = O$,故我们有 $G_i \cap G_j = \phi, i \neq j$. 设 $y = \Gamma x$. 则 $y \sim N_n(\Gamma\mu, I_n)$ 且 $x'C_ix = y'\Lambda_i y = \sum_{l \in G_i} y_l^2 \lambda_l^{(i)}$. 因为对 $i \neq j$ 我们有 $G_i \cap G_j = \phi$ 且 $y_1, \cdots, y_n$ 独立,则推出$\{x'C_1x, \cdots, x'C_mx\}$ 的独立性. 反之, 我们证明 $C_iC_j = O$. 设 $A = C_i, B = C_j$, $\text{rk}(A) = r$, $\text{rk}(B) = s$ 且 $\text{rk}(A + B) = q$. 以 $\lambda_1, \cdots, \lambda_r; \mu_1, \cdots, \mu_s; \nu_1, \cdots, \nu_q$ 分别表示 A, B 和$A + B$的特征值. 利用(2.8.5)我们有

$$(2.8.7) \quad E(e^{t'x'Ax}) = \prod_{i=1}^{r} (1 - 2t\lambda_i)^{-\frac{1}{2}} \exp\left\{\frac{t\lambda_i a_i}{1 - 2\lambda_i t}\right\}, \ a_i \geqslant 0,$$

$$(2.8.8) \quad E(e^{t'x'Bx}) = \prod_{j=1}^{s} (2 - 2t\mu_j)^{-\frac{1}{2}} \exp\left\{\frac{t\mu_j b_j}{1 - 2\mu_j t}\right\}, \ b_j \geqslant 0,$$

(2.8.9) $E(e^{t'x'(A+B)x})=\prod_{k=1}^{q}(1-2t\nu_k)^{-\frac{1}{2}}\exp\left\{-\frac{t\nu_k c_k}{1-2\nu_k t}\right\}, c_k\geqslant 0$。

由于 $x'Ax$ 和 $x'Bx$ 独立，故(2.8.7)×(2.8.8)＝(2.8.9)。比较两边的奇异点，我们有 $\{\nu_1,\cdots,\nu_q\}=\{\lambda_1,\cdots,\lambda_r,\mu_1,\cdots,\mu_s\}$。再由引理 2.8.3,结论得证。□

引理 2.8.4 设 $C_1,\cdots,C_m$ 是 $n\times n$ 的对称阵，其秩分别是 $r_1,\cdots,r_m$. 设 $C=\sum_1^m C_i$ 且 $\mathrm{rk}(C)=r$. 考虑下列的条件:

(a) $C_i^2=C_i, i=1,\cdots,m$;

(b) $C_iC_j=O, i\neq j$;

(c) $C^2=C$;

(d) $r=r_1+\cdots+r_m$.

则 (a)(b) ⇒ (c)(d), (a)(c) ⇒ (b)(d), (b)(c) ⇒ (a)(d) 且 (c)(d) ⇒ (a)(d).

其证明留给读者完成(见 Anderson 和 Styan (1983)或张尧庭和方开泰(1982)).

综合上述结果,我得到如下的定理.

定理 2.8.4 设 $x\sim N_n(\mu,I_n)$, $C_1,\cdots,C_m$ 是秩分别为 $r_1,\cdots,r_m$ 的 $n\times n$ 对称阵. 设 $C=\sum_1^m C_i$ 且 $r=\mathrm{rk}(C)$. 考虑如下的陈述:

($A1$) $C_i^2=C_i, i=1,\cdots,m$;

($A2$) $C_iC_j=O$, 其中 $i\neq j; i,j=1,\cdots,m$;

($A3$) $C^2=C$;

($B1$) $x'C_ix\sim\chi_{r_i}(\mu'C_i\mu), i=1,\cdots,m$;

($B2$) $\{x'C_ix, i=1,\cdots,m\}$ 独立;

($B3$) $x'Cx\sim\chi_r^2(\mu'C\mu)$;

(D) $\sum_1^m r_i=r$.

则 (a) $(Ai)\Longleftrightarrow(Bi), i=1,2,3$;

(b) (Ai)和(Bj),$i \neq j$,的两个蕴涵其他;

(c) $(A3)$和(D)或$(B3)$和(D)蕴涵其他.

2.8.3 对于椭球等高分布情形的 Cochran 定理

设 $x \sim S_n(\phi)$且 $C' = C$. 若 $C^2 = C$ 和 $\mathrm{rk}(C) = k$,则容易看到 $x'Cx = x^{(1)\prime}x^{(1)} \sim G_2(k/2;(n-k)/2;\phi)$,其中 $x^{(1)}$ 为具有 x 的前 k 个分量的向量. 反之,若 $x'Cx \sim G_2(k/2;(n-k)/2;\phi)$,则我们希望知道,是否有 $C^2 = C$ 和 $\mathrm{rk}(C) = k$ 成立. 首先,我们需要如下引理.

引理 2.8.5 设 $x = (X_1, \cdots, X_n)' \sim N_n(0, I_n)$, $(Z_1, \cdots, Z_n) \sim D_n\left(\frac{1}{2}, \cdots, \frac{1}{2}\right)$且 $C_1, \cdots, C_m (1 \leqslant m \leqslant n)$是 $n \times n$ 对称阵. 则,

$$
(2.8.10) \quad \begin{bmatrix} x'C_1x \\ \vdots \\ x'C_mx \end{bmatrix} \overset{d}{=} \begin{bmatrix} \sum_1^n l_{1j}X_j^2 \\ \vdots \\ \sum_1^n l_{mj}X_j^2 \end{bmatrix} \Longleftrightarrow \begin{bmatrix} x'C_1x/\|x\|^2 \\ \vdots \\ x'C_mx/\|x\|^2 \end{bmatrix} \overset{d}{=} \begin{bmatrix} \sum_1^n l_{1j}Z_j \\ \vdots \\ \sum_1^n l_{mj}Z_j \end{bmatrix}
$$

证 为容易叙述,我们对 $m = 1$ 证明引理, 若(2 8.10)的左边成立,则$\|x\|^2[x'C_1x/\|x\|^2] = x'C_1x \overset{d}{=} \sum_{j=1}^n l_{1j}X_j^2 = \|x\|^2\left[\sum_{j=1}^n l_{1j}X_j^2/\|x\|^2\right]$. 由于$\|x\|^2 \sim \chi_n^2$, 故 $\log\|x\|^2$的特征函数几乎处处异于零, $\|x\|^2$ 与 $x/\|x\|^2$ 独立. 右边由 2.1.7 节的(c)得到. 另一个方向的证明是容易的. □

由引理 2.8.5, 我们能够把分布的理论从 x 的二次型翻译为 $x/\|x\|$ 的二次型.

推论 1 设 $x \sim N_n(0, I_n)$ 且 C 是 $n \times n$ 的对称阵、则 $x'Cx/\|x\|^2 \sim B(k/2, (n-k)/2)$ 当且仅当 $C^2 = C$ 和 $\mathrm{rk}(C) = k$.

推论 2 设 $x \sim N_n(0, I_n)$ 且 C 和 D 是 $n \times n$ 的对称阵. 则 $(x'Cx/\|x\|^2, x'Dx/\|x\|^2 \sim D_3(k/2, m/2; (n-m-k)/2)$ 当且仅当 $CD = 0$, $C^2 = C$, $D^2 = D$, $\mathrm{rk}(C) = k$ 且 $\mathrm{rk}(D) = m$.

定理 2.8.5 设 $x \stackrel{d}{=} Ru^{(n)} \sim S_n^+(\phi)$ 且 C 是 $n \times n$ 对称阵. 则 $x'Cx \sim G_2(k/2; (n-k)/2; \phi)$ 当且仅当 $C^2 = C$ 且 $\mathrm{rk}(C) = k$.

证 充分性显然. 设 $x'Cx \sim G_2(k/2; (n-k)/2; \phi)$. 则 $\|x^2\|(x'Cx/\|x\|^2) = x'Cx \stackrel{d}{=} R^2 Z$, 其中 $Z \sim B(k/2, (n-k)/2)$与R独立. 显然, $P(Z > 0) = 1$. 因此, $P(x'Cx/\|x\|^2 > 0) = P(R > 0) = P(x \neq 0) = 1$. 因 $P(0 < Z < 1) = 1$, 故 $\phi_{\log Z} \in (U)$ (见定义 2.1.4). 由 2.1.7 节的 (C), 我们有 $x'Cx/\|x\|^2 \stackrel{d}{=} Z$. 由引理 2.8.5 的推论 1, 结论得证. □

推论 1 设 $x \sim EC_n(0, \Sigma, \phi)$, $\Sigma > 0$ 且 $P(x = 0) = 0$, 设 C 是 $n \times n$ 的对称阵. 则 $x'Cx \sim G_2(k/2; (n-k)/2; \phi)$ 当且仅当 $C\Sigma C = C$ 且 $\mathrm{rk}(C) = k$.

定理 2.8.6 设 $x \stackrel{d}{=} Ru^{(n)} \sim S_n^+(\phi)$ 且 $C_1, \cdots, C_m$ 是 $n \times n$ 对称阵. 则 $(x'C_1x, \cdots, x'C_mx) \sim G_{m+1}(n_1/2, \cdots, n_m/2; n_{m+1}/2; \phi)$, 其中 $\sum_1^{m+1} n_i = n$ 当且仅当 $C_iC_j = \delta_{ij}C_i$ 且 $\mathrm{rk}(C_i) = n_i$, $i, j = 1, \cdots, m$, 其中 $\delta_{ii} = 1$ 且 $\delta_{ij} = 0$, $i \neq j$.

证 为了易于叙述, 我们只证$m = 2$ 的情形. 设 $(x'C_1x, x'C_2x) \sim G_3(n_1/2, n_2/2; n_3/2; \phi)$. 我们有

$$(x'C_1x, x'C_2x) \stackrel{d}{=} R^2(Z_1, Z_2),$$

其中R与 (Z_1, Z_2) 独立且 $(Z_1, Z_2) \sim D_3(n_1/2, n_2/2; n_3/2)$. 因此 $x'C_1x \sim G_2(n_1/2, (n_2 + n_3)/2; \phi)$, $x'C_2x \sim G_2(n_2/2, (n_1 + n_3)/2; \phi)$, 并且 $x'(C_1 + C_2)x \sim G_2((n_1 + n_2)/2; n_3/2; \phi)$. 由定理 2.8.5, 我们有 $C_1^2 = C_1, \mathrm{rk}(C_1) = n$, $C_2^2 = C_2$, $\mathrm{rk}(C_2) = n_2$

且 $(C_1+C_2)^2=C_1+C_2$。这蕴涵 $C_1C_2=O$。因此，结论得证，定理的充分性显然。□

推论 1 设 $x\sim EC_n(0,\Sigma,\phi)$，其中 $\Sigma>0$ 且 $P(x=0)=0$。设 $C_1,\cdots,C_m$ 是 $n\times n$ 对称阵。则 $(x'C_1x,\cdots,x'C_mx)\sim G_{m+1}(n_1/2,\cdots,n_m/2;\ n_{m+1}/2;\phi)$ 当且仅当 $C_i\Sigma C_j=\delta_{ij}C_i$，$\mathrm{rk}(C_i)=n_i,i,j=1,\cdots,m$。

我们能够把 Cochran 定理推广到更一般的情形，例如，$C^3=C$ 的情形(见 Anderson 和方开泰(1982a)，方开泰和吴月华(1984)和练习 2.13。

2.9 一些非中心分布

在这节，我们将得到广义非中心 χ^2 分布，广义非中心 t 分布和广义非中心 F 分布。

2.9.1 广义非中心 χ^2 分布

设 $x\sim EC_n(\mu,I_n,\phi)$。$x'x$ 的分布称为广义非中心 χ^2 分布，并且我们记 $x'x\sim G\chi_n^2(\delta^2,\phi)$，$\delta^2=\mu'\mu$ 或 $x'x\sim G\chi_n^2(\delta^2,f)$ 若 x 有密度 $f(x'x)$。设 Γ 是正交阵使得 $\Gamma\mu=(\|\mu\|,0,\cdots,0)'\triangleq\nu$，并且 $y=\Gamma x$，则 $y\sim EC_n(\nu,I_h,\phi)$ 且 $x'x=y'y$。因此，$x'x$ 的分布只通过 $\delta=\|\mu\|$ 依赖 μ。容易看到，若 $x\sim EC_n(\mu,\Sigma,\phi),\Sigma>0$，则 $x'\Sigma^{-1}x\sim G\chi_n^2(\delta^2,\phi)$，其中 $\delta^2=\mu'\Sigma^{-1}\mu$。

现在，我们就 x 有密度和无密度两种情形给出 $x'x$ 的密度。

定理 2.9.1 设 $x\overset{d}{=}Ru^{(n)}+\mu\sim EC_n(\mu,I_n,\phi)$，其中 $\mu\neq0$ 且 $P(x=\mu)=0$。则 $U=x'x$ 的密度是

$$
(2.9.1)\qquad \frac{1}{2\delta B\left(\frac{1}{2},(n-1)/2\right)}
\int_{|u^{\frac{1}{2}}-\delta|}^{u^{\frac{1}{2}}+\delta} r^{-1}\left\{1-\left(\frac{u-\delta^2-r^2}{2r\delta}\right)^2\right\}^{(n-3)/2}dF(r)
$$

对 $u>0$，其中 $R\sim F(r)$。

证 由假设，我们有

$$U=x'x\overset{d}{=}\mu'\mu+R^2+2R\mu'u^{(n)}=\delta^2+R^2+2R\mu'u^{(n)},$$

其中R与$u^{(n)}$独立．记 $u^{(n)}=(u_1,\cdots,u_n)'$． 显然，

$$U\overset{d}{=}\delta^2+R^2+2R\delta u_1,$$

其中 u_1 的密度是 $\left[B\left(\frac{1}{2},(n-1)/2\right)\right]^{-1}(1-u_1^2)^{(n-3)/2}$（见(2.5.13)）．对每一个非负 Borel 函数 $h(\cdot)$，我们有

$$\begin{aligned}Eh(U)&=Eh(\delta^2+R^2+2\delta Ru_1)\\&=\frac{1}{B\left(\frac{1}{2},(n-1)/2\right)}\int_0^\infty\int_{-1}^1 h(\delta^2+2\delta ru_1+r^2)\\&\qquad\times(1-u_1^2)^{(n-3)/2}du_1dF(r).\end{aligned}$$

作变换 $\mu=\delta^2+2\delta ru_1+r^2$，则如上的积分变为

$$\begin{aligned}E(h(U))=&\frac{1}{B\left(\frac{1}{2},(n-1)/2\right)}\int_0^\infty\int_{(\delta-r)^2}^{(\delta+r)^2}h(u)\\&\times\frac{1}{2\delta r}\left[1-\left(\frac{u-\delta^2-r^2}{2r\delta}\right)^2\right]^{(n-3)/2}dudF(r).\end{aligned}$$

交换积分的次序，则我们立得(2.9.1)．□

推论 1 $G\chi_n^2(\delta^2,f)$ 的密度是

$$\frac{\pi^{(n-1)/2}}{\Gamma((n-1)/2)\delta}\int_{|u^{\frac{1}{2}}-\delta|}^{u^{\frac{1}{2}}-\delta}r^{n-2}\left[1-\left(\frac{u-\delta^2-r^2}{2r\delta}\right)^2\right]^{(n-3)/2}f(r^2)dr. \tag{2.9.2}$$

证 (2.9.2)是(2.9.1)和(2.5.17)的结果．□

有时，(2.9.2)的积分不容易求出，我们可给出另一个公式如下．

定理 2.9.2 $U\sim G\chi_n^2(\delta^2f)$ 的密度是

(2.9.3) $$\frac{\pi^{(n-1)/2}}{\Gamma((n-1)/2)} u^{\frac{1}{2}n-1}\int_0^\pi f(u-2\delta u^{\frac{1}{2}}\cos\phi+\delta^2)$$
$$\times\sin^{n-2}\phi\, d\phi.$$

证 设 $h(\cdot)$ 是任何非负 Borel 函数且 $x \sim EC_n(v, I_n, f)$，其中 $v=(\delta, 0, \cdots, 0)'$ 和密度为 $f((x-v)'(x-v))$. 则 $U \stackrel{d}{=} x'x$ 且

$$E(h(U))=\int h(x'x) f[(x_1-\delta)^2+x_2^2+\cdots+x_n^2]\,dx.$$

作广义球坐标变换(见例 1.6.8)，我们有

$$E(h(U))=\frac{2\pi^{(n-1)/2}}{\Gamma((n-1)/2)}\int_0^\infty\int_0^\pi h(r^2) r^{n-1} f(r^2-2r\delta\cos\phi_1$$
$$+\delta^2)\sin^{n-2}\phi_1\, d\phi_1\, dr$$

(2.9.4) $$=\frac{\pi^{(n-1)/2}}{\Gamma((n-1)/2)}\int_0^\infty h(u) u^{\frac{1}{2}n-1}du$$
$$\times\int_0^\pi f(u-2u^{\frac{1}{2}}\cos\phi+\delta^2)\sin^{n-2}\phi\, d\phi.$$

由此式可推出(2.9.3). □

推论 1 若 $U\sim G\chi_n^2(\delta^2, f)$ 且 $h(\cdot)$ 是任意函数使得 $E|h(U)|<\infty$，则

(2.9.5) $$E(h(U))=\frac{2\pi^{(n-1)/2}}{F((n-1)/2)}\int_0^\infty M(\rho)\rho^{n-1} f(\rho^2)\,d\rho.$$

其中

$$M(\rho)=\int_0^\pi h(\rho^2+2\rho\delta\cos\phi+\delta^2)\sin^{n-2}\phi\, d\phi.$$

设 $I_m(\cdot)$ 是第一类修正 Bessel 函数. 积分表示为

(2.9.6) $$I_m(z)=\frac{(z/2)^m}{\pi^{\frac{1}{2}}\Gamma\left(m+\frac{1}{2}\right)}\int_0^\pi \exp(\pm z\cos\theta)\sin^{2m}\theta\, d\theta.$$

设

(2.9.7) $$J_m(z)=\frac{(z/2)^m}{\pi^{\frac{1}{2}}\Gamma\left(m+\frac{1}{2}\right)}\int_0^\pi \exp(\pm iz\cos\theta)\sin^{2m}\theta\, d\theta.$$

推论 2 $U \sim G\chi_n^2(\delta^2, f)$ 的特征函数由以下的积分给出

$$(2.9.8)\quad \phi_U(t) = 2\pi^{m+1}\frac{\exp(it\delta^2)}{(\delta t)^m}\int_0^\infty \exp(it\rho^2)\rho^{m+1}f(\rho^2)J_m(2\delta t\rho)d\rho,$$

其中 $m = \frac{1}{2}n - 1$ 和 $i = (-1)^{\frac{1}{2}}$.

证 由(2.9.5)和(2.9.7)可推出(2.9.8). □

在(2.9.5)中,置 $h(U) = U^k$, 我们立得 U 的各阶矩.

推论 3 设 $E(U^k) < \infty$. 则

$$(2.9.9)\quad E(U^k) = 2\pi^{\frac{1}{2}n}\sum_{l=0}^{[k/2]}\sum_{m=0}^{k-2l}\frac{k!\,\delta^{2(k-l-m)}}{l!\,m!\,(k-2l-m)!\,\Gamma\left(1+\frac{1}{2}n\right)}$$

$$\times\int_0^\infty \rho^{2l+2m+n-1}f(\rho^2)d\rho.$$

特别,对于前二阶矩,我们有

$$(2.9.10)\quad E(U) = \delta^2 + \frac{n}{2\pi c_{n+2}},$$

$$E(U^2) = \delta^4 + \frac{n+2}{\pi c_{n-2}}\delta^2 + \frac{n(n+2)}{4\pi^2 c_{n+4}}$$

$$(2.9.11)\quad \operatorname{var}(U) = \frac{2\delta^2}{\pi c_{n+2}} + \frac{n(n+2)}{4\pi^2 c_{n+4}} - \frac{n^2}{4\pi^2 c_{n+2}^2},$$

其中

$$(2.9.12)\quad c_l \sim \frac{\Gamma\left(\frac{1}{2}l\right)}{2\pi^{\frac{1}{2}l}\int_0^\infty r^{l-1}f(r^2)dr} \qquad (\text{注意 } c_n = 1)$$

读者可用推论 1 的(2.9.5)核对这些结果.

由以下的事实,我们可以利用两个独立的随机变量 R 和 θ 建立 $U \sim G\chi_n^2(\delta^2, g)$ 的表示.

设 $x(X_1, \cdots, X_n)' \sim S_n(\phi)$, $n \geqslant 2$, 且有密度 $f(x'x)$. =则存在唯一的随机变量集合 $R \geqslant 0$, $\theta_k \in [0, \pi]$, $k = 1, \cdots, n-2$, $\theta_{n-1} \in [0, 2\pi]$, 对这个集合有

$$
(2.9.13)\quad \begin{cases} X_j = R\left(\prod_{k=1}^{j-1} \sin\theta_k\right)\cos\theta_j & 1 \leqslant j \leqslant n-1 \\ X_n = R\left(\prod_{k=1}^{n-2} \sin\theta_k\right)\sin\theta_{n-1}. \end{cases}
$$

而且 $R, \theta_1, \cdots, \theta_{n-1}$ 独立并有各自的密度

$$
(2.9.14)\quad \begin{cases} f_R(r) = \dfrac{2\pi^{\frac{1}{2}n}}{\Gamma\left(\frac{1}{2}n\right)} r^{n-1} f(r^2) \quad r \geqslant 0 \\ f_{\theta_k}(\theta) = \dfrac{1}{B\left(\frac{1}{2}, (n-k)/2\right)} \sin^{n-k-1}\theta \quad 0 \leqslant \theta \leqslant \pi, \\ \qquad k = 1, \cdots, n-2 \\ f_{\theta_{n-1}}(\theta) = 1/(2\pi) \qquad 0 \leqslant \theta \leqslant 2\pi. \end{cases}
$$

反之，若 $R, \theta_1, \cdots, \theta_{n-1}$ 独立，具有(2.9.14)中给定的密度且 x 如(2.9.13)所定义，则 x 有球对称密度 $f(x'x)$.

由定理 2.9.1 的证明，如上的事实产生以下的表示定理.

定理 2.9.3 设 $U \sim G\chi_n^2(\delta^2, f)$. 则

$$
(2.9.15)\quad U \stackrel{d}{=} R^2 + 2R\delta\cos\theta + \delta^2 \stackrel{d}{=} R^2 - 2R\delta\cos\theta + \delta^2,
$$

其中 R, θ 是独立的变量，分别具有密度 $f_R(r)$.（见(2.9.14)和

$$
(2.9.16)\quad f_\theta(\theta) = \frac{1}{B\left(\frac{1}{2}, (n-1)/2\right)} \sin^{n-2}\theta, 0 \leqslant \theta \leqslant \pi).
$$

例 2.9.1 在例(2.6.1)中设 $N = 1$ 和 $S = 1$. x 的密度是

$$
(2.9.17)\quad \pi^{-\frac{1}{2}n} r^{\frac{1}{2}n} \exp(-r x'x),
$$

且相应的 $G\chi_n^2(\delta^2, f)$ 的密度是

$$
r(u/\delta^2)^{\frac{1}{2}m} \exp(-r(u+\delta^2)) I_m(2r\delta u^{\frac{1}{2}}) \quad u > 0,
$$

其中 $m = \frac{1}{2}n - 1$. 当 $r = \frac{1}{2}$ 时，我们得到 $\chi_n^2(\delta^2)$ 的通常的密度.

读者能够在 Cacoullos 和 Koutras (1984) 中找到更多的

$G\chi_n^2(\delta^2,f)$ 的例子。这一节的主要结果属于 Cacoullos 和 Koutras，而定理 2.9.1 来自范剑青(1984)。

2.9.2 广义非中心 t 分布

设 $x=\begin{bmatrix} x_1 \\ x^{(2)} \end{bmatrix} \sim EC_{n+1}(\mu, I_{n+1}, \phi)$，其中 $x^{(2)}: n\times 1$ 且 $\mu=(\delta,0,\cdots,0)'$.

$$t=\frac{n^{\frac{1}{2}}X_1}{(x^{(2)\prime}x^{(2)})^{\frac{1}{2}}} \tag{2.9.18}$$

的分布称为广义非中心 t 分布，记为 $t\sim Gt_n(\delta,\phi)$ 或 $t\sim Gt_n(\delta,f)$，若 x 有密度 $f((x-\mu)'(x-\mu))$.

练习 2.18 和练习 2.19 为我们展示了广义非中心 t 分布的某些应用。

定理 2.9.4 设 $t\sim Gt_n(\delta,f)$. 则 t 的密度是

$$\frac{2(n\pi)^{\frac{1}{2}n}}{\Gamma\left(\frac{1}{2}n\right)}(n+t^2)^{-\frac{1}{2}(n+1)}\int_0^\infty f(y^2-2\delta_1 y+\delta^2)y^n dy, \tag{2.9.19}$$

$$-\infty<t<+\infty,$$

其中 $\delta_1=t\delta/(n+t^2)^{\frac{1}{2}}$.

证 设 $x\sim EC_{n+1}(\mu, I_{n+1}, f)$，其中 $\mu=(\delta,0,\cdots,0)'$ 且 $h(\cdot)$ 是 Borel 函数使得 $E(h(t))<\infty$. 利用 (2.4.15) 对于 $X_2,\cdots,X_{n+1}$，则我们有

$$\begin{aligned} E(h(t)) &= \frac{2\pi^{\frac{1}{2}n}}{\Gamma\left(\frac{1}{2}n\right)}\int_{-\infty}^\infty\int_0^\infty h(n^{\frac{1}{2}}x_1/r)f((x_1-\delta)^2 \\ &\quad + r^2)r^{n-1}dr\,dx_1 \\ &= \frac{2\pi^{\frac{1}{2}n}}{\Gamma\left(\frac{1}{2}n\right)n^{\frac{1}{2}}}\int_{-\infty}^\infty\int_0^\infty h(t)f((tr/n^{\frac{1}{2}}-\delta)^2 \\ &\quad + r^2)r^n dr\,dt. \end{aligned} \tag{2.9.20}$$

因此，t 的密度是

$$\frac{2\pi^{\frac{1}{2}n}}{n^{\frac{1}{2}}\Gamma\left(\frac{1}{2}n\right)}\int_0^\infty f((t^2+n)r^2n^{-1}-2t\delta rn^{-\frac{1}{2}}+\delta^2)r^n dr,$$

令 $y=((t^2+n)/n)^{\frac{1}{2}}r$，我们立得(2.9.19)。□

当 $\delta=0$ 时，(2.9.19)成为我们熟悉的密度 t。

推论 1 设 $t\sim Gt_n(\delta,f)$，$E|h(t)|<\infty$。则

$$E(h(t))=\frac{2\pi^{\frac{1}{2}n}}{\Gamma\left(\frac{1}{2}n\right)}\int_0^\infty M(\rho)\rho^n f(\rho^2)d\rho, \tag{2.9.21}$$

其中

$$M(\rho)=\int_0^\pi h(n^{\frac{1}{2}}(\delta+\rho\cos\theta)/(\rho\sin\theta))\sin^{n-1}\theta d\theta. \tag{2.9.22}$$

证 作变换 $x_1=\delta+\rho\cos\theta, r=\rho\sin\theta$，则由(2.9.20)结论得证。□

推论 2 设 $E|t|^k<\infty$。则

$$E(t^k)=\frac{n^{\frac{1}{2}k}\Gamma\left(\frac{1}{2}(n-k)\right)k!}{\Gamma\left(\frac{1}{2}n\right)}\sum_{j=0}^{[k/2]}\times\frac{\delta^{k-2j}\pi^{\frac{1}{2}(k-2j)}}{2^{2j}j!(k-2j)!c_{n-k+2j+1}} \tag{2.9.23}$$

其中 $[x]$ 表示 x 的整数部分且 $c_\cdot$ 由(2.9.12)定义。特别，(注意 $c_{n+1}=1$)

$$\begin{cases} E(t)=\dfrac{(n\pi)^{\frac{1}{2}}\delta\,\Gamma\left(\frac{1}{2}(n-1)\right)}{\Gamma\left(\frac{1}{2}n\right)c_n} & n>1 \\ E(t^2)=\dfrac{n}{n-2}\left[\dfrac{2\delta^2\pi}{c_{n-1}}+1\right] & n>2 \\ \mathrm{var}(t)=\dfrac{n}{n-2}\left[\dfrac{2\delta^2\pi}{c_{n-1}}+1\right] & \\ \qquad -n\pi\delta^2\left(\Gamma\left(\frac{1}{2}(n-1)\right)\Big/\left(\Gamma\left(\frac{1}{2}n\right)c_n\right)\right)^2. & \end{cases} \tag{2.9.24}$$

由(2.9.21),(2.9.22)和 Legendre 倍量公式

$$\Gamma(2a)=\frac{2^{2a-1}}{\pi^{\frac{1}{2}}}\Gamma(a)\Gamma\left(a+\frac{1}{2}\right).$$

结论得证.

2.9.3 广义非中心 F 分布

设 $x=\begin{bmatrix}x^{(1)}\\x^{(2)}\end{bmatrix}\sim EC_{m+n}(\mu,I_{m+n},\phi)$, 其中 $x^{(1)}:m\times 1$ 且 $\mu=(\nu'0')$, $\nu:m\times 1$。我们称

$$F=\frac{n}{m}\frac{x^{(1)\prime}x^{(1)}}{x^{(2)\prime}x^{(2)}} \tag{2.9.25}$$

的分布为广义非中心 F 分布, 记为 $F\sim GF_{m,n}(\delta^2,\phi)$ 或 $F\sim GF_{m,n}(\delta^2,f)$ 如果 x 有密度 $f((x-\mu)'(x-\mu))$,其中 $\delta^2=\nu'\nu$. 显然,若 $t\sim Gt_n(\delta,\phi)$,则 $t^2\sim GF_{1,n}(\delta^2,f)$. 容易证明, $GF_{m,n}(\delta^2,\phi)$ 只通过 $\delta=\|\nu\|$ 依赖 ν(见 2.9.1 节).

定理 2.9.5 设 $F\sim GF_{m,n}(\delta^2,f)$. 则 F 的密度是

$$\begin{aligned}&\frac{2\pi^{\frac{1}{2}(m+n-1)}}{\Gamma\left(\frac{1}{2}(m-1)\right)\Gamma\left(\frac{1}{2}n\right)}\frac{m}{n}\left(\frac{m}{n}F\right)^{\frac{1}{2}(m-2)}\\&\times\left(1+\frac{m}{n}F\right)^{-\frac{1}{2}(m+n)}\\&\cdot\int_0^{\pi}\int_0^{\infty}\sin^{m-2}\theta\, y^{m+n-1}f(y^2-2\delta_1 y\cos\theta+\delta^2)d\theta dy,\quad F>0,\end{aligned} \tag{2.9.26}$$

其中 $\delta_1=(mF/(n+mF))^{\frac{1}{2}}\delta$.

证 由类似于定理 2.9.2 的方法,对任何满足 $E|h(F)|<\infty$ 的 Borel 函数,我们有

$$\begin{aligned}E(h(F))&=\int h\left[(n/m)\frac{y_1^2+\cdots+y_m^2}{y_{m+1}^2+\cdots+y_{m+n}^2}\right]f((y_1-\delta)^2\\&\quad+y_2^2+\cdots+y_{m+n}^2)dy_1\cdots dy_{m+n}\\&=\frac{4\pi^{\frac{1}{2}(m+n-1)}}{\Gamma\left(\frac{1}{2}(m-1)\right)\Gamma\left(\frac{1}{2}n\right)}\int_0^{\infty}\int_0^{\infty}\int_0^{\pi}h(nr_1^2/(mr_2^2))\end{aligned}$$

$$\times f(r_1^2 - 2r_1\delta\cos\theta + \delta^2 + r_2^2)$$

$$\sin^{m-2}\theta r_1^{m-1} r_2^{n-1} dr_1 dr_2 d\theta$$

$$= \frac{2\pi^{\frac{1}{2}(m+n-1)}}{\Gamma\left(\frac{1}{2}(m-1)\right)\Gamma\left(\frac{1}{2}n\right)}(m/n)\int_0^\infty\int_0^\infty\int_0^\pi h(F)f(r_1^2$$

$$- 2r_1\delta\cos\theta + \delta^2$$

$$+ (nr_1^2/(mF)))(mF/n)^{-\frac{1}{2}(n+1)} r_1^{m+n-1}\sin^{m-2}\theta d\theta dr_1 dF.$$

因此，F 的密度是

$$\frac{2\pi^{\frac{1}{2}(m+n-1)}}{\Gamma\left(\frac{1}{2}(m-1)\right)\Gamma\left(\frac{1}{2}n\right)}(m/n)\int_0^\infty\int_0^\pi (mF/n)^{-\frac{1}{2}(n+1)}$$

$$\times \sin^{m-2}\theta r^{m+n-1}\ f(r_1^2 - 2r_1\delta_1\cos\theta + \delta^2$$

$$+ (nr_1^2/(mF)))d\theta dr_1.$$

此式蕴涵(2.9.26)，如果作变换 $y = (mF/(n+mF))^{\frac{1}{2}} r_1$。 □

推论 1 设 $F \sim GF_{m,n}(\delta^2, f)$。则对满足 $E|h(F)| < \infty$ 的每个 Borel 函数 $h(\cdot)$，我们有

$$(2.9.27)\quad E(h(F)) = \frac{2\pi^{\frac{1}{2}(m+n)-1}}{\Gamma\left(\frac{1}{2}(m-1)\right)\Gamma\left(\frac{1}{2}n\right)}\int_0^\infty\int_0^\infty$$

$$\times M(R_1, R_2) R_1^{m-1} R_2^{n-1} f(R_1^2 + R_2^2) dR_1 dR_2$$

其中

$$M(R_1, R_2) = \int_0^\pi h\left[(n/m)\frac{R_1^2 - 2R_1\delta\cos\theta + R_2^2}{R_2^2}\right]\sin^{m-2}\theta d\theta.$$

证明留给读者。设 $h(u) = \exp(i + u)$。则我们可以得到 F 的特征函数。

推论 2 $F \sim GF_{m,n}(\delta^2, f)$ 的特征函数是

$$(2.9.28)\quad \frac{2\pi^{\frac{1}{2}(m+n)}}{\Gamma\left(\frac{1}{2}n\right)}(n\delta t/m)^{-\frac{1}{2}(m-2)}\int_0^\infty\int_0^\infty \exp(itn(R_1^2 + \delta^2)/$$

$$(mR_2^2)) J_{\frac{1}{2}(m-2)}\left(\frac{2nR_1\delta t}{mR_2^2}\right)$$

$$\cdot (R_1/R_2^2)^{-\frac{1}{2}(m-2)} R_1^{m-1} R_2^{n-1} f(R_1^2 + R_2^2) dR_1 dR_2.$$

推论 3 设 $F \sim GF_{m,n}(\delta^2, f)$ 和 $E(F^2) < \infty$。则

$$(2.9.29)\quad E(F) = \frac{1}{n-2}(n/m)\left(\frac{2\pi\delta^2}{c_{m+n-2}} + m\right), \quad n > 2.$$

$$(2.9.30)\quad E(F^2) = \frac{1}{(n-2)(n-4)}(n/m)^2 \times\left[\frac{\pi^2\delta^4}{c_{m+n-4}} + \frac{(m+2)\pi\delta^2}{c_{m+n-2}} + \frac{(m+2)m}{4}\right], \quad n > 4,$$

其中 c_l 由(2.9.12)定义且 $c_{m+n} = 1$。

证 设 $h(u) = u^k$，$k = 1, 2$。 则我们得到 (2.9.29) 和 (2.9.30)。□

设 $h(u) = u^k$，我们能得到 F 的 k 阶矩，如果 $E(F^k) < \infty$。类似于定理 2.9.3，我们有如下的随机表示。

推论 4 设 $F \sim GF_{m,n}(\delta^2, f)$。 则

$$(2.9.31)\quad F \stackrel{d}{=} (n/m)\frac{R_1^2 + 2R_1\delta\cos\theta + \delta^2}{R_2^2} \stackrel{d}{=} (n/m)\frac{R_1^2 - 2R_1\delta\cos\theta + \delta^2}{R_2^2},$$

其中 θ 与 (R_1, R_2) 独立且它们的密度分别是

$$g(\theta) = \left(1/B\left(\frac{1}{2}, \frac{1}{2}(m-1)\right)\right)\sin^{m-2}\theta \quad 0 \leqslant \theta \leqslant \pi$$

$$h(r_1, r_2) = \frac{2\pi^{\frac{1}{2}(m+n)}}{\Gamma\left(\frac{1}{2}m\right)\Gamma\left(\frac{1}{2}n\right)} r_1^{m-1} r_2^{n-1} f(r_1^2 + r_2^2)$$

$$r_1 > 0, r_2 > 0.$$

2.9.2 和 2.9.3 节的结果属于范剑青(1984)。

参 考 文 献

Anderson (1984), Anderson and Fang (1982a), (1984), Anderson and Sryan (1982), 白志东、苏淳和方开泰等 (1980), Cacoullos and Kourtras (1984), Cambanis, Huang and Simons (1981), Esseen (1945), 范剑青 (1984), 方开泰、吴月华 (1984), Feller (1971), Hsu (1954, 1983), Johnson and

Kotz (1982), Kelker (1970), Kingman (1972), Kotz (1975), Laurent (1974), Li (1984), Loève (1960), Lukacs (1956), Marcinkiewicz (1938), Schoenberg (1938), 张尧庭、方开泰(1982), Zygmund (1951).

练　习　2

2.1 设 $F(x)$ 是非奇异的累积分布函数且 r 为整数，满足 $2 \leqslant r < n$. 证明存在随机变量 $X_1, \cdots, X_n$使得

(a) $X_i \sim F(x),\ i = 1, \cdots, n$;

(b) 对于 $\{1, 2, \cdots, n\}$ 的每个 r 子集 $\{i_1, \cdots, i_r\}$, $X_{i_1}, \cdots, X_{i_r}$ 是独立的;

(c) 对于 $\{1, n, \cdots, n\}$ 的任何 $(r+1)$ 子集 $\{i_1, \cdots, i_{r+1}$, $X_{i_1}, \cdots, X_{i_{r+1}}$ 是独立的.

(见白志东,苏淳和方开泰等(1980)).

2.2 设 $X \sim B(a, b)$. 证明 $\log X \in (U)$.

2.3 试作一反例,其中 Z 分别与 X 和 Y 独立, $Z + X \overset{d}{=} Z + Y$, 且 $X \overset{d}{\neq} Y$.

2.4 证明公式(2.2.19).

2.5 设 x 有第 $2k$ 阶矩且 $A_1, \cdots, A_m$ 是对称阵. 证明

$$E[(x'A_1x)^{k_1}(x'A_2x)^{k_2}\cdots(x'A_mx)^{k_m}]$$
$$= \operatorname{tr}[(\underbrace{A_1\otimes\cdots\otimes A_1}_{k_1})\otimes\cdots\otimes(\underbrace{A_m\otimes\cdots\otimes A_m}_{k_m})\Gamma_{2k}].$$

其中 $k = k_1 + k_2 + \cdots + k_m$.

2.6 设 $(Z_1, \cdots, Z_m) \sim D_m(\alpha_1, \cdots, \alpha_m)$. 证明

(a) $(Z_1, \cdots, Z_k) \sim D_{k+1}(\alpha_1, \cdots, \alpha_k; \alpha_{k+1} + \cdots + \alpha_m)$, $1 \leqslant k < m$;

(b) $Z_1 + \cdots + Z_k \sim B(\alpha_1 + \cdots + \alpha_k \cdot \alpha_{k+1} + \cdots + \alpha_m)$, $1 \leqslant k < m$.

2.7 设 $x = \begin{bmatrix} x^{(1)} \\ x^{(2)} \end{bmatrix} \sim N_n \begin{bmatrix} \mu^{(1)} \\ \mu^{(2)} \end{bmatrix}, \begin{bmatrix} \Sigma_{11}\Sigma_{12} \\ \Sigma_{13}\Sigma_{14} \end{bmatrix}$,其中 $x^{(1)}: m \times 1$.

随机向量 $x_{1.2}=x^{(1)}-\mu^{(1)}-\Sigma_{12}\Sigma_{22}^{-1}(x^{(2)}-\mu^{(2)})$ 称为剩余变量集
证明

(a) $E(x^{(1)}-\mu^{(1)})x_{1.2}'=\Sigma_{11}-\Sigma_{12}\Sigma_{22}^{-1}\Sigma_{21}$;

(b) $E(x^{(2)}-\mu^{(2)})x_{1.2}'=0$.

2.8 (多元对数正态分布). 设 $x\sim N_n(\mu,\Sigma)$, $\Sigma>0$ 且

$\log y\triangleq(\log\ \log Y_n)'Y_1,\cdots,\overset{d}{=}x$. 则 y 称为具有密度

$$
\begin{cases}(2\pi)^{-\frac{1}{2}}|\Sigma|^{-\frac{1}{2}}\prod_{i=1}^{n}y_i^{-1}\exp\left\{-\frac{1}{2}(\log y-\mu)'\Sigma^{-1}\right.\\ \left.\quad\times(\log y-\mu)\right\}, & \text{当 } y_i>0, i=1,\cdots,p\\ 0, & \text{其他}\end{cases}
$$

的 p 元对数正态分布.

(a) 证明,对任何正整数 r

$$E(y_i)=\exp\left(r\mu_i+\frac{1}{2}r^2\sigma_{ii}\right)$$

$$\operatorname{var}(y_i)=\exp(2\mu_i+2\sigma_{ii})-\exp(2\mu_i+\sigma_{ii})$$

$$\operatorname{cov}(y_i,y_j)=\exp\left\{\mu_i+\mu_j+\frac{1}{2}(\sigma_{ii}+\sigma_{jj})+\sigma_{ij}\right\}$$

$$-\exp\left\{\mu_i+\mu_j+\frac{1}{2}(\sigma_{ii}+\sigma_{jj})\right\}.$$

(b) 求 $(Y_1,\cdots,Y_m)$, $m<n$ 的边缘密度.

2.9 借助于(2.4.16)证明 R^n 中半径为 r 的球的面积是

$$S_n=\frac{2\pi^{\frac{1}{2}n}r^{n-1}}{\Gamma\left(\frac{1}{2}n\right)}.$$

2.10 设 $\Omega_n(\|t\|^2)$ 表示 $u^{(n)}$ 的特征函数. 证明

$$\Omega_n(u)=\Gamma\left(\frac{1}{2}n\right)(2/u)^{\frac{1}{2}(n-2)}J_{\frac{1}{2}(n-2)}(u)$$

$$=1-\frac{u^2}{2n}+\frac{u^4}{2\cdot 4n(n+2)}$$

$$- \frac{u^6}{2\cdot 4\cdot 6\cdot n(n+2)(n+4)} + \cdots,$$

其中 $J_\nu(u)$ 是第一种 Bessel 函数且

$$J_\nu(u) = \sum_{k=0}^{\infty} \frac{(-1)^k}{k!\,\Gamma(\nu+k+1)}(u/2)^{\nu+2k}.$$

2.11 证明 $\Omega_n(\|t\|^2)$，$t\in R^{n+1}$，不是 R^{n+1} 中的特征函数。所以 Φ_{n+1} 是 Φ_n 的真子集，$n>1$。

2.12 证明 $\phi(t)=\exp\left(-\frac{1}{2}t\right)$ 属于 Φ_∞。

2.13 不用定理 2.5.4，若 $x \overset{d}{=} Ru^{(n)} = R^*u^{(n)}$，其中 R 和 R^* 与 $u^{(n)}$ 独立，证明 $R \overset{d}{=} R^*$（指示：由假设，我们有 $X_1 \overset{d}{=} Ru_1 \overset{d}{=} R^*u_1$。）

2.14 设 $x\sim S_n(\phi)$ 有密度 $f(x_1^2+\cdots+x_n^2)$ 且它的边缘密度是 $f_j(x_1^2+\cdots+x_j^2)$，$1\leqslant j<n$。若 $f(u)$ 在点子的邻域有界，则 z 是 $f_j(u)$ 的一个连续的点，$j=1,\cdots,(n-1)$。

2.15 设 $x=(x^{(1)\prime}, x^{(2)\prime}, x^{(3)\prime})'\sim S_n^+(\phi)$，其中 $x^{(1)}\in R^p$，$x^{(2)}\in R^q$，$x^{(3)}\in R^r$，$p+q+r=n$。以

$$H\left(\frac{1}{2}p, \frac{1}{2}q, \frac{1}{2}r;\phi\right).$$

表示 $x^{(1)\prime}x^{(1)}-x^{(2)\prime}x^{(2)}$ 的分布。A 是 $n\times n$ 对称阵。证明 $x'Ax\sim H\left(\frac{1}{2}p, \frac{1}{2}q, \frac{1}{2}r;\phi\right)$ 当且仅当 $A^3=A$，其中 A 的特征值有 p 个 1，q 个 -1 和 r 个 0。

2.16 设 $U\sim G\chi_n^2(\delta^2, f)$，其中

$$f(t)=c\left(1+\frac{t}{s}\right)^{-N}, N>\frac{n}{2},$$

$$c=(\pi s)^{-\frac{n}{2}}\Gamma(N)\Gamma\left(N-\frac{n}{2}\right).$$

证明 U 的密度是

$$\frac{\Gamma(N)s^{N-\nu-1}}{\Gamma(\nu+1)\Gamma(n-\nu-1)}u^{\nu}(s+u+\delta^2)^{-N}$$
$$\times H\left(\frac{1}{2}N,\frac{1}{2}(N+1);\nu+1;z\right).$$

其中 $\nu=\frac{1}{2}n-1$, $z=(2\delta u^{\frac{1}{2}}/(s+u+\delta^2))^2$ 且H表示超几何函数,定义为

$$H(\alpha,\beta;r;z)=\sum_{k=0}^{\infty}\frac{[\alpha]_k[\beta]_k}{[r]_k}\frac{z^k}{k!}\quad |z|<1, r\neq 0,-1,\cdots,$$

其中 $[\lambda]_k=\lambda(\lambda+1)\cdots(\lambda+k-1)$.

2.17 设 $F\sim GF_{m,n}(\delta^2,f)$,其中 $f(\cdot)$ 与练习 2.16 中相同.证明F的密度是

$$\frac{m\Gamma\left(\frac{1}{2}(m+n)\right)}{n\Gamma\left(\frac{1}{2}m\right)\Gamma\left(\frac{1}{2}n\right)}\left(\frac{s}{s+\delta^2}\right)^{N-\frac{1}{2}n}(mu/n)^{\frac{1}{2}m-1}(1+mu/n)^{-\frac{1}{2}(m+n)}$$
$$\cdot F\left(\frac{1}{2}(m+n),N-\frac{1}{2}(m+n);\right.$$
$$\left.\frac{1}{2}m;\frac{mu}{n+mu}\frac{\delta^2}{s+\delta^2}\right).$$

2.18 若 $x\sim EC_n(\mu,I_n,f)$, 其中 $\mu=(\delta,\cdots,\delta)'=\delta 1_n$, 则

$$\frac{n^{\frac{1}{2}}(\bar{x}-\delta_1)}{\sqrt{\frac{1}{n-1}\sum_{1}^{n}(X_i-X)^2}}\sim Gt_{n-1}(n^{\frac{1}{2}}(\delta-\delta_1),f),$$

其中 $\bar{x}=\left(\frac{1}{n}\right)(X_1+\cdots+X_n)$.

2.19 设 $(X_1,\cdots,X_m,Y_1,\cdots,Y_n)\sim E(C_{m+n}(\mu,\ I_{m+n},f)$,

其中 $\mu=\begin{bmatrix}\delta 1_m\\ \delta_2 1_n\end{bmatrix}$. 证明

$$\sqrt{\frac{mn(m+n-2)}{mn}}\ \frac{\bar{X}-\bar{Y}-\delta_3}{\sqrt{\sum_1^m (X_i-X)^2+\sum_1^n (Y_i-Y)^2}}$$

$$\sim Gt_{m+n-2}(\delta\cdot g),$$

其中 $\delta=\sqrt{\frac{mn}{m+n}}(\delta_1-\delta_2-\delta_3)$ 和 $g(x)=2\int_0^\infty f(x+u^2)du$。

2.20 设 $x\sim S_n(\phi)$，其中 $P(x=0)<1$ 并且 $x=\begin{pmatrix}x^{(1)}\\x^{(2)}\end{pmatrix}$，其中 $x^{(1)}:m\times 1$ 且 $1\leqslant m<n$。证明 $x^{(1)}$ 和 $x^{(2)}$ 独立当且仅当 $x^{(1)\prime}x^{(1)}$ 和 $x^{(2)\prime}x^{(2)}$ 独立。

2.21 利用上一练习中的命题且在上一练习的假设下证明定理 2.8.1。

第三章　球对称矩阵分布

在第二章，我们已经定义并研究了椭球等高分布族. 现在我们要在椭球等高分布的基础上建立样本的理论. 为此目的，我们需要把球对称的概念从向量的情形推广到矩阵的情形.在这一章，我们将定义和研究几种球对称矩阵分布和椭球等高矩阵分布族. 而后在 3.2 节讨论它们之间的关系. 在 3.4 和 3.5 节，我们将推导出一些与球对称矩阵分布有关的分布，如二次型分布、矩阵变量 Beta 分布、矩阵变量 Dirichlet 分布、矩阵变量 t 分布、矩阵变量 F 分布和矩阵变量特征值的分布. 一些其他的问题将在最后一节论及.

3.1　引　　言

在前一章，我们讨论了球对称分布，如何把球对称的概念从向量推广到矩阵的情形在多元分析中是一个重要而有趣的问题. 设 X 是 $n\times p$ 矩阵. 以元素、列和行，我们可把 X 表示为

(3.1.1)　　$$X=(x_{ij})=(x_1,\cdots,x_p)=(x_{(1)},\cdots,x_{(n)}).$$

这里，$x_{(1)},\cdots,x_{(n)}$ 可看作来自一个 p 维总体的大小为 n 的样本，而 $x_{(1)},\cdots,x_{(n)}$ 不一定独立. 因此，在多元分析中，球对称矩阵分布的研究是样本理论的基础. 回顾定理 2.5.3，能够用多种方式定义球对称矩阵分布. 在向量的情形，所有的方式都导致相同的分布族. 而在矩阵的情形就有些复杂了，不同的定义方式将导致不同的分布族. 因而对球对称矩阵分布有许多定义。现在，我们定义其中的几种.

3.1.1　左球分布

定义 3.1.1　设 X 是 $n\times p$ 的随机矩阵，若对任何 $\Gamma\in O(n)$，

$X \stackrel{d}{=} \Gamma X$，则我们称 X 为左球(对称)的.

左球分布首先由 Dawid (1977) 定义. 下列的结果来自 Dawid (1977), (1978) 和方开泰、陈汉峰(1984).

引理 3.1.1 设 X 是左球的. 则 X 的特征函数有 $\phi(T'T)$ 的形式,其中 $T:n \times p$.

证 以 $\psi(T)$ 表示 X 的特征函数. 对每个 $\Gamma \in O(n)$ 我们有

$$\begin{aligned}\psi(T) &= E[\mathrm{etr}(iT'X)] = E[\mathrm{etr}(i(\Gamma T)'\Gamma X)] \\ &= E[\mathrm{etr}(i(\Gamma T)'X)] = \psi(\Gamma T).\end{aligned}$$

所以 $\psi(T)$ 在 $O(n)$ 下是一个不变量且是一个极大不变量的函数. 因此, $\psi(T) = \phi(T'T)$ 对某个 ϕ 成立(见例 1.7.1).

由如上的引理, 若 X 是左球的, 则为了简便, 我们记 $X \sim LS_{n\times p}(\phi)$ 或 $X \sim LS(\phi)$.

引理 3.1.2 设 $X \sim LS_{n\times p}(\phi)$.

(i) 若 Q 是 $p \times q$ 常数阵,则 $XQ \sim LS_{n\times p}(\psi)$ 其中

$$\psi(T'T) = \phi(QT'TQ'), T:n \times q. \tag{3.1.2}$$

(ii) 把 X 分解为 $X = \begin{bmatrix} X_1 \\ X_2 \end{bmatrix}$, 其中 $X_1: m \times p$ 则 $X_1 \sim LS_{m\times p}(\phi)$.

证明是直接的,我们把它留给读者.

我们能够证明, 若 $X(n \times p)$ 是在随机变量 ζ 条件下的左球分布且 Q 是 ζ 的函数,则 XQ 是左球的. 特别若 X 是左球分布且与 Q 独立,则上述结论是有用的.

一个重要的左球分布族是均匀分布.

定义 3.1.2 若 U 是左球的且 $U'U = I_p$, 则我们说 U 遵照均匀分布,记为 $U \sim u_{n,p}$.

设 $O(n,p)(n \geqslant p)$ 表示 Stiefel 流形,即有正交列的 $n \times p$ 矩阵 U 的集合,满足 $U'U = I_p$. 若 $U \sim u_{n,p}$, 则 U 在 $O(n,p)$ 上均匀分布.

定理 3.1.1 左球矩阵 X 的分布完全由 $X'X$ 的分布确定.

证 这相当于证明,若 $Y(n\times p)$ 是左球的且 $Y'Y \overset{d}{=} X'X$, 则 $X \overset{d}{=} Y$. 令 F 和 $\Omega(T'T)$ 分别是 $u_{n,n}$ 的累积分布函数和特征函数. 由假设 $X\sim LS(\phi)$ 和 $Y\sim LS(\psi)$,我们要指出 $\phi=\psi$. 由于 $O(n,n)=O(n)$ 且 $X'X \overset{d}{=} Y'Y$, 故我们有

$$\begin{aligned}
\phi(T'T) &= \phi(T'T)\int_{O(n)} dF = \int_{O(n)} \phi((UT)'(UT))dF(U) \\
&= E\left[\int_{O(n)} \operatorname{etr}(iT'U'X)dF(U)\right] \\
&= E\left[\int_{O(n)} \operatorname{etr}(iTX'U)dF(U)\right] \\
&= E[\Omega(TX'XT')] = E(\Omega(TY'YT')) \\
&= \psi(T'T).
\end{aligned}$$

定理得证. □

推论 1 均匀分布是 $O(n,p)$ 上唯一的左球分布.

证 由定理 3.1.1 和 $U'U=I_p$,其中 $U\sim u_{n,p}$,结论得证. □

推论 2 若 $X\sim LS_{n\times p}(\phi)$ 且 $K(m\times n)$ 是固定的,则 KX 的分布只通过 KK' 依赖于 K.

证 若 H 是 $m\times n$ 的常数阵使得 $HH'=KK'$, 则 $H=K\Gamma$ 对某个 $\Gamma\in O(n)$ 成立(见 1.2 节). 因此

$$HX = K\Gamma X \overset{d}{=} KX. \qquad \square$$

一般, KX 不一定是左球的. 若 $KK'=I_m$, 则 KX 是左球的.(为什么? 证明留给读者.)

定义 3.1.3 若 X' 是左球的,则称 X 为右球(对称)的, 记为 $X\sim RS_{n\times p}(\phi)$. 我们说 X 是球对称分布的如果 X 是左球的,也是右球的,记为 $X\sim SS_{n\times p}(\phi)$.

引理 3.1.3 设 $U=(U_1,U_2)\sim u_{n,p}$, 其中 $U_1: n\times q$, $0<q<p$.

(i) 若 $V\in O(p,q)(p\geqslant q)$ 是固定的,则 $UV\sim u_{n,q}$.

(ii) $U_1 \sim u_{n,q}$.

(iii) $U \sim SS_{n\times p}(\phi)$ 对某个 ϕ 成立.

(iv) 若 $n=p$, 则 $U' = U^{-1} \sim u_{n,n}$.

证 (i)和(ii)直接由定义 3.1.2 推出. 在(i)中令 $q=p$, 则我们有, U 是右球的, 因而 U 是球对称分布的. 当 $n=p$ 时, U' 是左球的且 $(U')'U' = I_n$, 即 $U' \sim u_{n,n}$. □

众所周知, 向量情形的球对称分布的随机表示是很重要的. 对左球分布也可以得到类似的结果.

定理 3.1.2 设 $X \sim LS_{n\times p}(\phi)$. 则存在 $p\times p$ 随机矩阵 A 使得

$$X \overset{d}{=} UA. \tag{3.1.3}$$

其中 $U \sim u_{n,p}$ 与 A 独立.

证 存在 $p\times p$ 随机阵 A 使得 $A'A \overset{d}{=} X'X$ 且 A 与 $U \sim u_{n,p}$ 独立. 设 $Y = UA$. 则 Y 是左球的且 $Y'Y = A'U'UA = A'A \overset{d}{=} X'X$. 由定理 3.1.1, $Y \overset{d}{=} X$. □

在(3.1.3)的分解中, A 不完全唯一. 对于大多数情形, 我们把 A 取为具有非负对角元素的上三角矩阵或取为是左球的, $A \geqslant 0$. 前一种情况下 A 的存在性来自熟知的 Cholesky 分解, 后一种情况下 A 的存在性来自如下的陈述. 设 $B = (X'X)^{\frac{1}{2}}$ 与 $V \sim u_{n,p}$ 独立. 取 $A = VB$. 则 A 是左球的且 $A'A = B'B = X'X$.

若我们加上 $P(|X'X| = 0) = 0$ 的条件, 则 A 对于两种情形都有唯一的分布. 我们只证明第一种情形. 这一节中, 我们设 $UT(p)$ 表示具有正对角元素的上三角阵的集合.

引理 3.1.4 设 $X \sim LS_{n\times p}(\phi)$ 且 $P(|X'X| = 0) = 0$. 则

(i) $X \overset{d}{=} UA \overset{d}{=} UB$ 蕴涵 $A \overset{d}{=} B$, 其中 $A \in UT(p)$ 且 $B \in UT(p)$;

(ii) $X = QT$, 其中 $Q'Q = I_p$ 且 $T \in UT(p)$, 蕴涵 $Q \overset{d}{=} U$ 和 Q 与 T 独立.

证 考虑映射 $f: f(A) = A'A$，其中 $A \in UT(p)$。显然，f 是一一映射。由于 $A'A \stackrel{d}{=} B'B$ 且对每个 Borel 函数 $h \geqslant 0$，我们有

$$E[h(A)] = E[h(f^{-1}(A'A))] = E[h(f^{-1}(B'B))]$$
$$= E[h(B)],$$

因而 (i) 得证。注意，若 $|X'X| \neq 0$，则存在一个唯一的分解 $X = QT$，其中 $Q'Q = I_p$ 且 $T \in UT(p)$。设函数 $g(X) = (Q, T)$。则我们有 $(Q, T) = g(X) \stackrel{d}{=} g(UA) = (U, A)$，因 $X \stackrel{d}{=} UA$。因而引理得证。□

从现在起，当我们对 $X \sim LS(\phi)$ 写 $X \stackrel{d}{=} UA$ 时，我们总是把 A 视为一个具有非负对角元素的上三角阵。

例 3.1.1 设 $x_{(1)}, \cdots, x_{(n)}$ 独立同分布，$x_{(1)} \sim N_p(0, \Sigma)$ 且 $X = (x_{(1)}, \cdots, x_{(n)})'$。$x_{(j)}$ 的特征函数是 $\exp\left(-\frac{1}{2} t'_{(j)} \Sigma t_{(j)}\right)$，$j = 1, \cdots, n$（见定理 2.3.1）。因此 X 的特征函数是

$$\prod_{j=1}^{n} \operatorname{etr}\left(-\frac{1}{2} t'_{(j)} \Sigma t_{(j)}\right) = \prod_{j=1}^{n} \operatorname{etr}\left(-\frac{1}{2} \Sigma t_{(j)} t'_{(j)}\right)$$

$$= \operatorname{etr}\left(-\frac{1}{2} \Sigma \sum_{j=1}^{n} t_{(j)} t'_{(j)}\right) = \operatorname{etr}\left(-\frac{1}{2} \Sigma T'T\right),$$

其中 $T = (t_{(1)}, \cdots, t_{(n)})$。这意味着，对某个 ϕ 有 $X \sim LS_{n \times p}(\phi)$。

3.1.2 球对称分布

前一节中定义了球对称分布。这一节中我们要讨论它们的一些性质。设 $A \geqslant 0$ 是 $p \times p$ 阵且 $\lambda_1 \geqslant \cdots \geqslant \lambda_p \geqslant 0$ 是 A 的特征值。我们记 $\lambda(A) = \operatorname{diag}(\lambda_1, \cdots, \lambda_p)$。

定理 3.1.3 X 是球对称分布当且仅当

$$X \stackrel{d}{=} U \Lambda V, \tag{3.1.4}$$

其中 U, Λ 和V独立，$\Lambda=\lambda((X'X)^{\frac{1}{2}})$, $U\sim u_{n,p}$ 且$V\sim u_{p,p}$.

证 设 $X=G\Lambda H$ 是可测的奇异分解(见 1.2 节)且设 $U^*\sim u_{n,n}$ 和 $V^*\sim u_{p,p}$ 相互独立并与 (G,Λ,H) 独立. 记 $U=U^*G$, $V=HV^*$, $X^*=U^*XV^*$. 给定 (G,Λ,H)，我们有 $U\sim u_{n,p}$ 和 $V\sim u_{p,p}$ 是独立的(见引理 3.1.3)。所以，U,V,Λ 都独立且有给定的分布. 我们还有 $X^*=U\Lambda V$. 所以我们必须证明 $X^*\overset{d}{=}X$. 显然，由引理 3.1.2，X^* 是球对称分布. 所以，它的分布只通过 $U^{*\prime}U^*=I_p$ 和 $V^{*\prime}V^*=I_p$ 依赖于 U^* 和 V^*(定理 3.1.1 的推论 2)。这一事实对X也一样. 因此，$X=X^*$. □

定理 3.1.4 若X是球对称的，则X的特征函数有形式 $\phi(\lambda(T'T))$.

证 由定义 3.1.3，X的特征函数 $\psi(T)$ 满足 $\psi(T)=\psi(PTQ)$对每个 $P\in O(n)$ 和 $Q\in O(p)$. 在变换 $PTQ, P\in O(n)$ 且 $Q\in O(p)$，之下的 $T(n\times p)$ 的极大不变量是 $\lambda(T'T)$(见例 1.7.3)。定理得证. □

3.1.3 多元球对称分布

定义 3.1.4 一个 $n\times p$ 随机矩阵称为遵照多元球对称分布，如果它的特征函数有形式 $\phi(t_1't_1,\cdots,t_p't_p)$，其中 $T=(t_1,\cdots,t_p)$: $n\times p$. 我们记之为 $X\sim MS_{n\times p}(\phi)$.

多元球对称分布首先由 Anderson 和方开泰(1982b)研究。下面是它们的一些初等性质. 故证明留给读者.

引理 3.1.5 $X\sim MS_{n\times p}(\phi)$ 当且仅当

$$(3.1.5)\qquad X=(x_1,\cdots,x_p)\overset{d}{=}(R_1u_1,\cdots,R_pu_p)=U_2R$$

其中 $R=\mathrm{diag}(R_1,\cdots,R_p)$ 和 $U_2=(u_1,\cdots,u_p)$ 独立，$R\geqslant 0$ 且 $u_1,\cdots,u_p$ 独立同分布，$u_1\overset{d}{=}u^{(n)}$.

引理 3.1.6 $X\sim MS_{n\times p}(\phi)$ 当且仅当

$$(3.1.6)\qquad (P_1x_1,\cdots,P_px_p)\overset{d}{=}(x_1,\cdots,x_p)$$

对每一个 $P_j \in O(n)$, $j=1,\cdots,p$, 成立.

引理 3.1.7 若 $X \sim MS_{n\times p}(\phi)$, 则它的分布完全由 $(x_1'x_1, \cdots, x_p'x_p) \overset{d}{=} (R_1^2, \cdots, R_p^2)$ 确定,其中 $(R_1, \cdots, R_p)$ 定义如引理 3.1.5.

例 3.1.2 设 $x_1, \cdots, x_p$ 独立同分布, $x_1 \sim S_n(\phi)$ 且设 $X = (x_1, \cdots, x_p)$. 则 X 是多元球对称分布,因为 X 的特征函数是

$$\prod_{j=1}^{p} \phi(t_j't_j) = \phi(t_1't_1, \cdots, t_p't_p).$$

以后我们将看到 X 不是左球分布,若 x_1 不是正态分布.

3.1.4 向量球对称分布

设 $X = (x_1, \cdots, x_p)$ 是 $n \times p$ 矩阵,定义 $\mathrm{vec}(X) = (x_1', \cdots, x_p')'$. 因此, $\mathrm{vec}(X) \in R^{np}$.

定义 3.1.5 设 X 是 $n \times p$ 随机矩阵. 若 $\mathrm{vec}(X) \sim S_{np}(\phi)$, 则我们称 X 为向量球对称分布,记为 $X \sim VS_{n\times p}(\phi)$.

下面的结果直接来自定理 2.5.3.

引理 3.1.8 设 X 是 $n \times p$ 的随机矩阵. 则下列的陈述是等价的:

(i) $X \sim VS_{n\times p}(\phi)$;

(ii) X 的特征函数形如 $\phi(\mathrm{tr}(T'T))$, 其中 $\phi \in \Phi_{np}$(见 2.5 节);

(iii) X 有随机表示

$$X \overset{d}{=} RU_3, \tag{3.1.7}$$

其中 $R \geqslant 0 \longleftrightarrow \phi \in \Phi_{np}$ 与 U_3 独立且 $\mathrm{vec}(U_3) \overset{d}{=} u^{(np)}$.

(iv) 对每个 $\Gamma \in O(np)$, $\mathrm{vec}(X) \overset{d}{=} \Gamma(\mathrm{vec}(X))$.

3.2 球对称矩阵分布族之间的关系

在上一节,我们定义了四种球对称矩阵分布. 为了研究它们

之间的关系，我们作如下的定义.

$$\mathscr{F}_1 = \{\mathscr{L}(X): X \text{ 是左球的}\},$$
$$\mathscr{F}_2 = \{\mathscr{L}(X): X \text{ 是多元球对称的}\},$$
$$\mathscr{F}_3 = \{\mathscr{L}(X): X \text{ 是向量球对称的}\},$$
$$\mathscr{F}_s = \{\mathscr{L}(X): X \text{ 是球对称的}\},$$

其中 $X: n \times p$ 且 $\mathscr{L}(X)$ 是 X 的分布函数. 为方便起见，纵贯全书，$X \in \mathscr{F}_i$ 是指 $\mathscr{L}(X) \in \mathscr{F}_i$，$i = 1, 2, 3, s$. 在这一节，我们将在如下的几方面讨论这些族：包含关系、坐标系和坐标变换、边缘分布、边缘密度和球对称性.

3.2.1 包含关系

引理 3.2.1 $\mathscr{F}_1 \supset \mathscr{F}_2 \supset \mathscr{F}_3$ 且 $\mathscr{F}_1 \supset \mathscr{F}_s \supset \mathscr{F}_3$.

证 结论可由两方面得证. 一方面来自变换群：

$$X \in \mathscr{F}_1 \Longleftrightarrow \operatorname{diag}(P, \cdots, P)\operatorname{vec}(X) \overset{d}{=} \operatorname{vec}(X)$$

对每个 $P \in O(n)$；

$$X \in \mathscr{F}_2 \Longleftrightarrow \operatorname{diag}(P_1, \cdots, P_p)\operatorname{vec}(X) \overset{d}{=} \operatorname{vec}(X)$$

对每个 $P_i \in O(n)$，$i = 1, \cdots, p$；

$$X \in \mathscr{F}_3 \Longleftrightarrow P\operatorname{vec}(X) \overset{d}{=} \operatorname{vec}(X) \quad \text{对每个 } P \in O(np).$$

因此我们有 $\mathscr{F}_1 \supset \mathscr{F}_2 \supset \mathscr{F}_3$. 另一方面来自特征函数的形式：

$X \in \mathscr{F}_1 \Longleftrightarrow X$ 的特征函数形如 $\phi(T'T)$；

$X \in \mathscr{F}_2 \Longleftrightarrow X$ 的特征函数形如 $\phi(t_1't_1, \cdots, t_p't_p)$
$= \phi(\operatorname{diag}(t_1't_1, \cdots, t_p't_p))$，其中 $t_1't_1, \cdots, t_p't_p$ 是 $T'T$ 的对角元素；

$X \in \mathscr{F}_s \Longleftrightarrow X$ 的特征函数形如 $\phi(\lambda(T'T))$；

$X \in \mathscr{F}_3 \Longleftrightarrow X$ 的特征函数形如 $\phi(\operatorname{tr}(T'T)$

$$= \phi\left(\sum_{j=1}^{p} t_j't_j\right).$$

显然 $\mathscr{F}_1 \supset \mathscr{F}_2 \supset \mathscr{F}_3$ 且 $\mathscr{F}_1 \supset \mathscr{F}_s \supset \mathscr{F}_3$. □

进一步我们要证明，如上的关系是真包含关系.

引理 3.2.2 设 $X \in \mathscr{F}_1$ 且 $F(x_i = 0) = 0,\ i = 1, \cdots, p$. 则 $X \in \mathscr{F}_2$ 当且仅当 X 满足下列条件:

(i) $x_1/\|x_1\|, \cdots, x_p/\|x_p\|$ 独立;

(ii) $(\|x_1\|, \cdots, \|x_p\|)$ 和 $(x_1/\|x_1\|, \cdots, x_p/\|x_p\|)$ 独立.

证 充分性是引理 3.1.5 的一个结果. 若 X 满足 (i) 和(ii), 则我们有

$$X = (x_1, \cdots, x_p) = \left(\frac{x_1}{\|x_1\|}, \cdots, \frac{x_o}{\|x_p\|}\right) \mathrm{diag}(\|x_1\|, \cdots, \|x_p\|).$$

设 $U_2 = (x_1/\|x_1\|, \cdots, x_p/\|x_p\|)$ 和 $R = \mathrm{diag}(\|x_1\|, \cdots, \|x_p\|)$。由于 $X \in \mathscr{F}_1$,则对某个 ϕ 有 $x_j \sim S_n(\phi)$, $j = 1, \cdots, p$. 容易验证, U_2 和 R 满足引理 3.1.5 的全部条件,即 $X \in \mathscr{F}_2$. □

推论 1 均匀分布 $u_{n,p} \in \mathscr{F}_2$.

证 由于 $U'U = I_p$ 且 $U \in \mathscr{F}_1$, $U = (u_1, \cdots, u_p)$, 其中 $u_1 = u_1/\|u_1\|, \cdots, u_p = u_p/\|u_p\|$ 不独立, 故由引理 3.2.2, 结论得证。□

推论 2 $U_2 \in \mathscr{F}_3$.

证 设 $U_2 = (u_1, \cdots, u_p) = (u_{(1)}, \cdots, u_{(n)})' \in \mathscr{F}_3$. 则 $U_2 \overset{d}{=} RU_3$ 对某个 $R \geqslant 0$ 成立(见(3.1.7))并且 R 与 U_3 独立. 由于 $u_1, \cdots, u_p$ 独立和 $u_{(i)} (i = 1, \cdots, n)$ 有球对称分布, 故 $u_{(i)}$ 的分布必定是正态的(见定理 2.7.2). 显然, $u_{(i)}$ 不是正态的。这个矛盾证明了此推论。□

练习 3.4 说明引理 3.2.2 中的条件(ii)是必要的.

3.2.2 边缘分布的族

设 $\mathscr{F}_i^c (i = 1, 2, 3, s)$ 表示 $\mathscr{F}_i (i = 1, 2, 3, s)$ 中 X 的第一列之集合, 即 $x \in \mathscr{F}_i^c$ 当且仅当存在 $x_2, \cdots, x_p$ 使得 $X = (x, x_2, \cdots, x_p) \in \mathscr{F}_i$, $i = 1, 2, 3, s$. 类似地, $\mathscr{F}_i^r$ 表示 $\mathscr{F}_i$, $i = 1, 2, 3, s$ 中 X 的第一个行向量的集合. 显然由引理 3.2.1, $\mathscr{F}_1^c \supset \mathscr{F}_2^c \supset \mathscr{F}_3^c$, $\mathscr{F}_1^c \supset \mathscr{F}_s^c \supset \mathscr{F}_3^c$, $\mathscr{F}_1^r \supset \mathscr{F}_2^r \supset \mathscr{F}_3^r$ 和 $\mathscr{F}_1^r \supset \mathscr{F}_s^r \supset$

$\mathscr{F}_3^r$. 而且我们要证明如上的关系是否是真包含关系。

引理 3.2.3 $\mathscr{F}_2^c=\mathscr{F}_1^c=\mathscr{F}_s^c$.

证 若 $x\in\mathscr{F}_1^c$，则 $x\sim S_n(\phi)$ 对某个 $\phi\in\Phi_n$. 设 $x_2,\cdots,x_p$ 是 $p-1$ 个 $n\times 1$ 的随机向量使得 $x,\ x_2,\ \cdots,\ x_p$ 独立同分布。因此，由例 3.1.2，我们有 $X=(x,x_2,\ \cdots,x_p)\in\mathscr{F}_2$ 即$\mathscr{F}_2^c=\mathscr{F}_1^c$. 设 U,V,x 独立并设U和V如定理 3.1.3 中所定义，令$X=U\text{diag}(\|x\|,\cdots,\|x\|)V=\|x\|UV$. 显然，由定理 3.1.3 有 $X\in\mathscr{F}_s$. 我们必须要证明X的第一列 x_1 与 x 有相同的分布。这是正确的，因为 $x_1\sim S_n(\phi)$ 对某个 ϕ，$X'X=\|x\|^2V'U'UV\overset{d}{=}\|x\|^2I_p$ 并且 $x_1'x_1=\|x\|^2$. 因此，我们有 $x_1\overset{d}{=}x$（练习 2.13 或定理 3.1.1，其中 $p=1$）。□

人们要问：$\mathscr{F}_3^c=\mathscr{F}_2^c$ 是否真确？事实上，答案是否定的。首先，我们需要以下引理。

引理 3.2.4 设 $\Omega_n(t't)$，$t\in R^n$，是 $u^{(n)}$ 的特征函数。则 $\Omega_n(t't)$，其中 $t\in R^{n+1}$，不是一个 $n+1$ 维的特征函数。

证 设 $\Omega_n(t't)$，$t\in R^{n+1}$，是一个 $n+1$ 维的特征函数。则存在一个累积分布函数 F 使得（定理 2.5.2）

$$\Omega_n(u)=\int_0^\infty\Omega_{n+1}(ur^2)dF(r),\ u\geqslant 0$$

即 $u^{(n)}\overset{d}{=}Ru_n$，其中$R\geqslant 0$与 u_n 独立且 u_n 是具有前 n 个分量的 $u(n+1)$ 的子向量。因为 u_n 有密度且 $P(R=0)=P\times(Ru_n=0)=P(u^{(n)}=0)=0$，故 $u^{(n)}$ 有密度。这个矛盾的事实证明了引理。□

定理 3.2.1 集合 $\mathscr{F}_3^c$ 是 $\mathscr{F}_2^c$ 的真子集若 $p>1$.

证 设$u\overset{d}{=}u^{(n)}$. 显然，$u\in\mathscr{F}_2^c$. 我们要指出 $u\notin\mathscr{F}_3^c$. 若 $u\in\mathscr{F}_3^c$，则存在 $u_2,\cdots,u_p$ 使得 $U^*=(u_1,u_2,\cdots,u_p)\in\mathscr{F}_3$. 设 $\phi(\text{tr}(T'T))$ 表示 U^* 的特征函数。则 u 的特征函数是

$$\phi(t_1't_1)=\Omega_n(t_1't_1),\ t_1\in R^n,$$

即 $\phi(\cdot)=\Omega_n(\cdot)$. 这就意味着，$\Omega_n(t't)=\phi(t't)$，$t\in R^{np}$，是

特征函数. 但由引理 3.2.4, 这是不可能的. □

我们考虑行边缘分布. 首先, 我们要指出 $\mathscr{F}_2^r$ 是 $\mathscr{F}_1^r$ 的真子集.

引理 3.2.5 设 $X=(x_1,\cdots,x_p)=(x_{(1)},\cdots,x_{(n)})'\in\mathscr{F}_2$ 且 $x_{(1)}$ 的协方差存在. 则

(i) $\mathrm{cov}=(x_{(i)},x_{(j)})=\delta_{ij}\Lambda_j$, 其中 Λ_i 是对角阵且 $\delta_{ij}=0$ 和 $\delta_{ii}=1$, $i\neq j,i,j=1,\cdots,n$,

(ii) $\mathrm{cov}(x_i,x_j)=\delta_{ij}\sigma_{ii}^2 I_n$, 其中 $\sigma_{ii}^2=ER_i^2/n$ 且 R_i 如引理 3.1.5 所定义, $i,j=1,\cdots,p$.

证 显然, $x_{(1)},\cdots,x_{(n)}$ 同分布且 X 有随机分解 (3.1.5). 由于 $\mathscr{E}U_2=0$, 故我们有 $\mathscr{E}x_{(k)}=0$ 和 $\mathscr{E}x_j=0$, $k=1,\cdots,n$; $j=1,\cdots,p$. 由(3.1.5)和 $U_2=(u_{ij})$

$$\mathrm{cov}(x_{(i)},x_{(j)})=\mathscr{E}x_{(i)}x'_{(j)}=\mathrm{diag}(E[R_1^2u_{i1}u_{j1}],\cdots,$$
$$E[R_p^2u_{ip}u_{jp}]).$$

由于 $Eu_{ik}u_{jk}=0$ 和 $Eu_{ik}^2=1/n$, $i\neq j$; $k=1,\cdots,p$, 第一个结论成立。类似地

$$\mathscr{E}x_ix_j'=E(R_iR_j)\mathscr{E}(u_iu_j')=\delta_{ij}(ER_i^2/n)I_n=\delta_{ij}\sigma_{ii}^2I_n. \ \square$$

推论 1 集 $\mathscr{F}_2^r$ 是 $\mathscr{F}_1^r$ 的真子集.

证 设 $X\sim N_{n\times p}(0,I_n\otimes\Sigma)$ 且 Σ 不是对角阵. 由引理 3.2.5, $x_{(1)}\bar{\in}\mathscr{F}_2^r$, 然而, $x_{(1)}\in\mathscr{F}_1^r$ (例 3.1.1). 因此, $\mathscr{F}_2^r$ 是 $\mathscr{F}_1^r$ 的真子集. □

定理 3.2.2 设 $X\in\mathscr{F}_2$. 则 $X\in\mathscr{F}_3$ 当且仅当 $x_{(1)}\in\mathscr{F}_3^r$.

证 必要性显然. 设 $x_{(1)}\in\mathscr{F}_3^r$. 则 $x_{(1)}$ 有特征函数 $\phi(t'_{(1)}t_{(1)})$, 其中 $\phi(t'_{(1)}t_{(1)}+\cdots+t'_{(n)}t_{(n)})$ 是 R^{np} 中的一个特征函数. 另一方面, 由于 $X\in\mathscr{F}_2$, 故 X 有特征函数 $\phi(t_1't_1,\cdots,t_p't)$. 因之, 我们有

$$(3.2.1)\quad \phi(r_1^2+\cdots+r_p^2)=\phi(r_1^2,\cdots,r_p^2),\ r_i^2\geqslant 0,$$
$$i=1,\cdots,p,$$

因为它们是 $x_{(1)}$ 的相同的特征函数. 由(3.2.1), 我们有 $\phi(t_1't_1+\cdots+t_p't_p)=\phi(t_1't_1,\cdots,t_p't_p)$ 对所有的 $t_i\in R^n$, $i=1,\cdots,p$

成立，即 $X\in\mathscr{F}_3$. 定理得证. □

推论 1 设 $X\in\mathscr{F}_2$. 则 $x_{(1)}\in\mathscr{F}_3^r$ 当且仅当 $x_{(1)}\sim S_p(\phi)$。

证明很容易，把它留给读者.

推论 2 U 的第 1 行 $u_{(1)}$ 不在 $\mathscr{F}_2^r$ 中.

证 设 $u_{(1)}\in\mathscr{F}_2^r$. 则存在 Y 使得 $X=(u_{(1)},Y)'\in\mathscr{F}_2$. 由于 U 是右球的(引理3.1.3)，故由 $X\in\mathscr{F}_2$ 和定理 3.2.2 的推论 1 有 $u_{(1)}\sim S_p(\phi)$ 和 $u_{(1)}\in\mathscr{F}_3^r$. 但这是不可能的(见以下的例 3.2.1). 因而 $u_{(1)}\bar{\in}\mathscr{F}_2^r$. □

推论 3 $\mathscr{F}_3=\mathscr{F}_s\cap\mathscr{F}_2$.

证 显然，$\mathscr{F}_3\subset\mathscr{F}_s\cap\mathscr{F}_2$. 反之，若 $X\in\mathscr{F}_s\cap\mathscr{F}_2$，则 $X=(x_{(1)},\cdots,x_{(n)})'\in\mathscr{F}_s$ 蕴涵 $x_{(1)}$ 是球对称分布的. 故由定理 $X\in\mathscr{F}_3$. □

在证明下一个推论之前，我们需要矩阵变量正态分布的概念.

定义 3.2.1 设 X 是 $n\times p$ 的随机矩阵. 若 $\text{vec}(X')\sim N_{np}\times(\mu,C\otimes D)$, $\mu=\text{vec}(M')$, $M:n\times p$, $C:n\times n$, $D:p\times p$, $C\geqslant 0$ 和 $D\geqslant 0$，则称 X 有矩阵变量正态分布，记为 $X\sim N_{n\times p}(M,C\otimes D)$.

若 $Y=(y_{ij})\sim N_{n\times p}(O,I_n\otimes I_p)$，则所有的 y_{ij} 独立同分布且 $y_{ij}\sim N(0,1)$. 由如上的定义，我们直接得到如下的事实，其证明留给读者.

(1) 若 $X\sim N_{n\times p}(M,C\otimes D)$, $C>0$ 和 $D>0$，则 X 有密度

$$(2\pi)^{-\frac{1}{2}np}|C|^{-\frac{1}{2}p}|D|^{-\frac{1}{2}n}\text{etr}\left[-\frac{1}{2}C^{-1}(X-M)D^{-1}(X-M)'\right].$$

(2) $X\sim N_{n\times p}(M,C\otimes D)$ 当且仅当

$$X\stackrel{d}{=}M+C^{\frac{1}{2}}YD^{\frac{1}{2}},$$

其中 $Y\sim N_{n\times p}(O,I_n\otimes I_p)$.

推论 4 设 $X\in\mathscr{F}_s$，其行(或列)独立. 则 X 必是正态的.

证 由假设，X的特征函数是 $\prod_1^p \phi(t_i't_i)$，即 $X\in\mathscr{F}_2$。由推论 3，$X\in\mathscr{F}_3$。则由定理 2.7.2，结论得证。□

例 3.2.1 设 $X\overset{d}{=}UA$，其中U和A独立且 $A=\mathrm{diag}(a_1,\cdots,a_p)$，$0<p_i\doteq P(a_i=1)=1-P(a_i=0)<1$，$i=1,\cdots,p$；$a_1+\cdots+a_p=1$。显然，$X\in\mathscr{F}_1$，但 $X\in\mathscr{F}_2$ 因为 $(x_1/\|x_1\|,\cdots,x_p/\|x_p\|)\overset{d}{=}(u_1,\cdots,u_p)=U$，它的列独立（引理 3.2.2)。然而，我们要证明 $x_{(1)}\overset{d}{=}Au_{(1)}\in\mathscr{F}_2'$，其中 $u_{(1)}$ 是U的第 1 行。由U的球对称性 $u_{(1)}$ 的特征函数能够证明是 $\Omega_n(t_1^2+\cdots+t_p^2)$。$x_{(1)}$ 有特征函数

$$\phi(t_1^2,\cdots,t_p^2)=\int\Omega_n(a_1^2t_1^2+\cdots+a_p^2t_p^2)dF(a_1,\cdots,a_p)=\sum_{i=1}^p p_i\Omega_n(t_i^2). \tag{3.2.2}$$

因此，我们有

$$\phi(t_1't_1,\cdots,t_p't_p)=\sum_{i=1}^p p_i\Omega_n(t_i't_i),\quad t_i\in R^n,i=1,\cdots,p.$$

由于 $\Omega_n(t_i't_i)$ 是 R^n 中的特征函数且 $\sum_{i=1}^p p_i=1$，$p_i>0$，$i=1,\cdots,p$，故 $\phi(t_1't_1,\cdots,t_p't_p)$是 $\mathscr{F}_2$ 中某个 Y 的特征函数且 $y_{(1)}\overset{d}{=}x_{(1)}$，其中 $y_{(1)}$ 是Y的第 1 行；这就是说 $x_{(1)}\in\mathscr{F}_2'$。

定理 3.2.2 和例 3.2.1 说明 $\mathscr{F}_2$ 对于 $\mathscr{F}_1$ 而言不能由行边缘分布来刻划。但相对于 $\mathscr{F}_2$，对 $\mathscr{F}_3$ 却是可行的。一些其它的关系可在练习 3.5 和 3.6 中找到。

3.2.3 坐标系

在 3.1 节，我们得到 $\mathscr{F}_i$，$i=1,2,3,s$，的随机分解。它们是

$$X\overset{d}{=}UA,\quad \text{对于 } \mathscr{F}_1. \tag{3.1.3}$$

(3.1.4) $$X \overset{d}{=} U\Lambda V \text{ 对于 } \mathscr{F}_s.$$

(3.1.5) $$X \overset{d}{=} U_2R \text{ 对于 } \mathscr{F}_2.$$

和

(3.1.6) $$X \overset{d}{=} RU_3 \text{ 对于 } \mathscr{F}_3.$$

这里 U, U_2, U_3 和 (U, V) 分别起“坐标系”的作用。

引理 3.2.6 设 $X \sim N_{n\times p}(O, I_n \otimes I_p)$. 则

(3.2.3) $$U \overset{d}{=} X(X'X)^{-\frac{1}{2}}.$$

(3.2.4) $$U_2 \overset{d}{=} (x_1/\|x_1\|, \cdots, x_p/\|x_p\|),$$

和

(3.2.5) $$U_3 \overset{d}{=} X/(\mathrm{tr}(X'X))^{\frac{1}{2}}.$$

证 设 $Y \overset{d}{=} X(X'X)^{-\frac{1}{2}}$. 因 $Y'Y = I_p$ 和

$$PY = PX(X'X)^{-\frac{1}{2}} = PX[(PX)'(PX)]^{-\frac{1}{2}} \overset{d}{=} X(X'X)^{-\frac{1}{2}} = Y$$

对任何 $P \in O(n)$ 成立，故由定义 3.1.2，我们有(3.2.3). 类似地，我们有(3.2.4)和(3.2.5).

事实上，引理 3.2.6 中的 X 分别能够在 (3.2.3) 中代之以 $X \in \mathscr{F}_1$，满足 $P(|X'X|=0)=0$；在(3.2.4)中代之以 $X \in \mathscr{F}_2$，满足 $P(x_j=0)=0$，$j=1,\cdots,p$；以及在(3.2.5)中代之以 $X \in \mathscr{F}_3$，在(3.2.5)中满足 $P(X=0)=0$.

一个自然的问题是：在相同的坐标系之下，如何给出 $\mathscr{F}_i$, $i=1,2,3,s$，的随机表示。我们将在 3.6 节中详细讨论这个问题。

3.2.4 密度

设 $X \in \mathscr{F}_i$, $i=1,2,3,s$. 一般地说，X 不一定有密度. 假设 X 有密度. 容易证明：

(i) $X \in \mathscr{F}_1$ 当且仅当 X 的密度形为 $f(X'X)$；

(ii) $X \in \mathscr{F}_2$ 当且仅当 X 的密度形为 $f(x_1'x_1, \cdots, x_p'x_p)$；

(iii) $X \in \mathscr{F}_3$ 当且仅当 X 的密度形为 $f(\mathrm{tr}(X'X))$；

(iv) $X \in \mathscr{F}_s$ 当且仅当 X 的密度形为 $f(\lambda(X'X))$。

当 X 有密度 $f(\cdot)$ 时，我们把 $X \sim LS_{n\times p}(\phi)$ 写成 $X \sim LS_{n\times p} \times (f)$。对 MS, VS 和 SS，也同样用这种写法。由定理 2.5.5，若 $X \overset{d}{=} RU_3 \in \mathscr{F}_3$，则 X 有密度 $f(\cdot)$ 当且仅当 R 有密度 $g(\cdot)$。且 $f(\cdot)$ 和 $g(\cdot)$ 之间的关系有如下式：

$$(3.2.6) \qquad g(r) = \frac{2\pi^{\frac{1}{2}np}}{\Gamma\left(\frac{1}{2}np\right)} r^{np-1} f(r^2), \ r > 0.$$

类似地，若 $X \overset{d}{=} U_2 R \in \mathscr{F}_2$，则 X 有密度 $f(\cdot)$ 当且仅当 R 有密度 $g(\cdot)$。$f(\cdot)$ 与 $g(\cdot)$ 之间的关系为

$$(3.2.7) \qquad g(r_1, \cdots, r_p) = \frac{2^p \pi^{\frac{1}{2}np}}{\left(\Gamma\left(\frac{1}{2}n\right)\right)^p} \prod_{i=1}^{p} r_i^{n-1} f(r_1^2, \cdots, r_p^2),$$
$$r_1, \cdots, r_p > 0.$$

进一步设 $X \overset{d}{=} UA \in \mathscr{F}_1, A \in UT(p)$。则 X 有密度 $f(\cdot)$ 当且仅当 A 有密度 $g(\cdot)$，它们之间的关系为

$$(3.2.8) \qquad g(A) = \frac{2^p \pi^{\frac{1}{2}np - \frac{1}{4}p(p-1)}}{\prod_{i=1}^{p} \Gamma\left(\frac{1}{2}(n-i+1)\right)} \prod_{i=1}^{p} a_{ii}^{n-i} f(A'A).$$

其中 $A = (a_{ij})$。证明留到下一节。对 $\mathscr{F}_s$ 也有类似的结果。设 $X \overset{d}{=} U\Lambda V \in \mathscr{F}_s$。则 X 有密度 $f(\cdot)$ 当且仅当 Λ 有密度 $g(\cdot)$，且它们有如下的关系：

$$(3.2.9) \quad g(\lambda_1, \cdots, \lambda_p) = \frac{\pi^{\frac{1}{2}np - \frac{1}{2}p}}{\prod_{i=1}^{p} \Gamma\left(\frac{1}{2}(n-i+1)\right)}$$
$$\times \prod_{i<j} (\lambda_i - \lambda_j)(\lambda_1 \cdots \lambda_p)^{\frac{1}{2}(n-p-1)}.$$
$$\cdot f(\mathrm{diag}(\lambda_1, \cdots, \lambda_p)) \ \lambda_1 > \lambda_2 > \cdots > \lambda_p > 0.$$

证明将在 3.4 节中给出。

3.3 椭球等高矩阵分布

设X是$n\times p$的随机矩阵且$X\in\mathscr{F}_i$, $i=1,2,3,s$. 设M和B分别是$m\times p$和$n\times m$常数矩阵. 若

(3.3.1) $$Y\overset{d}{=}M+B'X,\ \Sigma=B'P,$$

则我们说Y遵从椭球等高矩阵分布，记为$Y\sim ELS_{m\times p}(M,\Sigma,\phi)$, 对$X\sim LS(\phi)$; $P\sim EMS_{m\times p}(M,\Sigma,\phi)$, 对$X\sim MS(\phi)$; $Y\sim EMS_{m\times p}(M,\Sigma,\phi)$, 对$X\sim VS(\phi)$; $M\sim ESS_{m\times p}(M,\Sigma,\phi)$, 对$X\sim SS(\phi)$. 为了证明$Y$的分布只通过$\Sigma=B'B$而依赖于$B$, 我们需要如下引理.

引理 3.3.1 $Y\sim ELS_{m\times p}(M,\Sigma,\phi)$的特征函数是

(3.3.2) $$\operatorname{etr}(iT'M)\phi(T'\Sigma T);$$

$Y\sim EMS_{m\times p}(M,\Sigma,\phi)$的特征函数是

(3.3.3) $$\operatorname{etr}(iT'M)\phi(t_1'\Sigma t_1,\cdots,t_p'\Sigma t_p);$$

$Y\sim EVS_{m\times p}(M,\Sigma,\phi)$的特征函数是

(3.3.4) $$\operatorname{etr}(iT'M)\phi(\operatorname{tr}(T'\Sigma T));$$

$Y\sim ESS_{m\times p}(M,\Sigma,\phi)$的特征函数是

(3.3.5) $$\operatorname{etr}(iT'M)\phi(\lambda(T'\Sigma T)),$$

其中$T=(t_1,\cdots,t_p):m\times p$.

证明是直接的，故略去(见 3.1 节). 类似地我们有如下结果.

引理 3.3.2 设$Y(m\times p)$有密度. 则Y的密度有如下的形式,

(3.3.6) $$|\Sigma|^{-\frac{1}{2}p}f((Y-M)'\Sigma^{-1}(Y-M)),\ \text{对于}\ ELS;$$

(3.3.7) $$|\Sigma|^{-\frac{1}{2}p}f(y_1'\Sigma^{-1}y_1,\cdots,y_p'\Sigma^{-1}y_p),\ \text{对于}\ EMS;$$

(3.3.8) $$|\Sigma|^{-\frac{1}{2}p}f(\operatorname{tr}(\Sigma^{-1}(Y-M)(Y-M)')),\ \text{对于}\ EVS;$$

(3.3.9) $$|\Sigma|^{-\frac{1}{2}p}f(\lambda((Y-M)'\Sigma^{-1}(Y-M))),\ \text{对于}\ ESS,$$

其中$\mathbf{Y}=(y_1,\cdots,y_p)$.

由定义 3.3.1, 若$Y\sim ELS_{m\times p}(M,\Sigma,\phi)$且

(3.3.10) $$Z = C'Y + D,$$

其中 $C(m \times l)$ 和 $D(l \times p)$ 是常数阵，则 $Z \sim ELS_{l\times p}(CM' + D, C'\Sigma C, \phi)$. 分析

(3.3.11) $$Y = \begin{bmatrix} Y_1 \\ Y_2 \end{bmatrix}, \quad M = \begin{bmatrix} M_1 \\ M_2 \end{bmatrix}, \Sigma = \begin{bmatrix} \Sigma_{11} & \Sigma_{12} \\ \Sigma_{21} & \Sigma_{22} \end{bmatrix},$$

其中 $Y_1: q \times p, M_1: q \times p$ 和 $\Sigma_{11}: q \times q$. 把 $C' = (I_q, O)$和 $D = O$ 代入(3.3.10)，则我们有 $Y_1 \sim ELS_{q\times p}(M, \Sigma_{11}, \phi)$. 类似的结果对其他的椭球等高矩阵分布族也成立.

引理 3.3.3 设 $Y \sim ELS_{m\times p}(M, \Sigma, \phi)$ 和

(3.3.12) $$Y = \begin{bmatrix} Y_{11} & Y_{12} \\ Y_{21} & Y_{22} \end{bmatrix}, \quad M = \begin{bmatrix} M_{11} & M_{12} \\ M_{21} & M_{22} \end{bmatrix},$$

$$\Sigma = \begin{bmatrix} \Sigma_{11} & \Sigma_{12} \\ \Sigma_{21} & \Sigma_{22} \end{bmatrix},$$

其中 $Y_{11}: n_1 \times p_1$, $M_{11}: n_1 \times p_1$ 和 $\Sigma_{11}: n_1 \times n_1$. 则 $Y_{11} \sim ELS_{n_1\times p_1}(M_{11}, \Sigma_{11}, \phi^*)$，其中

(3.3.13) $$\phi^*(A_{11}) = \phi\begin{pmatrix} A_{11} & O \\ O & O \end{pmatrix} \text{ 和 } A_{11}: p_1 \times p_1.$$

证 Y 的特征函数是 (3.3.2)，因之，Y_{11} 的特征函数是 $\exp(iT'_{11}M_{11})\phi^*(T'_{11}\Sigma_{11}T_{11})$. 引理得证. □

现在，我们考虑椭球等高分布的矩.

定理 3.3.1 设 $X \sim LS_{n\times p}(\phi)$ 有二阶矩. 则

(3.3.14) $$\mathscr{E}X = O, \ \mathscr{D}(\text{vec}(X)) = V \otimes I_n,$$

其中 $V = E(x_{(1)}, x'_{(1)})$.

证 设 $U = (u_1, \cdots, u_p) \sim u_{n,p}$. 容易看到，$u_1 \overset{d}{=} \cdots \overset{d}{=} u_p \overset{d}{=} u^{(n)}$. 由定理 2.5.3 的推论 2，我们有 $\mathscr{E}U = (\mathscr{E}u_1, \cdots, \mathscr{E}u_p) = O$ 和 $\mathscr{E}u_1u_1' = (1/n)I_n$. 由于 $U \in \mathscr{F}_s$，故我们必定有 $(u_i, u_j) \overset{d}{=} (u_i, -u_j), i, j = 1, \cdots, p$. 因此

$$\mathscr{E}[(\text{vec}(U))(\text{vec}(U))'] = I_p \otimes \mathscr{D}(u_1) = (1/n)I_p \otimes I_n = (1/n)I_{np}.$$

现在我们再回到 X. 由于 $X \stackrel{d}{=} UA$ 有二阶矩，故有 A 的二阶矩. 因此,

$$\mathscr{E}(X) = \mathscr{E}(U)\mathscr{E}(A) = O$$

$$\begin{aligned}
\mathscr{D}(\mathrm{vec}(X)) &= \mathscr{E}[\mathrm{vec}(UA)(\mathrm{vec}(UA))'] \\
&= \mathscr{E}[(A'\otimes I_n)\mathrm{vec}(U)][(\mathrm{vec}(U))'(A\otimes I_n)] \\
&= \mathscr{E}[(A'\otimes I_n)\mathscr{E}[(\mathrm{vec}(U))(\mathrm{vec}(U))']|A](A\otimes I_n)] \\
&= (1/n)\mathscr{E}[(A'\otimes I_n)(A\otimes I_n)] = (1/n)\mathscr{E}(A'A)\otimes I_n \\
&= (1/n)\mathscr{E}(X'X)\otimes I_n.
\end{aligned}$$

注意 $x_{(1)} \stackrel{d}{=} \cdots \stackrel{d}{=} x_{(n)}$ 且 $X'X = x_{(1)}x_{(1)}' + \cdots + x_{(n)}x_{(n)}'$, 故我们有 $\mathscr{E}(X'X) = n\mathscr{E}(x_{(1)}x_{(1)}') = nV$。 □

推论 1 若 $Y = B'X + M \sim ELS_{m\times p}(M,\Sigma,\phi)$, 其中 X 满足定理 3.3.1 的条件，则

$$\mathscr{E}(Y) = M, \mathscr{D}(\mathrm{vec}(Y)) = V\otimes(B'B). \tag{3.3.15}$$

证 显然 $\mathscr{E}(Y) = M$. 并且

$$\begin{aligned}
\mathscr{D}(\mathrm{vec}(Y)) = \mathscr{D}(\mathrm{vec}(B'X)) &= \mathscr{E}[(\mathrm{vec}(B'X))(\mathrm{vec}(B'X))'] \\
&= (I_p\otimes B')\mathscr{E}[(\mathrm{vec}(X))(\mathrm{vec}(X))'](I_p\otimes B) \\
&= (I_p\otimes B')(V\otimes I_n)(I_p\otimes B) = V\otimes(B'B).
\end{aligned}$$ □

实际上，我们还可以定义另一种椭球等高分布

$$Y \stackrel{d}{=} M + XB. \tag{3.3.16}$$

有关的一些结果可在练习 3.8 中找到.

3.4 二次型分布

设 X 是 $n \times p$ 的随机矩阵. 在这一节，我们研究 $W = X'X$ 的分布以及它们的性质，这里 $X \in \mathscr{F}_1$. 由于 W 是对称随机阵，故研究 W 的分布就意味着研究

$$(w_{11},\cdots,w_{1p},w_{22},\cdots,u_{2p},\cdots,w_{p-1,p-1},w_{p-1,p},w_{pp}).$$

的分布.

3.4.1 W的密度

首先，我们需要如下的引理。

引理 3.4.1 对任何非负 Borel 函数 $f(\cdot)$，我们有

$$\int_{R^n} f(a'x, x'x)dx = \frac{\pi^{\frac{1}{2}(n-1)}}{\Gamma\left(\frac{1}{2}(n-1)\right)}\int_{-\infty}^{\infty} dy \times \int_0^{\infty} u^{\frac{1}{2}(n-1)-1} f(y\|a\|, y^2+u)du, \tag{3.4.1}$$

其中 $0 \neq a \in R^n$。

证 设 $T \in O(n)$，其中第一行为 $a'/\|a\|$ 且 $y = Tx$。我们有

$$\int_{R^n} f(a'x, x'x)dx = \int_{R^n} f\left(\|a\|y_1, y_1^2 + \sum_2^n y_i^2\right)dy.$$

把（2.4.15）应用于 $y_2, \cdots, y_n$，$(n-1)$ 次就得到引理的结论。□

如下的定理是很有用的。

定理 3.4.1 设 X 是 $n \times p$ 矩阵且 $T \in UT(p)$。则

$$\int f(X'X)dX = \frac{2^p \pi^{\frac{1}{2}np}}{\Gamma_p\left(\frac{1}{2}n\right)}\int_{D_p}\left(\prod_{i=1}^p t_{ii}^{n-i}\right)f(T'T)dT, \tag{3.4.2}$$

其中 $D_p = \{T \mid T \in UT(p)$ 且有正对角元素$\}$，$\Gamma_p(\cdot)$ 是多元 Gamma 函数，并且

$$\Gamma_p\left(\frac{1}{2}n\right) = \pi^{\frac{1}{4}p(p-1)}\prod_{i=1}^p \Gamma\left(\frac{1}{2}(n-i+1)\right).$$

证 我们用归纳法证明(3.4.2)。当 $p=1$ 时，(3.4.2)成立。现设(3.4.2)对 $p-1$ 成立。则

$$\int f(X'X)dX = \int dx_1 \int f(X'X)dx_2 \cdots dx_p. \tag{3.4.3}$$

对于给定的 $x_1 \neq 0$，设 $T \in O(n)$，其第一行 $x_1'/\|x_1\|$，设 $y_i = Tx_i, i = 2, \cdots, p$。故我们有

$$\int f\left[\begin{bmatrix} x_1'x_1 & \cdots & x_1'x_p \\ \vdots & & \\ x_p'x_p & & \end{bmatrix}\right] dx_2\cdots dx_p$$

$$= \int f\begin{bmatrix} \|x_1\|^2 & \|x_1\|y_{12} & \cdots & \|x_1\|y_{1p} \\ & y_2'y_2 & \cdots & y_2'y_p \\ & & \cdots & \\ & & \ddots & \vdots \\ & & & y_p'y_p \end{bmatrix} dy_2\cdots dy_p.$$

设 $t_{1i} = y_{1i}, i = 2, \cdots, p; u_i = (y_{2i}, \cdots, y_{ni})', i = 2, \cdots, p$. 所以

$$\int f(X'X)dx_2\cdots dx_p$$

$$= \int f\left[\begin{bmatrix} \|x_1\|^2 & \|x_1\|t_{12} & \cdots & \|x_1\|t_{1p} \\ & t_{12}^2 + u_2'u_2 & \cdots & t_{12}t_{1p} + u_2'u_p \\ & & & \vdots \\ & & & t_{1p}^2 + u_p'u_p \end{bmatrix}\right] \prod_{j=2}^{p} (dt_{1j}du_j)$$

$$= \int f\left[t_1^* t_1^{*\prime} + \begin{bmatrix} 0 & 0 & \cdots & 0 \\ 0 & u_2'u_2 & \cdots & u_2'u_p \\ \vdots & \vdots & \cdots & \vdots \\ 0 & u_p'u_2 & \cdots & u_p'u_p \end{bmatrix}\right] \prod_{j=2}^{p} (dt_{1j}du_j),$$

其中 $t_1^* = (\|x_1\|, t_{12}, \cdots, t_{1p})'$. 固定 $t_{12}, \cdots, t_{1p}$ 且把归纳假设用于

$$\begin{bmatrix} u_2'u_2 & \cdots & u_2'u_p \\ \vdots & & \vdots \\ u_p'u_2 & \cdots & u_p'u_p \end{bmatrix},$$

则我们有

$$\int f(X'X)dx_2\cdots dx_p = 2^{p-1}\prod_{j=1}^{p-1}\frac{\pi^{\frac{1}{2}(n-j)}}{\Gamma\left(\frac{1}{2}(n-j)\right)}\int_{D_{p-1}} t_{22}^{n-2}\cdots t_{pp}^{n-p}.$$

$$f\left[t_1^* t_1^{*\prime} + \begin{pmatrix} O & O \\ O & T_1' T_1 \end{pmatrix} \right] dT_1 dt_{12} \cdots dt_{1p},$$

其中 $T_1 \in UT(p-1)$. 把如上的积分代入(3.4.3)且把(2.4.15)用于 x_1,我们有

$$\int f(X'X)dX = \frac{2^{p-1}\pi^{\frac{1}{2}np}}{\Gamma_p\left(\frac{1}{2}n\right)} \int_0^\infty \int_{D_{p-1}} \left(\prod_{j=2}^{p} t_{jj}^{n-j} \right) y^{\frac{1}{2}n-1}.$$

$$\cdot f\left[\begin{bmatrix} y^{\frac{1}{2}} \\ t_{12} \\ \vdots \\ t_{1p} \end{bmatrix} (y^{\frac{1}{2}}, t_{12}, \cdots, t_{1p}) + \begin{pmatrix} O & O \\ O & T_1' T_1 \end{pmatrix} \right] dy dt_{12} \cdots dt_{1p} dT_1.$$

公式(3.4.2)可由作变换 $t_{11} = y^{\frac{1}{2}}$. □

推论 1 设 $X \sim N_{n\times p}(O, I_n \otimes I_p)$ 和 $X'X = T'T$,其中 $T = (t_{ij}) \in UT(p)$ 具有正对角元素. 则

(i) $t_{ii}^2 \sim \chi_{n-i+1}^2, i = 1, \cdots, p$;

(ii) $t_{ij} \sim N(0,1), i > j, i,j = 1, \cdots, p$;

(iii) $\{t_{ij}, i \geqslant j\}$ 独立.

证 由假设

$$f(X'X) = (2\pi)^{-\frac{1}{2}np} \operatorname{etr}\left(-\frac{1}{2}X'X\right).$$

利用练习 1.22 中给出的变换 $X = UT$ 的雅克比行列式, 则我们能得到 U 和 T 的联合密度:

$$(2\pi)^{-\frac{1}{2}np} g_{n,p}(U) \left(\prod_{i=1}^{p} t_{ii}^{n-i} \right) \operatorname{etr}\left(-\frac{1}{2}T'T\right).$$

对 U 积分上式,我们得到 T 的边缘密度

$$(3.4.4) \qquad c(2\pi)^{-\frac{1}{2}np} \prod_{i=1}^{p} t_{ii}^{n-i} \operatorname{etr}\left(-\frac{1}{2}T'T\right)$$

$$= c(2\pi)^{-\frac{1}{2}np} \prod_{i=1}^{p} t_{ii}^{n-i} \operatorname{etr}\left(-\frac{1}{2}\sum_{i=1}^{p}\sum_{j=1}^{p} t_{ij}^2\right),$$

其中

$$c=\int_{UU=I_p} g_{n,p}(U)dU。 \tag{3.4.5}$$

因(3.4.4)是密度,故可如下计算常数 c:

$$c^{-1}=(2\pi)^{-\frac{1}{2}np}\int_{\substack{t_{ii}>0\\ i=1,\cdots,p}}\int_{\substack{t_{ij}\in R1\\ i<j}}\prod_{i=1}^{p} t_{ii}^{n-i}$$

$$\times\left(\prod_{i=1}^{p}\prod_{j=1}^{p}\operatorname{etr}\left(-\frac{1}{2}t_{ij}^2\right)dt_{ij}\right)$$

$$=(2\pi)^{-\frac{1}{2}np+\frac{1}{2}p(p-1)}\prod_{i=1}^{p}\left[\int_0^{\infty} t_{ii}^{n-i}\operatorname{etr}\left(-\frac{1}{2}t_{ii}^2\right)dt_{ii}\right]$$

$$\left(令\quad y_i=\frac{1}{2}t_{ii}^2\right)$$

$$=2^{-p}\pi^{-\frac{1}{2}np+\frac{1}{2}p(p-1)}\prod_{i=1}^{p}\left[\int_0^{\infty} y_i^{\frac{1}{2}(n-i+1)-1}\operatorname{etr}(-y_i)dy_i\right]$$

$$=2^{-p}\pi^{\frac{1}{2}p(p-1)-\frac{1}{2}np}\prod_{i=1}^{p}\Gamma\left(\frac{1}{2}(n-i+1)\right)$$

$$=2^{-p}\pi^{-\frac{1}{2}np}\Gamma_p\left(\frac{1}{2}n\right).$$

结合(3.4.5)和(3.4.4),我们得到(i),(ii),(iii)的结论。□

我们有以下一系列结论。

推论 2

$$\int_{U'U=I_p} g_{n,p}(U)dU=\frac{2^p\pi^{\frac{1}{2}np}}{\Gamma_p\left(\frac{1}{2}n\right)}. \tag{3.4.6}$$

推论 3 U 的密度(亦即 u_{ij} 的联合密度, $j=1,\cdots,p$; $i=1,\cdots,n-j$) 是

$$\frac{\Gamma_p\left(\frac{1}{2}n\right)}{2^p\pi^{\frac{1}{2}np}}g_{n,p}(U)。 \tag{3.4.7}$$

分解 $X'X=T'T$ (见推论 1)称为 Bartlett 分解。

推论 4 设 $X\sim N_{n\times p}(O,I_n\otimes I_p)$ 和 $W=X'X$。则

(3.4.8)
$$|W| \stackrel{d}{=} \prod_{j=1}^{p} y_j,$$

其中 $y_1,\cdots,y_p$ 独立且 $y_j \sim \chi^2_{n-j+1}, j=1,\cdots,p$。

证 由推论 1，我们有

$$|W| = |X'X| = |T'T| = |T|^2 = \prod_{j=1}^{p} t_{jj}^2.$$

设 $y_j = t_{jj}^2, j=1,\cdots,p$。因此，推论得证。□

$W=X'X$ 的行列式称为 X 的广义方差.

定理 3.4.2 设 $X \sim LS_{n\times p}(f), n \geqslant p$，即 X 有密度 $f(X'X)$。则 $W=X'X$ 的密度是

(3.4.9)
$$\frac{\pi^{\frac{1}{2}np}}{\Gamma_p\left(\frac{1}{2}n\right)}|W|^{\frac{1}{2}(n-p-1)}f(W),\ W>0.$$

证 由(3.4.2)对任何非负 Borel 函数 $h(\cdot)$，我们有

$$E(h(W)) = E(h(X'X)) = \int h(X'X)f(X'X)dX$$

$$= \frac{2^p\pi^{\frac{1}{2}np}}{\Gamma_p\left(\frac{1}{2}n\right)}\int_{D_p} h(T'T)f(T'T)\left(\prod_{j=1}^{p} t_{jj}^{n-j}\right)dT$$

作变换 $T\to W, W=T'T$，其雅可比行列式是 $2^{-p}\prod_{j=1}^{p} t_{jj}^{-(p-j+1)}$

并且注意 $|W| = |T'T| = |T|^2 = \prod_{j=1}^{p} t_{jj}^2$，我们有

$$E(h(W)) = \frac{\pi^{\frac{1}{2}np}}{\Gamma_p\left(\frac{1}{2}n\right)}\int |W|^{\frac{1}{2}(n-p-1)}f(W)h(W)dW,$$

定理得证。□

推论 1 设 $X \sim N_{n\times p}(O, I_n\otimes\Sigma), \Sigma>0$。则 $W=X'X$ 的密度是

(3.4.10) $$\frac{1}{2^{\frac{1}{2}np}\Gamma_p\left(\frac{1}{2}n\right)}|\Sigma|^{-\frac{1}{2}n}|W|^{\frac{1}{2}(n-p-1)}\operatorname{etr}\left(-\frac{1}{2}\Sigma^{-1}W\right),\ W>0.$$

证 当 $Y\sim N_{n\times p}(O,I_n\otimes I_p)$ 时，我们直接得到 $V=Y'Y$ 的密度(由(3.4.6))

(3.4.11) $$\frac{1}{2^{\frac{1}{2}np}\Gamma_p\left(\frac{1}{2}n\right)}|V|^{\frac{1}{2}(n-p-1)}\operatorname{etr}\left(-\frac{1}{2}V\right).$$

作变换 $W=\Sigma^{\frac{1}{2}}V\Sigma^{\frac{1}{2}}=\Sigma^{\frac{1}{2}}Y'Y\Sigma^{\frac{1}{2}}\overset{d}{=}X'X$，则我们得到(3.4.10).□

(3.4.10)的分布称为 Wishart 分布，记为 $W_p(n,\Sigma)$，是由 Wishart 于1928年得到的. 这是一种重要的分布，有许多关于这个分布的参考文献并有多种方法推导它.

现回到 $X\sim LS_{n\times p}(f)$ 的情形. 把 X 分解为 $X=(X_1',\cdots,X_m')$，其中 $X_i:n_i\times p,\ n_i\geqslant p,\ i=1,\cdots,m$. 由同样的方法，$W_i=X_i'X_i\ i=1,\cdots,m$，的联合密度是

(3.4.12) $$\prod_1^m[c_{n_i,p}|W_i|^{\frac{1}{2}(n_i-p-1)}]f\left(\sum_{i=1}^m W_i\right),$$

其中

(3.4.13) $$c_{k,p}=\frac{\pi^{\frac{1}{2}kp-\frac{1}{4}p(p-1)}}{\prod_{j=1}^p\Gamma\left(\frac{1}{2}(k-j+1)\right)}=\frac{\pi^{\frac{1}{2}kp}}{\Gamma_p\left(\frac{1}{2}k\right)}.$$

因此 $W_1,\cdots,W_k(1\leqslant k<m)$ 的边缘密度是

(3.4.14) $$c_{n,p}^*\prod_{i=1}^k[c_{n_i,p}|W_i|^{\frac{1}{2}(n-p-1)}]$$

$$\int_{V>0}f\left(\sum_1^k W_i+V\right)|V|^{\frac{1}{2}(n^*-p-1)}dV,$$

其中 $n^*=n_{k+1}+\cdots+n_m$. 我们写 $(W_1,\cdots,W_m)\sim MG_{m,p}$

$\left(\frac{1}{2}n_1, \cdots, \frac{1}{2}n_m; f\right)$和$(W_1, \cdots, W_k) \sim MG_{k+1,p}\left(\frac{1}{2}n_1, \cdots, \frac{1}{2}n_k; \frac{1}{2}n^*; f\right)$（见 2.8.1 节）。

3.4.2 Cochran 定理的多元推广

在 2.8.3 节中，我们讨论了椭球等高分布情形的 Cochran 定理．这里，我们要把这个定理推广到多元情形．

定理 3.4.3 设 $X \sim LS_{n\times p}(\phi)$，$P(X=O)=0$ 且 A 是 $n\times n$ 对称矩阵．则 $X'AX \sim MG_{2,p}\left(\frac{1}{2}k; \frac{1}{2}(n-k); \phi\right)$．当且仅当 $A^2=A$ 且 $\mathrm{rk}(A)=k$．

证 充分性显然．设 $X'AX \sim MG_{2,p}\left(\frac{1}{2}k; \frac{1}{2}(n-k); \phi\right)$．因 $P(X=O)=0$，故存在 $l\in R^1$ 使得 $P(y=0)=0$，其中 $y=Xl\sim S_n(\phi)$ 满足 $\phi(t't)=\phi(t'tll')$． 由假设有 $X'AX \overset{d}{=} X_1'X_1$，其中 X_1 是 X 的前 k 行．因此

$$y'Ay = l'X'Xl \overset{d}{=} l'X_1'X_1l \sim G_2\left(\frac{1}{2}k; \frac{1}{2}(n-k); \phi\right)$$

这是由于

$$\begin{bmatrix} y_1 \\ y_2 \end{bmatrix} = y = \begin{bmatrix} X_1l \\ X_2l \end{bmatrix}.$$

由定理 2.8.5 $A^2=A$ 且 $\mathrm{rk}(A)=k$． □

类似地，由定理 2.8.6，我们有如下定理．

定理 3.4.4 设 $X \sim LS_{n\times p}(\phi)$，$P(X=O)=0$ 且 $A_1, \cdots, A_k$ 是对称矩阵．则 $(X'A_1X, \cdots, X'A_kX) \sim MG_{k+1,p}\left(\frac{1}{2}n_1, \cdots, \frac{1}{2}n_k; \frac{1}{2}n^*; \phi\right)$，其中 $n^*=n-n_1-\cdots-n_k$，当且仅当

$$A_iA_j=\delta_{ij}A_i \text{ 且 } \mathrm{rk}(A_i)=n_i, i,j=1,\cdots,k.$$

3.5 与球对称矩阵分布有关的一些分布

在这一节，我们讨论与球对称矩阵分布有关的分布，诸如矩阵 Beta 分布，矩阵 t 分布，矩阵 F 分布和二次型的特征根的分布.

3.5.1 矩阵 Beta 分布

定义 3.5.1 假定 $(W_1, W_2) \sim MG_{2,p}\left(\frac{1}{2}n_1, \frac{1}{2}n_2; f\right)$, $n_1 \geqslant p, n_2 \geqslant p$. 则 $B = (W_1 + W_2)^{-\frac{1}{2}} W_1 (W_1 + W_2)^{-\frac{1}{2}}$ 的分布称为矩阵 Beta 分布，记为 $B \sim B_p\left(\frac{1}{2}n_1, \frac{1}{2}n_2\right)$. 当 $p = 1$ 时，这分布成为 $B\left(\frac{1}{2}n_1, \frac{1}{2}n_2\right)$.

定理 3.5.1 $B \sim B_p\left(\frac{1}{2}n, \frac{1}{2}n_2\right)$ 的密度是

$$\text{(3.5.1)} \quad \frac{\Gamma_p\left(\frac{1}{2}(n_1 + n_2)\right)}{\Gamma_p\left(\frac{1}{2}n_1\right)\Gamma_p\left(\frac{1}{2}n_2\right)} |B|^{\frac{1}{2}(n_1 - p - 1)} |I - B|^{\frac{1}{2}(n_2 - p - 1)}$$

$$0 < B < I_p.$$

证 对每个非负 Borel 函数 $h(\cdot)$ 我们有

$$\begin{aligned} E(h(B)) &= E(h((W_1 + W_2)^{-\frac{1}{2}} W_1 (W_1 + W_2)^{-\frac{1}{2}})) \\ &= \int h((W_1 + W_2)^{-\frac{1}{2}} W_1 (W_1 + W_2)^{-\frac{1}{2}}) \\ &\quad \cdot c_{n_1, p} c_{n_2, p} |W_1|^{(\frac{1}{2}n_1 - p - 1)} |W_2|^{\frac{1}{2}(n_2 - p - 1)} \\ &\quad \cdot f(W_1 + W_2) dW_1 dW_2. \end{aligned}$$

设 $B = (W_1 + W_2)^{-\frac{1}{2}} W_1 (W + W_2)^{-\frac{1}{2}}$ 和 $W = W_1 + W_2$. 则 $W_1 = W^{-\frac{1}{2}} B W^{-\frac{1}{2}}$ 和 $W_2 = W^{\frac{1}{2}}(I - B) W^{\frac{1}{2}}$ 并且其雅可比行列式为

$$
\begin{aligned}
&|J((W_1,W_2)\to(W,B))| \\
&\quad = |J((W_1,W_2)\to(W_1,W))\|J((W_1,W)\to \\
&\qquad (B,W))| = |W|^{\frac{1}{2}(p+1)}.
\end{aligned}
$$

注意 $c_{k,p}=\pi^{\frac{1}{2}kp}/\Gamma_p\left(\frac{1}{2}k\right)$，我们有

$$
E(h(B)) = \frac{\Gamma_p\left(\frac{1}{2}(n_1+n_2)\right)}{\Gamma_p\left(\frac{1}{2}n_1\right)\Gamma_p\left(\frac{1}{2}n_2\right)}\int_{0<B<I} h(B)|B|^{\frac{1}{2}(n_1-p-1)}|I
$$

$$
- B|^{\frac{1}{2}(n_2-p-1)}dB\cdot\frac{\pi^{\frac{1}{2}p(n_1+n_2)}}{\Gamma_p\left(\frac{1}{2}(n_1+n_2)\right)}
$$

$$
\times\int_{W>0}|W|^{\frac{1}{2}(n_1+n_2)-\frac{1}{2}(p+1)}f(W)dW.
$$

右边第二个因子等于1(见(3.4.7))。□

注意，B 的分布与 f 无关。这是一个有趣的事实。在这一节，我们要遇到许多统计量，其分布与 f 无关。不变统计量的一般理论将在第五章讨论。

推论 1 使用定义 3.5.1 的记号，我们有，W_1+W_2 与 B 独立。

推论 2 若 $B\sim B_p\left(\frac{1}{2}n_1,\frac{1}{2}n_2\right)$，则 $I_p-B\sim B_p\left(\frac{1}{2}n_2,\frac{1}{2}n_1\right)$。

回顾 Wishart 分布的 Bartlett 分解(定理 3.4.1 的推论 1)。那么，对于矩阵 Beta 分布是否有类似的结果？ 如下的定理来自 Kshirsagar 的结果(1961,1972)。

定理 3.5.2 若 $B\sim B_p\left(\frac{1}{2}n_1,\frac{1}{2}n_2\right)$ 和 $B=T'T$，其中 $T\in UT(p)$，则 $t_{11},\cdots,t_{pp}$ 独立且 $t_{ii}^2\sim B\left(\frac{1}{2}(n_1-i+1),\ \frac{1}{2}n_2\right)$，

$i=1,\cdots,p$.

证 使用典型手法，我们能够得到 T 的密度，

$$g(T;p,n_1,n_2)=\frac{2^p\Gamma_p\left(\frac{1}{2}(n_1+n_2)\right)}{\Gamma_p\left(\frac{1}{2}n_1\right)\Gamma_p\left(\frac{1}{2}n_2\right)} \tag{3.5.2}$$

$$\times\prod_{j=1}^{p}t_{jj}^{n_1-j}|I-T'T|^{\frac{1}{2}(n_2-p-1)}.$$

把 T 分为

$$T=\begin{bmatrix}t_{11} & t'\\ O & T_{22}\end{bmatrix},$$

其中 T_{22}: $(p-1)\times(p-1)$ 和 $T_{22}\in UT(p-1)$. 注意

$$|I-T'T|=\begin{vmatrix}1-t_{11}^2 & -t_{11}t'\\ -t_{11}t & I-tt'-T_{22}'T_{22}\end{vmatrix}$$

$$=(1-t_{11}^2)|I-T_{22}'T_{22}|\left[1-\frac{1}{1-t_{11}^2}t(I-T_{22}'T_{22})^{-1}t'\right].$$

作由 t_{11},T_{22},t 到 t_{11},T_{22},v, 的变换，其中

$$v=\frac{1}{(1-t_{11}^2)^{\frac{1}{2}}}(I-T_{22}'T_{22})^{-\frac{1}{2}}t,$$

其雅可比行列式是 $(t-t_{11}^2)^{\frac{1}{2}(p+1)}|I-T_{22}'T_{22}|^{\frac{1}{2}}$, 则 t_{11},T_{22} 和 v 的联合密度是

$$\frac{2^p\Gamma_p\left(\frac{1}{2}(n_1+n_2)\right)}{\Gamma_p\left(\frac{1}{2}n_1\right)\Gamma_p\left(\frac{1}{2}n_2\right)}t_{11}^{n_1-1}(1-t_{11}^2)^{\frac{1}{2}n_2-1}\prod_{i=2}^{p}t_{ii}^{n_1-i}|I$$

$$-T_{22}'T_{22}|^{\frac{1}{2}(n_2-p)}(1-v'v)^{\frac{1}{2}(n_2-p-1)}.$$

这立刻证明了 t_{11},T_{22}, v 独立且 $t_{11}^2\sim B\left(\frac{1}{2}n_1,\frac{1}{2}n_2\right)$. T_{22} 的密度与

$$\prod_{i=2}^{p}t_{ii}^{n_1-i}|I-T_{22}'T_{22}|^{\frac{1}{2}(n_2-p)}$$

成比例，且有与T的密度(3.5.2)相同的形式，只要p由$p-1$代替，n_1由n_1-1代替即可．因此，T_{22}的密度是$g(T_{22};p-1,n_1-1,n_2)$．对这个密度重复如上的论证，我们就得到$t_{22}^2 \sim B\left(\frac{1}{2}\times(n_1-1),\frac{1}{2}n_2\right)$且与$t_{33},\cdots,t_{pp}$独立．相继地重复这种论证，则定理得证．□

3.5.2 矩阵 Dirichlet 分布

作为矩阵 Beta 分布的一个推广，我们得到矩阵 Dirichlet 分布。

定义 3.5.2 设$(W_1,\cdots,W_{k+1}) \sim MG_{k+1,p}\left(\frac{1}{2}n_1,\cdots,\frac{1}{2}n_{k+1},f\right)$，$n_i \geqslant p$，$i=1,\cdots,k+1$，$n_{k+1}\geqslant 1$且$W=W_1+\cdots+W_{k+1}$．$(D_1,\cdots,D_k)=(W^{-\frac{1}{2}}W_1W^{-\frac{1}{2}},\cdots,W^{-\frac{1}{2}}W_kW^{-\frac{1}{2}})$的分布称为矩阵 Dirichlet 分布，记为$(D_1,\cdots,D_k)\sim MD_{k+1,p}\times\left(\frac{1}{2}n_1,\cdots,\frac{1}{2}n_k;\frac{1}{2}n_{k+1}\right)$。

利用与证明定理 3.5.1 相类似的论证，我们有如下的定理。

定理 3.5.3 $(D_1,\cdots,D_k)$的密度是

$$
(3.5.3)\quad \frac{\Gamma_p\left(\frac{1}{2}(n_1+,\cdots,n_{k+1})\right)}{\prod_{i=1}^{k+1}\Gamma_p\left(\frac{1}{2}n_i\right)}\left(\prod_{i=1}^{k}|D_i|^{\frac{1}{2}(n_i-p-1)}\right)\times\left|I-\sum_1^k D_i\right|^{\frac{1}{2}(n_{k+1}-p-1)},
$$

$$
D_i>0,i=1,\cdots,k,\ D_1+\cdots+D_k<I_p.
$$

因此，此密度与f无关.

下面的引理是矩阵 Dirichlet 分布的一个应用。

引理 3.5.1 设 $U=\begin{bmatrix}U_1\\ \vdots\\ U_r\end{bmatrix}\sim\mathscr{U}_{n,p}$，其中 $U_i:n_i\times p, n_i\geqslant p, i=1,\cdots,r$。则

$$U\overset{d}{=}\begin{bmatrix}V_1B_1\\ \vdots\\ V_rB_r\end{bmatrix},\tag{3.5.4}$$

其中 $V_1,\cdots,V_r,(B_1,\cdots,B_r)$ 独立，$V_i\sim\mathscr{U}_{n_i,p}, i=1,\cdots,r$，$(B_1'B_1,\cdots,B_r'B_r)\sim MD_{r,p}\left(\frac{1}{2}n_1,\cdots,\frac{1}{2}n_{r-1};\frac{1}{2}n_r\right)$ 并且

$$B_1'B_1+\cdots+B_r'B_r=I_p.$$

证 设 $X=(X_1',\cdots,X_r')'\sim N_{n\times p}(\mathbf{0},I_n\otimes I_p)$，$X_i: n_i\times p$，$i=1,\cdots,r$。由 (3.2.3)

$$U\overset{d}{=}X(X'X)^{-\frac{1}{2}}=\begin{bmatrix}X_1(X'X)^{-\frac{1}{2}}\\ \vdots\\ X_r(X'X)^{-\frac{1}{2}}\end{bmatrix}$$

$$=\begin{bmatrix}X_1(X_1'X_1)^{-\frac{1}{2}}[(X_1'X_1)^{\frac{1}{2}}(X'X)^{-\frac{1}{2}}]\\ \vdots\\ X_r(X_r'X_r)^{-\frac{1}{2}}[(X_r'X_r)^{\frac{1}{2}}(X'X)^{-\frac{1}{2}}]\end{bmatrix}.$$

设 $V_i=X_i(X_i'X_i)^{-\frac{1}{2}}$，$B_i=X_i(X_i'X_i)^{\frac{1}{2}}(X'X)^{-\frac{1}{2}}$，$i=1,\cdots,r$。容易验证 $\{V_i,B_i,i=1,\cdots,r\}$ 满足定理中所有的条件。□

3.5.3 矩阵 t 分布

矩阵 t 分布是通常的 t 分布在矩阵情形的一个推广。

定义 3.5.3 设 $X=\begin{bmatrix}X_1\\ X_2\end{bmatrix}\sim SS_{n\times p}(f)$，$X_i: n_i\times p, i=1,2$，$n_2\geqslant p$。设 $T=(n_2)^{\frac{1}{2}}X_1(X_2'X_2)^{-\frac{1}{2}}$。我们说 T 遵从矩阵 t 分布，记为 $T\sim MT(p,n_1,n_2)$。

定理 3.5.4 $T\sim MT(p,n_1,n_2)$ 的密度是

$$(3.5.5)\qquad (n_2\pi)^{-\frac{1}{2}n_1p}\prod_{i=1}^{p}\frac{\Gamma\left(\frac{1}{2}(n_1+n_2-i+1)\right)}{\Gamma\left(\frac{1}{2}(n_2-i+1)\right)}\left|I_p + \frac{1}{n_2}T'T\right|^{-\frac{1}{2}(n_1+n_2)}$$

且与 f 无关.

证 X 的密度是 $f(\lambda(X'X)=f(\lambda(X_1'X_1+X_2'X_2))$. 由定理 3.4.2, X_1 和 $B=X_2'X_2$ 的联合密度是

$$(3.5.6)\qquad c_{n_2,p}|B|^{\frac{1}{2}(n_2-p-1)}f(\lambda(X_1'X_1+B)),$$

其中 $c_{n_2,p}$ 由(3.4.13)定义. 对于每个非负 Borel 函数 $h(\cdot)$, 我们有

$$E(h(T))=c_{n_2,p}\int h(n_2^{\frac{1}{2}}X_1B^{-\frac{1}{2}})|B|^{\frac{1}{2}(n_2-p-1)}f(\lambda(X_1'X_1+B))dX_1dB.$$

作变换 $T=n_2^{\frac{1}{2}}X_1B^{-\frac{1}{2}}$, 我们求出相应的雅可比行列式 $J(T\to X_1)=n_2^{\frac{1}{2}n_1p}|B|^{-\frac{1}{2}n_1}$, $X_1=n_2^{-\frac{1}{2}}TB^{\frac{1}{2}}$, $X_1'X_1=n_2^{-1}B^{\frac{1}{2}}T'TB^{\frac{1}{2}}$ 和 $X_1'\times X_1+B=B^{\frac{1}{2}}(I_p+n_2^{-1}T'T)B^{\frac{1}{2}}$. 因此

$$E(h(T))=c_{n_2,p}\cdot n_2^{-\frac{1}{2}n_1p}\int h(T)|B|^{\frac{1}{2}(n_1+n_2-p-1)}f[\lambda(B^{\frac{1}{2}}(I_p+n_2^{-1}T'T)B^{\frac{1}{2}})]dTdB.$$

注意

$$\lambda[B^{\frac{1}{2}}(I_p+n_2^{-1}T'T)B^{\frac{1}{2}}]=\lambda[(I_p+n_2^{-1}T'T)B]$$
$$=\lambda[(I_p+n_2^{-1}T'T)^{\frac{1}{2}}B(I_p+n_2^{-1}T'T)^{\frac{1}{2}}],$$

且设

$$W=(I_p+n_2^{-1}T'T)^{\frac{1}{2}}B(I_p+n_2^{-1}T'T)^{\frac{1}{2}}.$$

由例 1.6.2

$$J(W\to B)=|I_p+n_2^{-1}T'T|^{-\frac{1}{2}(p+1)},$$

则我们有

$$E(h(T))=c_{n_2,p}\cdot n_2^{-\frac{1}{2}n_1p}\int h(T)|I_p+n_2^{-1}T'T|^{-\frac{1}{2}(n_1+n_2)}dT$$

$$\cdot \int_{W>0} f(\lambda(W))|W|^{(n_1+n_2-p-1)/2}dW.$$

由定理 3.4.2，上式右边的第二个因子为 $c_{n_1+n_2,p}^{-1}$ 且由

$$c_{n_2,p}c_{n_1+n_2,p}^{-1}n_2^{\frac{1}{2}n_1p} = (n_2\pi)^{-\frac{1}{2}n_1p}\prod_{i=1}^{p}$$

$$\times\left[\Gamma\left(\frac{1}{2}(n_1+n_2-i+1)\right)\Big/\right.$$

$$\left.\Gamma\left(\frac{1}{2}\ (n_2-i+1)\right)\right].$$

我们得到(3.5.5)。□

当 $n_1=1$ 时，(3.5.5)成为

$$(3.5.7)\quad (n_2\pi)^{-\frac{1}{2}p}\prod_{i=1}^{p}\frac{\Gamma\left(\frac{1}{2}\ (n_2-i+2)\right)}{\Gamma\left(\frac{1}{2}\ (n_2-i+1)\right)}(1+n_2^{-1}t't)^{-\frac{1}{2}(n_2+1)},$$

此即为例 2.6.2 中定义的多元 t 分布。当 $n_1=p=1$ 时，(3.5.5)成为通常的 t 分布。

3.5.4 矩阵 *F* 分布

定义 3.5.4 设 $X=\begin{bmatrix}X_1\\X_2\end{bmatrix}\sim SS_{n\times p}(f)$，其中 X_i: $n_i\times p$，$n_2\geqslant p, i=1,2$。设 $F=(n_2/n_1)(X_2'X_2)^{-\frac{1}{2}}(X_1'X_1)(X_2'X_2)^{-\frac{1}{2}}$。则我们说 F 遵从矩阵 F 分布，记为 $F\sim MF(p,n_1,n_2)$。

定理 3.5.5 $F\sim MF(p,n_1,n_2)$ 的密度是

$$(3.5.8)\quad \frac{\Gamma_p\left(\frac{1}{2}(n_1+n_2)\right)}{\Gamma_p\left(\frac{1}{2}\ n_1\right)\Gamma_p\left(\frac{1}{2}\ n_2\right)}(n_1/n_2)^{\frac{1}{2}n_1p}|F|^{\frac{1}{2}(n_1-p-1)}|I$$

$$+(n_1/n_2)F|^{-\frac{1}{2}(n_1+n_2)},\quad F>0,$$

且与 f 无关。

证 设 $W_1=X_1'X_1$ 和 $W_2=X_2'X_2$。W_1 和 W_2 的联合密度

是(由(3.4.8))

$$c_{n_1,p}c_{n_2,p}|W_1|^{\frac{1}{2}(n_1-p-1)}|W_2|^{\frac{1}{2}(n_2-p-1)}f(\lambda(W_1+W_2)),$$

对每个非负 Borel 函数 $h(\cdot)$ 我们有

$$E(h(F))=c_{n_1,p}c_{n_2,p}\int|W_1|^{\frac{1}{2}(n_1-p-1)}|W_2|^{\frac{1}{2}(n_2-p-1)}f(\lambda(W_1+W_2))h((n_2/n_1)W_2^{-\frac{1}{2}}W_1W_2^{-\frac{1}{2}})dW_1dW_2.$$

作变换

$$F=(n_2/n_1)W_2^{-\frac{1}{2}}W_1W_2^{-\frac{1}{2}},$$

其雅可比行列式是 $J(F\to W_1)=(n_2/n_1)^{\frac{1}{2}p(p+1)}|W_2|^{-\frac{1}{2}(p+1)}$, 则我们有

$$\begin{aligned}E(h(F))&=c_{n_1,p}c_{n_2,p}(n_1/n_2)^{\frac{1}{2}n_1p}\int|F_1|^{\frac{1}{2}(n_1-p-1)}|W_2|^{\frac{1}{2}(n_1+n_2-p-1)}h(F)\\&\quad\cdot f[\lambda(W_2^{\frac{1}{2}}(I+(n_1/n_2)F)W_2^{\frac{1}{2}})]dFdW_2\\&=c_{n_1,p}c_{n_2,p}(n_1/n_2)^{\frac{1}{2}n_1p}\int|F_1|^{\frac{1}{2}(n_1-p-1)}|W_2|^{\frac{1}{2}(n_1+n_2-p-1)}h(F)\\&\quad\cdot f(I+(n_1/n_2)F)^{\frac{1}{2}}W_2(I+(n_1/n_2)F)^{\frac{1}{2}})]dFdW_2.\end{aligned}$$

设 $W=(I+(n_1/n_2)F)^{\frac{1}{2}}W_2(I+(n_1/n_2)F)^{\frac{1}{2}}$. 使用定理3.5.4中同样的证明方法,则推出(3.5.8). □

当 $p=1$ 时,(3.5.8)成为通常的 F 分布.

3.5.5 一些逆矩阵变量分布

在 Bayes 推断中,人们常常遇到逆矩阵分布. 这一节中,我们来讨论这种分布.

定理 3.5.6 设 $X\sim LS_{n\times p}(f)$, $n\geqslant p$. 则 $V=W^{-1}=(X'X)^{-1}$ 的密度是

$$(3.5.9)\qquad \frac{\pi^{\frac{1}{2}np-\frac{1}{4}p(p-1)}}{\prod_{j=1}^{p}\Gamma\left(\frac{1}{2}(n-j+1)\right)}|V|^{-\frac{1}{2}(n+p+1)}f(V^{-1})\ \text{对于}\ V>0.$$

证 由(3.4.8)和变换 $W=V^{-1}$ 的雅可比行列式是 $|V|^{-(p+1)}$ 的事实,定理得证. □

当 $X\sim N_{n\times p}(O,I_n\otimes I_p)$时,相应的$V$的分布称为逆 Wishart 分布。

类似地,我们能够求得 $C=B^{-1}$ 的密度,其中 $B\sim B_p\times\left(\frac{1}{2}n_1,\frac{1}{2}n_2\right)$,是

$$(3.5.10)\quad \frac{\Gamma_p\left(\frac{1}{2}(n_1+n_2)\right)}{\Gamma_p\left(\frac{1}{2}n_1\right)\Gamma_p\left(\frac{1}{2}n_2\right)}|C|^{-\frac{1}{2}(n_1+n_2)}|C-I|^{\frac{1}{2}(n_2-p-1)}$$

对于 $C>I_p$.

且 $(C_1,\cdots,C_k)=(D_1^{-1},\cdots,D_k^{-1})$ 的联合密度,其中 $(D_1,\cdots,D_k)\sim MD_{k+1,p}\left(\frac{1}{2}n_1,\cdots,\frac{1}{2}n_k;\frac{1}{2}n_{k+1}\right)$,是

$$\frac{\Gamma_p\left(\frac{1}{2}\sum_1^{k+1}n_i\right)}{\prod_{i=1}^{k+1}\Gamma_p\left(\frac{1}{2}n_i\right)}\left|I-\sum_1^k C_i^{-1}\right|^{\frac{1}{2}(n_{k+1}-p-1)}\prod_1^k|C_i|^{-\frac{1}{2}(n_i+p+1)},$$

$$C_i>I,\ i=1,\cdots,k.$$

我们记为 $(C_1,\cdots,C_k)\sim D_{k+1,p}^{-1}\left(\frac{1}{2}n_1,\cdots,\frac{1}{2}n_k;\frac{1}{2}n_{k+1}\right)$,并说 $(C_1,\cdots,C_k)$ 遵从逆矩阵 Dirichlet 分布. 它有如下的性质:

(1) 若 $(C_1,\cdots,C_k)\sim D_{k+1,p}^{-1}\left(\frac{1}{2}n_1,\cdots,\frac{1}{2}n_k;\frac{1}{2}n_{k+1}\right)$,则

$$\left(C_1,\cdots,C_{j-1},\left(I-\sum_1^k C_i^{-1}\right)^{-1},C_{j+1},\cdots,C_k\right)$$
$$\sim D_{k+1,p}^{-1}\left(\frac{1}{2}n_1,\cdots,\frac{1}{2}n_{j-1},\frac{1}{2}n_{k+1},\right.$$

$$\frac{1}{2}n_{j+1},\cdots,\frac{1}{2}n_k;\frac{1}{2}n_j\Big).$$

(2) $(C_1,\cdots,C_k)\sim D_{k+1,p}^{-1}\left(\frac{1}{2}n_1,\cdots,\frac{1}{2}n_{k+1}\right)$,则

$$(C_1,\cdots,C_j)\sim D_{j+1,p}^{-1}\Big(\frac{1}{2}n_1,\cdots,\frac{1}{2}n_j;$$

$$\frac{1}{2}(n_{j+1}+\cdots+n_{k+1})\Big)\quad 当\ 1\leqslant j\leqslant k,$$

和

$$C_j\sim D_{2,p}^{-1}\left(\frac{1}{2}n_j;\sum_{i\neq j}^{k+1}\frac{1}{2}n_i\right)\quad 当\ 1\leqslant j\leqslant k+1.$$

(3) 若 $(C_1,\cdots,C_k)\sim D_{k+1,p}^{-1}\left(\frac{1}{2}n_1,\cdots,\frac{1}{2}n_k;\frac{1}{2}n_{k+1}\right)$

和

$$Z_j=\left(I-\sum_1^j C_i^{-1}\right)^{\frac{1}{2}}C_j\left(I-\sum_1^j C_j^{-1}\right)^{\frac{1}{2}},\ j=1,\cdots,k,$$

则 $(Z_{j+1},\cdots,Z_k)\sim D_{k+1-j,p}^{-1}\left(\frac{1}{2}n_{j+1},\cdots,\frac{1}{2}n_k;\frac{1}{2}n_{k+1}\right)$与$(C_1,\cdots,C_j)$ 独立.

(4) 若 $(C_1,\cdots,C_k)\sim D_{k+1,p}^{-1}\left(\frac{1}{2}n_1,\cdots,\frac{1}{2}n_k;\frac{1}{2}n_{k+1}\right)$ 和

$$C_i=\begin{bmatrix}C_{11}^i & C_{12}^i\\ C_{21}^i & C_{22}^i\end{bmatrix},\ C_{11}^i:\ l\times l,\ i=1,\cdots,k,$$

则

$$(C_{22}^1,\cdots,C_{22}^k)\sim D_{k+1,p-1}^{-1}\Big(\frac{1}{2}(n_1-1),\cdots,\frac{1}{2}(n_{k-1});$$

$$\frac{1}{2}(n_{k+1}+(k-1)l)\Big)$$

与 $(C_{11,2}^1,\cdots,C_{11,2}^k)$ 独立,其中

$$C_{11,2}^i=C_{11}^i-C_{12}^i(C_{22}^i)^{-1}C_{21}^i,\ i=1,\cdots,k.$$

以上的结果属于许建伦(1984)。读者可以在他的文章中找到这些结论的证明和更有趣的结果。

3.5.6 矩阵变量特征根的分布

设 $X \sim SS_{n\times p}(f)(n \geqslant p)$ 和 $W = X'X$. W 的密度可由(3.4.8)式得到。W的谱分解是 $W = V\Lambda V'$，其中 $\Lambda = \mathrm{diag}(\lambda_1, \cdots, \lambda_p)$, $\lambda_1 > \lambda_2 > \cdots > \lambda_p > 0$ 是W的特征值，$V \sim \mathscr{U}_{p,p}$，并且V与Λ独立。雅可比行列式 $J(W \to \Lambda, V) = \prod\limits_{1\leqslant i<j\leqslant p}(\lambda_i - \lambda_j)g_p \times (V)$(见例 1.6)。因此，$V$和$\Lambda$的联合密度是

$$c_{n,p}|\Lambda|^{\frac{1}{2}(n-p-1)}f(\Lambda)\prod_{1\leqslant i<j\leqslant p}(\lambda_i - \lambda_j)g_p(V).$$

在 $V'V = I_p$ 上对V积分上述函数并注意 $V \sim \mathscr{U}_{p,p}$ 有密度(3.4.6)。故得到Λ的密度

$$(3.5.11)\qquad \frac{\pi^{\frac{1}{2}p(p+n)}}{\Gamma_p\left(\frac{1}{2}p\right)\Gamma_p\left(\frac{1}{2}n\right)}\left[\prod_{i=1}^{p}\lambda_i^{\frac{1}{2}(n-p-1)}\right]$$
$$\times \prod_{i<j}(\lambda_i - \lambda_j)f(\mathrm{diag}(\lambda_1, \cdots, \lambda_p)).$$

因此，我们有如下的定理。

定理 3.5.7 设 $X \sim SS_{n\times p}(f), n \geqslant p$. 则 $W = X'X$ 的特征值 $\lambda_1 > \lambda_2 > \cdots > \lambda_p > 0$ 的密度由(3.5.11)给出。类似地，我们能够得到 $B \sim B_p\left(\frac{1}{2}n_1, \frac{1}{2}n_2\right)$ 的特征值 $\lambda_1 > \lambda_2 > \cdots > \lambda_p > 0$ 的密度为

$$(3.5.12)\qquad \frac{\pi^{\frac{1}{2}p^2}}{\Gamma_p\left(\frac{1}{2}p\right)}\frac{\Gamma_p\left(\frac{1}{2}(n_1+n_2)\right)}{\Gamma_p\left(\frac{1}{2}n_1\right)\Gamma_p\left(\frac{1}{2}n_2\right)}\prod_{i=1}^{p}[\lambda_i^{\frac{1}{2}(n_1-p-1)}(1$$
$$-\lambda_i)^{\frac{1}{2}(n_2-p-1)}]\prod_{i<j}(\lambda_i - \lambda_j),$$

$$(1 > \lambda_1 > \lambda_2 \cdots > \lambda_p > 0).$$

3.6 球对称矩阵分布的广义 Bartlett 分解和谱分解

在这一节，我们继续在以下几个方面研究球对称矩阵分布族之间的关系：坐标变换、广义 Bartlett 分解(见定义 3.6.1)、谱分解，等等，我们还要得到左球分布的一些新的子族，并粗略地讨论它们的性质。这一节还要研究一些有趣的例子。

3.6.1 坐标变换

当 $X \in \mathscr{F}_i$, $i = 1, 2, 3, s$ 时，X 分别有随机表示 (3.1.3)，(3.1.4)，(3.1.5)和(3.1.7)。因此，U, U_2, U_3 和 (U, V) 起坐标系的作用(见 3.2 节)。由于 $\mathscr{F}_3 \subset \mathscr{F}_2 \subset \mathscr{F}_1$ 和 $\mathscr{F}_3 \subset \mathscr{F}_s \subset \mathscr{F}_1$，故一个自然的问题是：利用一个大类的坐标系如何得到一较小类的随机表示。

定理 3.6.1 设 $X \overset{d}{=} RU_3 \sim VS_{n\times p}(\phi)$。则 $X \in \mathscr{F}_2$ 和

$$X \overset{d}{=} U_2 R^*, R^* = \operatorname{diag}(R_1^*, \cdots, R_p^*), \tag{3.6.1}$$

其中 R^* 和 U_2 独立，$(R_1^{*2}, \cdots, R_p^{*2}) \sim G_p\left(\frac{1}{2}n, \cdots, \frac{1}{2}n, \phi\right)$ (见 2.8.1 节)。

证 设 $Y = (y_1, \cdots, y_p) \sim N_{n\times p}(\mathbf{0}, I_n \otimes I_p)$。由引理 3.2.6 我们有

$$X \overset{d}{=} RU_3 \overset{d}{=} RY/(\operatorname{tr}(Y'Y))^{\frac{1}{2}} = R\left(\frac{y_1 \|y_1\|}{\|y_1\| \|Y\|}, \cdots, \frac{y_p}{\|y_p\|} \frac{\|y_p\|}{\|Y\|}\right),$$

其中 $\|Y\| = [\operatorname{tr}(Y'Y)]^{\frac{1}{2}} = \left(\sum_1^p \|y_i\|^2\right)^{\frac{1}{2}}$。再次利用引理 3.2.6，则

$U_2 = (y_1/\|y_1\|, \cdots, y_p/\|y_p\|)$ 与R独立且$(\|y_1\|^2/\|Y\|^2, \cdots, \|y_p\|^2/\|Y\|^2) \sim D_p\left(\frac{1}{2}n, \cdots, \frac{1}{2}n\right)$. 定理得证. □

定理 3.6.2 设 $X \overset{d}{=} U_2R \sim MS_{n\times p}(\phi)$. 则$X \in \mathscr{F}_1$且

(3.6.2) $$X \overset{d}{=} UAR,$$

其中 U, A 和R独立, $A \in UT(p)$ 和

(3.6.3) $$A \overset{d}{=} T\text{diag}(\|t_1\|, \cdots, \|t_p\|)^{-1},$$

其中 $T = (t_1, \cdots, t_p)$ 且 $T'T$ 是 $W \sim W_p(n, I_p)$ 的Bartlett分解.

证 设 $Y = (y_1, \cdots, y_p) \sim N_{n\times p}(O, I_n \otimes I_p)$. 因

$$(y_1/\|y_1\|, \cdots, y_p/\|y_p\|) \overset{d}{=} U_2 \overset{d}{=} U_1A \text{ 和 } T'T = Y'Y,$$

故我们有

$$y_i'y_i = t_i't_i = \|t_i\|^2, \ i = 1, \cdots, p,$$

和

$$U_1A \overset{d}{=} Y(R^*)^{-1} = (y_1, \cdots, y_p)(R^*)^{-1} = QT(R^*)^{-1},$$

其中 $R^* = \text{diag}(\|t_1\|, \cdots, \|t_p\|)$ 且 QT 是Y的正交三角形分解(见1.2节), 即 $Q: n \times p$, $Q'Q = I_p$ 和 $T \in UT(p)$. 由引理3.1.4, 我们有 $T(R^*)^{-1} \overset{d}{=} A$. 定理得证. □

注. 设 $A = (a_{ij}), a_i = (a_{1i}, \cdots, a_{ii})', a_i^* = (a_{1i}, \cdots, a_{i-1,i})'$ 且 $a_i^{(2)} = (a_{1i}^2, \cdots, a_{ii}^2)$, $i = 1, \cdots, p$, 在(3.6.3)中. 则由定理3.6.2,我们有如下事实:

(1) $a_1, \cdots, a_p$ 独立;

(2) $a_k^* \overset{d}{=} u_k$,其中 u_k 是 $u^{(n)}$ 的前 $(k-1)$ 个分量的子向量, $k = 2, \cdots, p$;

(3) $a_k^{(2)} \sim D_k\left(\frac{1}{2}, \cdots, \frac{1}{2}, \frac{1}{2}(n-k+1)\right), k = 2, \cdots, p$.

定理 3.6.3 设 $X \overset{d}{=} RU_3 \sim VS_{n\times p}(\phi)$. 则 $X \in \mathscr{F}_1$ 且

(3.6.4) $$X \overset{d}{=} RUB,$$

其中 R, U 和 B 独立，$B \overset{d}{=} T/(\mathrm{tr}(T'T))^{\frac{1}{2}}$ 且 T 由定理 3.6.2 给定.

证 由引理 3.2.6, $U_3 \overset{d}{=} Y/(\mathrm{tr}(Y'Y))^{\frac{1}{2}}$ 和 $T'T/(\mathrm{tr}(T'T)) = Y'Y/(\mathrm{tr}(Y'Y)) \overset{d}{=} B'B$. 由 $B \in UT(p)$ 具有正对角元素，故 $B \overset{d}{=} T/(\mathrm{tr}(T'T))^{\frac{1}{2}}$. □

若 $X \in \mathscr{F}_s$, 则 $X \overset{d}{=} U\Lambda V$ (见(3.1.4)), 其中 U, Λ, V 独立，$V \sim \mathscr{U}_{p,p}$ 且 $\Lambda = \lambda((X'X)^{\frac{1}{2}})$. 这里，$(U, \Lambda)$ 起 $\mathscr{F}_s$ 类的坐标系的作用并且 Λ 是 $\mathscr{F}_s$ 中元素的坐标. 因 $\mathscr{F}_3 \subset \mathscr{F}_s$ 若 $X \in \mathscr{F}_3$, 那么 $\mathscr{F}_s$ 中元素的坐标是什么?

定理 3.6.4 设 $X \overset{d}{=} RU_3 \sim VS_{n\times p}(\phi)$. 则 $X \in \mathscr{F}_s$ 且有

(3.6.5) $$X \overset{d}{=} RU\Lambda V,$$

其中

(1) R, U, Λ, V 独立且 R, U, V 有如上的意义;

(2) $\Lambda^2 = \mathrm{diag}(\lambda_1, \cdots, \lambda_p), \lambda_1 > \lambda_2 > \cdots > \lambda_p > 0$.

(3.6.6) $(\lambda_1, \cdots, \lambda_p) \overset{d}{=} (w_1, \cdots, w_p)/(w_1 + \cdots + w_p)$,

其中 $w_1, \cdots, w_p$ 是 $W \sim W_p(n, I_p)$ 的 p 个特征值;

(3) $(\lambda_1, \cdots, \lambda_{p-1})$ 有联合密度

(3.6.7) $$\frac{\pi^{\frac{1}{2}p}\Gamma\left(\frac{1}{2}np\right)}{\prod_{j=1}^{p}\Gamma\left(\frac{1}{2}(p-j+1)\right)\Gamma\left(\frac{1}{2}(n-j+1)\right)} \times \left(\prod_{1}^{p}\lambda_j^{\frac{1}{2}(n-p-1)}\right)\left(\prod_{1\leqslant i<j\leqslant p}(\lambda_i - \lambda_j)\right)$$

$$\lambda_1 > \cdots \lambda_{p-1} > 0, \ \lambda_p = 1 - \lambda_1 - \cdots - \lambda_{p-1},$$

且 $(\lambda_1, \cdots, \lambda_{p-1})$ 与 $w = w_1 + \cdots + w_p$ 独立.

证 设 $Y \sim N_{n\times p}(O, I_n \otimes I_p)$. 则 $Y/(\text{tr}(Y'Y))^{\frac{1}{2}} \stackrel{d}{=} U_3 = U\Lambda V$ 且 $\lambda(Y'Y/(\text{tr}(Y'Y))) \stackrel{d}{=} \text{diag}(\lambda_1, \cdots, \lambda_p)$. 注意, $\lambda(Y'Y/(\text{tr}(Y'Y))) = \lambda(Y'Y)/\text{tr}(Y'Y)$ 且 $Y'Y = W \sim W_p(n, I_p)$, $\text{tr}\times(Y'Y) = w_1 + \cdots + w_p$ 和 $\lambda(W) = \text{diag}(w_1, \cdots, w_p)$. 则定理的前一部分得证. 为计算 (3.6.7), 我们利用具有确定的 f 的 (3.5.11), $f(\text{diag}(u_1, \cdots, u_p)) = (2\pi)^{-\frac{1}{2}np}\exp\left(-\frac{1}{2}\Sigma u_i^2\right)$, 则 $(w_1, \cdots, w_p)$ 的密度是

$$(3.6.8) \quad \frac{\pi^{\frac{1}{2}p}}{2^{\frac{1}{2}np}\prod_{j=1}^{p}\Gamma\left(\frac{1}{2}(p-j+1)\right)\Gamma\left(\frac{1}{2}(n-j+1)\right)} \times\left(\prod_{i=1}^{p} w_i^{\frac{1}{2}(n-p-1)}\right) \times\prod_{i<j}(w_i - w_j)e^{-\frac{1}{2}(w_1+\cdots+w_p)} \quad w_1 > \cdots > w_p > 0.$$

作变换

$$\begin{cases}\lambda_i = w_i/(w_1 + \cdots + w_p), \\ w = w_1 + \cdots + w_p,\end{cases} \quad i = 1, \cdots, p-1,$$

其雅可比行列式是 w^{p-1} 且设 $\lambda_p = 1 - \lambda_1 - \cdots - \lambda_{p-1}$. 现 (3.6.8)成为

$$\frac{\pi^{\frac{1}{2}p}\Gamma\left(\frac{1}{2}np\right)}{\prod_{j=1}^{p}\Gamma\left(\frac{1}{2}(p-j+1)\right)\Gamma\left(\frac{1}{2}(n-j+1)\right)} \times\prod_{i=1}^{p}\lambda_i^{\frac{1}{2}(n-p-1)}\prod_{1\leqslant i<j\leqslant p}(\lambda_i - \lambda_j) \times\frac{1}{2^{\frac{1}{2}np}\Gamma\left(\frac{1}{2}np\right)} w^{\frac{1}{2}np-1}e^{-w/2}.$$

上面的函数中的第二个因子是 χ^2 分布的密度, 具有 np 自由度.

因而证明完成。▯

3.6.2 广义 Bartlett 分解

我们已经看到，Bartlett 分解在许多情况下起重要作用（见定理 3.4.1 和其推论，定理 3.5.2，定理 3.6.2 和定理 3.6.3，等等。因此，很自然地我们要推广这个概念。

定义 3.6.1 设 X 是 $n\times p$ 的随机矩阵且设 $X'X=T'T$，其中 $T=(t_{ij})\in UT(p)$ 有正对角元素。如果 $\{t_{ij},i\leqslant j\}$独立，则我们说 $X'X$ 有广义的 Bartlett 分解。

广义 Bartlett 分解的性质解用来刻画正态性。下面的结果属于方开泰和吴月华(1984)。

定理 3.6.5 设 $X=(x_1,\cdots,x_p)\sim MS_{n\times p}(f)$，$n\geqslant p$，$f(u,\cdots,u_p)$ 在 R^p 上连续且 $X'X$ 有广义的 Bartlett 分解。则

(i) $x_1,\cdots,x_p$ 独立；

(ii) $(x_2,\cdots,x_p)$ 是正态的；

(iii) x_1 不一定是正态的。

证 设 $T'T=X'X$ 是广义 Bartlett 分解。因

$$X'X=\begin{bmatrix} x_1'x_1 & & & * \\ & x_2'x_2 & & \\ & & \ddots & \\ * & & & x_p'x_p \end{bmatrix}=T'T$$

$$=\begin{bmatrix} t_{11}^2 & & & * \\ & t_{12}^2+t_{22}^2 & & \\ & & \ddots & \\ * & & & t_{1p}^2+\cdots+t_{pp}^2 \end{bmatrix}$$

和 $\{t_{ij},i\leqslant j\}$ 独立，故 $\{x_i'x_i,\ i=1,\cdots,p\}$ 必定独立。由(3.1.5)，容易证明，$R_1,\cdots,R_p$ 独立。这结论蕴涵 $x_1,\cdots,x_p$ 独立。由假设 X 有密度，x_i 也有密度。它的密度是 $f_i(x_i'x_i)$。因此，X 的密度是 $\prod_1^p f_i(x_i'x_i)$。能够证明，T 有密度。以 $g_{ij}(t_{ij})$表示 t_{ij} 的密度，$1\leqslant i\leqslant j\leqslant p$。类似于定理 3.4.1 的推论 1 的证明，

T 的密度有形式(因 $X \sim MS(f)$)

$$c\prod_{i=1}^{p} t_{ii}^{n-i} f_1(t_{11}^2)\cdots f_p(t_{1p}^2+\cdots+t_{pp}^2)$$

对某常数 c. 因此

$$\prod_{1\leqslant i<j\leqslant p} g_{ij}(t_{ij}) = c\prod_{i=1}^{p} t_{ii}^{n-i} f_1(t_{11}^2)\cdots f_p(t_{1p}^2+\cdots+t_{pp}^2). \tag{3.6.9}$$

设 $f_{ij}=g_{ij}$, $i\neq j$, 且 $f_{ii}(t)=g_{ii}(t)t_{ii}^{n-i}c^{1/p}$. 由(3.6.9)我们有 $f_i(y_1^2+\cdots+y_i^2)=\prod_{j=1}^{i} g_{ji}(y_j)$, 这蕴涵, 由 f_i 和 f_{ji}, $i=2,\cdots,p$, 的连续性, x_i 是正态的, 也就是说 $(x_2,\cdots,x_p)$ 是正态的.

现证 (iii). 设 $Y\sim N_{n\times p}(O,I_n\otimes I_p)$ 且 $T^{*\prime}T^*$ 是 $Y'Y$ 的 Bartlett 分解(定理 3.5.1 的推论 1). 显然, $Y=UT^*$,其中 $U\sim\mathscr{U}_{n,p}$ 与 T^* 独立. 把 T,Y 和 U 分解为

$$T=(t_1\ T_2),\quad Y=(y_1\ Y_2),\quad 和\quad U=(u_1\ U_2),$$

其中 t_1,y_1 和 u_1 是 n 维向量. 注意 $t_1=(t_{11},0,\cdots,0)'$, 我们有

$$y_1=t_{11}u_1,\quad Y_2=UT_2.$$

取 t_{11}^* 代替 t_{11} 使得 t_{11}^* 与 $\{T_2,U\}$ 独立且 $t_{11}^*\sim B\left(\frac{1}{2}n,\frac{1}{2}m\right)$ 不是 χ_n). 设 $x_1=t_{11}^*u_1$, $X_2=Y_2$ 且 $X=(x_1X_2)$. 容易证明, $X'X$ 满足定理的假设,但 $x_1=t_{11}^*u_1$ 不是正态的. □

定理 3.6.6 设 $X\sim SS_{n\times p}(\phi)$, $X'X$ 有广义 Bartlett 分解并且存在 X 的一个元素 x_{ij}, 其分布是正态的. 则 X 必定是正态的.

证 由定理 3.6.5 和定理 2.7.1 的证明和 x_{ij} 是正态的假定, 我们有 $x_1'x_1,\cdots,x_p'x_p$ 独立同分布且 x_j 是正态的, $j=1,\cdots,p$.

现证 $X\in\mathscr{F}_s$ 的分布完全由 $(x_1'x_1,\cdots,x_p'x_p)$ 的分布确定.

由定理 3.1.1，x 的分布由 $X'X$ 的分布完全确定，因 $X \in \mathscr{F}_s \subset \mathscr{F}_1$。$X'X$ 的特征函数是 $\phi(T) = E(\exp iTX'X))$，其中 $T' = T$．记 $T = P\Lambda P'$，其中 P 是正交阵且 $\Lambda = \operatorname{diag}(\lambda_1, \cdots, \lambda_p)$ 是对角阵．则因 X 是球对称的，故

$$\operatorname{tr}(X'XT) = \operatorname{tr}(X'XP\Lambda P') = \operatorname{tr}(P'X'XP\Lambda) \stackrel{d}{=} \operatorname{tr}(X'X\Lambda)$$
$$= \sum_1^p \lambda_k x_k' x_k$$

因此 $\phi(T) = \psi(\Lambda)$，其中 ψ 是 $(x_1'x_1, \cdots, x_p'x_p)$ 且 Λ 包含 T 的特征值．则上述结论得证．

设 y_j，$j = 1, \cdots, p$，独立同分布并且 $y_1 \stackrel{d}{=} x_1$。注意到 y_1 是正态的，则我们有 $Y = (y_1, \cdots, y_p) \in \mathscr{F}_s$。因此 $X \stackrel{d}{=} Y$，因 $(y_1'y_1, \cdots, y_p'y_p) \stackrel{d}{=} (x_1'x_1, \cdots, x_p'x_p)$．因此，定理得证．□

推论 1 设 $X \sim VS_{n\times p}(\phi)$，$p > 1$，$P(X = O) = 0$，且 $X'X$ 有广义 Bartlett 分解．则 X 必定是正态的．

证 我们能够证明，$x_1'x_1$，$\cdots$，$x_p'x_p$ 独立，因为 $\operatorname{vec}(X) = (x_1', \cdots, x_p')' \sim S_{np}(\phi)$ 和 $P(\operatorname{vec}(X) = 0) = P(X = O) = 0$，则由定理 2.8.1，推论得证．□

3.6.3 谱分解

对于每个 $p \times p$ 对称阵 A，我们有

$$A = V\Lambda V' = \sum_{i=1}^p \lambda_i v_i v_i', \tag{3.6.9$_1$}$$

其中 $V = (v_1, \cdots, v_p) \in O(n)$ 且 $\Lambda = \operatorname{diag}(\lambda_1, \cdots, \lambda_p)$，$\lambda_1 \geqslant \lambda_2 \geqslant \cdots \geqslant \lambda_p$ 是 A 的特征根．(3.6.9$_1$)称为 A 的谱分解．我们能够从谱分解的观点研究球对称矩阵分布．

对每个 $X \in \mathscr{F}_1$，我们有 $X \stackrel{d}{=} UA$，其中 $U \sim \mathscr{U}_{n,p}$ 与 A，$A \geqslant 0$，独立且 A 是左球的（定理 3.1.2）．设 (3.6.9$_1$) 是 A 的可测谱分解．则

(3.6.10) $X \overset{d}{=} UV\Lambda V' = \sum_{i=1}^{p} \lambda_i(Uv_iv_i') \overset{\Lambda}{=} \lambda_1 F_1 + \cdots$

$+ \lambda_p F_p,$

其中 $F_i = Uv_iv_i'$, $i = 1, \cdots, p$ 或

(3.6.11) $$X \overset{d}{=} U\Lambda V'.$$

这里在 (3.6.10) 和 (3.6.11) 中 U 与 $\{\Lambda, V\}$ 独立，因为 $X'X \overset{d}{=} V\Lambda^2V$ 和 $X \in \mathscr{F}_1$，我们把式 (3.6.10)或 (3.6.11) 称为 X 的谱分解。

我们应该指出，一般地说，U，Λ 和 V 不一定独立，也不一定 $V \sim \mathscr{U}_{p,p}$。给定 Λ 和 V 的一个特殊的子类，则我们能够得到 $\mathscr{F}_1$ 的一个子类：用这种方法，我们能构造 $\mathscr{F}_1$ 的许多新子类，首先，让我们考察 $\mathscr{F}_1, \mathscr{F}_2, \mathscr{F}_3$ 和 $\mathscr{F}_s$。

(1) $X \in \mathscr{F}_1$ 当且仅当 X 有分解(3.6.11)其中 U 与 $\{\Lambda, V\}$ 独立；

(2) $X \in \mathscr{F}_s$ 当且仅当 X 有分解(3.6.11)，其中 U，Λ 和 V 独立且 $V \sim \mathscr{U}_{p,p}$；

(3) $X \in \mathscr{F}_3$ 当且仅当 X 有分解 (3.6.11)，其中 U，Λ 和 V 独立，$V \sim \mathscr{U}_{p,p}$，$\Lambda \overset{d}{=} \Lambda^* R$ 且 Λ^{*2} 有分布(3.6.6)；

(4) 当 $X \in \mathscr{F}_2$ 时 X 有分解(3.6.11)，然而我们不知道关于 Λ 和 V 的关系。这是一个未解决的问题。

现在我们通过(3.6.10)考虑 $\mathscr{F}_1$ 的一些子类。注意，$\lambda_i F_i$ 是 $\mathscr{F}_1$ 的"格子"。这个事实促使我们研究如下的类：

(3.6.12) $$\mathscr{F}_4 = \{\mathscr{L}(X) \mid X \sim LS_{n\times p}(\phi) \text{ 和 } P(\mathrm{rk}(X) = 1) = 1\}.$$

定理 3.6.7 $\mathscr{F}_4 = \mathscr{F}_4^{(1)} = \mathscr{F}_4^{(2)} = \mathscr{F}_4^{(3)} = \mathscr{F}_4^{(4)}$，

其中

$$\mathscr{F}_4^{(1)} = \{\mathscr{L}(X) \mid X \overset{d}{=} Uyz\text{，其中 } U \text{ 与 } \{y, z\} \text{ 独立且 } y: p \times 1, z: p \times 1\}.$$

$$\mathscr{F}_4^{(2)} = \{\mathscr{L}(X) \mid X \overset{d}{=} yz',\ y \sim S_n(\phi) 与\ z: p \times 1\ 独立\},$$

$$\mathscr{F}_3^{(3)} = \{\mathscr{L}(X) \mid X \overset{d}{=} u^{(n)}z',\ u^{(n)}\ 与\ z: p \times 1\ 独立\},$$

$$\mathscr{F}_4^{(4)} = \{\mathscr{L}(X) \mid X \overset{d}{=} UI_pz',\ z(p \times 1)\ 与 U 独立\}.$$

证 $\mathscr{F}_4 \subset \mathscr{F}_4^{(1)}$ 显然，因为 $X \in \mathscr{F}_4$ 蕴涵 $X \overset{d}{=} UA$, $P(\mathrm{rk}(A) = 1) = 1$, $A \geqslant 0$，因此 $X \overset{d}{=} Uyy'$，其中 $y(p \times 1)$ 与 U 独立。若 $X \in \mathscr{F}_4^{(1)}$，则 $X \overset{d}{=} Uyz' \overset{d}{=} Ru^{(n)}z' = u^{(n)}(Rz')$，其中 R, $u^{(n)}$ 和 z 独立。因此 $X \in \mathscr{F}_4^{(3)}$，即 $\mathscr{F}_4^{(2)} \subset \mathscr{F}_4^{(3)}$。因 $UIP_n \overset{d}{=} \sqrt{p}\, u^{(n)}$，$\mathscr{F}_4^{(3)} \subset \mathscr{F}_4^{(4)}$。最后，$\mathscr{F}_4^{(4)} \subset \mathscr{F}_4$ 是按照定义。□

引理 3.6.1 当 $X \in \mathscr{F}_4$ 时，若 Xa 的分布，其中 $a \in R^p$ 是一固定的常数，只通过 $a'a$ 依赖 a，则 $X \in \mathscr{F}_s$。

证 因 $\mathrm{rk}(X) = 1$ a.e.，故我们能写 $X'X \overset{d}{=} yy'$，$y(p \times 1)$。现在，对于 $a \in R^p$，$\Gamma \in O(p)$，我们有 $Xa \overset{d}{=} X\Gamma a$ 因 $a'a = (\Gamma a)'(\Gamma a)$。因此，$a'X'Xa \overset{d}{=} a'yy'a \overset{d}{=} a'\Gamma yy'\Gamma a$。取 $\delta \sim \mathscr{U}_{1,1}$ $\left(即\ p(\delta = 1) = p(\delta = -1) = \dfrac{1}{2}\right)$ 与 y 独立。由于 $\delta^2 = \delta\delta = 1$，故 $a'y\delta \cdot \delta y'a \overset{d}{=} a'\Gamma' y\delta \cdot \delta y'\Gamma a$。注意，$\delta a'y$ 和 $\delta a'\Gamma' y$ 都是左球的（对称的随机变量），故由定理 3.1.1，我们有 $\delta a'y \overset{d}{=} \delta a'\Gamma' y$ 对每个 $a \in R^p$ 和每个 $\Gamma \in O(p)$ 成立。注意，对每个 $a \in R^p$ 和 $\Gamma \in O(p)$ 有 $E(e^{ia'z}) = E(e^{i(\Gamma' a)'z})$。因此，$z = \delta y \sim S_p(\phi)$。所以，由 $X'X \overset{d}{=} yy' = zz'$，我们有 $X'X$ 是球对称的，因 $z \sim S_p(\phi)$，即 X 是右球的且 X 是球对称的。□

由引理 3.6.1，我们立得如下定理。

定理 3.6.8 $X \in \mathscr{F}_s \cap \mathscr{F}_4$ 当且仅当 $X \in \mathscr{F}_4$ 和 $Xa, a \in R^p$ 的分布只通过 $a'a$ 依赖于 a。并且我们有

(3.6.13) $\mathscr{F}_4 \cap \mathscr{F}_s = \{\mathscr{L}(X): X \overset{d}{=} u^{(n)} z', u^{(n)}$ 与 $z \sim S_p(\phi)$ 独立$\}$.

在(3.6.11)中设 $V = I_p$. 我们得到 $\mathscr{F}_1$ 如下的子集

(3.6.14) $\mathscr{F}_5 = \{X: X \overset{d}{=} U\Lambda, U$ 与 $\Lambda = \text{diag}(\lambda_1, \cdots, \lambda_p)$ 独立$\}$.

由于 $X'X \overset{d}{=} \Lambda^2$, 故正规化的 $X'X$ 的特征向量矩阵是 I_p 且它的分布是退化的. 练习 3.11 和 3.12 是有趣的一些例子. 特别,若 $\Lambda = RI_p$, 即 $X'X$ 的特征值都相等,则我们有

$$\mathscr{F}_6 = \{\mathscr{L}(X): X \overset{d}{=} RU,\ U \text{ 与 } R \geqslant 0 \text{ 独立}\}.$$

显然, $\mathscr{F}_6 \subset \mathscr{F}_5 \cap \mathscr{F}_s$. 事实上, 我们能够证明 $\mathscr{F}_6 = \mathscr{F}_5 \cap \mathscr{F}_s$. 其证明留给读者. 利用 $\mathscr{F}_6$ 我们有如下的有趣的例子,其中矩阵的行和列有正态分布,然而矩阵本身不是正态的.

例 3.6.1 设 $X = (x_1, \cdots, x_p) = (x_{(1)}, \cdots, x_{(n)})' \overset{d}{=} RU$ 是 $n \times p$ 的随机矩阵, 其中 $R \sim \chi_n$ 与 U 独立. 则我们有如下的结论:

(i) $x_j \sim N_n(0, I_n)$, $j=1, \cdots, p$, 因为, $x_j \overset{d}{=} Ru_j$, 其中 $R \sim \chi_n$ 与 $u_j \overset{d}{=} u^{(n)}$ 独立. 更一般地, Xa 是正态的, 对任何 $a \neq 0$, $a \in R^p$.

(ii) $x_{(k)} \sim N_p(0, \sigma^2 I_p)$, $k = 1, \cdots, n$, $\sigma^2 > 0$. 由于 $x_{(k)} \overset{d}{=} Ru_{(k)}$ 其中 $R \sim \chi_n$ 与 $u_{(k)}$ 独立且 $u_{(k)} \overset{d}{=} bu^{(p)}$, $b \geqslant 0$ 与 $u^{(p)}$ 独立, $b^2 \sim B\left(\frac{1}{2}p, \frac{1}{2}(n-p)\right)$, 故我们可以写 $x_{(k)} \overset{d}{=} (R_1 b)(R_2 u^{(p)})$, 其中 $R = R_1 R_2$, $R_2 \sim \chi_p$ 与 $R_1 \sim \chi_{(n-p)}$ 独立. 因 $R_2 u^{(p)}$ 是正态的, 故 $x_{(k)}$ 也是正态的. 更一般地, 对任何 $b \in R^n$, $b'X$ 是正态的.

(iii) X 不是正态的. 设 X 是正态的. 则由 (i) 和 (ii), $x_1, \cdots, x_p$ 是独立同分布的, 即 $X \sim N_{n\times p}(O, I_n \otimes I_p)$, 且 X 有密度,

但这是不可能的(当 $p>1$ 时),因为 $U'U=I_p$.

或许,因为 X 没有密度,这个例子不是令人信服的. 而且,我们希望求 $X\in\mathscr{F}_s$,它有密度且所有的行和列是正态的,而 X 不是正态的.

设 $n>2p$, $X=\begin{pmatrix}X_1\\X_2\end{pmatrix}$ 和 $U=\begin{pmatrix}U_1\\U_2\end{pmatrix}$, U_1: $(n-p)\times p$ 且 X_1: $(n-p)\times p$. 则 $X_1\overset{d}{=}RU_1$. 我们能够证明 (i) $X_1\in\mathscr{F}_s$; (ii) 行和列的边缘分布是正态的; (iii) X_1 有密度; (iv) X_1 不是正态的.

设 $X=(x_{(1)},\cdots,x_{(n)})'\in\mathscr{F}_1$. 一般地说, $x_{(1)}$ 不一定是球对称的. 若 $X\in\mathscr{F}_s$, 则 $x_{(1)}$ 是球对称的. 人们可能要问: $x_{(1)}$ 是球对称的充分必要条件是什么? 证明:

(3.6.15) $\mathscr{F}_7=\{\mathscr{L}(X)\,|\,X\sim LS_{n\times p}(\phi)$, $x_{(1)}$ 是球对称的$\}$.

定理 3.6.9 $X\in\mathscr{F}_7$, 当且仅当 $X\sim LS_{n\times p}(\phi)$ 和 Xa 的分布只通过 $a'a$ 依赖 $a\in R^p$.

证 设 $X_{(1)}\sim S_p(\phi)$ 且 $X\sim LS_{n\times p}(\phi)$. 则 $\phi(bb')=\phi(b'b)$ 对每个 $b\in R^p$ 成立. 因此,对每个 $a\in R^p$ 和 $t\in R^n$,我们有

$$E(\mathrm{etr}(it'Xa))=E(\mathrm{etr}(iat'X))=\phi(t'taa')=\phi(t'ta'a),$$

这就证明了 Xa 的分布只通过 $a'a$ 依赖于 a.

反之,设 $X\sim LS_{n\times p}(\phi)$ 且 Xa 的分布只通过 $a'a$ 依赖于 $a\in R^p$. 则 $Xa\overset{d}{=}X\Gamma a$, 对每个 $\Gamma\in O(p)$ 和每个 $a\in R^p$. 因此, $a'\Gamma'x_{(1)}\overset{d}{=}a'x_{(1)}$. 这意味着 $E(\exp(ia'x_{(1)}))=E(\exp(i\times(\Gamma a)'x_{(1)}))$ 对每个 $\Gamma\in O(p)$ 和 $a\in R_p$. 设 $x_{(1)}$ 的特征函数是 $\phi(t)$. 则对每个 $\Gamma\in O(p)$ 有 $\phi(t)=\phi(\Gamma t)$, 即 $x_{(1)}\sim S_p(\phi)$. □

显然, $\mathscr{F}_s\subset\mathscr{F}_7$. 有许多把 $\mathscr{F}_s$ 推广到 $\mathscr{F}_7$ 的性质. 以下是其中的一些:

(i) $\mathscr{F}_3=\mathscr{F}_7\cap\mathscr{F}_2$ (见定理 3.2.2 的推论).

我们只须证明 $\mathscr{F}_7\cap\mathscr{F}_2\subset\mathscr{F}_3$。若 $X\in\mathscr{F}_7\cap\mathscr{F}_2$，则由定理 3.6.9 有 $x_{(1)}\sim S_p(\phi)$. 因 $X\in\mathscr{F}_2$ 和 $x_{(1)}\sim S_p(\phi)$ 有 $X\in\mathscr{F}_3$(见定理 3.2.2).

(ii) 设 $X=(x_{ij})=(x_1,\cdots,x_p)=(x_{(1)},\cdots,x_{(n)})'\in\mathscr{F}_7$ 且有有限的二阶矩. 则

(a) $\text{cov}(x_k,x_l)=\delta_{kl}\sigma^2I_n$, $k,l=1,\cdots,p$;

(b) $\text{cov}(x_{(i)},x_{(j)})=\delta_{ij}\sigma^2I_p$, $i,j=1,\cdots,n$,

其中 $\delta_{ij}=0$ 当 $i\neq j$, 且 $\delta_{ii}=1$ (见引理 3.2.5).

证 我们只证(ii), (i) 的证明类似于(ii). 注意 $x_i\sim S_n(\phi)$, $i=1,\cdots,p$, 由于 $X\in\mathscr{F}_7$, 故我们有 $E(x_{i1}x_{j1})=0$, $i\neq j$, 且对 $a\in R^p$, $a'a=1$ 有 $Xa\overset{d}{=}x_1$. 因此, $E(a'x_{(i)}x_{(j)}a)=E(x_{i1}\times x_{j1})=0$ 且 $a'\text{cov}(x_{(i)},x_{(j)})a=0$, 对每个 $a\in R^p$ 和 $i\neq j$. 若我们能够证明 $\text{cov}(x_{(i)},x_{(j)})$ 是对称阵, 则对 $i\neq j$, 它必定是零阵. 事实上, $X\overset{d}{=}UA$ 并且对 $i\neq j$ 有 $\varepsilon(u_{(i)}u'_{(j)})=\varepsilon(u_{(j)}x'_{(n)})$, 其中 $U=(u_{(1)},\cdots,u_{(n)})'$. 给定 A, 我们有 $\varepsilon(A'u_{(i)}u'_{(j)}A)=\varepsilon(A'u_{(j)}u'_{(i)}A)$, 此式蕴涵 $\varepsilon(x_{(i)}x'_{(j)})=\varepsilon(x_{(j)}x_{(i)})$, 因 A 与 U 独立, 即 $\text{cov}(x_{(i)}x_{(j)})$ 是对称阵. □

本小节的内容来自方开泰和陈汉峰(1986).

参 考 文 献

Anderson (1984), Anderson and Fang (1982b), (1984), Cambanis, Keener and Simons (1983), Chmielewski (1980), Dawid (1977), (1978), 方开泰,许建伦(1986),方开泰,陈汉峰(1984),(1986),方开泰,吴月华 (1984), Graham (1981), Jenson and Good (1981), Johnson and Kotz (1972), Kariya (1981), Khatri (1970), Kshirsagar (1961), (1972), Murihead (1982), Xu (1984), 张尧庭, 方开泰(1982).

练 习 3

3.1 若 $U\sim\mathscr{U}_{n,p}$ 和 V 独立且 $p(V\in O(n))=1$, 证明 $VU\sim\mathscr{U}_{n,p}$.

3.2　若 $X \sim SS_{p\times p}(\phi)$，证明 $X' \overset{d}{=} X$。

3.3　若 $X \sim SS_{p\times p}(\phi)$ 且 A 是左球的使得 $A'A \overset{d}{=} Y'Y$，证明 $A' \overset{d}{=} A$。

3.4　设 x 是 $n \times p$ 的随机阵，密度为

$$f(X) = c|I_p + X'X|^{-\frac{1}{2}(n+p)},$$

其中 c 是常数。证明如下的结论：

(i) $X \in \mathscr{F}_s$。

(ii) $(\|x_1\|, \cdots, \|x_p\|)$ 与 $(x_1/\|x_p\|, \cdots, x_p/\|x_p\|)$ 不独立。

(iii) $X \bar{\in} \mathscr{F}_2$。

3.5　若 $X \in \mathscr{F}_2$，$Y \in \mathscr{F}_2$ 且 $x_{(1)} \overset{d}{=} y_{(1)}$，证明 $X \overset{d}{=} Y$，并证明对 $\mathscr{F}_1$ 无此性质。

3.6　证明：$\mathscr{F}_3^r$ 是 $\mathscr{F}_2^r$ 的真子集，而 $\mathscr{F}_2^r$ 又是 $\mathscr{F}_1^r$ 的真子集。

3.7　(i) 设 $X \sim N_{n\times p}(O, I_n \otimes I_p)$。证明：$P(X'X > 0) = 1$ 若 $n > p$。

(ii) 设 $X \sim LS_{n\times p}(f)$。证明 $P(X'X > 0) = 1$ 若 $n > p$。

3.8　设 $Y = M + XB$，其中 $X \sim LS_{n\times q}(\phi)$，$B: p \times q$，$M: n \times q$ 且记 $Y \sim LS_{n\times q}(M, B, \phi)$或 $Y \sim LS_{n\times p}(M, B, f)$ 若 $X \sim LS_{n\times p}(f)$。对 MS，VS 和 SS 有类似的记号。证明：

(i) $Y \sim LS_{n\times q}(M, B, \phi)$ 的特征函数是 $\mathrm{etr}(iT'M)\phi \times (BT'TB')$，并且 $Y \sim SS_{n\times q}(M, B, \phi)$ 的特征函数是 $\mathrm{etr} \times (iT'M)\phi(\lambda(T\Sigma T'))$，其中 $\Sigma = B'B$。因此，Y 的分布只通过 Σ 依赖 Y 并且我们把 $SS_{n\times q}(M, B, \phi)$ 记为 $SS_{n\times q}(M, \Sigma, \phi)$，把 $VS_{n\times q}(M, B, \phi)$ 记为 $VS_{n\times q}(M, \Sigma, \phi)$。

(ii) $Y \sim LS_{n\times q}(M, B, f)$，其中 $P(|B| = 0) = 0$，的密度是 $|B|^{-n}f(B'^{-1}(Y - M)'(Y - M)B^{-1})$ 并且 $Y \sim SS_{n\times q}(M, \Sigma, f)$，其中 $\Sigma > 0$，的密度是 $|\Sigma|^{-\frac{1}{2}n}f(\lambda((Y - M)\Sigma^{-1}(Y -$

$M)'))=|\Sigma|^{-\frac{1}{2}n}f(\lambda(\Sigma G))$，其中 $G=(Y-M)'(Y-M)$.

(iii) 若 $Y\sim SS_{n\times q}(0,\Sigma,f)$，其中 $\Sigma>0$，则 $Y'Y$ 的密度是

$$c_{n,p}|W|^{\frac{1}{2}(n-p-1)}|\Sigma|^{-\frac{1}{2}n}f(\lambda(\Sigma^{-1}W)),$$

其中 $c_{n,p}$ 由(3.4.9)定义。分割 $Y=(Y_1',\cdots,Y_m')'$，其中 Y_j: $n_j\times q$，$n_j\geqslant m$，$j=1,\cdots,m$。求 $Y_1'Y_1,\cdots,Y_m'Y_m$ 的联合密度。

(iv) 用如上的假设下，$V=(Y'Y)^{-1}$ 的密度是

$$c_{n,p}|\Sigma|^{-\frac{1}{2}n}|V|^{-\frac{1}{2}(n+p+1)}f(\lambda(\Sigma^{-1}V^{-1})).$$

(v) 在如上的假设下把 Cochran 定理推广到 (iii).

(vi) 若 $Y=(Y_1Y_2)\sim SS_{n\times q}(0,M,f)$，其中 Y: $n\times r$，把 Σ 分割为 $\begin{bmatrix}\Sigma_{11} & \Sigma_{12}\\ \Sigma_{21} & \Sigma_{22}\end{bmatrix}$，其中 Σ_{11}: $r\times r$。证明 $(Y_2-Y_1\Sigma_{11}^{-1}\Sigma_{12})\times\Sigma_{22.1}^{\frac{1}{2}}Y_1$ 的分布是球对称的，其中 $\Sigma_{22.1}=\Sigma_{22}-\Sigma_{21}\Sigma_{11}\Sigma_{12}$.

3.9 设 $F\sim MF(p,n_1,n_2)$。求 F^{-1} 的密度。

3.10 求 $F\sim MF(p,n_1,n_2)$ 的特征值 $\lambda_1>\lambda_2>\cdots>\lambda_p$ 的密度。

3.11 把 $\Lambda=\text{diag}(R_1,\cdots,R_p)$ 代入(3.6.5)，其中 $R_i\geqslant 0$，$i=1,\cdots,p$ 且 $(R_1^2,\cdots,R_p^2)\sim$ 广义 Rayleigh 分布，即 $(R_1^2,\cdots,R_p^2)\overset{d}{=}(w_{11},\cdots,w_{pp})$，$w_{ii}$ 是 $w\sim w_p(n,\Sigma)$ 的对角元素。则 $X\in\mathscr{F}_5$。证明：

(1) X 的列的边缘分布都是正态的；

(2) X 不是正态的。

3.12 把 $\Lambda=\text{diag}(1/d_1,\cdots,1/d_p)$ 代入 (3.6.14)，其中 $d_i>0$，$i=1,\cdots,p$ 且 $(d_1^2,\cdots,d_p^2)\sim D_p\left(\frac{1}{2},\cdots,\frac{1}{2}\right)$。证明：

(i) X 的行的特征函数形为 $\phi(|t_1|+\cdots+|t_p|)$(见Cambanis, Keener 和 Simons (1983))；

(ii) X 的列的特征函数形为 $\phi^*(t_1^2+\cdots+t_n^2)$.

3.13 设 $X\in\mathscr{F}_7$，且 $y(p\times 1)$ 与 X 独立，其中 $P(y'y=0)=0$。证明：$y'X'Xy/y'y$ 的分布与 y 无关。

3.14 证明下列的结论是等价的：

(i) $X=(x_1,\cdots,x_p)\in\mathscr{F}_7$ 且 $x_1\sim N(0,I_n)$，

(ii) $X\in\mathscr{F}_1$ 且 $a'X'Xa\sim\chi_n^2$，对每个 $a\in R^p$，$a'a=1$。

3.15 若 $X\sim N_{n\times p}(M,C\otimes D)$，则 X 的特征函数是

$$\operatorname{etr}\left(iT'M-\frac{1}{2}T'CTD\right).$$

3.16 若 $X\sim N_{n\times p}(M,C\otimes D)$，则

(1) $x_{(i)}\sim N_p(\mu_{(i)},c_{ii}D)$，$i=1,\cdots,n$；

(2) $x_j\sim N_n(\mu_j,d_{jj}C)$，$j=1,\cdots,p$；

(3) $\operatorname{cov}(x_{(i)},x_{(j)})=c_{ij}D$，$i,j=1,\cdots,n$；

(4) $\operatorname{cov}(x_i,x_j)=d_{ij}C$，$i,j=1,\cdots,p$，

其中 $\mu_{(i)}$ 和 $\mu_{(j)}$ 分别是 M 的行和列。

3.17 定义

$$\Gamma_p(a)=\int_{A>0}\operatorname{etr}(-A)|A|^{a-\frac{1}{2}(p+1)}dA,\ \operatorname{Re}(a)>\frac{1}{2}(p-1).$$

证明：

$$\Gamma_p(a)=\pi^{\frac{1}{4}p(p-1)}\prod_{i=1}^{p}\Gamma\left(a-\frac{1}{2}(i-1)\right).$$

$\Gamma_p(a)$ 称为多元 Gamma 函数。

3.18 设 X 是 $n\times p$ 的随机矩阵且有2阶矩。证明：(1) $\mathscr{E}(X)=0$ 和 $\mathscr{D}(\operatorname{vec}X')=I_n\otimes V$，其中 $V=\mathscr{E}(x_{(1)}x_{(1)}')$ 若 $X\in\mathscr{F}_1$；

(2) $\mathscr{D}(\operatorname{vec}X')=\sigma^2I_n\otimes I_p=\sigma^2I_{np}$，其中 $\sigma^2=Ex_{11}^2$ 若 $X\in\mathscr{F}_s$。

3.19 设 $X=(x_{ij})\in\mathscr{F}_s$ 是 $n\times p$ 矩阵。则 $X\in\mathscr{F}_3$ 当且仅当 $(x_{11},\cdots,x_{pp})'$ 是球对称分布。

3.20 证明：U_1 的特征函数是

$$E[\operatorname{etr}(\imath T'U_1)] = {}_0F_1\left(\frac{1}{2}n; -\frac{1}{4}T'T\right),$$

其中

$${}_0F_1(a;A) = \sum_{k=0}^{\infty} \frac{1}{[a]_k k!} A^k$$

和

$$[a]_k = a(a+1)\cdots(a+k-1)。$$

第四章　参数估计

在这一章，我们叙述球对称矩阵分布中的均值向量μ和协方差阵Σ的估计．我们只限于叙述点估计．本章将研究μ和Σ的极大似然估计（MLE）和它们的函数，如相关系数和多元相关．在4.3节，我们讨论极大似然估计的许多性质．最后一节讨论极小极大和可容许估计和 Bayes 估计．为方便起见，我们以$LS_{n\times p}(\mu,\Sigma,f)$代替$LS_{n\times p}(1\mu',\Sigma,f)$，类似地，以$SS_{n\times p}(\mu,\Sigma,f)$代替$SS_{n\times p}\times(1\mu',\Sigma,f)$，并且以$VS_{n\times p}(\mu,\Sigma,f)$代替$VS_{n\times p}(1\mu',\Sigma,f)$．另外，在本章总假定$\Sigma>0$．

4.1　均值向量和协差阵的极大似然估计

4.1.1　$VS_{n\times p}(\mu,\Sigma,f)$中的$\mu$和$\Sigma$的极大似然估计

设$X\sim VS_{n\times p}(\mu,\Sigma,f)$，$\Sigma>0$，也就是说，$X$有密度（见3.2.4节）

(4.1.1)　$$|\Sigma|^{-n/2}f[\mathrm{tr}(X-1\mu')\Sigma^{-1}(X-1\mu')'].$$

设

(4.1.2)　$$G\triangleq(X-1\mu')'(X-1\mu').$$

则(4.1.1)能够改写作

(4.1.3)　$$|\Sigma|^{-n/2}f(\mathrm{tr}\Sigma^{-1}G).$$

置$S=\sum_{i=1}^{n}(x_{(i)}-\bar{x})(x_{(i)}-\bar{x})'$或等价地

(4.1.4)　$$S=(X-1\bar{x}')'(X-1\bar{x}')=X'\left(I_n-\frac{1}{n}ll'\right)X,$$

其中$x_{(1)},\cdots,x_{(n)}$是X的n个行向量且$\bar{x}=\frac{1}{n}\sum_{i=1}^{n}x_{(i)}$．我们

常常把 $\frac{1}{n}S$ 和 $\bar{x}$ 分别称为样本协差阵和样本均值向量。在一元统计中熟知，$\sum_{i=1}^{n}(X_i-\theta)^2$ 和 $\sum_{i=1}^{n}(X-\bar{x})^2$，其中 $\bar{x}=\frac{1}{n}\sum_{i=1}^{n}X_i$，有一个十分有用的关系式，$\sum_{i=1}^{n}(X_i-\theta)^2=\sum_{i=1}^{n}(X_i-\bar{x})^2+n(\bar{x}-\theta)^2$。类似地，我们有

(4.1.5) $$\begin{aligned}G&=(X-1\mu')'(X-1\mu')=(X-1\bar{x}'+1\bar{x}'\\&\quad-1\mu')'(X-1\bar{x}'+1\bar{x}'-1\mu')\\&=(X-1\bar{x}')'(X-1\bar{x})+n(\bar{x}-\mu)(\bar{x}-\mu)'\\&=S+n(\bar{x}-\mu)(\bar{x}-\mu)',\end{aligned}$$

因为

(4.1.6) $$O=(X-1\bar{x}')'(1\bar{x}'-1\mu')$$

和

(4.1.7) $$(1\bar{x}'-1\mu')'(1\bar{x}'-1\mu')=n(\bar{x}-\mu)(\bar{x}-\mu)'.$$

把(4.1.5)代入(4.1.3)我们能重写(4.1.1)如下：

(4.1.8) $$|\Sigma|^{-n/2}f(\mathrm{tr}\Sigma^{-1}S+n(\bar{x}-\mu)'\Sigma^{-1}(\bar{x}-\mu)).$$

现在，我们研究给定 $f(\cdot)$的 (μ,Σ) 的极大似然估计。把 $f(\cdot)$ 加上一些简单的条件，我们可求出 (μ,Σ) 的极大似然估计。我们从几个引理开始。

引理 4.1.1 G 和 S 以概率 1 地为正定阵当且仅当 $n>p$，其中 G 和 S 分别由(4.1.2)和(4.1.4)定义。

证 由 (4.1.5)，只需证明，S 以概率 1 为正定阵当且仅当 $n>p$。首先，若 $n>p$，则我们要证明，对 $X\sim N_{n\times p}(1\mu',I_n\otimes\Sigma)$ 的情形，我们有 $P(S>0)=1$。考虑变换 $Z=(z_{(1)},\cdots,z_{(n)})'=\Gamma X$，其中 $\Gamma\in O(n)$，其第 n 行向量是 $\left(1/\sqrt{n},\cdots,\frac{1}{\sqrt{n}}\right)'$。因 $\Gamma(1\mu')=(O,n^{\frac{1}{2}},\mu)'$，故我们有

(4.1.9) $$Z\sim N_{n\times p}(0',n^{1/2}\mu'),I_n\otimes\Sigma).$$

所以 $z_{(1)},\cdots,z_{(n)}$ 独立。现在

$$(4.1.10)\quad S=(X-1\bar{x}')'(X-1\bar{x}')=X'\left(I_n-\frac{1}{n}11'\right)X$$
$$=Z'\Gamma\left(I_n-\frac{1}{n}11'\right)\Gamma'Z=Z'Z-z_{(n)}z'_{(n)}$$
$$=\sum_{i=1}^{n-1}z_{(i)}z'_{(i)}\triangleq B'B.$$

其中 $B=(z_{(1)},\cdots,z_{(n-1)})'$. 为证明，当 $n>p$ 时,有 $P(S>0)=1$, 只需证明, B 的秩以概率 1 为 p. 显然, B 加上更多的列,其秩不能减少。因此,我们只需证明,当 $n-1=p$ 时, B 的秩以概率 1 为 p. 对 R^p 中 $p-1$ 个 p 维向量的任意集合，设 $L(a_1,\cdots,a_{p-1})$ 是由 $a_1,\cdots,a_{p-1}$ 张成的线性子空间. 注意 $\Sigma>0$, 对任意给定的 $a_1,\cdots,a_{p-1}$, 我们有

$$(4.1.11)\qquad P(z_{(1)}\in L(a_1,\cdots,a_{p-1}))=0.$$

由于 $z_{(1)},\cdots,z_{(p)}$ 独立同分布,故由(4.1.11)我们有

$$P(z_{(1)},\cdots,z_{(p)}\text{ 线性相关})$$
$$\leqslant\sum_{i=1}^{p}P(z_{(i)}\in L(z_{(1)},\cdots,z_{(i-1)},z_{(i+1)},\cdots z_{(p)}))$$
$$=p\cdot P(z_{(1)}\in L(z_{(2)},\cdots,z_{(p)}))$$
$$=p\cdot E[P(z_{(1)}\in L(z_{(2)},\cdots,z_{(p)}))\mid z_{(2)},\cdots,z_{(p)}]$$
$$=p\cdot E(0)=0,$$

这证明了，当 $n>p$ 时， $P(S>0)=1$，此时 $X\sim N_{n\times p}(1\mu',I_n\otimes\Sigma)$. (上述证明属于 Dykstra (1970)) 现设 $X\sim VS_{n\times p}(\mu,\Sigma,f)$，我们要证明,当 $n>p$ 时，$P(S>0)=1$. 由于

$$(4.1.12)\qquad X\overset{d}{=}1\mu'+RU\Sigma^{1/2},$$

其中 $U:n\times p$ 且 $\mathrm{vec}U\overset{d}{=}u^{(np)}$, 因此

$$S=X'(I_n-P_n)X\overset{d}{=}(1\mu'+RU\Sigma^{1/2})'(I_n-P_n)$$
$$\times(1\mu'+RU\Sigma^{1/2})=R^2\Sigma^{1/2}U'(I_n-P_n)$$
$$\times U\Sigma^{1/2}\overset{d}{=}R^2\Sigma^{1/2}Y'(I_n-P_n)Y\Sigma^{1/2}/\mathrm{tr}Y'Y,$$

其中 $P_n = \frac{1}{n} 11'$ 且 $Y \sim N_{n\times p}(0, I_n \otimes I_p)$。由于 $P(Y'(I_n - P_n)Y > 0) = 1$ 且 $P(R^2 > 0) = 1$，我们立刻有所要求证的 $P(S > 0) = 1$。

为证明定理的必要性，由(4.1.9)，结论是显然的。事实上，若 $n \leqslant p$（等价地 $n-1 < p$）则 S 的秩 $\mathrm{rk}(S) < p$，对每个 Z，等价地对每个 X 成立。□

引理 4.1.2 设 $f(\cdot)$ 是非增连续函数使得对某个常数 c 有 $cf(x'x), x \in R^m$，是 R^m 中的密度。则函数

$$h(x) = x^{m/2} f(x), \quad x \geqslant 0,$$

在某个有限的 $x_0 > 0$ 上有极大值。而且若 f 可微，则 x_0 在本质上是

$$f'(x) + (m/2x) f(x) = 0$$

的一个解。

证 因 $cf(x'x)$ 是密度，故我们有

$$\int_{R^m} f(x'x) dx = [\pi^{m/2}/\Gamma(m/2)] \int_0^\infty r^{m/2-1} f(r) dr, \tag{4.1.13}$$

由(2.4.13)。据(4.1.13)和 $f(\cdot)$ 的单调性，我们有

$$2^{-m/2}(2x)^{m/2} f(2x) = x^{m/2} f(2x) \leqslant x^{m/2-1} \int_x^{2x} f(r) dr$$

$$\leqslant \int_x^{2x} f(r) r^{m/2-1} dr \to 0$$

当 $x \to \infty$，亦即 $h(x) = x^{m/2} f(x) \to 0$ 当 $x \to \infty$。因此，$h(0) = 0$ 且对每个 $x \geqslant 0$ 有 $h(x) \geqslant 0$。引理的第一个结论得证。现设 f 可微，则必定有

$$0 = h'(x_0) = x_0^{m/2}[(m/2x_0) f(x_0) + f'(x_0)],$$

定理得证。□

由引理 4.1.2，当 $m = np$ 时，函数

$$f^*(\lambda) = \lambda^{-np/2} f(p/\lambda)$$

在某个 $\lambda_0 > 0$ 点达到它的极大值。下面，我们以 $\lambda_{\max}(f)$ 表示 λ_0。

定理 4.1.1 设 $X \sim VS_{n\times p}(\mu, \Sigma, f)$，其中 $n > p$ 和 $f(\cdot)$ 非增且连续. 则 (μ, Σ) 的极大似然估计是

$$(\hat{\mu}, \hat{\Sigma}) = (\bar{x}, \lambda_{\max}(f)S).$$

证 由假设，似然函数是(由(4.1.8))

$$L(\mu, \Sigma) = |\Sigma|^{-n/2} f(\mathrm{tr}\Sigma^{-1}S + n(\bar{x} - \mu)'\Sigma^{-1}(\bar{x} - \mu)).$$

由 $f(\cdot)$ 的单调性，对任何给定的 $\Sigma > 0$，作为 $\mu \in R^p$ 的函数，$L(\mu, \Sigma)$ 在 $\mu = \bar{x}$ 达到它的极大值、且中心化的似然函数是

$$L(\bar{x}, \Sigma) = |\Sigma|^{-n/2} f(\mathrm{tr}\Sigma^{-1}S). \tag{4.1.14}$$

由引理 4.1.1，以概率 1 有 $S > 0$. 置 $\tilde{\Sigma} = S^{-\frac{1}{2}}\Sigma S^{-\frac{1}{2}}$ （见 1.2 节 $S^{-\frac{1}{2}}$ 的定义）. 则(4.1.14)成为

$$\begin{aligned} L(\bar{x}, \Sigma) &= |S^{\frac{1}{2}}\tilde{\Sigma}S^{\frac{1}{2}}|^{-n/2} f(\mathrm{tr}\tilde{\Sigma}^{-1}) \\ &= |S|^{-n/2}|\tilde{\Sigma}|^{-n/2} f(\mathrm{tr}\tilde{\Sigma}^{-1}). \end{aligned}$$

设 $\lambda_1 \geqslant \cdots \geqslant \lambda_p > 0$ 是 $\tilde{\Sigma}^{-1}$ 的特征值且 $\bar{\lambda}^{-1} = (\lambda_1 + \cdots + \lambda_p)/p$. 则

$$\begin{aligned} L(\bar{x}, \Sigma) &= |S|^{-n/2} \prod_1^p \lambda_i^{n/2} f\left(\sum_1^p \lambda_i\right) \\ &= |S|^{-n/2} \prod_1^p (\lambda_i^{1/p})^{np/2} f(p\bar{\lambda}^{-1}) \\ &\leqslant |S|^{-n/2}\bar{\lambda}^{-np/2} f(p/\bar{\lambda}) \\ &\leqslant |S|^{-n/2}\lambda_{\max}^{-np/2}(f) f(p/\lambda_{\max}(f)). \end{aligned}$$

（由算术平均值-几何平均值不等式）

对所有的 $\lambda_1 \geqslant \cdots \geqslant \lambda_p > 0$ 上述不等式成立，而当 $\lambda_1 = \cdots = \lambda_p = (1/p)\lambda_{\max}^{-1}(f)$ 时等号成立. 则由引理 4.1.2，定理得证. □

定理 4.1.1 和引理 4.1.2 属于 Anderson 和方开泰 (1982c).

事实上，尽管 $f(\cdot)$ 严格单调，而 (μ, Σ) 的极大似然估计可能不唯一(见练习 4.11).

4.1.2 例

例 4.1.1 （正态）设 $X \sim N_{n\times p}(1\mu', I_n \otimes \Sigma)$，即 X 的行 $x_{(1)}$，

$\cdots, x_{(n)}$ 独立同分布且 $x_{(1)} \sim N_p(\mu, \Sigma)$. 因此$X$有似然函数

$$L(\mu, \Sigma) = |\Sigma|^{-n/2}(2\pi)^{-np/2}\operatorname{etr}\{(-1/2)\Sigma^{-1}G\},$$

其中G由 (4.1.2) 定义. 按照 4.1.1 节的记号, 我们有 $f(x) = 2\pi)^{-\frac{np}{2}}e^{-\frac{x}{2}}, x \geqslant 0$. 容易看到 $\lambda_{\max}(f) = \frac{1}{n}$. 因而由定理 4.1.1, 我们得到$\mu$和$\Sigma$的极大似然估计 $\hat{\mu}$ 和 $\hat{\Sigma}$. 它们是

$$\hat{\mu} = \bar{x} = \frac{1}{n}\sum_{i=1}^{n} x_{(i)} \tag{4.1.15}$$

和

$$\hat{\Sigma} = \frac{1}{n}S = \frac{1}{n}\sum_{i=1}^{n}(x_{(i)} - \bar{x})(x_{(i)} - \bar{x})', \tag{4.1.16}$$

极大似然估计值是

$$L(\hat{\mu}, \Sigma) = (2\pi)^{-np/2}|S|^{-n/2}n^{np/2}e^{-np/2}. \tag{4.1.17}$$

例 4.1.2 设 $X \sim VS_{n\times p}(\mu, \Sigma, f)$, 其中 $f(\cdot) = c(1 + \cdot)^{-(np+1)/2}$. f 满足定义 4.1.1 的条件且 $\lambda_{\max}(f) = \frac{1}{np}$. 因此$(\mu, \Sigma)$的极大似然估计是 $\left(\bar{x}, \frac{1}{np}S\right)$. 这与正态的情形有别.

例 4.1.3 (复合正态)设 $X \sim VS_{n\times p}(\mu, \Sigma, f)$ 且 f 给定为

$$f(u) = \int_0^{\infty} e^{-ru}dG(r), u \geqslant 0,$$

其中 $G(\cdot)$ 是一个分布函数满足 $G([0, \infty)) = 1$. 显然 $f(u)$ 满足定理 4.1.1 的条件. 考虑一个方程 $f'(x) + (np/2x)f(x) = 0$,即

$$x\int_0^{\infty} re^{-rx}dG(r) = (np/2)\int_0^{\infty} e^{-rx}dG(r),$$

亦即 $\int_0^{\infty}(xr - np/2)e^{-rx}dG(r) = 0$. 一般地说,很难得到这个方程的解析解.

4.1.3 $LS_{n\times p}(\mu,\Sigma,f)$ 和 $SS_{n\times p}(\mu,\Sigma,f)$ 中的 μ 和 Σ 的极大似然估计

设 $X\sim LS_{n\times p}(\mu,\Sigma,f)$，即$X$有密度(见 3.2.4 节)

(4.1.18) $|\Sigma|^{-n/2}f(\Sigma^{-1/2}(X-1\mu')'(X-1\mu')\Sigma^{-1/2})$.

与(4.1.8)类似，我们可把(4.1.18)写成如下形式:

(4.1.19) $|\Sigma|^{-n/2}f(\Sigma^{-1/2}[S+n(\bar{x}-\mu)(\bar{x}-\mu)']\Sigma^{-1/2})$.

在这一节中，假设 f 满足如下条件:

(a) f 非增，即 $\Sigma_1\geqslant\Sigma_2\geqslant 0$ 蕴涵 $f(\Sigma_1)\leqslant f(\Sigma_2)$;

(b) f 连续，即 $f(\Sigma)\to f(\Sigma_0)$ 当 $\Sigma\to\Sigma_0$ 时。Σ都是非负定阵且 $\Sigma_0\geqslant 0$.

引理 4.1.3 $S>0$ 以概率 1 成立当且仅当 $n>p$.

引理 4.1.4 $|\Sigma|^{n/2}f(\Sigma)$ 在某一个正定阵，譬如说 Σ^* 上达到它的极大值.

引理 4.1.3 和 4.1.4 的证明类似于引理 4.1.1 和 4.1.2 的证明．读者可以自己去做．(见张尧庭，方开泰和陈汉峰，1985)

定理 4.1.2 μ和Σ有极大似然估计 $\hat{\mu}=\bar{x}$ 和 $\hat{\Sigma}=S^{1/2}G^*SG^*S^{1/2}$，其中 $G^*=(S^{1/2}\Sigma^*S^{1/2})^{-1/2}$ 且 Σ^* 由引理 4.1.4 所定义.

证 因f在 (a) 的意义下非增，故对样本 X，似然函数

$$L(\mu,\Sigma)=f(\Sigma^{-1/2}[S+n(\bar{x}-\mu)(\bar{x}-\mu)']\Sigma^{-1/2})|\Sigma|^{-n/2}$$

作为μ的函数，对任意给定的 $\Sigma>0$，在 $\mu=\bar{x}$ 处达到它的极大值并且中心化的似然函数是

$$L(\bar{x},\Sigma)=|\Sigma|^{-n/2}f(\Sigma^{-1/2}S\Sigma^{-1/2}).$$

设 $W=\Sigma^{-1/2}S\Sigma^{-1/2}$. 则由引理 4.1.3，$W>0$ 以概率 1 成立。因此，我们有

(4.1.20) $$L(\bar{x},\Sigma)=|W|^{n/2}|S|^{-n/2}f(W).$$

利用引理 4.1.4，我们证明(4.1.20)的右边作为W的函数在$\Sigma^*>0$达到它的极大值．我们有 $\Sigma^*=\hat{\Sigma}^{-1/2}S\hat{\Sigma}^{-1/2}$. 令 $G^*\triangleq(S^{-1/2}\times\hat{\Sigma}^{1/2})^{-1/2}$，即 $\hat{\Sigma}=S^{1/2}G^*SG^*S^{1/2}$. 故定理得证。□

设 $X \sim SS_{n\times p}(\mu, \Sigma, f)$，即$X$有密度

$$(4.1.21)\quad |\Sigma|^{-n/2}f(\lambda[(X-1\mu')\Sigma^{-1}(X-1\mu')']) = |\Sigma|^{-n/2}f(\lambda[\Sigma^{-1}S+n\Sigma^{-1}(\bar{x}-\mu)(\bar{x}-\mu)']),$$

其中 $\lambda(A)=\mathrm{diag}(\lambda_1,\cdots,\lambda_p)$ 且 $\lambda_1\geqslant\cdots\geqslant\lambda_p$ 是A的p个特征值. 设f满足（a）和（b）的条件. 能够证明，当 $f(\lambda(A))$ 是 $\lambda_1,\cdots,\lambda_p$ 的对称函数时，这里 $\lambda(A)=\mathrm{diag}(\lambda_1,\cdots,\lambda_p)$, $\Sigma^*=\alpha_0 I_p$ 由引理 4.1.4 给出。则由定理 4.1.2，μ和Σ的极大似然估计是 $\hat{\mu}=\bar{x}$ 和 $\hat{\Sigma}=(1/\alpha_0)S$，因为 $G^*=(S^{1/2}\Sigma^*S^{1/2})^{-1/2}=\alpha_0^{1/2}S^{-1/2}$ 似然函数的极大值是

$$(4.1.22)\qquad L(\hat{\mu},\hat{\Sigma})=\alpha_0^{n/2}|S|^{-n/2}f(\alpha_0 I_p).$$

4.1.4 参数函数的极大似然估计

设x是来自某一总体F_θ的样本，$\theta\in\Theta$，其中θ是参数且Θ是参数空间。设F_θ有密度 $f(x|\theta)$。因此，似然函数是 $L(\theta)=f(x|\theta)$. 我们要通过样本x估计某一个参数函数，譬如说，$\mathscr{I}(\theta)$，设

$$\Theta^*\triangleq\{\theta^*|g(\theta)=\theta^*,\theta\in\Theta\} \text{ 和 } C(\theta^*)\triangleq\{\theta\in\Theta|g(\theta)=\theta^*\}.$$

令 $M(\theta^*)=\sup\limits_{\theta\in C(\theta^*)}L(\theta)$，$\theta^*\in\Theta^*$. 我们可以把 $M(\theta^*)$ 称为由 $L(\theta)$ 导出的似然函数.

定义 4.1.1 $\hat{\theta}^*$ 称为 $g(\theta)$的极大导出似然估计，如果$\hat{\theta}^*\in\Theta^*$使得 $M(\hat{\theta}^*)\geqslant M(\theta^*)$ 对每个 $\theta^*\in\Theta^*$ 成立. 我们把$\hat{\theta}^*$简称为 $g(\theta)$ 的极大似然估计.

下面的引理给出一个重要的性质，一般称之为估计理论中的极大似然方法的不变性。"不变"一词是指这样一个问题：若 $g(\theta)$ 是从Θ到 Θ^* 的一对一的函数，则我们可以分别得到θ和 $g(\theta)$ 的极大似然估计量$\hat{\theta}$和$\hat{\theta}^*$. 可以自然地要求 $\hat{\theta}^*=g(\hat{\theta})$ 如果$\hat{\theta}^*$和$\hat{\theta}$存在. 以下的引理表明，对任意的映射 $g(\cdot)$，这也是正确的，即 $g(\cdot)$ 可以不是一对一的.

引理 4.1.5 设 $\theta\in\Theta$（常常是 R^k 中的一个区间)和$g(\cdot)$是

Θ 到 Θ^* 的任意的变换(Θ^* 是 R^r 中的区间. 则 $g(\hat{\theta})$ 是 $g(\theta)$ 的一个极大导出似然估计量,若 θ 的极大似然估计量存在.

证 因 $\hat{\theta}\in\Theta$, 故 $g(\hat{\theta})\in\Theta^*$. 显然, $\{c(\theta^*)|\theta^*\in\Theta^*\}$ 是 Θ 的一个划分且 $\hat{\theta}$ 属于这个划分的一个唯一的方格 $c(\hat{\theta}^*)$. 因此我们有

$$L(\hat{\theta})=\sup_{\theta\in C(\hat{\theta}^*)}L(\theta)=M(\hat{\theta}^*)\leqslant\sup_{\theta^*\in\Theta^*}M(\theta^*)$$
$$=\sup_{\theta^*\in\Theta^*}\sup_{\theta\in C(\theta^*)}L(\theta)=\sup_{\theta\in\Theta}L(\theta)=L(\hat{\theta}),$$

即 $M(\hat{\theta}^*)=\sup_{\theta^*\in\Theta^*}M(\theta^*)$. 因 $\hat{\theta}\in C(\hat{\theta}^*)$, 故由 $C(\hat{\theta}^*)$ 的定义而得到 $\hat{\theta}^*=g(\hat{\theta})$. □

设 $X=(X_{ij})\sim VS_{n\times p}(\mu,\Sigma,\phi)$ 是非退化的. 当 $X=(x_{(1)},\cdots,x_{(n)})'$ 有二阶矩 $\mathscr{D}(x_{(k)})=-2\phi'(0)\Sigma\triangleq\sigma\Sigma=(\sigma\sigma_{ij})$, $k=1,\cdots,n$ (见定理 2.6.5). 因此, X_{ki} 和 X_{kj} 的关相系数是

$$\rho_{ij}=\mathrm{Corr}(X_{ki},X_{kj})=\frac{\mathrm{Cov}(X_{ki},X_{kj})}{[\mathrm{var}(X_{ki})\mathrm{var}(X_{kj})]^{1/2}}\tag{4.1.23}$$
$$=\frac{\sigma_{ij}}{(\sigma_{ii}\sigma_{jj})^{1/2}},$$

$i,j=1,\cdots,p;k=1,\cdots,n$ (见定义 2.2.2). 由引理 2.6.1 的推论 3, 把 $x_{(k)}$ 划分为 $x_{(k)}=(x'_{(k1)},x'_{(k2)})'$, $k=1,\cdots,n$, 其中 $x_{(k1)}:m\times 1$, 则有

$$\varepsilon(x_{(k1)}|x_{(k2)})=\mu^{(1)}+\Sigma_{12}\Sigma_{22}^{-1}(x_{(k2)}-\mu^{(2)})$$

和

$$\mathscr{D}(x_{(k1)}|x_{(k2)})=\sigma(x_{(k2)})\Sigma_{11.2},$$

其中 $\mu=\begin{pmatrix}\mu(1)\\\mu(2)\end{pmatrix},\Sigma=\begin{pmatrix}\Sigma_{11}&\Sigma_{12}\\\Sigma_{21}&\Sigma_{22}\end{pmatrix}$, $\Sigma_{11.2}=\Sigma_{11}-\Sigma_{12}\Sigma_{22}^{-1}\Sigma_{21}$ 且 $\sigma(x_{(k2)})>0$. $\beta_{1.2}\triangleq\Sigma_{12}\Sigma_{22}^{-1}$ 称为 $x_{(k1)}$ 在 $x_{(k2)}$ 上的回归系数. 当 $X\sim N_{n\times p}(1\mu',I_n\otimes\Sigma)$ 和 $\sigma(x_{(k2)})=1$ 时, $\Sigma_{11.2}$ 称为条件协差阵.

定理 4.1.3 设 $X\sim VS_{n\times p}(\mu,\Sigma,f)$, $n>p$ 且 f 非增和连续. 则 $\rho_{ij},\beta_{1.2}$ 和 $\Sigma_{11.2}$ 的极大似然估计分别是

$$\hat{\rho}_{ij}=\frac{S_{ij}}{(S_{ii}S_{jj})^{1/2}},\quad i,j=1,\cdots,p,$$

$$\hat{\beta}_{1.2}=S_{21}S_{11}^{-1},$$

$$\hat{\Sigma}_{11.2}=\lambda_{\max}(f)(S_{11}-S_{12}S_{22}^{-1}S_{21}),$$

其中 $S=(S_{ij})=\begin{pmatrix}S_{11}&S_{12}\\S_{21}&S_{22}\end{pmatrix}$ 如(4.1.4)所定义。

证 由定理 4.1.1 和引理 4.1.5，引理得证。□

设 $X=(X_1,\cdots,X_n)'$ 是协差阵为 $\Sigma>0$ 的随机向量。把 x 和Σ作如下分划：

$$x=\begin{pmatrix}X_1\\x^{(2)}\end{pmatrix},\quad \Sigma=\begin{pmatrix}\sigma_{11}&\sigma_{12}\\\sigma_{21}&\Sigma_{22}\end{pmatrix},$$

其中 $x^{(2)}:(n-1)\times 1$ 且 $\Sigma_{22}:(n-1)\times(n-1)$。

定义 4.1.2 X_1 和$X_2,\cdots,X_n$ 之间的复相关系数是 X_1 和 $X_2,\cdots,X_n$ 的任何线性函数 $a'x^{(2)}$ 之间的极大相关系数。

引理 4.1.6 利用如上的记号，在所有的线性组合中，使 $X_1-a'x^{(2)}$ 的方差极小且使 X' 和 $a'x^{(2)}$ 之间的相关系数极大的线性组合是 $\beta'x^{(2)}$，其中 $\beta'=\sigma_{12}\Sigma_{22}^{-1}$，如果 $\mathrm{var}(X_1)>0$。

证 不失一般性，设 $\mu=0$（否则，以 x 来代替 $x-\mu$）。

由于 $\beta'=\sigma_{12}\Sigma_{22}^{-1}$，$\mathscr{E}(X_1x^{(2)\prime})=\sigma_{12}$ 且 $\mathscr{E}(x^{(2)}x^{(2)\prime})=\Sigma_{22}$，故对每个 a 有

$$\begin{aligned}(4.1.24)\qquad &\mathscr{E}[(X_1-\beta'x^{(2)})(\beta-a)'x^{(2)}]\\&=\mathscr{E}[(X_1-\sigma_{12}\Sigma_{22}^{-1}x^{(2)})x^{(2)\prime}(\beta-a)]\\&=(\sigma_{12}-\sigma_{12}\Sigma_{22}^{-1}\Sigma_{22})(\beta-a)=0.\end{aligned}$$

则由如上的事实，对每个 a 有

$$\begin{aligned}&E(X_1-a'x^{(2)})^2\\&\quad=E(X_1-\beta'x^{(2)})^2+E(\beta'x^{(2)}-a'x^{(2)})^2\\&\quad=E(X_1-\beta'x^{(2)})^2+(\beta-a)'\Sigma_{22}(\beta-a)\\(4.1.25)\qquad&\quad\geqslant E(X_1-\beta'x^{(2)})^2.\end{aligned}$$

而且在(4.1.25)中等号成立当且仅当 $a=\beta$。 引理的前一个结论得证。

现证明，X_1 和 $a'x^{(2)}$ 之间的极大相关系数给出为 $a=\beta$。由 Schwarz 不等式

$$\frac{E(X_1a'x^{(2)})}{[\sigma_{11}E(a'x^{(2)})^2]^{1/2}}$$

$$=\frac{\sigma_{12}a}{(\sigma_{11}a'\Sigma_{22}a)^{1/2}}=\frac{\beta'\Sigma_{22}a}{(\sigma_{11}a'\Sigma_{22}a)^{1/2}}$$

$$\leqslant\left(\beta'\Sigma_{22}^{1/2}\Sigma_{22}^{1/2}\beta\cdot\frac{a'\Sigma_{22}^{1/2}\Sigma_{22}^{1/2}a}{\sigma_{11}a'\Sigma_{22}a}\right)^{1/2}. \tag{4.1.26}$$

上式等式成立当且仅当 $\Sigma_{22}^{1/2}\beta=\Sigma_{22}^{1/2}a$，即 $\beta=a$。因而引理得证。□

推论 设 $x\sim EC_p(\mu,\Sigma,\phi)$ 非退化且有二阶矩，$\Sigma>0$。则 X_1 和 $x^{(2)}$ 的复相关系数是

$$R=\frac{(\sigma_{12}\Sigma_{22}^{-1}\sigma_{21})^{1/2}}{(\sigma_{11})^{1/2}}.$$

证 由定理 2.6.5 x 的协差阵是 $-2\phi'(0)\Sigma\triangleq\sigma\Sigma$. 则由引理 4.1.6，推论得证。

定理 4.1.4 设 $X\sim VS_{n\times p}(\mu,\Sigma,f)$，$n>p$ 且 f 连续非增. 设 $X=(x_{(1)},\cdots,x_{(n)})'$，$x_{(k)}=\begin{pmatrix}x_{(k1)}\\x_{(k2)}\end{pmatrix}$，其中 $x_{(k1)}:q\times1$，且 X_{kj} 是 $x_{(k1)}$ 的一个分量，$k=1,\cdots,n$。记

$$\Sigma=\begin{pmatrix}\Sigma_{11}&\Sigma_{12}\\\Sigma_{21}&\Sigma_{22}\end{pmatrix},\quad S=\sum_{i=1}^{n}(x_{(i)}-\bar{x})(x_{(i)}-\bar{x})'$$

$$=\begin{pmatrix}S_{11}&S_{12}\\S_{21}&S_{22}\end{pmatrix}=(S_{ij}),$$

其中 Σ_{11} 和 S_{11} 是 $q\times q$ 的矩阵. 则

(i) X_{kj} 和 $x_{(k2)}$ 的复相关系数(给定 k，考虑向量 $x_{(k)}$)是

$$R=\frac{(b'\Sigma_{12}\Sigma_{22}^{-1}\Sigma_{21}b)^{1/2}}{(\sigma_{jj})^{1/2}},\text{对所有的 } k,1\leqslant k\leqslant n, \tag{4.1.27}$$

其中 $b'=e_j(q)$。特别，当 $q=1$ 时，

$$R_0=\frac{(\Sigma_{12}\Sigma_{22}^{-1}\Sigma_{21})^{1/2}}{(\sigma_{11})^{1/2}}. \tag{4.1.28}$$

(ii) R 和 R_0 的极大似然估计分别是

$$\hat{R}=\frac{(b'S_{12}S_{22}^{-1}S_{21}b)^{1/2}}{(S_{ij})^{1/2}} \tag{4.1.29}$$

和

$$\hat{R}_0=\frac{(S_{12}S_{22}^{-1}S_{21})^{1/2}}{(S_{11})^{1/2}}. \tag{4.1.30}$$

证 由于 $x_{(1)}\overset{d}{=}\cdots\overset{d}{=}x_{(n)}$，则由引理 4.1.6 的推论和定理 4.1.1，定理得证。□

值得注意的是由(4.1.27)定义的R与密度 $f(\cdot)$ 无关。

4.2 一些估计量的分布

4.2.1 联合密度

设 $X\sim LS_{n\times p}(\mu,\Sigma,f), n>p$，即$X$有密度

$$\begin{aligned}&|\Sigma|^{-n/2}f(\Sigma^{-1/2}(X-l\mu')'(X-l\mu')\Sigma^{-1/2})\\ &=|\Sigma|^{-n/2}f(\Sigma^{-1/2}[S+n(\bar{x}-\mu)(\bar{x}-\mu)']\Sigma^{-1/2}),\end{aligned} \tag{4.2.1}$$

其中 $S=\sum_{i=1}^{n}(x_{(i)}-\bar{x})(x_{(i)}-\bar{x})'=X'(I_n-P_n)X$ 且 $P_n=\frac{1}{n}11'$。由(4.1.10)，$S=\sum_{i=1}^{n-1}z_{(i)}z_{(i)}'=B'B$，其中 $Z=(z_{(1)},\cdots,z_{(n)})'=\Gamma X,\Gamma\in O(n)$ 且其第 n 行是 $(n^{-\frac{1}{2}},\cdots,n^{-\frac{1}{2}})$。容易看到，$Z$ 有密度

$$|\Sigma|^{-n/2}f(\Sigma^{-1/2}[B'B+n(n^{1/2}z_{(n)}-\mu)(n^{1/2}z_{(n)}-\mu)']\Sigma^{-1/2}). \tag{4.2.2}$$

我们现在解得到 $(\bar{x},S)$ 的联合密度。

定理 4.2.1 设 $X\sim LS_{n\times p}(\mu,\Sigma,f)$，$n>p$，即$X$有密度(4.2.1)。则 $(\bar{x},S)$ 的联合密度是

$$\left[n^{n/2}\pi^{(n-1)p/2}/\Gamma_p\left(\frac{n-1}{2}\right)\right]|S|^{(n-p)/2-1}|\Sigma|^{-n/2}f(\Sigma^{-1/2}[S+n(\bar{x}-\mu)(\bar{x}-\mu)']\Sigma^{-1/2}),\ S>0, \tag{4.2.3}$$

其中 $\Gamma_p\left(\frac{n}{2}\right)=\pi^{p(p-1)/4}\prod_{j=1}^{p}\Gamma((n-j+1)/2)$ 是多元 Gamma 函数(见练习 3.17)。

证 由(3.4.2)和(4.2.2),对任何非负 Borel 函数,我们有

$$
\begin{aligned}
E[g(\bar{x},S)] &= E[g(n^{1/2}z_{(n)},B'B)] \\
&= \int g(n^{1/2}z_{(n)},B'B)|\Sigma|^{-1/2}f(\Sigma^{-1/2}[B'B+n(n^{1/2}z_{(n)}-\mu) \\
&\quad \times(n^{1/2}z_{(n)}-\mu)']\Sigma^{-1/2})dZ
\end{aligned}
$$

$$
\begin{aligned}
\text{(4.2.4)}\quad &= \left[\pi^{(n-1)p/2}/\Gamma_p\left(\frac{n-1}{2}\right)\right]\int_{S>0} g(n^{1/2}z_{(n)},S) \\
&\quad \times|S|^{(n-p)/2-1}|\Sigma|^{-n/2}f(\Sigma^{-1/2}[S+n(n^{1/2}z_{(n)}-\mu) \\
&\quad \times(n^{1/2}z_{(n)}-\mu)']\Sigma^{-1/2})dSdz_{(n)}.
\end{aligned}
$$

再设 $\bar{x}=n^{\frac{1}{2}}z_{(n)}$。由(4.2.4),我们有

$$
\begin{aligned}
\text{(4.2.5)}\quad E[g(\bar{x},S)] &= \left[n^{p/2}\pi^{(n-1)p/2}/\Gamma_p\left(\frac{n-1}{2}\right)\right]\int_{S>0} g(\bar{x},S) \\
&\quad \times|S|^{(n-p)/2-1}|\Sigma|^{-n/2}f(\Sigma^{-1/2}[S+n(\bar{x}-\mu) \\
&\quad \times(\bar{x}-\mu)']\Sigma^{-1/2})dSd\bar{x},
\end{aligned}
$$

这就证明了 $(\bar{x},S)$ 有联合密度(4.2.3)。□

推论 1 设 $X\sim VS_{n\times p}(\mu,\Sigma,f)$, $n>p$, 则 $(\bar{x},S)$ 有联合密度

$$
\begin{aligned}
\text{(4.2.6)}\quad &\left[n^{p/2}\pi^{(n-1)p/2}/\Gamma_p\left(\frac{n-1}{2}\right)\right]|S|^{(n-p)/2-1}|\Sigma|^{-n/2} \\
&\quad \times f(\operatorname{tr}\Sigma^{-1}S+n(\bar{x}-\mu)'\Sigma^{-1}(\bar{x}-\mu)),\ S>0, \\
&\qquad \bar{x}\in R^p.
\end{aligned}
$$

推论 2 设 $X\sim N_{n\times p}(1\mu',I_n\otimes\Sigma),n>p$ 且 $\Sigma>0$. 则

(i) $\bar{x}$ 与 S 独立;

(ii) $\bar{x}\sim N\left(\mu,\frac{1}{n}\Sigma\right)$ 且 $S\sim W_p(n-1,\Sigma)$.

证 对 $f(\operatorname{tr}(\cdot))=(2\pi)^{-np/2}\operatorname{etr}\left(-\frac{\cdot}{2}\right)$,可直接证明 (i) 和 (ii)。□

4.2.2 边缘密度

前一节的定理 4.2.1 的推论 2 给出了正态情形的 $\bar{x}$ 和 S 的边缘密度。现在我们在 $X \sim VS_{n\times p}(\mu,\Sigma,f)$ 的假定下由(4.2.6) 推导它们。

定理 4.2.2 设 $X \sim VS_{n\times p}(\mu,\Sigma,f), n>p$。则

(i) $\bar{x} \overset{d}{=} \mu + n^{-\frac{1}{2}} R^* \Sigma^{\frac{1}{2}} u^{(p)}$,其中 R^* 和 $u^{(p)}$ 独立，$R^* \overset{d}{=} R b_{p/2,(n-1)p/2}$，其中 $b_{p/2,(n-1)p/2}$ 与 $R>0$独立且R有密度

$$[2\pi^{np/2}/\Gamma(np/2)]r^{np-1}f(r), r>0. \tag{4.2.7}$$

(ii) S 有密度

$$\left[2\pi^{p/2}/\Gamma(p/2)\Gamma_p\left(\frac{n-1}{2}\right)\right]|\Sigma|^{-(n-1)/2}|S|^{(n-p)/2-1} \tag{4.2.8}$$

$$\times\int_0^\infty r^{p-1}f(r^2+\mathrm{tr}\Sigma^{-1}S)dr.$$

证 为证 (i)，首先设 $X \sim VS_{n\times p}(O,I_p,\phi)$。则 $\mathrm{vec}X \overset{d}{=} \mathrm{vec}X' \overset{d}{=} Ru^{(np)}$，其中 $R \longleftrightarrow \phi \in \Phi_{np}$ (见 2.5 节) 与 $u^{(np)}$ 独立。因此，$\bar{x} = \frac{1}{n}X'1 = \frac{1}{n}(1'\otimes I_p)\mathrm{vec}X' \overset{d}{=} \frac{1}{n}(1'\otimes I_p)(Ru^{(np)})$。由定理 2.6.1 的推论 1

$$\bar{x} \sim EC_p\left(0,\ \frac{1}{n}I_p,\phi\right),\ \phi\in\Phi_{np},$$

因为

$$\left(\frac{1}{n}1'\otimes I_p\right)\left(\frac{1}{n}1'\otimes I_p\right)' = \frac{1}{n}(1\otimes I_p) = \frac{1}{n}I_p.$$

这意味着

$$\bar{x} \overset{d}{=} n^{-1/2}R^*u^{(p)},$$

其中 $R^* \overset{d}{=} Rb_{p/2,(n-1)p/2}$ 如所要求 (见 2.5.1 节)。我们现在回到 $X \sim VS_{n\times p}(\mu,\Sigma,f)$ 的情形。考虑变换 $\Sigma^{-\frac{1}{2}}(\bar{x}-\mu)$，则由如上的结果第一个结论得证。对(4.2.6)关于 $\bar{x}$ 积分且利用公式(2.4.15)，

则第二个结论得证. □

4.2.3 $\bar{x}$ 和 S 的独立性

定理 4.2.1 的推论 2 表明，当 $X \sim N_{n\times p}(1\mu', I_n\otimes\Sigma)$ 时，$\bar{x}$ 和 S 是独立的. 这一节我们要说明，只当 x 是正态分布时，上述结论才正确. 因此，$\bar{x}$ 和 S 的独立性是正态性的刻画.

定理 4.2.3 设 $X \sim VS_{n\times p}(\mu, \Sigma, f)$, $n > p$. 则 $\bar{x}$ 和 S 独立当且仅当 X 是正态的.

证 只证必要性. 注意，$\bar{x}$ 与 S 独立当且仅当 $\Sigma^{-\frac{1}{2}}(\bar{x} - \mu)$和 $\Sigma^{-\frac{1}{2}}S\Sigma^{-\frac{1}{2}}$ 独立，我们可以假定 $\mu = 0$ 和 $\Sigma = I_p$. 熟知，存在 $\Gamma \in O(n)$ 使得

$$S = \sum_{i=1}^{n-1} z_{(i)}z_{(i)}', \quad \bar{x} = n^{1/2}z_{(n)},$$

其中 $Z = (z_{(1)}, \cdots, z_{(n)})' = \Gamma X$. $\bar{x}$ 和 S 独立蕴涵 $\mathrm{tr}S = z_{(1)}'z_{(1)} + \cdots + z_{(n-1)}'z_{(n-1)}$ 与 $\bar{x}'\bar{x} = nz_{(n)}'z_{(n)}$ 独立. 由定理 2.8.1，Z 是正态的，等价地，X 是正态的. 定理得证. □

注. 定理 4.2.3 的"仅当"部分，不一定假定 X 有密度，只需对 X 加上 $P(X'X > 0) = 1$ 的条件(见练习 4.5).

4.2.4 样本相关系数的分布

设 $X \sim VS_{n\times p}(\mu, \Sigma, f)$, $\Sigma = (\sigma_{ij})$. 则相关系数阵定义作

$$R = (\rho_{ij}), \tag{4.2.9}$$

其中 $\rho_{ij} = \sigma_{ij}/(\sigma_{ii}\sigma_{jj})^{1/2}$, $i, j = 1, \cdots, p$(见 (4.1.23)). 由定理 4.1.3，我们知道，当 f 连续非增且 $n > p$ 时，R 的极大似然估计是

$$\hat{R} = (\hat{\rho}_{ij}), \tag{4.2.10}$$

其中 $\hat{\rho}_{ij} = S_{ij}/(S_{ii}S_{jj})^{1/2}$ 和 $S = (S_{ij})$ 如 (4.1.4) 所定义. 可以把(4.2.10)写作(见(1.2.16))

$$\hat{R} = \mathrm{diag}(S_{11}^{-1/2}, \cdots, S_{pp}^{-1/2})S\mathrm{diag}(S_{11}^{-1/2}, \cdots, S_{pp}^{-1/2}). \tag{4.2.11}$$

定理 4.2.4 设 $X \sim VS_{n\times p}(\mu, I_n, f)$, $n > p$. 则 $\hat{R}$ 有密度

$$\left[\pi^{np/2}[\Gamma((n-1)/2)]^p/\Gamma_p[(n-1)/2]\Gamma\left(\frac{np}{2}\right)\right]$$

$$\times|\hat{R}|^{(n-p-2)/2}\int_0^\infty r^{\frac{p}{2}-1}\ f(r)dr.$$

证 考虑变换

$$S=\text{diag}(S_{11}^{1/2},\cdots,S_{pp}^{1/2})\hat{R}\text{diag}(S_{11}^{1/2},\cdots,S_{pp}^{1/2}).$$

则该变换的雅可比行列式为

$$J(S\to\hat{R},S_{11},\cdots,\dot{S}_{pp})=\prod_{i<j}(S_{ii}S_{jj})^{1/2}=\prod_{i=1}^{p}S_{ii}^{(p-1)/2}.$$

由(4.2.8),我们得到 $\hat{R},S_{11},\cdots,S_{pp}$ 的联合密度如下:

$$(4.2.12)\quad c\left[\prod_{i=1}^{p}S_{ii}^{(n-3)/2}\right]|\hat{R}|^{(n-p-2)/2}\int_0^\infty r^{p-1}f\left(r^2+\sum_{i=1}^{p}S_{ii}\right)dr,$$

其中 $c=2\pi^{np/2}/\Gamma(p/2)\Gamma_p((n-1)/2)$. 关于 $(S_{11},\cdots,S_{pp})$ 积分(4.2.12)且利用引理 2.4.4, 则定理得证. □

推论 若 $X\sim N_{n\times p}(1\mu',I_n\otimes I_p)$, 则 $\hat{R}$ 与 $(S_{11},\cdots,S_{pp})$ 独立.

证 这里 $f(t)=(2\pi)^{-np/2}e^{-t/2}$. 因此,对某一常数 c,

$$f\left(r^2+\sum_{i=1}^{p}S_{ii}\right)=cf(r^2)f\left(\sum_{i=1}^{p}S_{ii}\right).$$

则由(4.2.12),推论得证. □

注. 我们说到 $\hat{R}$ 的密度(或 S 的密度是指 $\hat{R}$ (或 S) 的独立的矩阵元素的密度. 例如, $\hat{R}$ 的密度是指$\{\hat{\rho}_{12},\cdots,\hat{\rho}_{1p};\cdots,\hat{\rho}_{p-1,p-1}\}$ 的联合密度.

4.3 $\hat{\mu}$和 $\hat{\Sigma}$ 的性质

4.1 节研究了球对称矩阵分布的均值向量和协方差阵的极大似然估计. 这一节中,我们将讨论它们的一些样本性质, 例如, 无偏性、充分性、一致性等等. 它们的进一步讨论将放在 4.4 节.

4.3.1 无偏性

设 x 是来自一个总体 P_θ, $\theta\in\Theta$ 的样本，设统计量 $t(x)$ 用来估计参数 θ 的一个函数 $g(\theta)$。我们把 $t(x)$ 称为 $g(\theta)$ 的一个无偏估计,如果 $E_\theta(t(x))=g(\theta)$ 对每个 $\theta\in\Theta$ 成立,其中 E_θ 表示在参数值 θ 下的数学期望. 如果不会引起混淆的话，下标 θ 常常略去.

引理 4.3.1 设 $X=(x_{(1)},\cdots,x_{(n)})'\sim LS_{n\times p}(\mu,\Sigma,\phi)$ 具有有限的二阶矩. 则

(i) $\mathscr{E}(\bar{x})=\mu$;

(ii) $\mathscr{E}(S)=(n-1)(-2\phi'(0)\Sigma)$.

证 因 $x_{(i)}\sim EC_p(\mu,\Sigma,\phi),i=1,\cdots,n$, 故我们有

$$\mathscr{E}(\bar{x})=\mathscr{E}\left(\frac{1}{n}\sum_{i=1}^{n}x_{(i)}\right)=\frac{1}{n}\sum_{i=1}^{n}\varepsilon(x_{(i)})=\mu.$$

由(4.1.10),我们有

$$S=\sum_{i=1}^{n-1}z_{(i)}z'_{(i)},$$

其中 $z_{(i)}\sim EC_p(O,\Sigma,\phi)$, $i=1,\cdots,n-1$. 因此

$$\mathscr{E}(S)=\sum_{i=1}^{n-1}\mathscr{E}(z_{(i)}z'_{(i)})=(n-1)(-2\phi'(0)\Sigma),$$

由定理 2.6.5. 定理得证. □

推论 1 设 $X\sim VS_{n\times p}(\mu,\Sigma,f)$ 有有限二阶矩. 设 f 连续非增. 则 $\hat{\mu}=\bar{x}$ 和 $[2(1-n)\lambda_{\max}^{-1}(f)\phi'(0)]^{-1}\hat{\Sigma}=[2(1-n)\phi'\times(0)]^{-1}S$ 分别是 μ 和 Σ 的无偏估计.

证 由引理 4.3.1, 结论得证. □

推论 2 设 $X\sim N_{n\times p}(1\mu',I_n\otimes\Sigma)$. 则

$$\left(\hat{\mu},\frac{n}{n-1}\hat{\Sigma}\right)=\left(\bar{x},\frac{1}{n-1}S\right)$$

是 (μ,Σ) 的无偏估计.

证　由推论 1，我们只需验证 $-\phi'(0)=\frac{1}{2}$. 这是显然的，因为 $\phi(t)=e^{t/2}$.

4.3.2 充分性

在统计推断中，充分性是一个很重要的概念。若一个统计量 $T(X)$ 诱导出一个等价于 X 的似然函数，则它将给出全部的必要的统计信息。我们将 $T(X)$ 称为一个充分统计量。在这里所叙述的只是描述性的。严格的定义能够在许多统计教科书中找到。验证一个统计量是否是充分的一个最有用的定理是著名的 Fisher-Neyman 因子分解定理：设 X 有密度 $f(X|\theta),\theta\in\Theta$. 则统计量 $T(X)$ 是充分的当且仅当能求得两个非负函数 $g(t|\theta)$(不一定是密度)和 $h(X)$ 使得

$$f(X|\theta)=g(T(X)|\theta)h(X), \tag{4.3.1}$$

其中 $g(t|\theta)$ 只通过 $T(X)$ 依赖 X 且 h 是与 θ 无关的。读者可以阅读 Halmos 和 Savage(1949) 的涉及一些更深刻的测度论定理的一个证明。

设 $X\sim LS_{n\times p}(\mu,\Sigma,f)$. 则由(4.1.19)我们立刻知道，$(\bar{x},S)$ 是 (μ,Σ) 的一个充分统计量，根据 Fisher-Neyman 因子分解定理，X 的密度有(4.3.1)的形式，这里 $h(X)=1,T(X)=(\bar{x},S)$. 若 μ 是已知的，则 $\sum_{i=1}^{n}(x_{(i)}-\mu)(x_{(i)}-\mu)'$ 对 Σ 是充分的而 S 不是充分的。若 Σ 已知，则一般 $\bar{x}$ 对 μ 不是充分的而当 $X\sim N_{n\times p}(1\mu',I_n\otimes\Sigma)$ 时，$\bar{x}$ 是充分的。

4.3.3 完全性

设 $T(X)$ 是一个统计量，具有一个由 X 导出的密度，$f_T(t|\theta),\theta\in\Theta$. $T(X)$ 称为一个完全统计量如果对每个实 Borel 函数 $g(T)$ 和 θ, $E_\theta(g(T)]=0$ 蕴涵 $P_\theta(g(T)=0)=1$, 对每个 $\theta\in\Theta$. 若 $T(X)$ 还是充分的，则称之为完全充分统计量。

引理 4.3.2 设 $X \sim N_{n\times p}(1\mu', I_n \otimes \Sigma)$, $n > p$, 和 $\Sigma > 0$. 则 $(\bar{x}, S)$ 对 (μ, Σ) 是一个完全充分统计量.

证 我们在 4.3.2 节中已经看到 $(\bar{x}, S)$ 是充分的. 现证明 $(\bar{x}, S)$ 是完全的. 给定一个实的 Borel 函数 $g(\bar{x}, S)$, 则由(4.2.6)我们有

$$
(4.3.2) \quad E[g(\bar{x}, S)] = c\int_{S>0} g(\bar{x}, S)|\Sigma|^{-n/2}|S|^{(n-p-2)/2}\mathrm{etr} \times \left\{-\frac{1}{2}(\Sigma^{-1}S)\right\} \times \exp\left\{-\frac{1}{2}n(\bar{x}-\mu)'\Sigma^{-1}(\bar{x}-\mu)\right\} d\bar{x}dS.
$$

记 $\Sigma^{-1} = I_p - 2Q$ 其中 $Q' = Q$ 使得 $I_p - 2Q > 0$。设 $\mu = (I - 2Q)^{-1}a$. 若 $E[g(\bar{x}, S)] = 0$ 对每个 (μ, Σ), 则由(4.3.2), 我们得到

$$
0 = \int_{S>0} g(\bar{x}, S)|I_p - 2Q|^{n/2}|S|^{(n-p-2)/2}\mathrm{etr} \times \left\{-\frac{1}{2}(I_p - 2Q)(S + n\bar{x}\bar{x}') - 2na\bar{x}' + n(I_p - 2Q)^{-1}aa'\right\} d\bar{x}dS
$$

或

$$
(4.3.3) \quad \int_{S>0} g(\bar{x}, S + n\bar{x}\bar{x}' - n\bar{x}\bar{x}')|S|^{(n-p-2)/2} \times \mathrm{etr}\left\{-\frac{1}{2}(S + n\bar{x}\bar{x}') + Q(S + n\bar{x}\bar{x}') + na\bar{x}'\right\} d\bar{x}dS = 0
$$

这是 Q 和 a 的一个函数. 现把(4.3.3)视为

$$
g(\bar{x}, S + n\bar{x}\bar{x}' - \bar{x}\bar{x}'n)|S|^{(n-p-2)/2}\mathrm{etr}\left\{-\frac{1}{2}(S + n\bar{x}\bar{x}')\right\}
$$

关于变量 $n\bar{x}, S + n\bar{x}\bar{x}'$ 的 Laplace 变换. 由于这个变换对每一对 (a, Q), 其中 Q 满足 $I_p - 2Q > 0$, 恒等于零, 故除了以概率为零的 $(\bar{x}, S)$ 的值集以外, 我们得到 $g(\bar{x}, S) = 0$. 定理得证. □

设

$$\mathscr{F} = \{|\Sigma|^{-n/2}f((X-l\mu')\Sigma^{-1}(X-l\mu')')|f(X'X)$$

是密度且

$$\mu\in R^p, \Sigma>0\}$$

是一密度族.

定理 4.3.1 统计量对族 $\mathscr{F}$ 是完全且充分的.

证 设 $g(\bar{x},S)$ 是一统计量满足

$$\int g(\bar{x},S)|\Sigma|^{-n/2}f((X-l\mu')\Sigma^{-1}(X-l\mu')')dX=0$$

对每个 $(\Sigma|^{-n/2}f((X-l\mu')\Sigma^{-1}(X-l\mu')')\in\mathscr{F}$. 由于正态密度在 $\mathscr{F}$ 中,故由引理 4.3.2 我们有

$$\int_{g(\bar{x},S)=0}\operatorname{etr}\left\{-\frac{1}{2}(X-l\mu')\Sigma^{-1}(X-l\mu')'\right\}dX=1,$$

对所有的 $\mu\in R^p, \Sigma>0$. $|\Sigma|^{-n/2}f((X-l\mu')\Sigma^{-1}(X-l\mu')')$关于正态密度是绝对连续的,若它属于 $\mathscr{F}$. 因此

$$\int_{g(\bar{x},S)=0}f((X-l\mu')\Sigma^{-1}(X-l\mu')')dX=1,$$

这证明了 $(\bar{x},S)$是完全的。$(\bar{x},S)$ 的充分性显然. 定理得证. □

4.3.4 相容性

设 X_n 是来自总体 $F_{n,\theta}$ 的大小为 n 的样本,其$\theta\in\Theta$是待估计的参数。设 $g(\theta)$ 是 θ 的函数且 $T_n(X_n)$ 是用来估计 $g(\theta)$的统计量。$\{T_n\}$ 称为对 $g(\theta)$ 弱相容的,如果对任给的 $\varepsilon>0$

$$\lim_{n\to\infty}P(|T_n-g(\theta)|<\varepsilon)=1,\ \text{对所有的}\ \theta\in\Theta,$$

$\{T_n\}$ 称为强相容的,如果

$$P(\lim_{n\to\infty}T_n=g(\theta))=1,\ \text{对所有的}\ \theta\in\Theta.$$

当 T_n 和 $g(\theta)$ 是向量(或矩阵)时,$|T_n-g(\theta)|$ 可视为欧氏范数.

首先,我们在球对称矩阵分布中引入如下的概念. X称为行

可表示的，如果 $V>0$ 有分布 π 且给定 V，$X\sim N_{n\times p}(O,I_n\otimes V)$（见 Dawid, 1978）。容易看到，$X$ 是行可表示的当且仅当 $X\overset{d}{=}YA$，其中 $Y\sim N_{n\times p}(O,I_n\otimes I_n)$，且 Y 与 $A:p\times p$ 独立。当 $p=1$ 时，由定理 2.5.7 的推论 1，x 是行可表示的当且仅当 $x\sim S_n(\phi)$，其中 $\phi\in\Phi_\infty$。

现设 $X_n\overset{d}{=}1\mu+Y_nA, n=p+1,p+2,\cdots$ 其中 $Y_n\sim N_{n\times p}(O,I_n\otimes I_p)$，$A$ 与 $Y_n=(y_{(1)},\cdots,y_{(n)})'$ 独立，又设 μ 和 Σ 是常数的，且 $X_n=(x_{(1)},\cdots,x_{(n)})'$。则我们以概率 1 地有

$$\bar{x}\triangleq\frac{1}{n}\sum_{i=1}^{n}x_{(i)}\overset{d}{=}\frac{1}{n}\left[\sum_{i=1}^{n}(A'y_{(i)}+\mu)\right]$$

$$=A'\left(\frac{1}{n}\sum_{i=1}^{n}y_{(i)}\right)+\mu\to\mu \text{ 当 } n\to\infty$$

因为由 Kolmogorov 的强大数定律有 $\frac{1}{n}\sum_{i=1}^{n}y_{(i)}\to 0$, a.s.，当 $n\to\infty$。因此，我们有 $P(\lim_{n\to\infty}\bar{x}_n=\mu)=1$，即 $\bar{x}_n$ 对 μ 是强相容的。为研究 S/n 对 Σ 的相容性，不失一般性，我们可以假定 $\mu=0$。与(4.1.10)类似，我们有

$$\frac{1}{n}S_n\overset{d}{=}\frac{1}{n}A'Y'_n(I_n-P_n)Y_nA\overset{d}{=}A'\left(\frac{1}{n}\sum_{i=1}^{n-1}y_{(i)}y'_{(i)}\right)A.$$

因此，当 $n\to\infty$ 时 $\frac{1}{n}\sum_{i=1}^{n-1}y_{(i)}y'_{(i)}\to I_p$。故有 $S_n/n\to A'A$，当 $n\to\infty$。综上所述我们有如下的定理。

定理 4.3.2 在如上的假设下，我们有

(i) $P(\lim_{n\to\infty}\bar{x}_n=\mu)=1$;

(ii) $P\left(\lim_{n\to\infty}\frac{1}{n}S=A'A\right)=1$。

4.4 $\hat{\mu}$和$\hat{\Sigma}$的极小极大与可容许性

现在，我们要研究与 Bayesian 方法、极小极大和可容许性等概念相联系的判决理论方法的参数估计理论．我们假定读者已经熟悉一元统计中的估计理论．为方便起见，我们给出它们的定义并且叙述一些有用的结果而不给出严格的证明．设$(\mathscr{X},\mathscr{B},P_\theta)$是概率空间，其中 $\theta\in\Theta$，Θ 称为参数空间（R^m中的区间），$\mathscr{X}$称为样本空间．设 $\mathscr{D}$ 是θ的所有可能的估计． 非负函数 $L(\theta,d)$，$\theta\in\Theta$，$d\in\mathscr{D}$，定义在 $\Theta\times\mathscr{D}$ 上，且它表示以d错误地估计θ而引起的损失．设

$$R(\theta,d)\triangleq E_\theta[L(\theta,d)]=\int L(\theta,d(x))f(x|\theta)dx, \tag{4.4.1}$$

其中 $f(x|\theta)$ 表示在$\mathscr{X}$中取值的随机向量x关于 Lebesgue 测度 dx 相应于 P_θ 的密度，$R(\theta,d)$ 称为θ的估计 $d(x)$ 的风险函数．设 $h(\theta)$，$\theta\in\Theta$ 表示在Θ上的先验密度，它是一个实验者在实验前对θ的相信程度．给定x的条件下，θ的后验密度（实验者已经得到数据x）是

$$h(\theta|x)=\frac{f(x|\theta)h(\theta)}{\int_\Theta f(x|\theta)h(\theta)d\theta}.$$

先验风险（即关于先验的 $h(\theta)$ 的d的 Bayes 风险）是

$$R_h(d)=\int_\Theta R(\theta,d)h(\theta)d\theta. \tag{4.4.2}$$

我们能够交换 $R(h,d)$ 中积分的次序，若 $R(h,d)<\infty$，并且我们有

$$\begin{aligned}R_h(d)&=\int\{\int L(\theta,d(x))f(x|\theta)dx\}h(\theta)d\theta\\&=\int \tilde{f}(x)\{\int L(\theta,d(x))d\theta\}dx,\end{aligned} \tag{4.4.3}$$

其中 $\tilde{f}(x)\triangleq\int f(x|\theta)h(\theta)d\theta$．量（后验风险）

$$\int L(\theta,d(x))h(\theta|x)d\theta \tag{4.4.4}$$

称为当 x 已经观察到以 $d(x)$ 错误地估计 θ 的期望损失。

定义 4.4.1 用以估计 θ 的统计量 $d_0(x)$ 称为与先验密度 $h(\theta)$ 和损失函数 $L(\theta,d)$ 相联系的 θ 的 Bayes **估计**，如果 $d_0(x)$ 使后验风险(4.4.4)极小，即 $d_0(x)$ 定义为

$$\int L(\theta,d_0(x))h(\theta|x)d\theta=\inf_{d\in\mathscr{D}}\int L(\theta,d)h(\theta|x)d\theta.$$

注. (i)在某些简单的规则的条件下，存在 Bayes 估计，但不一定唯一。但是，若对给定的 θ, $L(\theta,d)$ 对 d 是严格凸的，则 Bayes 估计在本质上是唯一的，若它存在。

(ii) 容易验证，Bayes 估计也使先验风险(4.4.2)极小。

实际上，我们常取 $L(\theta,d)$ 是平方损失函数

$$L(\theta,d)=(\theta-d)'(\theta-d) \tag{4.4.5}$$

或

$$L(\theta,d)=(\theta-d)'D^{-1}(\theta-d), \tag{4.4.6}$$

其中 D 是正定矩阵。

引理 4.4.1 设 $L(\theta,d)$ 取作(4.4.6)。则 θ 的唯一的 Bayes 估计是 $\mathscr{E}(\theta|x)$，其中

$$\mathscr{E}(\theta|x)\triangleq\int\theta h(\theta|x)d\theta$$

是 θ 的后验期望。

我们有

$$\int(\theta-\mathscr{E}(\theta|x))'D^{-1}(\mathscr{E}(\theta|x)-d)h(\theta|x)d\theta=0.$$

引理得证。

定义 4.4.2 θ 的估计 $d^*(x)$ 称为极小极大的如果

$$\sup_{\theta\in\Theta}R(\theta,d^*)=\inf_{d\in\mathscr{D}}\sup_{\theta\in\Theta}R(\theta,d).$$

换句话说，极小极大估计当 θ 在 Θ 中变化时，避免遭受最大可能的风险。在 Bayes 估计和极小极大估计之间有一个有用的联系。

引理 4.4.2 设 $d_0(x)$ 是联系于某一个先验密度 $h(\theta)$ 的 Bayes 估计. 设风险函数 $R(\theta, d_0)$ 不依赖 θ. 则 $d_0(x)$ 是极小极大估计. 而且设 $\{h_k(\theta), k \geqslant 1\}$ 是 Θ 上先验密度序列且设 $\{\theta_k, k \geqslant 1\}$ 是相应的具有先验风险 $\{R(h_k, \theta_k), k \geqslant 1\}$ 的 Bayes 估计的序列. 若存在一个估计 θ^* 使得

$$\sup_{\theta \in \Theta} R(\theta, \hat{\theta}^*) \leqslant \lim_{k \to \infty} \sup R(h_k, \hat{\theta}_k),$$

则 θ^* 是极小极大估计.

现在,我们引入可容许性. 一个估计 $d_1(x)$ 称为至少与另一估计同样好若

$$R(\theta, d_1) \leqslant R(\theta, d_2), \text{ 对每个 } \theta \in \Theta, \tag{4.4.7}$$

$d_1(x)$ 称为优于或严格控制 $d_2(x)$ 若(4.4.7)对至少一个 $\theta \in \Theta$ 的严格不等式成立.

定义 4.4.3 一个估计 $d^*(x)$ 称为**可容许的**,若对任意一个估计 $d(x)$, $R(\theta, d^*) \leqslant R(\theta, d)$ 对每个 $\theta \in \Theta$, 蕴涵在 Θ 上有 $R(\theta, d^*) = R(\theta, d)$. 一个估计称为不可容许的若它不是可容许的.

引理 4.4.3 (Blyth, 1951) 若风险函数 $R(\theta, d)$ 对每个 $d \in \mathscr{D}$ 关于 θ 连续,并且 $\theta_h(x)$ 是相应于先验密度 $h(\theta)$ 的 Bayes 估计,其中 $h(\theta)$ 在所有的 $\theta \in \Theta$ 上都是正的,则 Bayes 估计 $\hat{\theta}_h(x)$ 是可容许的.

证 用反证法. 若 $\hat{\theta}_h(x)$ 是不可容许的, 则存在一个估计 $\hat{\theta}^*(x)$ 使得 (i) 对每个 $\theta \in \Theta$ 有 $R(\theta, \hat{\theta}^*) \leqslant R(\theta, \theta_h)$, (ii) 对某个 $\theta_0 \in \Theta$ 有 $R(\theta_0, \theta^*) < R(\theta, \theta_h)$. 由于 $R(\theta, d)$ 对每个 d 关于 θ 连续,故存在一个在 θ_0 附近的邻域 $N(\theta_0)$, 在其上不等式(ii)对所有的 $\theta \in N(\theta_0)$ 成立. 注意, 对所有的 $\theta \in \Theta$ 有 $h(\theta) > 0$, 则我们有

$$\begin{aligned} R(h, \hat{\theta}^*) &= \int_{\Theta} R(\theta, \hat{\theta}^*) h(\theta) d\theta \\ &= \left(\int_{N(\theta_0)} + \int_{\Theta - N(\theta_0)}\right) R(\theta, \hat{\theta}^*) h(\theta) d\theta \end{aligned}$$

$$< \int_{N(\theta_0)} R(\theta,\hat{\theta}_h)h(\theta)d\theta + \int_{\Theta - N(\theta_0)} R(\theta,\hat{\theta}_h^*)h(\theta)d\theta$$

$$= \int_{\Theta} R(\theta,\hat{\theta}^*)h(\theta)d\theta = R(h,\hat{\theta}_h),$$

这与 $\hat{\theta}_h$ 是相应于 h 的 Bayes 估计的假设矛盾. 引理得证.

4.4.1 $\bar{x}$ 作为 μ 的估计量的不可容许性

设 $x_1,\cdots,x_n$ 是来自总体 $N(\mu,I_p)$ 的 n 个独立的观察值. Stein(1956) 和 James 和 Stein(1961) 指出,当 $p>2$ 时 $\bar{x}$ 是 μ 的一个不可容许的估计. 这开辟了一个全新的研究领域并且导致一种新型估计的产生. 他们证明了,在二次损失(4.4.5)之下,估计

$$\hat{\mu} = \left(1 - \frac{p-2}{n\bar{x}'\bar{x}}\right)\bar{x} \tag{4.4.8}$$

当 $p>2$ 时是比 $\bar{x}$ 更好的估计且 (4.4.8) 称为 James-Stein 估计. 现在我们要建立球对称矩阵分布中 $\bar{x}$ 的不可容许性. 有许多学者研究过这个问题, 如 Strawderman (1974), Brandwein 和 Strawderman (1978), Brandwein (1979), 范剑青和方开泰 (1986). 他们考虑了如下的更一般的形式:

$$\delta_a(x) = (1 - a/x'x)x \tag{4.4.9}$$

并且证明了, 对某些 a, $\delta_a(x)$ 是比 x 更好的估计. 首先我们需要一些引理. 以下的引理说明,我们只需考虑 $n=1$ 的情形.

引理 4.4.4 设 $X=(x_{(1)},\cdots,x_{(n)})' \sim SS_{n\times p}(1\mu',I_p,\phi)$. 则

$$\bar{x} \overset{d}{=} \frac{1}{n}(x_{(1)}-\mu)+\mu. \text{(注意 } x_{(1)}-\mu \sim S_p(\phi)\text{)}$$

证 设 $Y \sim SS_{n\times p}(0,I_p,\phi)$. 则 $X \overset{d}{=} 1\mu' + Y$. 因此

$$\bar{x} = \frac{1}{n}X'l \overset{d}{=} \frac{1}{n}(l\mu'+Y)'l = \frac{1}{n}Y'l + \mu.$$

取 $\Gamma \in O(n)$ 使得 $\Gamma 1 = (n^{1/2},0,\cdots,0)'$, 则我们有

$$\bar{x} \stackrel{d}{=} \frac{1}{n} Y'\Gamma'\Gamma l + \mu \stackrel{d}{=} \frac{1}{n} Y'\Gamma l + \mu = n^{-1/2} y_{(1)}$$

$$+ \mu \stackrel{d}{=} n^{-1/2}(x_{(1)} - \mu) + \mu,$$

其中 $Y = (y_{(1)}, \cdots, y_{(n)})'$. 引理得证.

引理 4.4.5 设 $r(t)$ 是一个非负连续非增的函数. 则

$$\int_{-1}^{1} \frac{\alpha v r(1 + 2\alpha v + \alpha^2)}{1 + 2\alpha v + \alpha^2} (1 - v^2)^{\frac{p-3}{2}} dv$$

$$> -\frac{2}{p-1} \int_{-1}^{1} \frac{r(1 + 2\alpha v + \alpha^2)}{1 + 2\alpha v + \alpha^2} (1 - v^2)^{\frac{p-3}{2}} dv$$

倘若 $p \geqslant 4$.

证 由下面的讨论,不失一般性,假设 $r(t)$ 的一阶导数总存在,因 $r(t)$ 非增连续. 用分部积分法和

$$\alpha^2(1 - v^2) < 1 + 2\alpha v + \alpha^2$$

我们有

$$\int_{-1}^{1} \frac{\alpha v r(1 + 2\alpha v + \alpha^2)}{1 + 2\alpha v + \alpha^2} (1 - v^2)^{\frac{p-3}{2}} dv$$

$$= -\int_{-1}^{1} \frac{2}{p-1} \frac{\alpha^2 r(1 + 2\alpha v + \alpha^2)}{(1 + 2\alpha v + \alpha^2)^2} (1 - v^2)^{\frac{p-1}{2}} dv$$

$$+ \frac{2\alpha^2}{p-1} \int_{-1}^{1} \frac{r'(1 + 2\alpha v + \alpha^2)}{1 + 2\alpha v + \alpha^2} (1 - v^2)^{\frac{p-1}{2}} dv$$

$$> -\frac{2}{p-1} \int_{-1}^{1} \frac{r(1 + 2\alpha v + \alpha^2)}{1 + 2\alpha v + \alpha^2} (1 - v^2)^{\frac{p-3}{2}} dv.$$

故引理得证. □

引理 4.4.6 对于 $p \geqslant 4$, 函数

$$f(\alpha) = \int_{-1}^{1} \frac{1}{1 + 2\alpha v + \alpha^2} (1 - v^2)^{\frac{p-3}{2}} dv$$

在$[0, \infty)$上是 α 的非增函数.

证 当 $p \geqslant 5$ 时,对 α 微分 $f(\alpha)$ 且用分部积分法, 则我们有

$$f'(\alpha) = -2 \int_{-1}^{1} \frac{\alpha}{(1 + 2\alpha v + \alpha^2)^2} (1 - v^2)^{(p-3)/2}$$

$$-2\int_{-1}^{1}\frac{v(1-v^2)^{(p-3)/2}}{(1+2\alpha v+\alpha^2)^2}dv$$

$$=-2\alpha\int_{-1}^{1}\frac{\alpha^2+2\alpha v+1-4(1-v^2)/(p-1)}{(1+2\alpha v+\alpha^2)^3}$$

$$\times(1-v^2)^{(p-3)/2}dv\leqslant 0.$$

当 $p=4$ 时，由直接的计算得到

$$f'(\alpha)=-2\int_{-1}^{1}\frac{\alpha+v}{(1+2\alpha v+\alpha^2)^2}(1-v^2)^{\frac{1}{2}}dv$$

$$=-\frac{1}{x}\int_{-1}^{1}\frac{1-\alpha v-2\alpha v^2}{1+2\alpha v+\alpha^2}(1-v^2)^{-\frac{1}{2}}dv$$

$$=-\frac{1}{x^2}\int_{-1}^{1}\frac{\alpha+v}{1+2\alpha v+\alpha^2}(1-v^2)^{-\frac{1}{2}}dv$$

$$=\begin{cases}-\pi/\alpha^3 & \alpha>1\\ 0 & \alpha<1。\end{cases}$$

因此有 $f'(\alpha)\leqslant 0, \alpha\neq 1$，如果 $p\geqslant 4$。则由 $f(\alpha)$ 的连续性，得到所要的结论。□

定理 4.4.1 设 $x\sim EC_p(\mu, I_p, f)$ 且 $E_0(\|x\|^{-2})$ 是有限的，其中 E_0 表示当 $\mu=0$ 时的期望。则估计量 $\delta_a(x)$ 在二次损失(4.4.5)的条件下优于通常的估计量 x，若 $p\geqslant 4$ 且

$$0\leqslant a\leqslant 2(p-3)/(p-1)E_0(\|x\|^{-2})。$$

证 令 $y=x-\mu$。x 与 $\delta_a(x)$ 之间的风险函数之差是

$$R(x,\mu)-R(\delta_a(x),\mu)=E\|x-\mu\|^2-E\|\delta_a(x)-\mu\|^2$$
$$=a\{2E[(y+\mu)'y/\|y+\mu\|^2]-\alpha E\|y+\mu\|^{-2}\}.$$

不失一般性，可以假设 $\mu=(\|\mu\|,0,\cdots,0)'$，因为 y 的球对称性使得

$$R(x,\mu)-R(\delta_a(x),\mu)$$
$$=aE\frac{2\|y\|^2+2Y_1\|\mu\|-a}{(Y_1+\|\mu\|)^2+Y_2^2+\cdots+Y_p^2}.$$

令 $\alpha=\|\mu\|/R$。由于在给定 $\|y\|^2=R^2$ 的条件下 $y/\|y\|$ 的条件分布是在单位球上的均匀分布，故由引理 4.4.5 和 4.4.6，我们有

$$E\left\{\frac{2\|y\|^2+2Y_1\|\mu\|-a}{(Y_1+\|\mu\|)^2+Y_2^2+\cdots+Y_p^2}\,\middle|\,\|y\|^2=R^2\right\}$$

$$=\frac{1}{B\left(\frac{1}{2},\frac{p-1}{2}\right)}\int_{-1}^{1}\frac{2+2\alpha v-aR^{-2}}{1+2\alpha v+\alpha^2}(1-v^2)^{(p-3)/2}dv$$

$$>\frac{1}{B\left(\frac{1}{2},\frac{p-1}{2}\right)}\int_{-1}^{1}\frac{2-4/(p-1)-aR^{-2}}{1+2\alpha v+\alpha^2}(1-v^2)^{(p-3)/2}dv$$

$$=\frac{1}{B\left(\frac{1}{2},\frac{p-1}{2}\right)}(2(p-3)/(p-1)-aR^{-2})f(\|\mu\|/R)$$

$$\geqslant\frac{1}{B\left(\frac{1}{2}\right),\frac{p-1}{2}}(2(p-3)/(p-1)-aR^{-2})f(\|\mu\|/R_0),$$

其中 $R_0=((p-1)a/2(p-3))^{\frac{1}{2}}$. 如上的不等式成立是因为在引理 4.4.6 中定义的 $f(\|\mu\|/R)$ 是R的非减函数并且 $2(p-3)/(p-1)-aR^{-2}\geqslant(<)0$, 当 $R\geqslant(<)R_0$。上面事实可推出

$$R(x,\mu)-R(\delta_a(x),\mu)$$

$$>\frac{1}{B\left(\frac{1}{2},\frac{p-1}{2}\right)}f(\|\mu\|/R_0)(2(p-3)/(p-1)$$

$$-aE_0\|x\|^{-2})\geqslant 0.$$

因此,定理得证。□

注.这个定理的结论首先由 Brandwein 和 Strawderman (1978)所证明. 但是, 他们的证明太长. 这里的证明来自范剑青和方开泰(1986). 类似的结果在正态情形也容易得到.

引理 4.4.7 设 $x\sim N(\theta,1)$. 若 $h(t)$ 可微且 $E[h'(x)]<\infty$,则

(4.4.10) $$E[h(x)(x-\theta)]=E(h'(x)).$$

证 用分部积分法,我们有

$$E[h(x)(x-\theta)]=(2\pi)^{-1/2}\int_{-\infty}^{\infty}h(x)(x-\theta)e^{-(x-\theta)^2/2}dx$$

$$= -(2\pi)^{-1/2}\int_{-\infty}^{\infty} h(x)d[e^{-(x-\theta)^2/2}]$$

$$= (2\pi)^{-1/2}\int_{-\infty}^{\infty} h'(x)e^{-(x-\theta)^2/2}dx$$

$$= E[h'(x)]. \qquad \square$$

定理 4.4.2 设 $x \sim N(\mu, I_p)$ 且 $p \geqslant 3$. 则 $\delta_a(x)$ 在平方损失下要优于 x，若 $0 < a \leqslant 2(p-2)$.

证 在 x 和 $\delta_a(x)$ 间的风险函数之差是

$$\begin{aligned} &R(\mu, x) - R(\mu, \delta_a) \\ &= p - E\left(\left\|\left(1 - \frac{a}{x'x}\right)x - \mu\right\|^2\right) \\ &= p - E(\|x-\mu\|^2) - 2aE(x'(x-\mu)/x'x) + a^2E(1/x'x) \\ &= 2aE[x'(x-\mu)/x'x] - a^2E(1/x'x). \end{aligned}$$

因

$$E[x'(x-\mu)/x'x] = \sum_{i=1}^{p} E[x_i(x_i-\mu_i)/x'x],$$

且对于 $1 \leqslant i \leqslant p$ 有

$$E\left[\frac{x_i(x_i-\mu_i)}{x'x}\right] = E\left[\frac{\partial}{\partial x_i}\left(\frac{x_i}{x'x}\right)\right] = E\left[\frac{x'x - 2x_i^2}{(x'x)^2}\right],$$

(引理 4.4.5)

因此

$$E[x'(x-\mu)/x'x] = \sum_{i=1}^{p} E\left[\frac{x'x - 2x_i^2}{(x'x)^2}\right] = E[(p-2)/x'x].$$

注意 $E(1/x'x) = (p-2)^{-1}$，故有

$$R(\mu, x) - R(\mu, \delta_a) = a(2 - a/(p-2)) > 0.$$

若 $0 < a < 2(p-2)$. $\square$

而 Stein (1956) 证明了，x 对于 $x \sim N(\mu, I_p)$，$p = 1, 2$，是 μ 的容许估计.

尽管我们证明了 $(1 - a/x'x)x$ 优于 x，x 是不可容许的，但 $(1 - a/x'x)x$ 本身也是不可容许的. 事实上，$(1 - a/x'x)^+x$ 优于 $(1 - a/x'x)x$，其中 $t^+ = \max(0, t)$ (见练习 4.10) Strawderman (1971) 发现了一类固有的 Bayes 估计，它们对正态均值向量都优于 x，因而都是可容许的(引理 4.4.3)。下述 Cohen(1866) 的定理刻画了的多元正态分布均值向量的全部容许的线性估计.

定理 4.4.3 (Cohen 1966) 设 $x \sim N(\mu, I_p)$. 则 Ax 是 μ 的一个容许估计,其中 A 为已知的 $p\times p$ 阵，当且仅当 A 是对称阵且其特征值 $\lambda_i,(i=1,\cdots,p)$ 满足不等式

$$0\leqslant \lambda_i\leqslant 1, i=1,\cdots,p,$$

其中至多有两个特征值等于 1.

定理的证明可见 Cohen(1966). 注意,对 $x, A=I_p$ 且所有的特征值等于 1. 故若 $p\geqslant 3, x$ 是不可容许的. 特别,一个常向量 0 是 μ 的一个容许估计. 然而，任何一个统计学家都不会用 0 作为 μ 的估计，因为它不能得到观察值 x 的任何有关信息. 这一事实部分地证明了"容许性"只反映了估计的性质的某一方面. 一个统计学者要去除不可容许估计，但他可能不会轻率地使用一个容许估计.

4.4.2 关于 Σ 的估计的讨论

在 4.1 节，我们得到了球对称矩阵分布的 μ 和 Σ 的极大似然估计量. 当 μ 是未知的时候, Σ 的极大似然估计是 $\hat{\Sigma}=\lambda_{\max}(f)S$, 其中 $S=X'\left(I_n-\frac{1}{n}11'\right)X$ 和 $X\sim VS_{n\times p}(\mu,\Sigma,f), n>p$ 且 f 满足某个条件. 由定理 4.1.1 的推论 1, $\frac{\sigma}{n-1}S$, 其中 $\sigma=(-2\phi'(0))^{-1}>0$, 是 Σ 的一个无偏估计. 现在，我们介绍由 James和 Stein(1961), Olkin 和 Selliah(1977) 引入的两种损失函数如下:

$$L_1(\Sigma,D)=\operatorname{tr}(\Sigma^{-1}D)-\log(|\Sigma^{-1}D|)-p \tag{4.4.11}$$

和

$$L_2(\Sigma,D)=\operatorname{tr}(\Sigma^{-1}D-I_p)^2. \tag{4.4.12}$$

两个损失函数皆非负且当 $\Sigma=D$ 时为零. 当然,有许多其他的

损失函数具有这些性质；然而，如上的两种函数却有较容易处理的优点。我们将分别在损失函数 L_1 和 L_2 下研究 Σ 估计的风险。我们先讨论 L_1。

定理 4.4.4 设 $X \sim LS_{n\times p}(\mu,\Sigma,\phi)$，$n > p$ 且具有有限的二阶矩。则在损失函数(4.4.11)下有形式 $\alpha S(\alpha > 0)$ 的 Σ 的最佳估计(有最小的风险)是 $[1/(n-1)(-2\phi'(0))]S$ 且它是无偏的。

证 估计 αS 的风险函数是

$$R_1(\Sigma,\alpha S) = E[\alpha \operatorname{tr}(\Sigma^{-1}S) - \log|\alpha\Sigma^{-1}S| - p$$

$$= \alpha \operatorname{tr}\Sigma^{-1}\mathscr{E}(S) - p\log\alpha - E\left[\log\frac{|S|}{|\Sigma|}\right] - p$$

$$= \alpha p(n-1)(-2\phi'(0)) - p\log\alpha - E\left[\log\frac{|S|}{|\Sigma|}\right] - p, \tag{4.4.13}$$

因 $\mathscr{E}(S) = (n-1)(-2\phi'(0))\Sigma$。注意，使(4.4.13)式的右边极小的 α 值是 $\alpha = [(n-1)(-2\phi'(0))]^{-1}$。则定理得证。▯

推论 设 $X \sim N_{n\times p}(1\mu', I_n\otimes\Sigma)$，$n > p$。则在损失函数 $L_1(\Sigma,D)$ 下形为 $\alpha S,\alpha > 0$，的 Σ 的最佳估计是 $S/(n-1)$。

若我们在形如 $h(S) = \alpha S$，$\alpha > 0$，的估计以外考虑，则可以得到比样本协差阵 $(1/n)S$ 一些更好的估计。我们可以设 $S = T'T$，其中 $T \in UT(p)$ 具有正的对角元素并考虑

$$h(S) = T\Delta T, \tag{4.4.14}$$

其中 $\Delta = \operatorname{diag}(\delta_1,\cdots,\delta_p) > 0$。注意由(4.4.14)定义的 $h(S)$ 满足

$$h(L'SL) = L'h(S)L \tag{4.4.15}$$

对每一个 $L \in UT(p)$ (有正对角元素) 我们可以考虑用满足(4.4.15)的 $h(S)$ 估计 Σ。但是如下的引理表明，满足(4.4.14)和(4.4.15)的 $h(S)$ 是相同的。

引理 4.4.8 满足(4.4.15)的 $h(S)$ 必定有(4.4.14)的形式。

证 在(4.4.15)中令 $S = I_p$，则有

$$h(L'L) = L'h(I_p)L'. \tag{4.4.16}$$

现设

$$L = \begin{pmatrix} \pm 1 & & 0 \\ & \ddots & \\ 0 & & +1 \end{pmatrix},$$

则 $L'L = I_p$ 且(4.4.16)成为

$$h(I_p) = L'h(I_p)L. \tag{4.4.17}$$

注意，(4.4.17) 对每个这样的L成立且蕴涵 $h(I_p)$ 是对角阵，$h(I_p) = \mathrm{diag}(\delta_1, \cdots, \delta_p) = \Delta$. 现记 $S = T'T, T \in UT(p)$ 具有正的对角元素. 则 $h(S) = T'h(I_p)T = T'\Delta T$.

引理 4.4.9 设 $X \sim SS_{n\times p}(\mu, \Sigma, f)$, $n > p$ 且有有限的二阶矩. 则 $R_1(\Sigma, h(S))$ 不依赖 Σ,其中 $h(S)$ 由(4.4.14)给定.

证

$$\begin{aligned} R_1(\Sigma, h(S)) &= E[\mathrm{tr}(\Sigma^{-1}h(S)) - \log|\Sigma^{-1}h(S)| - p] \\ &= E[\mathrm{tr}(h(T'ST)) - \log|h(T'ST)| - p], \end{aligned}$$

其中 $\Sigma^{-1} = T'T$, $T \in UT(p)$ 具有正对角元素. X的密度是

$$|\Sigma|^{-n/2} f[\lambda((X - l\mu')\Sigma^{-1}(X - l\mu')')].$$

因此,由 $S = X'(I_n - P_n)X$, $P_n = (1/n)11'$, 有

$$\begin{aligned} R_1(\Sigma, h(S)) = |\Sigma|^{-n/2} \int & [\mathrm{tr}(h(T'X'(I_n - P_n)X)) \\ & - \log|h(T'X'(I_p - P_n)XT)| - p] \\ & \times f(\lambda[(X - l\mu')\Sigma^{-1}(X - l\mu')'])dX \\ = |\Sigma|^{-n/i} \int & [\mathrm{tr}(h(TX'(I_n - P_n)XT)) \\ & - \log|h(T'X'(I_n - P_n)XT)| - p] \\ & \times f\lambda(X'\Sigma^{-1}X))dX. \end{aligned}$$

置 $Y = TX$, 上式为

$$\begin{aligned} R_1(\Sigma, h(S)) = \int & [\mathrm{tr}(h(Y'(I_n - P_n)y) - \log h(Y'(I_n \\ & - P_n)Y) - p] f\lambda(Y'Y))dY \\ = & R_1(I_p, h(S)), \end{aligned}$$

引理得证. □

定理 4.4.5 设X满足引理 4.4.9 的条件. 则在损失函数

$L_1(\Sigma,D)$ 下满足(4.4.15)的估计类中 Σ 的最佳估计（最小风险）是

$$h^*(S)=T'\Delta^*T,$$

其中 $T'=(t_{(1)},\cdots,t_{(p)})$ 如前定义且 $\Delta^*=\mathrm{diag}(E(\|t_{(1)}\|^2),\cdots,E(\|t_{(p)}\|)^2))$.

证 由引理 4.4.8 和引理 4.4.9，有

$$\begin{aligned}
&R_1(\Sigma,h(S))\\
&=R_1(I_p,T'\Delta T)=E[\mathrm{tr}(T'\Delta T)-\log|T'\Delta T|-p]\\
&=E[\mathrm{tr}(T'\Delta T)-\log|\Delta|-\log|S|-p]\\
&=E\left[\mathrm{tr}\left(\sum_{i=1}^{p}\delta_i t_{(i)}t'_{(i)}\right)-\sum_{i=1}^{p}\log\delta_i-\log|S|-p\right]\\
&=E\left[\sum_{i=1}^{p}\delta_i t'_{(i)}t'_{(i)}\right]-\sum_{i=1}^{p}\log\delta_i-E(\log|S|)-p\\
&=\sum_{i=1}^{p}\delta_i E(t'_{(i)}t_{(i)})-\sum_{i=1}^{p}\log\delta_i-E(\log|S|)-p.
\end{aligned}$$

当 $\delta_i=E(t'_{(i)}t_{(i)}),i=1,\cdots,p$，时取最小值. □

推论 1 在定理 4.4.5 中 $\Delta^*=\mathrm{diag}(S_1^*,\ \cdots,\ \delta_p^*)$，其中 $\delta_i^*=1/(n+p-2i)$，$i=1,\cdots,p$，如果 $X\sim N_{n\times p}(1\mu,\ I_n\otimes\Sigma)$.

证 利用 Bartlett 分解（见定理 3.4.1 的推论 1 并且注意 $t'_{(i)}t_{(i)}\sim\chi^2_{n+p-2i}$，推论得证. □

推论 2 设 $X\sim SS_{n\times p}(\mu,\Sigma,f),n>p$ 且设 X 有有限的二阶矩. 则在损失函数 $L_1(\Sigma,D)$ 下，Σ 的形为 $\alpha S,\alpha>0$，的任何估计是不可容许的. 特别，$(n-1)^{-1}(-2\phi'(0))^{-1}S$ 是不可容许的.

证 注意到估计 S 满足(4.4.15)的要求，则由定理 4.4.5，推论得证. □

最后，我们讨论利用损失函数 $L_2(\Sigma,D)=\mathrm{tr}(\Sigma^{-1}D-I_p)^2$ 估计 Σ 的问题.

定理 4.4.6 设 $X\sim SS_{n\times p}(\mu,\Sigma,f)$，$n>p$ 且有有限的二阶矩. 在损失函数 $L_2(\Sigma,D)$ 下在满足(4.4.15)的估计类中 Σ 的最佳估计(最小风险)是

$$h_0(S) = T'\Delta_0 T,$$

其中 T 是如前所定义的且 $\Delta_0 = \mathrm{diag}(\delta_1, \cdots, \delta_p)$，而 $\{\delta_i, 1 \leqslant i \leqslant p\}$ 由 (4.4.18) 的解给定.

证 与引理 4.4.9 类似,我们有 $R_2(\Sigma, h(S)) = R_2(I_p, h(S))$. 因此,由引理 4.4.8 有

$$\begin{aligned}
R_2(\Sigma, h(S)) &= R_2(I_p, h(S)) = E[L_2(I_p, h(S)] \\
&= E[\mathrm{tr}(h(S) - I_p)^2] \\
&= E[\mathrm{tr}(T'\Delta T T'\Delta T)] - 2E[\mathrm{tr}(T\Delta T)] + p \\
&= E\left[\sum_{i,j} \delta_i \delta_j (t'_{(i)} t_{(j)})^2\right] - 2E\left[\sum_{i=1}^{p} \delta_i t'_{(i)} t_{(i)}\right] + p \\
&= \sum_{i,j} \delta_i [E(t'_{(i)} t_{(j)})^2] \delta_j - 2\sum_{i=1}^{p} \delta_i E(t'_{(i)} t_{(i)}) + p \\
&\triangleq \delta' B \delta - 2\delta' b + p.
\end{aligned}$$

我们有

$$\frac{\partial R_2(\Sigma, h(S))}{\partial \delta} = 2B\delta - 2b = 0,$$

和

$$B\delta = b, \tag{4.4.18}$$

这即是所要的结果. □

推论 在定理 4.4.6 的假设下,我们有

(i) Σ 的形如 αS, $\alpha > 0$, 的任何估计是不可容许的;

(ii) 若 $X \sim N_{n\times p}(1\mu', I_p \otimes \Sigma)$, $B = (b_{ij})$, $b' = (b_1, \cdots, b_p)$, 则 $b_{ii} = (n + p - 2i)(n + p - 2i + 2)$, $b_i = n + p - 2i, i = 1, \cdots, p, b_{ij} = n + p - 2j, i < j$.

证 (i) 由定理 4.4.6 直接得到. (ii) 可应用 Bartlett 分解而得到. □

4.4.3 μ 的极小极大估计

首先，我们研究在给定 Σ 下 μ 的极小极大估计. 故我们可以假定 $\Sigma = I_p$ 且如前所述，我们可以讨论模型 $X \sim EC_p(\mu, I_p,$

f)。

引理 4.4.10 设 $X \sim EC_p(\mu, I_p, f)$ 有有限的二阶矩. 则 x 是在平方损失(4.4.5)下的一个极小极大估计.

证 这个引理可由 Kiefer(1957) 推出. 另一个方法是来自陈汉峰(1964),即存在形如

$$\hat{\mu}_0 = x + h_0(x), \tag{4.4.19}$$

的 μ 的极小极大估计，其中 h_0 满足 $h_0(x+a) = h_0(x)$ 对每个 $a \in R^p$. 因此，如果能够证明 x 是具有可递不变性的估计类其中的每个估计必有(4.4.19)的形式中的极小极大估计,则引理很容易得到证明. 现对每个 $c \in R^p$ 和 $x \in R^p$ 有 $h(x+c) = h(x)$ 当且仅当对每个 $x \in R^p$. 有 $h(x) = h(0)$. 因此,满足(4.4.19)的估计必定形如 $\hat{\mu} = x + c$, 对某个 $c \in R^p$. 但是, 对任意 $c \in R^p$, 我们有

$$\begin{aligned} R(\mu, x) - R(\mu, x+c) &= E[(x-\mu)'(x-\mu)] \\ &\quad - E[(x+c-\mu)'(x+c-\mu)] \\ &= c'c \geqslant 0. \end{aligned}$$

这就意味着 x 是具有可递不变性的估计类中的极小极大估计. 因而引理得证. □

注意,若 $\hat{\theta}_1$ 优于 $\hat{\theta}_2$, 则 $\hat{\theta}_2$ 是极小极大估计蕴涵着 $\hat{\theta}_1$ 是极小极大估计. 因此,由定理4.4.2, $\delta_a(x)$ 是极小极大估计.

最后, 我们要用一点篇幅研究与稳健性有联系的M估计. 我们知道,若 $X_1, \cdots, X_n$ 是来自总体 $f\left(\frac{x-\theta}{\sigma}\right)$的大小为 n 的样本, 则 θ 和 σ 的极大似然估计是如下方程的解:

$$\sum_{i=1}^{n} \frac{f'\left(\frac{X_i-\theta}{\sigma}\right)}{f\left(\frac{X_i-\theta}{\sigma}\right)} = 0 \tag{4.4.20}$$

和

$$(4.4.21)\qquad \sum_{i=1}^{n}\left[\left(\frac{X_i-\theta}{\sigma}\right)\frac{f'\left(\frac{X_i-\theta}{\sigma}\right)}{f\left(\frac{X_i-\theta}{\sigma}\right)}-1\right]=0$$

与极大似然估计解类似并且为了避免过分地依赖 $f(x)$ 的特殊的形式，我们可以把 μ 和 Σ 的一般 M 估计类定义为形如

(4.4.22)

$$\begin{cases}\dfrac{1}{n}\displaystyle\sum_{i=1}^{n}u_1[\{(X_i-\mu)'\Sigma^{-1}(X_i-\mu)\}^{1/2}](X_i-\mu)=0,\\ \dfrac{1}{n}\displaystyle\sum_{i=1}^{n}u_2[\{(X_i-\mu)'\Sigma^{-1}(X_i-\mu)\}](X_i-\mu)(X_i-\mu)'=\Sigma,\end{cases}$$

方程组的解，其中 u_1 和 u_2 满足使得方程组(4.4.22)有解的存在和唯一性的一组一般假设： Huber 提出 M 估计为

$$u_1(t)=\begin{cases}-k, & t\leqslant -k,\\ t, & -k<t<k,\\ k, & t\geqslant k,\end{cases}$$

和

$$u_2(t)=u_1^2(t)-\frac{1}{(2\pi)^{1/2}}\int_{-\infty}^{\infty}u_1^2(x)\,e^{-t_x^2/2}\,dx.$$

最近，关于 M 估计有许多新的结果。 若 $x=(X_1,\cdots,X_n)'\sim EC_n(\mu,\Sigma,\phi)$（注意，$X_1,\cdots,X_n$ 不一定独立），则我们也称(4.4.22)的解为 M 估计。Bariloche(1976) 证明，对 $X\sim EC_n(\mu,\Sigma,\phi)$，在某些规则的条件下，(4.4.22)有唯一解。

参 考 文 献

Anderson and Fang (1982c), Bariloche (1976), Blyth (1951), Brandwein (1979), Brandwein, and Strawderman (1978), 陈希孺 (1964), Cohen (1966), Dawid (1978), Dykstra (1970), Fan. J. and Fang (1986), Haff (1980), Halmos and Savage (1949), Huber (1964), James and Stein (1961), Kiefer (1957), Olkin and Selliah (1977), Stein (1956), Strawderman (1971, 1972 1974), 张尧庭，方开泰，陈汉峰(1985), Zhang and Bian(1984).

练　习　4

4.1　设 $X \sim VS_{n\times p}(\mu,\Sigma,f)$，$n > p$ 且设 f 非增、可微，X 有1阶矩．试求：给定 X_2 的条件下 $\mathscr{E}(X_1/X_2)$ 的极大似然估计，其中 $X = (X_1, X_2)$。

4.2　设X满足练习4.1的条件，但 $\mu = C\beta$，其中 $C: p\times r$ 是常数阵，β 是参数向量且 $\mathrm{rk}(C) = r$．试求 β 和 Σ 的极大似然估计．

4.3　证明：定理4.1.4仍是正确的，如果 $X \sim SS_{n\times p}(\mu,\Sigma, f)$，$f$ 满足条件（a）$f(\lambda(\Sigma_1)) > f(\lambda(\Sigma_2))$ 若 $\Sigma_1 \leqslant \Sigma_2$；（$b$）$f(\lambda(\Sigma)) \to f(\lambda(\Sigma_0))$ 当 $0 \leqslant \Sigma \to \Sigma_0$ 对每个 $\Sigma_0 \geqslant 0$.

4.4　设 X 满足定理4.1.1中的条件．证明：

(i) 当 Σ 已知时，μ 的极大似然估计量是 $\hat{\mu} = \bar{x}$.

(ii) 当 μ 已知时，例如 $\mu = \mu_0$，Σ 的极大似然估计是

$$\hat{\Sigma}_0 = \lambda_{\max}(f)\sum_{i=1}^{n}(x_{(i)} - \mu_0)(x_{(i)} - \mu_0)'.$$

4.5　设 $X \sim VS_{n\times p}(\phi)$，$n > p$ 且 $P(X'X > 0) = 1$．则 $\bar{x}$ 和 S 独立当且仅当X是正态分布．（提示：对 Xa 使用定理2.8.1，其中 $a \in R^p$ 是任给的常向量．）若 $X \sim LS_{n\times p}(f)$，命题是否正确？

4.6　设 $X \sim N(\mu, \sigma^2 I_p)$ 且 $\mu \sim N(a, \tau^2 I_p)$．试计算后验密度 $p(\mu|x)$ 且证明 $\mathscr{E}(\mu|x) = \left(\frac{1}{\sigma^2}x + \frac{1}{\tau^2}\mu\right)\Big/\left(\frac{1}{\sigma^2} + \frac{1}{\tau^2}\right)$.

通过比较 $\mathscr{E}(\mu|x)$ 与 μ，你能得到什么结论？后者是给定 μ 时 x 的数学期望．

4.7　设 $x \sim N(\mu, I_p)$ 且 $p \geqslant 5$．令先验密度 $\mu|\lambda \sim N\times\left(0, \frac{1-\lambda}{\lambda}I_p\right)$，$\lambda \sim (1-a)\lambda^{-a}$，$0 \leqslant \lambda \leqslant 1 (0 < a < 1)$，即 μ 有先验密度

$$\int_0^1 \left(2\pi\frac{1-\lambda}{\lambda}\right)^{-1/2}(1-a)\lambda^{-a}\exp\left\{-\frac{1}{2}\left(\frac{1-\lambda}{\lambda}\right)\mu'\mu\right\}d\lambda,$$

$$\mu \in R^p.$$

证明： 相应于以上先验分布的 Bayes 估计 $\mathscr{E}(\mu|x)=(1-E(\lambda|x))x$ 满足定义 4.4.2 的推论中的条件，因此 $\mathscr{E}(\mu|x)$既是优于 x 的也是容许的估计。（Strawderman, 1972. 他还证明，当 $p=3,4$ 时，对 μ 不存在 Bayes 估计。）

4.8 设 $X \sim VS_{n\times p}(0,\Sigma,\phi)$，$n>p$，$\Sigma>0$ 且 $P(X=0)=0$。 证明：S 有密度并通过 $\operatorname{tr}X'X$ 的分布函数把该密度表示出来。

4.9 试用引理 4.4.2 证明：若 $x\sim N(\mu,I_p)$，则 x 是极小极大估计。（提示：考虑先验密度 $\mu\sim N\left(0,\frac{1}{k}I_p\right)$，再令 $k\to\infty$。）

4.10 设 $x\sim N(\mu,I_p)$。则 $\left(1-\frac{a}{x'x}\right)^+$ 优于 $\left(1-\frac{a}{x'x}\right)x$，其中 $c^+=\max(c,0)$ 且 $0<a\leqslant 2(p-2)$，$p>2$。

4.11 试举一个例子，证明：至少有两个解满足方程

$$f'(x)+(N/2x)f(x)=0.$$

其中 f 满足引理 4.1.2 中的条件(见 Anderson 和方开泰，1982c)。

4.12 设 $g(y)$ 连续 $(0\leqslant y<\infty)$ 使得 $g(x'x)$ 对某个 $x\in R^N$ 是密度且 $\mathscr{E}(x'x)<\infty$。则 $h(y)=y^{N/2}g(y)$ 在某个有限的 $y_g>0$ 点有极大值。

第五章 假设检验

这一章讨论统计的假设检验. 5.1 节研究分布自由统计量,这为推导用于假设检验的统计量的分布作了准备. 然后, 利用似然比方法,研究如何检验均值和协差阵. 人们可以发现,在球对称矩阵分布中的大部分似然比检验与正态分布中的检验是相同的. 在最后一节,讨论检验的稳健性和拟合优度检验,并给出了检验椭球等高分布的几个方法.

5.1 分布自由统计量

在第三章, 我们发现许多统计量在球对称矩阵分布类中有相同的分布. 那么,一个自然的问题是: 在整个的类中,哪一种统计量有相同的分布. 现在就是讨论这个问题. 设 $\mathscr{F}$ 是某些随机变量(向量或矩阵)的集合且 $t(x)$ 是一个统计量. 这个统计量称为在 $\mathscr{F}$ 上分布自由的如果

$$t(x) \stackrel{d}{=} t(y), \text{ 对每个 } x \in \mathscr{F}, y \in \mathscr{F}.$$

有时在 $\mathscr{F}$ 上分布自由的统计量称为在 $\mathscr{F}$ 上是不变的. 如果我们不想涉及到 $\mathscr{F}$, 则可把"在 $\mathscr{F}$ 上"的词去掉. 设(见 3.1. 节)

$$\mathscr{F}_1^+ = \{X \in \mathscr{F}_1 | P\{|X'X| = 0\} = 0\},$$

$$\mathscr{F}_2^+ = \{X \in \mathscr{F}_2 | P\{x_i = 0\} = 0, i = 1, \cdots, p\},$$

$$\mathscr{F}_3^+ = \{X \in \mathscr{F}_3 | P\{X = O\} = 0\}.$$

定理 5.1.1 设 $t(x)$ 是统计量. 则

(a) $t(X)$ 在 $\mathscr{F}_1^+$ 上是分布自由的当且仅当

$$t(XA) \stackrel{d}{=} t(X) \tag{5.1.1}$$

对每个具有正对角元素的常数阵 $A \in UT(p)$ 和每个 $X \in \mathscr{F}_1^+$ 成立。

(b) $t(X)$ 在 $\mathscr{F}_2^+$ 上是分布自由的当且仅当

$$t(XR) \stackrel{d}{=} t(X) \tag{5.1.2}$$

对每个常数对角阵 $R = \mathrm{diag}(r_1, \cdots, r_p) > 0$ 和每个 $X \in \mathscr{F}_2^+$ 成立。

(c) $t(X)$ 在 $\mathscr{F}_3^+$ 上是分布自由的当且仅当

$$t(aX) \stackrel{d}{=} t(X) \tag{5.1.3}$$

对每个实数 $a > 0$ 和 $X \in \mathscr{F}_3^+$ 成立。

证 只证明(a);其他的类似. "仅当"的结论显然. 现设 $X \in \mathscr{F}_1^+$ 和 $X \stackrel{d}{=} UA$,其中U和A是独立的，U是在 Stiefel 流形上均匀分布的随机矩阵且 $A \in UT(p)$. 则对每个 Borel 函数 $h \geqslant 0$，我们有（利用对每个具有正对角元素常数阵 $B \in UT(p)$ 有 $t(XB) \stackrel{d}{=} t(X)$ 的假设）

$$\begin{aligned} E[h(t(X))] &= E[h(t(UA))] = E_A\{E[h(t(UA)|A]\} \\ &= E_A\{E[h(t(U))]\} = E[h(t(U))], \end{aligned}$$

即 $t(X) \stackrel{d}{=} t(U)$ 对每个 $X \in \mathscr{F}_1^+$ 成立. □

现考虑以下更一般的是:

$$\mathscr{F}_i^+(M, \Sigma) = \{Y \mid Y \stackrel{d}{=} M + X\Sigma^{1/2}, X \in \mathscr{F}_i^+\}, \quad i = 1,2,3, \tag{5.1.4}$$

其中$\Sigma > 0$且M是常数阵. 设 ω_m 和 ω_c 分别是一些 $n \times p$ 阵M和一些正定阵Σ的集合. 我们总假设 $O \in \omega_m$和 $I_p \in \omega_c$. 若一个统计量 $t(X)$ 满足

$$t(X + T) \stackrel{d}{=} t(X) \text{ 对每个 } X \in \mathscr{F}_i^+(M, \Sigma), \quad M \in \omega_m, T \in \omega_m \text{ 和 } \Sigma \in \omega_c, \tag{5.1.5}$$

和

$$t(XC) \stackrel{d}{=} t(X) \text{ 对每个 } X \in \mathscr{F}_i^+(M, \Sigma), \tag{5.1.6}$$

$$B \in \omega_o, C \in \omega_c \text{ 和 } \Sigma \in \omega_o,$$

则 $t(X)$ 的分布在 $\mathscr{F}_i^+(M, \Sigma)$ 上是不变的，其中 $M \in \omega_m$ 且 $\Sigma \in \omega_c$。当 ω_c 是 $p \times p$ 的正定阵的整个的集合 δ_p 时，能够证明，条件(5.1.6)分别蕴涵条件(5.1.1)，(5.1.2)和(5.1.3)，$i = 1,2,3$。在假设检验理论中，对不同的情形，ω_m 和 ω_c 有不同的定义。

熟知，若 $X \in N_{n\times p}(M, I_n \otimes \Sigma)$，则 $X \in \mathscr{F}_i^+(M, \Sigma)$，$i = 1,2,3$。特别，若 $Z \sim N_{n\times p}(O, I_n \otimes I_p)$，则 $Z \in \mathscr{F}_i^+$，$i = 1,2,3$。利用这个事实，立得如下的推论。

推论 1 若统计量 $t(X)$，对于 $X \in \mathscr{F}_i^+(M, \Sigma)$，$M \in \omega_m$ 且 $\Sigma \in \omega_c = \delta_p$，满足(5.1.5)和(5.1.6)，则

$$t(X) \stackrel{d}{=} t(Z), \text{ 对 } X \in \mathscr{F}_i^+(M, \Sigma), M \in \omega_m \text{ 和 } \Sigma \in \delta_p,$$

其中 $Z \sim N_{n\times p}(O, I_n \otimes I_p), i = 1,2,3$。

推论 2 若统计量 $t(X), X \in \mathscr{F}_3^+(M, I_p)$，对每个 $M \in \omega_m$ 满足(5.1.3)和(5.1.5)，则

$$t(X) \stackrel{d}{=} t(Z), \text{对 } X \in \mathscr{F}_3^+(M, I_p), M \in \omega_m.$$

若 $X \in \mathscr{F}_1^+$，则 $X \stackrel{d}{=} UA$ 和 $U \stackrel{d}{=} X(X'X)^{-1/2}$（见引理 3.2.6）。因此，若统计量 $t(X)$ 满足

$$t(X) \stackrel{d}{=} t(X(X'X)^{-1/2}), \text{ 对每个 } X \in \mathscr{F}_1^+, \tag{5.1.7}$$

则 $t(X)$ 在 $\mathscr{F}_1^+$ 上是分布自由的。有时，容易验证(5.1.7)。

Kariya (1981) 试图证明，$t(X)$ 的分布对所有的 $X \in \mathscr{F}_1^+(M, \Sigma), M \in \omega_m$ 和 $\Sigma \in \delta_p$ 保持相同的必要充分条件是，当 $Z \sim N_{n\times p}(M, I_n \otimes \Sigma)$ 时，以下的条件成立：

(i) $t(Z + M) \stackrel{d}{=} t(Z)$ 对每个 $M \in \omega_m$ 和 $\Sigma \in \delta_p$ 成立；

(ii) $t(Z) \stackrel{d}{=} t(U)$ 对 $M = 0$ 和 $\Sigma \in \delta_p$ 成立，其中 U 是由定义 3.1.2 所定义的。

Bian 和 Zhang (1984) 指出 Kariya 的定理不总是对的并给出反例。他们证明，若 X 有密度，则 Kariya 的定理是正确的(见练习 5.3)。

现在，我们能用定理 5.1.1 及其推论验证一个统计量是否是分布自由的。

例 5.1.1 设 $X\in\mathscr{F}_1^+$，$X=\begin{pmatrix}X_1\\ \vdots\\ X_{k+1}\end{pmatrix}$，$X_i:n_i\times p$，$n_i\geqslant p$，$i=1,\cdots,k$。则 $D_i=(X'X)^{-1/2}(X_i'X_i)(X'X_i)^{-\frac{1}{2}}$，$i=1,\cdots,k$，有矩阵 Dirichlet 分布。事实上，对于

$$U=X(X'X)^{-1/2}=\begin{pmatrix}X_1\\ \vdots\\ X_{k+1}\end{pmatrix}\left(\sum_{i=1}^{k+1}X_i'X_i\right)^{-1/2},$$

我们有 $D_i=U_i'U_i$，$i=1,\cdots,k$，其中 $U_i=X_i(X'X)^{-1/2}$，$i=1,\cdots,k$。因此，$D_1,\cdots,D_k$ 只是 $U=X(X'X)^{-1/2}$ 的函数且由同样的论证，$D_1,\cdots,D_k$ 与 X 有相同的分布，这个分布是正态的（见 3.5.2 节）。当 $k=1$ 时，D_1 有矩阵 Beta 分布。

例 5.1.2 设 $X=\begin{pmatrix}X_1\\ \vdots\\ X_k\end{pmatrix}\in\mathscr{F}_1^+$，$X_i:n_i\times p$，$i=1,\cdots,k$。则

$$|X_i'A_iX_i-X_j'A_jX_j|=0, i\neq j, i,j=1,\cdots,k,$$

的根对于固定的对称阵 $A_1,\cdots,A_k$ 有与 X 相同的正态分布。事实上，对任何 $T\in UT(p)$ 具有正的对角元素的固定的常数阵，我们有

$$0=|X_i'A_iX_i-X_j'A_jX_j|, i\neq j, i,j=1,\cdots,k,$$

当且仅当

$$0=|T'X_i'A_iX_iT-T'X_j'A_jX_jT|, i=j, i,j=1,\cdots,k,$$

注意到 $XT=(T'X_1',\cdots,T'X_k')'$ 并使用定理 5.1.1，结论得证。

事实上，例 5.1.1 和例 5.1.2的统计量对每个 $\Sigma\in\delta_p$ 在$\mathscr{F}_1^+(0,\Sigma)$ 上有相同的分布。 存在一些统计量在 $\mathscr{F}_3^+$ 上是分布自由的，但在 $\mathscr{F}_1^+$ 上不是分布自由的（见练习 5.1）。

5.2 关于均值向量的假设检验

5.2.1 似然比准则

设 $X \sim LS_{n\times p}(\mu,\Sigma,f), n>p, \Sigma>0, \mu\in\Omega_m$ 和 $\Sigma\in\Omega_c$，其中 $\Omega_m\subset R^p$ 且 $\Omega_c\in\delta_p$．若我们要检验如下的假设：

$$H_0: \mu\in\omega_m \text{ 和 } \Sigma\in\omega_c,$$

其中 $\omega_m\subset\Omega_m$ 和 $\omega_c\in\Omega_c$，则总假定 $0\in\omega_m$ 和 $I_p\in\omega_c$．有许多方法能得到检验假设 H_0 的统计量．通常，我们可使用似然比准则，这是因为它们一般地说有许多好的性质．假设 H_0 的似然比准则如下：

$$\lambda=\frac{\max\limits_{\mu\in\omega_m,\Sigma\in\omega_c} L(\mu,\Sigma)}{\max\limits_{\mu\in\Omega_m,\Sigma>\Omega_c} L(\mu,\Sigma)},$$

其中 $L(\mu,\Sigma)$ 是 X 的似然函数，即 X 的密度，也可看作是参数 (μ,Σ) 的函数．拒绝区域是 $\lambda\leqslant\lambda_\alpha$，其中 λ_α 由下式确定：

$$P(\lambda\leqslant\lambda_\alpha|H_0)=\alpha.$$

5.2.2 检验均值向量等于一个指定的向量

设 $X\sim VS_{n\times p}(\mu,\Sigma,f), n>p$ 且 f 非增连续．在许多实际问题中 μ 和 Σ 是未知的．我们感兴趣的是 μ 是否等于一个特定的 μ_0，即我们要检验假设

$$H_0: \mu=\mu_0, \text{ 针对 } H_1: \mu\neq\mu_0. \tag{5.2.1}$$

不失一般性，我们假定 $\mu_0=0$，否则我们可用 $X-\mu_0$ 代替 X．因此，如上的假设成为

$$H_0: \mu=0, \text{针对 } H_1: \mu\neq 0. \tag{5.2.2}$$

X 的似然函数给定为

$$\begin{aligned} L(\mu,\Sigma) &= |\Sigma|^{-n/2}f(\operatorname{tr}(X-1\mu')\Sigma^{-1}(X-1\mu)') \\ &= |\Sigma|^{-n/2}f(\operatorname{tr}\Sigma^{-1}S+n(\bar{x}-\mu)'\Sigma^{-1}(\bar{x}-\mu)), \end{aligned} \tag{5.2.3}$$

其中

$$\bar{x}=\frac{1}{n}\sum_{i=1}^{n}x_{(i)}=\frac{1}{n}X'1 \text{ 和 } S=\sum_{i=1}^{n}(x_{(i)}-\bar{x})(x_{(i)}-\bar{x})'.$$

置 $P_n=\frac{1}{n}11$，我们有 $S=X'(I_n-P_n)X, P_n1=1$。

引理 5.2.1 在如上的假定下，我们有

$$\max_{\substack{\mu=0\\ \Sigma>0}} L(\mu,\Sigma)=|\lambda_{\max}(f)X'X|^{-n/2}f(p/\lambda_{\max}(f)) \tag{5.2.4}$$

其中 $\lambda_{\max}(f)$ 如定理 4.1.1 所定义。

证 由(5.2.3)

$$\max_{\substack{\mu=0\\ \Sigma>0}} L(\mu,\Sigma)=\max_{\Sigma>0} L(0,\Sigma)=\max_{\Sigma>0}|\Sigma|^{-n/2}f(\mathrm{tr}\Sigma^{-1}X'X). \tag{5.2.5}$$

设 $X'X=(X'X)^{1/2}(X'X)^{1/2}$ 且 $\tilde{\Sigma}=(X'X)^{-1/2}\Sigma(X'X)^{-1/2}$。则

$$\begin{aligned}|\Sigma|^{-n/2}f(\mathrm{tr}\Sigma^{-1}X'X)&=|X'X|^{-n/2}|\tilde{\Sigma}|^{-n/2}f(\mathrm{tr}\tilde{\Sigma}^{-1})\\&=|X'X|^{-n/2}(\lambda_1\cdots\lambda_p)^{-n/2}f(\lambda_1^{-1}+\cdots+\lambda_p^{-1})\\&\triangleq|X'X|^{-n/2}g(\lambda_1,\cdots\lambda_p),\end{aligned}$$

其中$\lambda_1,\cdots,\lambda_p$ 是 $\tilde{\Sigma}$ 的 p 个特征值。正如定理 4.1.1 中所断言，g 在 $\lambda_1=\cdots=\lambda_p=\lambda$ 处达到它的极大值。用引理 4.1.2，(5.2.5) 为

$$\begin{aligned}\max_{\substack{\mu=0\\ \Sigma>0}} L(\mu,\Sigma)&=\max_{\lambda>0}|X'X|^{-n/2}\lambda^{-np/2}f(p/\lambda)\\&=|X'X|^{-n/2}[\lambda_{\max}(f)]^{-np/2}f(p/\lambda_{\max}(f)),\end{aligned}$$

即是所要证明的。□

由定理 4.1.1，我们有

$$\max_{\substack{\mu\in R^p\\ \Sigma>0}} L(\mu,\Sigma)=|\lambda_{\max}(f)S|^{-n/2}f(p/\lambda_{\max}(f)). \tag{5.2.6}$$

由 (5.2.5) 和 (5.2.6) 可推出其似然比是

$$\begin{aligned}\lambda&=\frac{\max\limits_{\mu=0,\Sigma>0} L(\mu,\Sigma)}{\max\limits_{\mu\in R^p,\Sigma>0} L(\mu,\Sigma)}=\frac{|X'X|^{-n/2}}{|S|^{-n/2}}=\frac{|S|^{n/2}}{|X'X|^{n/2}}\\&=\frac{|S|^{n/2}}{|S+n\bar{x}\bar{x}'|^{n/2}}=(1+n\bar{x}'S^{-1}\bar{x})^{-n/2}.\end{aligned} \tag{5.2.7}$$

由练习 1.1 可推出(5.2.7)的最后一个等式。注意，λ 是 $n\bar{x}'S^{-1}\bar{x}$ 的减函数，故我们能使用 $n\bar{x}'S^{-1}\bar{x}$ 作为一个统计量来检验(5.2.2)或等价地，使用 $T^2 = n(n-1)\bar{x}'S^{-1}\bar{x}$，并且拒绝区域是

$$n(n-1)\bar{x}'S^{-1}\bar{x} \geqslant c_\alpha, \tag{5.2.8}$$

其中 c_α 是取决于检验显著水平 α 的一个常数。由定理 5.1.1，容易验证在 $VS_{n\times p}(f)$ 中 T^2 是一个不变的统计量。那么，对给定的 α 为了确定 c_α，我们只需导出正态总体的 T^2 的零分布。

5.2.3 T^2 分布

设 $X \sim N_{n\times p}(1\mu', I_p\otimes\Sigma)$，$n > p$ 且

$$T^2 = T^2(p, n-1, \mu) = n(n-1)\bar{x}'S^{-1}\bar{x},$$

其中

$$\bar{x} = \frac{1}{n}\sum_{i=1}^{n} x_{(i)},\ S = \sum_{i=1}^{n}(x_{(i)} - \bar{x})(x_{(i)} - \bar{x})'.$$

由 4.1.1 节的论证，我们有

$$\bar{x} = n^{1/2}z_{(n)} \text{ 和 } S = \sum_{i=1}^{n-1} z_{(i)}z'_{(i)}, \tag{5.2.9}$$

其中

$$Z = \begin{pmatrix} z'_{(1)} \\ \vdots \\ z_{(n)} \end{pmatrix} = \Gamma X$$

且 $\Gamma \in O(n)$，其最后一行为$(n^{-\frac{1}{2}}, \cdots, n^{-\frac{1}{2}})$。因此，$Z \sim N_{n\times p}(M, I_n\otimes\Sigma)$，其中 $M = \Gamma 1\mu' = \begin{pmatrix} 0 \\ n^{-\frac{1}{2}}\mu' \end{pmatrix}$，即 $z_{(1)}, \cdots, z_{(n)}$ 独立，$z_{(i)} \sim N(0, \Sigma)$，$i = 1, \cdots, n-1$，且 $z_{(n)} \sim N(n^{-\frac{1}{2}}\mu, \Sigma)$。记

$$S = (s_{ij}), S^{-1} = (s^{ij}), S_r = (s_{ij}, i, j = 1, \cdots, r),\ 0 < r < p,$$
$$\Sigma = (\sigma_{ij}), \Sigma^{-1} = (\sigma^{ij}).$$

首先，需要以下的引理。

引理 5.2.2 使用如上的记号，我们有

(i) $\sigma^{pp}/s^{pp} \sim \chi^2_{n-p}$ 且与 S_{p-1} 独立；

(ii) 对每个 $0 \neq b \in R^p$ 有 $b'\Sigma^{-1}b / b'S^{-1}b \sim \chi^2_{n-p}$。

证 把 Σ 和 S 分为

$$\Sigma = \begin{pmatrix} \Sigma_{11} & \sigma_{12} \\ \sigma_{21} & \sigma_{pp} \end{pmatrix} \text{ 和 } S = \begin{pmatrix} S_{11} & s_{12} \\ s_{21} & s_{pp} \end{pmatrix},$$

其中 $\Sigma_{11}:(p-1)\times(p-1)$ 和 $S_{11}:(p-1)\times(p-1)$. 我们有

$$s^{pp} \doteq \frac{|S_{11}|}{|S|} = \frac{|S_{11}|}{|S_{11}|(s_{pp} - s_{21}S_{11}^{-1}s_{12})}$$
$$= (s_{pp} - s_{21}S_{11}^{-1}s_{12})^{-1}.$$

由于 $S = Z_*'Z_*$,其中 $Z_* = (z_{(1)}, \cdots, z_{(n-1)})'$,故容易看到

$$S_{11} = Z_1'Z_1, \quad s_{12} = Z_1'z_p = s_{21}', \quad s_{pp} = z_p'z_p,$$

其中 $Z^* = (Z_1 z_p)$, $Z_1:(n-1)\times(p-1)$. 因此

$$(s^{pp})^{-1} = z_p'z_p - z_p'Z_1(Z_1'Z_1)^{-1}Z_1'z_p$$
$$= z_p'(I - Z_1(Z_1Z_1)^{-1}Z_1')z_p \triangleq z_p'Cz_p.$$

显然,$C' = C$ 且 $C^2 = C$. 由引理 2.6.1 的推论3能够证明

$$z_p | Z_1 \sim N_{n-1}(Z_1\Sigma_{11}^{-1}\sigma_{12}, (\sigma_{pp} - \sigma_{21}\Sigma_{11}^{-1}\sigma_{12})I_{n-1})$$
$$= N_{n-1}(Z_1\Sigma_{11}^{-1}\sigma_{12}, (\sigma^{pp})^{-1}I_{n-1}).$$

给定 Z_1,则由定理 2.8.2 的推论 1,我们有

(5.2.10) $$\sigma^{pp}/s^{pp} = z_p'Cz_p\sigma^{pp} \sim \chi^2_{n-p},$$

这是因为

$$\text{rk}C = \text{tr}C = \text{tr}(I - Z_1(Z_1'Z_1)^{-1}Z_1') = (n-1)$$
$$-(p-1) = n-p$$

具概率 1 且

$$CZ_1\Sigma_{11}^{-1}\sigma_{12} = (I - Z_1(Z_1'Z_1)^{-1}Z_1')Z_1\Sigma_{11}^{-1}\sigma_{12} = 0.$$

由于 σ^{pp}/s^{pp} 与 Z_1 独立,第一个结论得证.

为证(ii),可以假定 $\|b\| = 1$. 令 $\Gamma \in O(p)$ 有 b' 作为其第 p 行. 以 $\Gamma S\Gamma'$ 和 $\Gamma\Sigma\Gamma'$ 代替第一部分的 S 和 Σ, 则因为 $b'S^{-1}b$ 和 $b'\Sigma^{-1}b$ 分别是 $\Gamma S\Gamma'$ 和 $\Gamma\Sigma\Gamma'$ 的最后的对角元素,故定理的第二个结论得证. □

定理 5.2.1 设 $X \sim N_{n\times p}(1\mu', I_n \otimes \Sigma)$，$n > p$ 且 T^2 如前所定义．则

$$\frac{n-p}{(n-1)p} T^2 \sim F(p, n-p, \lambda),$$

其中 $\lambda = n\mu'\Sigma^{-1}\mu$．

证 记

$$T^2 = (n-1)\frac{\bar{x}'S^{-1}\bar{x}'}{\bar{x}'\Sigma^{-1}\bar{x}}\left(\bar{x}'\left(\frac{1}{n}\Sigma\right)^{-1}\bar{x}\right) \triangleq (n-1)T_1T_2,$$

因此

$$\frac{n-p}{(n-1)p} T^2 = \frac{n-p}{p}\,\frac{T_2}{1/T_1}.$$

由于 $\bar{x}$ 与 S 独立(见 4.2.3 节)，故对给定的 $\bar{x}$，我们有 $1/T_1 \sim \chi^2_{n-p}$ (引理 5.2.2)与 $\bar{x}$ 独立．另一方面，$\bar{x} \sim N\left(\mu, \frac{1}{n}\Sigma\right)$．设

$$y = \left(\frac{1}{n}\Sigma\right)^{-1/2}\bar{x}. \text{ 则 } y \sim \left(\left(\frac{1}{n}\Sigma\right)^{-1/2}\mu,\ I_p\right)\text{和}$$

$$T_2 = \bar{x}'\left(\frac{1}{n}\Sigma\right)^{-1/2}\bar{x} = y'y \sim \chi^2_p(\lambda),$$

其中 $\lambda = \mu'\left(\frac{1}{n}\Sigma\right)^{-1/2}\left(\frac{1}{n}\Sigma\right)^{-1/2}\mu = n\mu'\Sigma^{-1}\mu$． □

5.2.4 T^2 检验与检验的不变性

设 $\mathscr{X}$ 是样本空间且 $\mathscr{B}_{\mathscr{X}}$ 是 $\mathscr{X}$ 的子集的 σ 代数． 实际上 $\mathscr{X}$ 常常是 R^n 且 $\mathscr{B}_{\mathscr{X}}$ 是 R^n 上的 Borel 域． 设 $\Theta = \{\theta\}$ 是参数空间．我们用 $\mathscr{P}$ 表示 $\mathscr{B}_{\mathscr{X}}$ 上的概率分布 P_θ 的族，$\theta \in \Theta$．这里，我们关心的是对于一个对立假设 $H_1: \theta \in \Theta_1(\Theta_1 \cap \Theta = \phi$，$\Theta_1 \in \Theta$ 且 $\Theta_0 \in \Theta$) 检验零假设 $H_0: \theta \in \Theta_0$ 的问题． 检验问题的不变性原则主要涉及在两个空间，即样本空间 $\mathscr{X}$ 和参数空间 Θ 上的变换．考虑 $\mathscr{X}$ 上的变换群 G(见 1.7 节)．假设对每个 $g \in G$，(i)它是从 $\mathscr{X}$ 到 $\mathscr{X}$ 的一对一变换，即对每个 $x_1 \in \mathscr{X}$，存在 $x_2 \in \mathscr{X}$

使得 $x_2 = gx_1$ 且 $gx_1 = gx_2$ 蕴涵 $x_1 = x_2$；(ii) 它是双可测的，因而，当 ξ 是 $\mathscr{X}$ 中取值的随机变量时，$g\xi$ 也是 $\mathscr{X}$ 中取值的随机变量，并且对任何 $A \in \mathscr{B}_{\mathscr{X}}$，$gA$ 和 $g^{-1}A$（家与变换集）都属于 $\mathscr{B}_{\mathscr{X}}$. 相应于 g 的导出变换如下定义. 设 X 是 $\mathscr{X}$ 中取值的随机变量（向量）且概率分布为 $P_{\theta'}$，$\theta' \in \Theta$ 使得我们能够定义 Θ 上的一个变换 $\bar{g}: \bar{g}\theta = \theta'$，以 $\bar{G} = \{\bar{g}\}$ 表示所有这样的 $\bar{g}$ 的集合. 设所有的 $P_\theta, \theta \in \Theta$ 是不同的，即 $\theta_1 \neq \theta_2, \theta_1 \in \Theta, \theta_2 \in \Theta$ 蕴涵 $P_{\theta_1} \neq P_{\theta_2}$. 则 g 唯一地确定了 $\bar{g}$. 容易看出，$\bar{G}$ 是 Θ 上的一个变换群且 $\overline{g_2 g_1} = \bar{g}_2 \bar{g}_1$，$\overline{g^{-1}} = \bar{g}^{-1}$. g 和 $\bar{g}$ 之间的对应是同态对应.

定义 5.2.1 对于对应假设 $H_1: \theta \in \Theta_1$ 检验 $H_0: \theta \in \Theta_0$ 的问题称为关于群 G 保持不变如果

(i) 对于 $g \in G, A \in \mathscr{B}_{\mathscr{X}}, P_{\bar{g}\theta}\{gA\} = P_\theta(A)$；

(ii) 对于 $\bar{g} \in \bar{G}, \bar{g}\Theta_0 = \Theta_0, \bar{g}\Theta_1 = \Theta_1$.

例 5.2.1 定义一个群 $G = GL(p) = \{A \mid A: p \times p, |A| \neq 0\}$. $GL(p)$ 常数为线性群. 设 $\mathscr{X} = R^{np}$ 且群 $GL(p)$ 作用于 $\mathscr{X}$ 如下

$$A: X \to XA, A \in GL(p).$$

设 $X \sim VS_{n\times p}(\mu, \Sigma, f)$，$(\mu, \Sigma) \in \Theta = R^p \times \delta_p$，其中 δ_p 是正定阵群. 容易看到 $XA \sim VS_{n\times p}(A'\mu, A'\Sigma A, f)$. 因此，导出群 $\bar{G} = G$ 作用于 Θ 如下：

$$A: (\mu, \Sigma) - (A'\mu, A'\Sigma A), A \in \bar{G} = GL(p).$$

对于对立假设为 $H_1: \mu \neq 0$，考虑假设 $H_0: \mu = 0$. 现在 $\Theta = \{0\} \times \delta_p$ 且 $\Theta_1 = \Theta - \Theta_0$. 因此，检验 (5.2.2) 的问题关于群 $GL(p)$ 保持不变.

在 1.7 节，我们已经定义了不变函数与极大不变函数，并给出了很多例子. 下列的定理指出，若一个分布族在一个群 G 下是不变的，则在 G 下任何不变的分布只依赖于在 $\bar{G}$ 下的一个极大不变参数.

定理 5.2.2 设 $X \sim P_\theta$，$\theta \in \Theta$ 且 G 是样本空间 $\mathscr{X}$ 上的一

个变换群. $T(x)$ 是G下可测的不变函数. 假设 $\bar{G}$ 是Θ上的导出群且 $\nu(\theta)$ 是 $\bar{G}$ 下的极大不变函数. 则 $T(X)$ 的分布只通过 $\nu(\theta)$ 依赖于 θ.

证 设 $\nu(\theta_1)=\nu(\theta_2), \theta_1, \theta_2 \in \Omega$. 则因 $\nu(\theta)$ 在 $\bar{G}$ 下是Θ上的极大不变函数,故存在 $\bar{g} \in \bar{G}$ 使得 $\theta_2=\bar{g}\theta_1$. 现对任何 Borel 函数 $h \geqslant 0$,我们有

$$
\begin{aligned}
(5.2.11) \quad E_{\theta_1}[h(T(X))] &= E_{\theta_1}[h(T(gX))] \\
&= E_{\bar{g}\theta_1}[h(T(X))] \\
&= E_{\theta_2}[h(T(X))].
\end{aligned}
$$

故定理得证. □

由定理 5.2.2, 任何不变检验的功效函数 $E_\theta(\phi)$ 只依赖于参数空间中的极大不变量. 但是,一般地说,逆命题是不正确的.

为研究 T^2 检验的优良性,设X有密度

$$|\Sigma|^{-n/2}(\operatorname{tr}\Sigma^{-1}S+n(\bar{x}-\mu)'\Sigma^{-1}(\bar{x}-\mu)).$$

则当 $H_0: \mu=0$ 是正确的时候, $\dfrac{np}{n-p}\bar{x}'S^{-1}\bar{x}=pT^2/(n-1)(n-p) \sim F(p, n-p)$. 当 $H_1: \mu \neq 0$ 是正确的时候, $(np/(n-p))\bar{x}S^{-1}\bar{x}'$ 遵从广义非中心F分布(见 2.9.3 节), 即

$$T^2=\frac{np}{n-p}\bar{x}'S^{-1}\bar{x} \sim GF_{p,n-p}(\delta^2, f), \delta^2=\mu\Sigma^{-1}\mu,$$

它在群 $\bar{G}=GL(p)$ 下在 $\Theta=R^p \times \delta_p$ 中是极大不变的T^2有密度

$$
\begin{aligned}
(5.2.12) \quad g(t^2|\delta^2) &= c\left(\frac{p}{n-p}t^2\right)^{p/2-1}\left(1+\frac{p}{n-p}t^2\right)^{-n/2} \\
&\times \int_0^\pi\int_0^\infty\int_0^\infty u^{n-1}r^{np-p-1} \\
&f\left(u^2-2\left(\frac{pt^2}{n-p+pt^2}\right)^{1/2}u\delta\cos\beta+\delta^2+r^2\right)\sin^{p-2}\beta\, du\, dr\, d\beta,
\end{aligned}
$$

其中c是与 $\delta^2=\mu'\Sigma^{-1}\mu$ 无关的常数. 当 $\delta=0$ 时,显然, $g(t^2|0)$ 是 $F(p, n-p)$ 的密度(见 2.9.3 节).

定理 5.2.3 在如上的假设下,若 $f''(u) \geqslant 0$, $u \geqslant 0$, 则在关于非异线性变换群是不变的对于对立假设 $H_1: \mu \neq 0$ 检验 $H_0: \mu = 0$ 的水平为 α 的所有的检验 $\phi(X)$ 中, T^2 检验或其等价的(5.2.11)是一个一致最大功效的不变检验.

证 因为$(\bar{x},S)$对(μ,Σ)是充分的(见 4.3.2 节), 故对任何检验 $\phi(X)$, $\tilde{\phi} = E[\phi(X)|\bar{x},S]$ 与参数 (μ,Σ) 无关且只依赖于$(\bar{x},S)$. 当在 $G = GL(p)$ 下, ϕ不变时,即对每个 $A \in GL(p)$ 有 $\phi(XA) = \phi(X)$, 容易看到在G下 $\tilde{\phi}$ 是不变的. 因为 $E_\theta[\tilde{\phi}] = E_\theta[\phi]$,故 $\tilde{\phi}$ 与 ϕ 有相同的功效函数. 因此, 我们只需考虑基于$(\bar{x},S)$的不变检验. 现在变换群 $\bar{x} \to A'\bar{x}, S \to A'SA$ 对每个 $A \in GL(p)$, T^2 一个极大不变函数. 由定理 5.2.2,任何不变检验的功效函数只依赖于 $\delta^2 = \mu'\Sigma^{-1}\mu$. 因此, 考虑一个对 $H_1: \mu \neq 0$ 检验 $H_0: \mu = 0$ 的不变检验等价于针对 $H_1': \delta \neq 0$ 检验 $H_0': \delta = 0$. 应用 Neyman-Pearson 基本引理求最大功效检验, 即检验 $\delta^2 = 0$,对于 $\delta^2 > 0$,其中 δ 是指定的,则当

$$\frac{g(t^2|\delta^2)}{g(t^2|0)} \geqslant c_\alpha, \tag{5.2.13}$$

其中 g 由(5.2.12)给定且 c_α' 取得使检验有水平 α,我们拒绝 H_0'. 若能证明, $g(t^2|\delta^2)/g(t^2|0)$ 对任何 $\delta > 0$ 是 t^2 的一个非减函数, 则存在 c 使得(5.2.13)成立当且仅当对任何 $\delta > 0$,有 $t^2 \geqslant c$, 其中 c 与 δ 无关. 因此, t^2 检验,等价地, T^2 检验是一致最大功效的不变检验,因此定理得证. 现在

$$\frac{g(t^2|\delta^2)}{g(t^2|0)} = k\int_0^\pi\int_0^\infty\int_0^\infty u^{n-1}r^{np-p-1}f\left(u^2 - 2\sqrt{\frac{pt^2}{n-p+pt^2}}\right.$$
$$\left.\times\, u\delta\cos\beta + \delta^2 + r^2\right)(\sin\beta)^{p-2}du\,dr\,d\beta,$$

其中 k 是常数. 因此, $(pt^2/(n-p+pt^2))^{1/2}$ 是 t^2 的一个增函数. 因此,若

$$\int_0^\pi f(u^2 - 2xu\delta\cos\beta + \delta^2 + r^2)\sin^{p-2}\beta\, d\beta$$

是 $x > 0$ 的对任意 $u > 0, \delta > 0, r > 0$ 的非减函数,则 $g(t^2|\delta^2)/$

$g(t^2|0)$ 是对任意 $\delta^2>0$ 的 t^2 的非减函数. 设

$$h(x)=\int_0^\pi f(u^2-2xu\delta\cos\beta+\delta^2+r^2)\sin^{p-2}\beta d\beta.$$

则对 $x\geqslant 0$,

$$\begin{aligned}h'(x)&=-2u\delta\int_0^\pi f'(u^2-2xu\delta\cos\beta+\delta^2+r^2)\cos\beta\sin^{p-2}\beta d\beta.\\&=-2u\delta\Big[\int_0^1 f'(u^2-2xu\delta(1-y^2)^{1/2}+\delta^2+r^2)y^{p-2}dy\\&\quad-\int_0^1 f'(u^2+2xu\delta(1-y^2)^{1/2}+\delta^2+r^2)y^{p-2}dy\\&=4u^2\delta^2x\int_0^1(1-y^2)^{1/2}f''(\xi)y^{p-2}dy\geqslant 0,\end{aligned}$$

其中 $u^2-2xu(1-y^2)^{1/2}\delta+\delta^2+r^2\leqslant\xi\leqslant u^2+2xu\delta(1-y^2)^{1/2}+\delta^2+r^2$. 这证明了 $h(x)$ 是非减函数. □

定理 5.2.3 属于全辉(1986).

5.2.5 检验具有相等的未知协差阵的几个均值的相等

考虑来自 q 个总体的样本, 每个总体都是 p 维的且分别具有均值向量 $\mu_1,\cdots,\mu_q$ 和协差阵 $\Sigma_1,\cdots,\Sigma_q$. 第 i 个样本大小是 n_i, $n_i>p, i=1,\cdots,q$ 且 $n=n_1+\cdots+n_q$. 置 $\bar{n}_0=0$ 和 $\bar{n}_i=n_1+\cdots+n_i$, $i=1,\cdots,q$. 设 $x_{(\bar{n}_{i-1}+1)},\cdots,x_{(\bar{n}_i)}$ 来自第 i 个总体, $i=1,\cdots,q$. 设 $X_i=(x_{(\bar{n}_{i-1}+1)},\cdots,x_{(\bar{n}_i)})$ 是第 i 个样本观察值且设样本的联合密度是

$$(5.2.14)\qquad\Big(\prod_{j=1}^q|\Sigma_j|^{-n_j/2}\Big)f\Big(\sum_{j=1}^q\mathrm{tr}\Sigma_j^{-1}G_j\Big),$$

其中 $G_j=\sum_{i=1}^{n_j}(x_{(\bar{n}_{j-1}+i)}-\mu_i)(x_{(\bar{n}_{j-1}+i)}-\mu_i)', j=1,\cdots,q$. 置 $X'=(X_1,\cdots,X_q)$, 我们有 $G_j=(X_j-\mu_j1')(X_j-\mu_j1)'$, $j=1,\cdots,q$.

设

$$\bar{x}_j = \frac{1}{n}\sum_{i=1}^{n_j} x_{(\bar{n}_{j-1}+i)} = \frac{1}{n_j}X_j 1$$

并设

(5.2.15)

$$S_j = \sum_{i=1}^{n_j}(x_{(\bar{n}_{j-1}+i)} - \bar{x}_j)(x_{(\bar{n}_{j-1}+i)} - \bar{x}_j)' = X_j(I_{n_j} - P_j)X_j',$$

其中 $P_j = \frac{1}{n_j}11'$, $j = 1, \cdots, q$. 利用(5.2.15),我们能把(5.2.14)写成如下形式

$$\left(\prod_{j=1}^{q} |\Sigma_j|^{-n_j/2}\right) f\left(\sum_{j=1}^{q} \mathrm{tr}\Sigma_j^{-1}G_j\right)$$

(5.2.16)

$$= \left(\prod_{j=1}^{q} |\Sigma_j|^{-n_j/2}\right) f\left(\sum_{j=1}^{q}[\mathrm{tr}\Sigma_j^{-1}S_j + n_j(\bar{x}_j - \mu_j)'\Sigma_j^{-1}(\bar{x}_j - \mu_j)]\right).$$

假设 $\Sigma_1 = \cdots = \Sigma_q = \Sigma$,我们可要求假设

(5.2.17) $$H_0: \mu_1 = \cdots = \mu_q = \mu,$$

成立. 有关的似然函数是

(5.2.18) $$L(\mu_1, \cdots, \mu_q, \Sigma)$$

$$= |\Sigma|^{-n/2} f\left(\sum_{j=1}^{q}[\mathrm{tr}\Sigma^{-1}S_j + n_j(\bar{x}_j - \mu_j)'\Sigma^{-1}(\bar{x}_j - \mu_j)]\right).$$

相应于(5.2.17)的似然比统计量是

(5.2.19) $$\lambda_1 = \frac{\max\limits_{\mu\in R^p, \Sigma>0} L(\mu, \cdots, \mu, \Sigma)}{\max\limits_{\substack{\mu_i \in R^p i=1,\cdots,q \\ \Sigma>0}} L(\mu_1, \cdots, \mu_q, \Sigma)}.$$

若 f 非增且连续,则显然有

(5.2.20) $$\max_{\mu\in R^p, \Sigma>0} L(\mu, \cdots, \mu, \Sigma) = |\lambda_{\max}(f)S|^{-n/2} f(p/\lambda_{\max}(f)),$$

其中

$$S = \sum_{i=1}^{n}(x_{(i)} - \bar{x})(x_{(i)} - \bar{x})',$$

$$\bar{x}=\frac{1}{n}\sum_{i=1}^{n}x_{(i)}=\frac{1}{n}\sum_{j=1}^{q}n_j\bar{x}_j,$$

因为似然函数 $L(\mu,\cdots,\mu,\Sigma)$ 等于似然函数(5.2.3)。

引理 5.2.3 设 f 非增且连续. 则

(5.2.21)

$$\max_{\substack{\mu_i\in R^p, i=1,\cdots,q\\ \Sigma>0}} L(\mu_1,\cdots,\mu_q,\Sigma)$$

$$=|\lambda_{\max}(f)(S_1+\cdots+S_q)|^{-n/2}f(p/\lambda_{\max}(f)).$$

证 首先,因 f 非增,故对任意 $\Sigma>0$ 有

$$L(\mu_1,\cdots,\mu_q,\Sigma)\leqslant L(\bar{x}_1,\cdots,\bar{x}_q,\Sigma)$$

若 $\mu_i=\bar{x}_i$, $i=1,\cdots,q$,则上式等号成立. 则我们有.

$$L(\bar{x}_1,\cdots,\bar{x}_q,\Sigma)=|\Sigma|^{-n/2}f(\mathrm{tr}\Sigma^{-1}(S_1+\cdots+S_q)).$$

证明的余下的部分与定理 4.1.1 的证明相同, 只要以 $S_1+\cdots+S_q$ 代替 S. 则引理得证. □

定理 5.2.4 在引理 5.2.3 的假设下, 检验假设(5.2.17)的似然比准则是

$$\lambda_1=\frac{\max\limits_{\mu\in R^p,\Sigma>0} L(\mu,\cdots,\mu,\Sigma)}{\max\limits_{\substack{\mu_i\in R^p, i=1,\cdots,q\\ \Sigma>0}} L(\mu_1,\cdots,\mu_q,\Sigma)}=\frac{|S|^{-n/2}}{|S_1+\cdots+S_q|^{-n/2}},$$

其分布与正态情形相同.

证 由引理 5.2.3,定理 5.1.1 和它的推论, 本定理得证. □

为了得到 λ_2 的分布,我们需要以下的定义.

定义 5.2.2 设 $A\sim W_p(n,\Sigma)$ 与 $B\sim W_p(m,\Sigma)$ 独立, 其中 $W_p(\cdot,\cdot)$ 是 3.4.1 节中定义的 Wishart 分布.

$$\Lambda=\frac{|A|}{|A+B|}$$

的分布称为 Wilks Λ 分布且记为 $\Lambda\sim\Lambda(p,n,m)$.

因为统计量 $\lambda_1^{n/2}$ 的分布与正态情形相同, 因此在如下的定理中,能够证明 $\lambda_1^{n/2}\sim\Lambda(p,n-q,q)$.

定理 5.2.5 使用如上的记号,当 H_0 正确时我们有

$$\lambda_1^{n/2} = \frac{|S_1 + \cdots + S_q|}{|S|} \sim \Lambda(p, n-q, q).$$

证　由 λ_1 的不变性，故可以假设，样本来自正态分布的总体，即 $X \sim N_{n\times p}(M, I_n \otimes \Sigma)$，其中 $M = (\mu_1 1_{n_1}, \cdots, \mu_q 1_{n_q})'$. 因此 $X_j' \sim N_{n\times p}(I_{n_1}, \mu_j', \Sigma)$，$j = 1, \cdots, q$. 注意

$$S = X'D_n X, \quad S_j = X_j D_{n_j} X_j',$$

其中 $D_r = I_r - \frac{1}{r} 1_r 1_r$，我们有

$$E = S_1 + \cdots + S_q = \sum_{j=1}^{q} X_j D_{n_j} X = X'C_1 X,$$

其中 $C_1 = \mathrm{diag}(D_{n_1}, \cdots, D_{n_q})$. 显然，$C_1^2 = C_1, C_1 = C_1 \mathrm{rk} C_1 = n_1 - 1 + \cdots + n_q - 1 = n - q$ 且 $C_1 M = 0$. 由 2.8.2 节和 3.4.2 节的理论，我们有 $E \sim W_p(n-q, \Sigma)$. 设 $C_2 = D_n - C_1$ 且 $B = S - E$. 则 $B = X'C_2X$. 能够验证 $C_2' = C_2, C_2^2 = C_2$ 且 $\mathrm{rk} C_2 = q$. 当 H_0 正确时，我们有 $C_2 M = 0$ 使得 $B \sim W_p(q, \Sigma)$. 则由定义 5.2.2，结论得证. □

Λ分布在多元分析中非常有用. 在许多教科书中有详细的论述，例如 Anderson (1984), Muirhead (1982)，张尧庭和方开泰(1982). 其精确的分布已由 Schatzoff (1966) 得到. 为了实际的需要，我们列出下列的结果，但不给出证明:

(1) 若 $\Lambda \sim \Lambda(p, n, 1)$，则

$$\frac{1-\Lambda}{\Lambda}\frac{n-p+1}{p} \sim F(p, n-p+1)$$

和

$$n\frac{1-\Lambda}{\Lambda} \sim T^2(p, n).$$

(2) 若 $\Lambda \sim \Lambda(p, n, 2)$，则

$$\frac{1-(\Lambda)^{1/2}}{(\Lambda)^{1/2}}\frac{n-p}{p} \sim F(2p, 2(n-p)).$$

(3) 若 $\Lambda \sim \Lambda(1, n, m)$，则

$$\frac{1-\Lambda}{\Lambda}\frac{n}{m} \sim F(m,n).$$

(4) 若 $\Lambda \sim \Lambda(2,n,m)$，则

$$\frac{1-(\Lambda)^{1/2}}{(\Lambda)^{1/2}}\frac{n-1}{m} \sim F(2m,2(n-1)).$$

(5) 若 $\Lambda \sim \Lambda(p,n,m)$，则 $\Lambda \overset{d}{=} \beta_1\cdots\beta_p$，其中 $\beta_1,\cdots,\beta_p$ 独立且 $\beta_j \sim B((n-p+j)/2, m/2)$ (Beta 分布)，$j=1,\cdots,p$. 读者可以发现对于 $p=1(1)8, n=1,\cdots,\infty$ 和 $m=1,\cdots,120$ 的 $\Lambda(p,m,n)$ 的 $100\alpha\%$ 值的表（见张尧庭和方开泰(1982)或 Kres (1975)). 关于检验假设(5.2.17)的进一步的讨论将放到 6.4.1 节.

前面我们已经研究了具有相等的协方差阵的几个均值的检验. 关于具有不相等的未知的协方差阵的几个均值的假设检验还没有很好的解决，即使在一元正态的情形也是如此.

5.3 对协方差阵的检验

5.3.1 球性检验

设 X 有密度

(5.3.1)
$$\begin{aligned}&|\Sigma|^{-n/2}f(\mathrm{tr}(X-1\mu')\Sigma^{-1}(X-1\mu')')\\&=|\Sigma|^{-n/2}f(\mathrm{tr}\Sigma^{-1}S+n(\bar{x}-\mu)'\Sigma^{-1}(\bar{x}-\mu)).\end{aligned}$$

我们希望检验

(5.3.2) $H_0: \Sigma=\alpha\Sigma_0$，已知 $\Sigma_0>0$ 且 $\alpha>0$ 未知.

首先，我们假设 $\Sigma_0=I_p$. 由(5.3.1)我们有似然函数

$$L(\mu,\Sigma)=|\Sigma|^{-n/2}f(\mathrm{tr}\Sigma^{-1}S+n(\bar{x}-\mu)'\Sigma^{-1}(\bar{x}-\mu)).$$

因为当 f 非增连续时，(μ,Σ) 的极大似然估计是 $(\bar{x},\lambda_{\max}(f)S)$，故我们有

(5.3.3)
$$\max_{\mu\in R^p,\Sigma>0} L(\mu,\Sigma)=|\lambda_{\max}(f)S|^{-n/2}f(p/\lambda_{\max}(f)),$$

和

(5.3.4)
$$\max_{\mu\in R^p,\alpha>0} L(\mu,\alpha I_p)=\max_{\alpha>0}L(\bar{x},\alpha I_p)=\max_{\alpha\geqslant 0}\alpha^{-np/2}f(\mathrm{tr}S/\alpha)$$

$$= \max_{\alpha>0}(\mathrm{tr}S/\alpha p)^{+np/2}(\mathrm{tr}S/p)^{-np/2}f(p(\mathrm{tr}S/p\alpha))$$
$$= \max_{\lambda>0}(\mathrm{tr}S/p)^{-np/2}\lambda^{-np/2}f(p/\lambda)$$
$$= (\mathrm{tr}S/p)^{-np/2}(\lambda_{\max}(f))^{-np/2}f(p/\lambda_{\max}(f)).$$

定理 5.3.1 设 $X \sim VS_{n\times p}(\mu,\Sigma,f)$, $n > p$ 且 f 非增连续. 则为检验 $H_0:\Sigma=\alpha I_p$, 似然比准则是

$$\lambda_2 = \frac{\max\limits_{\mu\in R^p,\alpha>0} L(\mu,\ \alpha I_p)}{\max\limits_{\mu\in R^p,\Sigma>0} L(\mu,\Sigma)} = \frac{|S|^{n/2}}{(\mathrm{tr}S/p)^{np/2}},$$

它的分布与正态情形相同.

推论 在定理 5.3.1 的假定下, 为了检验 H_0: $\Sigma=\alpha\Sigma_0$, Σ_0 已知, 似然比准则是 $\dfrac{|\Sigma_0^{-1}S|^{n/2}}{(\mathrm{tr}\Sigma_0^{-1}S/p)^{np/2}}$.

为了 λ_2 的无偏性, 曾有人把 λ_2 修正为(当 $\Sigma_0=I$ 时)

$$\lambda_2^* = \frac{|S|^{(n-1)/2}}{(\mathrm{tr}S/p)^{(n-1)p/2}},$$

以 $n-1$ 代替 n. Davis (1971) 得到了 λ_2^* 的渐近零分布并证明了, 当 $n\to\infty$ 时

$$-2\,\frac{6p(n-1)-(2p^2+p+2)}{6p(n-1)}\log\lambda_2^*$$

的渐近零分布是 $\chi^2_{p(p+1)/2-1}$. Mauchy (1940) 推导了 $\lambda_2^{2/n}$ 的矩. Khatri 和 Srivastava (1971) 得到了 λ_2^* 的精确分布.

5.3.2 几个协方差阵的相等

设 X 有密度(5.2.14). 我们要检验

(5.3.5) $$H_0:\Sigma_1=\cdots=\Sigma_q\equiv\Sigma,$$

而 μ_i, $i=1,\cdots,q$ 是未知的. 似然函数是

$$L(\mu_1,\cdots,\mu_q,\Sigma_1,\cdots,\Sigma_q)$$
$$= \prod_{i=1}^{q}|\Sigma_i|^{-n_i/2}f\left(\sum_{i=1}^{q}[\mathrm{tr}\Sigma_i^{-1}S_i + n_i(\bar{x}_i-\mu_i)'\Sigma_i^{-1}(\bar{x}_i-\mu_i)\right),$$

其中 $S_1, \cdots, S_q$ 由(5.2.15)给定。由引理 5.2.3，当 f 非增且连续时，我们有

$$(5.2.21)\qquad \max_{\substack{\mu_i \in R^p, i=1,\cdots,q \\ \Sigma>0}} L(\mu_1, \cdots, \mu_q, \Sigma, \cdots, \Sigma)$$

$$= |\lambda_{\max}(f)(S_1 + \cdots + S_q)|^{-n/2} f(p/\lambda_{\max}(f)).$$

为了得到似然比准则，我们需要如下的引理。

引理 5.3.1 设 f 非增和可微。则

$$\max_{\substack{\mu_i \in R^p, \Sigma_i>0 \\ i=1,\cdots,q}} L(\mu_1, \cdots, \mu_q, \Sigma_1, \cdots, \Sigma_q)$$

$$= (\lambda_{\max}(f))^{-np/2} \left[\prod_{i=1}^{q} \left(\frac{n_i}{n}\right)^{n_i p/2} |S_i|^{-n_i/2}\right] f(p/\lambda_{\max}(f)),$$

其中 $S_1, \cdots, S_q$ 由(5.2.15)给定。

证 使用与引理 5.2.3 证明类似的方法，我们有

$$\max_{\substack{\mu_i \in R^p, \Sigma_i>0 \\ i=1,\cdots,q}} L(\mu_1, \cdots, \mu_q, \Sigma_1, \cdots, \Sigma_q)$$

$$= \max_{\substack{\Sigma_i>0 \\ i=1,\cdots,q}} L(\bar{x}_1, \cdots, \bar{x}_q, \Sigma_1, \cdots, \Sigma_q)$$

$$= \max_{\substack{\Sigma_i>0 \\ i=1,\cdots,q}} \prod_{i=1}^{q} |\Sigma_i|^{-n_i/2} f\left(\sum_{i=1}^{q} \mathrm{tr}\,\Sigma_i S_i\right)$$

$$= \max_{\substack{\lambda_{ij}>0 \\ i=1,\cdots,q \\ j=1,\cdots,p}} \left\{\prod_{j=1}^{q} |S_j|^{-n_j/2} \prod_{i=1}^{q} (\lambda_{i1} \cdots \lambda_{ip})^{-n_i/2} f\right.$$

$$\left.\times \left(\sum_{i=1}^{q} \sum_{j=1}^{p} \lambda_{ij}^{-1}\right)\right\},$$

其中 $\lambda_{i1}, \cdots, \lambda_{ip}$ 是 $\tilde{\Sigma}_i = S_i^{-1/2} \Sigma_i S_i^{-1/2}$ 的 p 个特征值。因为 $n_i > p$，由引理 4.1.1 有以概率 1 地 $S_i > 0$ $(i = 1, \cdots, q)$，故正如定理 4.1.1 的证明一样，上式大括号中的函数在 $\lambda_{i1} = \cdots = \lambda_{ip} = \lambda^i$ 处达到它的极大值，并且大括号中的值变为

$$(5.3.6)\qquad \left(\prod_{i=1}^{q} |S_i|^{-n_i/2}\right)\left(\prod_{i=1}^{q} \lambda_i^{-n_i p/2}\right) f\left(p \sum_{i=1}^{q} \lambda_i^{-1}\right) \triangleq L^*.$$

设 $\frac{\partial L^*}{\partial \lambda_i}=0$，$i=1,\cdots,q$。我们有

$$\lambda_i=-(2/n_i)\frac{f'\left(p\sum_{i=1}^{q}\lambda_i^{-1}\right)}{f\left(p\sum_{i=1}^{q}\lambda_i^{-1}\right)},i=1,\cdots,q.$$

因此 $\lambda_i=(n_1/n_i)\lambda_1$，$i=1,\cdots,q$。置 $\lambda=(n_1/n)\lambda_1$。则 $\lambda_i=(n/n_i)\lambda$，$i=1,\cdots,q$ 且(5.3.6)成为

$$\left(\prod_{i=1}^{q}|S_i|^{-n_i/2}\right)\left(\prod_{i=1}^{q}\left(\frac{n_i}{n}\right)^{pn_i/2}\right)\lambda^{-np/2}f(p/\lambda),$$

回顾 $\lambda^{-np/2}f(p/\lambda)$ 在 $\lambda_{\max}(f)$ 达到它的极大值，因此，引理得证。□

定理 5.3.2 在引理 5.3.1 的假设下，为检验假设(5.3.5)，似然比准则是

$$\lambda_3=\frac{\max\limits_{\Sigma>0,\mu_i\in R^p,i=1,\cdots,q}L(\mu_1,\cdots,\mu_q,\Sigma,\cdots,\Sigma)}{\max\limits_{\mu_i\in R^p,\Sigma_i>0,i=1,\cdots,q}L(\mu_1,\cdots,\mu_q,\Sigma_1,\cdots,\Sigma_q)}$$

$$=\frac{\prod_{i=1}^{q}|S_i|^{n_i/2}}{|S_1+\cdots+S_q|^{n/2}}\prod_{i=1}^{q}\left(\frac{n_i}{n}\right)^{-n_ip/2},$$

其分布与正态情形相同。

Bartlett 建议在 λ_3 中以 n_i-1 代替 n_i，以 $n-q$ 代替 n，并且以 λ_3^* 表示修正了的 λ_3。Box 给出了 $-2\log\lambda_3^*$ 的渐近零分布，它是 $(1/(1-d_1))\chi^2_{f_1}$，其中 $f_1=(1/2)p(p+1(q-1))$，且

$$d_1=\begin{cases}\dfrac{(2p^2+3p-1)(q+1)}{6(p+1)(q-1)}, & \text{若 } n_1=\cdots=n_q,\\[2ex] \dfrac{2p^2+3p-1}{6(p+1)(q-1)}\left(\sum_{i=1}^{q}\dfrac{1}{n_i-1}-\dfrac{1}{n-q}\right), & \text{其他。}\end{cases}$$

$-2\log\lambda_3^*$ 的零分布也能以 $bF(f_1,f_2)$ 近似，其中

$$b = f_1/(1 - d_1 - f_1 f_2^{-1}),\quad f_2 = (f_1 + 2)/(d_2 - d_1^2)$$

$$d_2 = \begin{cases} \dfrac{(p-1)(p+2)(q^2+q+1)}{6q^2(n-1)^2} & \text{若 } n_1 = \cdots = n_q, \\ \dfrac{(p-1)(p+2)}{6(q-1)}\left(\displaystyle\sum_{i=1}^{q} \frac{1}{(n_i-1)^2} - \frac{1}{(n-q)^2}\right), & \text{其他}. \end{cases}$$

当 $q = 2$ 时，Khatri 和 Srivatava（1971）推导了 λ_3^* 的精确分布。用 $\theta_1 \geqslant \cdots \geqslant \theta_p$ 表示 $\Sigma_1\Sigma_2^{-1}$ 的特征值，则检验 $\Sigma_1 = \Sigma_2$ 等价于检验 H_0: $\theta_1 = \cdots = \theta_p = 1$. 检验假设的问题在群 $G = (GL(p), R^p)$ 下保持不变，群对 X 的作用为

$$X \to XA + 1a',\quad A \in GL(p),\quad a \in R^p.$$

$S_1S_2^{-1}$ 的特征值集合（$\xi_1, \cdots, \xi_p$）在群 G 下是一个极大不变的统计量。因此，我们可以建立许多不变检验的统计量，例如，(a) $|S_1S_1^{-1}| = \xi_1\cdots\xi_p$；(b) $\mathrm{tr}(S_1S_2^{-1}) = \xi_1 + \cdots + \xi_p$；(c) $(\max(\xi_1, \cdots, \xi_p), \min(\xi_1, \cdots, \xi_p))$；(d) $|(S_1 + S_2)S_2^{-1}| = (\xi_1 + 1)\cdots(\xi_p + 1)$. 这些统计量有许多好的性质.

5.3.3 同时检验几个均值和协方差阵的相等

设 X 有密度(5.2.16)或(5.2.14). 我们需要检验

(5.3.7) $\quad H_0: \mu_1 = \cdots = \mu_q \equiv \mu$ 且 $\Sigma_1 = \cdots = \Sigma_q \equiv \Sigma$.

现在我们有似然函数

$$\begin{aligned} & L(\mu_1, \cdots, \mu_q, \Sigma_1, \cdots, \Sigma_q) \\ & = \prod_{i=1}^{q} |\Sigma_i|^{-n_i/2} f\left(\sum_{i=1}^{q} (\mathrm{tr}\Sigma_i S_i + n_i(\bar{x}_i - \mu_i)'\Sigma_i^{-1}(\bar{x}_i - \mu_i)]\right) \end{aligned}$$

其中 $n_i > p$ 且 S_i 由(5.2.15)给定，$i = 1, \cdots, q$. 设 f 非增、连续且可微. 由引理 5.3.1，我们立即有

$$\lambda_4 = \frac{\max\limits_{\mu_i \in R^p, \Sigma > 0} L(\mu, \cdots, \mu, \Sigma, \cdots, \Sigma)}{\max\limits_{\substack{\mu_i \in R^p, \Sigma_i > 0 \\ i=1,\cdots,q}} L(\mu_1, \cdots, \mu_q, \Sigma_1, \cdots, \Sigma_q)}$$

$$= \frac{|S|^{-n/2}}{\prod_{i=1}^{q}\left[\left(\frac{n_i}{n}\right)^{n_i p/2} |S_i|^{-n_i/2}\right]}$$

$$= \frac{\prod_{i=1}^{q}\left|\frac{1}{n_i} S_i\right|^{n_i/2}}{\left|\frac{1}{n} S\right|^{n/2}}.$$

如前所述，以 $n-1$ 代替 n 且以 λ_4^* 表示修正的 λ_4。Box 证明了

$$P(-2\rho \log \lambda_4^* \leqslant x | H_0) = P(\chi_f^2 \leqslant x) + \omega[P\chi_{f+4}^2 \leqslant x) \\ - P(\chi_f^2 \leqslant x)] + o(n^{-3}),$$

其中

$$f = \frac{1}{2}(q-1)(p+1)p,$$

$$\rho = 1 - \left(\sum_{i=1}^{q} \frac{1}{n_i - 1} - \frac{1}{n-q}\right)\left(\frac{2p^2+3p-1}{6(q-1)(p+3)}\right) \\ + \frac{p-q+2}{(p-q)(p+3)},$$

和

$$\omega = \frac{q}{288\rho^2}\left[6\left(\sum_{i=1}^{q} \frac{1}{(n_i-1)^2} - \frac{1}{(n-q)^2}\right)(p^2-1)(p+2) \right. \\ - \sum_{i=1}^{q}\left(\frac{1}{n_i-1} - \frac{1}{n-q}\right)^2 \frac{(2p^2+3p-1)^2}{(q-1)(p+3)} \\ - 12\left(\sum_{i=1}^{q} \frac{1}{n_i-1} - \frac{1}{n-q}\right) \\ \times \frac{(2p^2+3p-1)(p-q+2)}{(n-q)(p+3)} \\ - 36\frac{(q-1)(p-q+2)^2}{(n-q)^2(p+3)}$$

$$-\frac{12(q-1)}{(n-q)^2}(7q-2q^2+3pq-2p^2-6p-4)\Big],$$

因此，$-2\rho\log\lambda_4^*$ 的渐近零分布是 $\chi^2_{(q-1)(p+1)p/2}$.

假设检验问题在群 $G=(GL(p),R^p)$ 下是不变的，群在 X 上的作用为

$$X\to XA+1a',\quad A\in GL(p),\quad a\in R^p.$$

显然，似然比准则 λ_4 在 G 下是一个不变统计量.

5.3.4 检验变量集合间缺乏相关性

设 X 有密度函数

(5.3.8) $$|\Sigma|^{-n/2}f(\mathrm{tr}\Sigma^{-1}(X-1\mu')'(X-1\mu'))$$
$$=|\Sigma|^{-n/2}f(\mathrm{tr}\Sigma^{-1}S+n(\bar{x}-\mu)'\Sigma^{-1}(\bar{x}-\mu)),$$

$n>p$，其中 $X=(x_{(1)},\cdots,x_{(n)})'$，$\bar{x}=\frac{1}{n}\sum_{i=1}^{n}x_{(i)}$，

$$S=X'\left(I_n-\frac{1}{n}11'\right)X.$$

把 $\bar{x},\mu,S$ 和 Σ 分为

$$\mu=\begin{pmatrix}\mu_{(1)}\\ \vdots\\ \mu_{(k)}\end{pmatrix}\begin{pmatrix}p_1\\ \vdots\\ p_k\end{pmatrix}\quad \bar{x}=\begin{pmatrix}\bar{x}_{(1)}\\ \vdots\\ \bar{x}_{(k)}\end{pmatrix}\quad x_{(1)}=\begin{pmatrix}x_{(11)}\\ \\ x_{(1k)}\end{pmatrix},$$

$$\Sigma=\begin{pmatrix}\Sigma_{11},\cdots,\Sigma_{1k}\\ \cdots\\ \Sigma_{k1},\cdots,\Sigma_{kk}\end{pmatrix}\quad S=\begin{pmatrix}S_{11},\cdots,S_{1k}\\ \cdots\\ S_{k1},\cdots,S_{kk}\end{pmatrix}=(S_{ij}).$$

我们所关心的是检验零假设

(5.3.9) $$H_0:\ \Sigma_{ij}=O\quad i\neq j.$$

因为当 $x_{(1)}$ 有二阶有限矩时，

$$\varepsilon[x_{(1)}x'_{(1)}]=\delta^2\Sigma,$$

H_0 成立意味着子向量 $x_{(11)},\cdots,x_{(1k)}$ 是互相无关的，特别地，如果 $x_{(1)}\sim N(\mu,\Sigma)$，它们是独立的.

设 $\Omega=\{(\mu,\ \Sigma)|\Sigma>0,\ \mu\in R^p\}$ 和 $\Omega_0=\{(\mu,\ \Sigma)|\Sigma=$

$\mathrm{diag}(\Sigma_{11},\cdots,\Sigma_{kk})>0,\ \mu,\in R^p\}$.

引理 5.3.2 设 f 非增且可微. 则

$$\max_{(\mu,\Sigma)\in\Omega_0} L(\mu,\Sigma)=\lambda_{\max}(f)^{-np/2}\left(\prod_{i=1}^{k}|S_{ii}|^{-n/2}\right)f(p/\lambda_{\max}(f)),$$

其中 $L(\mu,\Sigma)$ 是(5.3.6)中定义的似然函数。

证 如前所述,我们有

$$\begin{aligned}&\max_{(\mu,\Sigma)\in\Omega_0} L(\mu,\Sigma)\\&\quad=\max_{\substack{\Sigma_{ii}>0\\ i=1,\cdots,k}} L(\bar{x},\mathrm{diag}(\Sigma_{11},\cdots,\&_{kk}),\\&\quad=\max_{\substack{\Sigma_{ii}>0\\ i=1,\cdots,k}}\prod_{i=1}^{k}|\Sigma_{ii}|^{-n/2}f\left(\mathrm{tr}\sum_{i=1}^{k}\Sigma_{ii}^{-1}S_{ii}\right)\\&\quad=\max_{\substack{\lambda_{ij}>0\\ j=1,\cdots,p_i\\ i=1,\cdots,k}}\left(\left\{\prod_{i=1}^{k}|S_{ii}|\right)^{-n/2}\prod_{i=1}^{k}\prod_{j=1}^{p_i}\lambda_{ii}^{-n/2}f\right.\\&\qquad\times\left.\left(\sum_{i=1}^{k}\sum_{j=1}^{p_i}\lambda_{ij}^{-1}\right)\right\},\end{aligned}$$

其中 $\lambda_{i1},\cdots,\lambda_{ip_i}$ 是 $S_{ii}^{-1/2}\Sigma_{ii}S_{ii}^{-1/2}$, $i=1,\cdots,k$,的特征值.

正如定理 4.1.1 的证明一样，上述公式大括号中的 $\{\lambda_{ij}\}$ 必相等。因此,我们有

$$\begin{aligned}\max_{(\mu,\Sigma)\in\Omega_0} L(\mu,\Sigma)&=\left(\prod_{i=1}^{k}|S_{ii}|\right)^{-n/2}\max_{\lambda>0}\lambda^{-np/2}f(p/\lambda)\\&=\left(\prod_{i=1}^{k}|S_{ii}|\right)^{-n/2}\lambda_{\max}(f)^{-np/2}f(p/\lambda_{\max}(f)),\end{aligned}$$

引理得证. □

由引理 5.3.2, 我们立即得到以下定理.

定理 5.3.3 在引理 5.3.2 的假定下, 检验 (5.3.9) 的似然比准则是

$$\lambda_5 = \frac{\max\limits_{(\mu,\Sigma)\in\Omega_0} L(\mu, \Sigma)}{\max\limits_{(\mu,\Sigma)\in\Omega} L(\mu, \Sigma)} = \frac{|S|^{n/2}}{\left(\prod\limits_{i=1}^{k} S_{ii}\right)^{n/2}},$$

它有与正态情形一样的分布。

记 $\hat{\rho}_{ij} = S_{ij}/(S_{ii}S_{jj})^{1/2}$，则样本相关系数 $\hat{\rho}_{ij}$ 组成的矩阵 $\hat{R}$ 是

$$\hat{R} = \begin{pmatrix} 1 & \hat{\rho}_{12} & \cdots & \hat{\rho}_{1p} \\ \hat{\rho}_{21} & 1 & & \\ \vdots & \vdots & \ddots & \vdots \\ \hat{\rho}_{p1} & \hat{\rho}_{p2} & \cdots & 1 \end{pmatrix}.$$

显然 $|S| = \left(\prod\limits_{i=1}^{p} S_{ii}\right)|\hat{R}|$. 按 S 的分块形式把 $\hat{R}$ 分成

$$\hat{R} = \begin{pmatrix} \hat{R}_{11} & \cdots & \hat{R}_{1k} \\ & \cdots & \\ \hat{R}_{k1} & \cdots & \hat{R}_{kk} \end{pmatrix}.$$

则

$$\lambda_5 = \frac{|\hat{R}|^{n/2}}{\left(\prod\limits_{i=1}^{k} |\hat{R}_{ii}|\right)^{n/2}}$$

通过样本相关系数给出了 λ_5 的表达式.

设 G_{BD} 是 $p \times p$ 非异分块对角阵 $D = \text{diag}(D_{11}, \cdots, D_{kk})$，其中 $D_{ii}: p_i \times p_i$，$\sum\limits_{i=1}^{k} p_i = p$. 检验（5.3.9）的问题在仿射变换 $(D, a), D \in G_{BD}$ 且 $a \in R^p$ 的群 G_{BD} 下保持不变. 这种仿射变换把每个 X 变换为 $XD + 1a'$. 显然，λ_5 在群 G_{BD} 下是一个不变统计量.

设 $\lambda_5^{2/n} = v$. 注意到 $0 \leqslant v \leqslant 1$，$v$ 的分布由它的矩确定. Anderson（1958）给出

(5.3.10)

$$E(\nu^h|H_0)=\frac{\prod_{i=1}^{p}\Gamma\left(\frac{n-i}{2}+h\right)\prod_{i=1}^{k}\prod_{j=1}^{p_i}\Gamma\left(\frac{n-j}{2}\right)}{\prod_{i=1}^{p}\Gamma\left(\frac{n-i}{2}\right)\prod_{i=1}^{k}\prod_{j=1}^{p_i}\Gamma\left(\frac{n-j}{2}+h\right)},$$

$$h=0,1,\cdots.$$

因这些矩与 $\Sigma_{ii}, i=1,\cdots,k$,无关,故能推出(见 Anderson 1958, 9.4 节),当 H_0 真确时,ν 与 $\prod_{i=1}^{k}\prod_{j=1}^{p_i}Y_{ij}$ 同分布,其中$\{Y_{ij}\}$是独立分布的具有参数 $((n-\delta_{i-1}-j)/2,\ \delta_{i-1}/2)$ 的中心 Beta 随机变量,其中 $\delta_j=\sum_{i=1}^{j}p_i$,$\delta_0=0$. 实际上,我们是使用 ν 的渐近分布. 设

$$f=\frac{1}{2}\left[p(p+1)-\sum_{i=1}^{k}p_i(p_i+1)\right],$$

$$\rho=1-\frac{2\left(p^3-\sum_{i=1}^{k}p_i^3\right)+9\left(p^2-\sum_{i=1}^{k}p_i^2\right)}{6n\left(p^2-\sum_{i=1}^{k}p_i^2\right)},$$

$$r=\frac{p^4-\sum_{i=1}^{k}p_i^4}{48}-\frac{5\left(p^2-\sum_{i=1}^{k}p_i^2\right)}{96}-\frac{\left(p^3-\sum_{i=1}^{k}p_i^3\right)^2}{72\left(p^2-\sum_{i=1}^{k}p_i^2\right)},$$

$$a=n\rho.$$

Box (1949) 证明了

$$P(-a\log\nu\leqslant x)=P(\chi_f^2\leqslant x)+(r/a^2)[P(\chi_{f+4}^2\leqslant x)-P(\chi_f^2\leqslant x)]+O(a^{-3}).$$

因此,对于大的 n,$-a\log\nu$ 的分布近似于 χ_f^2 分布.

取 $k=2$, $p_1=1$ 且 $p_2=p-1$. 则检验 $\Sigma_{12}=0$ 就等于检验多重相关系数为零(见 4.1.4 节). 于是,

$$v = \frac{|S|}{s_{11}|S_{22}|} = \frac{s_{11} - s_{12}s_{22}^{-1}s_{21}}{s_{11}} = 1 - \frac{s_{12}s_{22}^{-1}s_{21}}{s_{11}} = 1 - R^2$$

则能够证明

$$v \sim \Lambda(1, n-p, p-1),$$

和

(5.3.11) $$F = \frac{R^2}{1-R^2}\frac{n-p}{p-1} \sim F(p-1, n-p)$$

这就得到了检验多重相关系数为零的统计量. 特别,利用(5.3.11)我们能够检验,在两个一元变量间,如 x 和 y 间的相关系数是零.

关于 R^2 检验的优良性,读者可参见 Giri (1977).

5.4 关于似然比检验的一个注记

在前面几节中,通过 Anderson 和方开泰(1982c)所建议的统一的方法,我们利用极大似然方法分别得到了检验均值和协差阵的似然比准则. 那些似然比准则及其分布的形式在包括正态情形的整个类中是相同的. 下面的定理建立了正态总体与椭球等高总体似然比准则之间的联系.这个定理是属于 Anderson, 方开泰和许建伦的(1986). 他们是由 $x = \text{vec}X$ 着手而不是从 X 本身着手的.

设 $x \sim EC_N(\mu, \Sigma, \phi)$ 有密度

(5.4.1) $$|\Sigma|^{-1/2} f((x-\mu)'\Sigma^{-1}(x-\mu)),$$

其中 $f(t)$ 是在$[0,\infty]$上连续的减函数. 置 $\omega = \omega_m \times \omega_o$, 其中 $\omega_m \subset R^N$ 且 ω_o 是$N \times N$的正定阵的一个子集使得 $\Sigma \in \omega_o$ 蕴涵 $\alpha\Sigma \in \omega_o$, 对每个 $\alpha > 0$ 成立.

定理 5.4.1 在如上的假设下,如果在正态性之下的极大似然估计 $\tilde{\mu} \in \omega_m$ 且 $\tilde{\Sigma} \in \omega_o$ 存在且唯一,并且以概率 1 地有 $\tilde{\Sigma} > 0$, 则 $\hat{\mu} = \tilde{\mu}$ 和 $\hat{\Sigma} = N\lambda_{\max}(f)\tilde{\Sigma}$ 是在 $f(\cdot)$ 下的极大似然估计且似然函数的极大值是

(5.4.2) $$[\tilde{c}\lambda_{\max}(f)]^{-N/2} f(1/\lambda_{\max}(f)),$$

其中

$$\tilde{c}=\min_{\substack{\mu\in\omega_m,B\in\omega_c\\|B|=1}}(x-\mu)'B^{-1}(x-\mu). \tag{5.4.3}$$

证 设 $a=|\Sigma|^{1/N}$ 且 $B=(1/a)\Sigma$. 则 $|B|=1$, $B>0$ 且 $B\in\omega_c$ 当且仅当 $\Sigma\in\omega_c$. 正态函数是 $(2\pi)^{-N/2}$ 乘以

$$a^{-N/2}\exp\left\{-\frac{1}{2a}(x-\mu)'B^{-1}(x-\mu)\right\}.$$

现在,$a^{-N/2}\exp\left\{-\dfrac{c}{2a}\right\}$,$(0\leqslant a<\infty)$, 对于任何 $c>0$ 在 $a_c=c/N$处达到极大值. 因此,我们有

$$\begin{aligned}&\max_{\mu\in\omega_m,\Sigma\in\omega_c}|\Sigma|^{-1/2}\exp\left\{-\frac{1}{2}(x-\mu)'\Sigma^{-1}(x-\mu)\right\}\\&=\max_{\substack{\mu\in\omega_m\\B\in\omega_c,|B|=1}}\max_{a>0}a^{-N/2}\exp\left\{-\frac{1}{2a}(x-\mu)'B^{-1}(x-\mu)\right\}\\&=\max_{\substack{\mu\in\omega_m\\B\in\omega_c,|B|=1}}\left(\frac{N}{(x-\mu)'B^{-1}(x-\mu)}\right)^{N/2}e^{-N/2}.\end{aligned}$$

因此,利用正态性之下极大似然估计的假设,$\tilde{\mu}\in\omega_m$ 和 $\tilde{\Sigma}\in\omega_c$ 存在且唯一,并且 $\tilde{\Sigma}>0$,a.e., 则存在 $\mu^*=\tilde{\mu}\in\omega_m$ 且 $\widetilde{B}\in\omega_c$ 使得 $(x-\tilde{\mu})'\widetilde{B}^{-1}(x-\tilde{\mu})=\min\limits_{\substack{\mu\in\omega_m\\B\in\omega_c,|B|=1}}(x-\mu)'B^{-1}(x-\mu)=\tilde{c}$.

现考虑似然函数 $L(\mu,aB)=a^{-N/2}f((x-\mu)'B^{-1}(x-\mu)/a)$.

$$\begin{aligned}\max_{\substack{\mu\in\omega_m,B\in\omega_c\\|B|=1,a>0}}L(\mu,aB)&=\max_{a>0}\max_{\substack{\mu\in\omega_m,\\B\in\omega_c,|B|=1}}a^{-N/2}f((x-\mu)'B^{-1}(x-\mu)/a)\\&=\max_{a>0}a^{-N/2}f(\tilde{c}/a),(f\text{ 是递减的})\\&=\max_{a>0}\tilde{c}^{-N/2}a^{-N/2}f(1/a)\\&=\tilde{c}^{-N/2}(\lambda_{\max}(f))^{-N/2}f(1/\lambda_{\max}(f)),\end{aligned}$$

这就证明了(5.4.2)且 $\mu\in\omega_m$ 和 $\Sigma\in\omega_c$ 的极大似然估计显然是 $\hat{\mu}=\tilde{\mu}$ 和 $\hat{\Sigma}=N\lambda_{\max}(f)\tilde{c}\widetilde{B}=N\lambda_{\max}(f)\tilde{\Sigma}$. □

推论 1 设定理 5.4.1 的条件对 $f(\cdot),\omega_m,\Omega_m,\omega_c$ 和 Ω_c 成立且设对于对立假设 $\mu\in\Omega_m-\omega_m$ 和 $\Sigma\in\Omega_c-\omega_c$ 的零假设为

$\mu\in\omega_m\subset\Omega_m$ 和 $\Sigma\in\omega_c\subset\Omega_c$. 如果当 $f(\cdot)$ 是正态密度时,似然比准则存在且唯一,则其准则是

$$(\tilde{c}_\omega/\tilde{c}_\Omega)^{N/2}$$

其中

$$\tilde{c}_\omega=\min_{\substack{\mu\in\omega_m\\ B\in\omega_c,|B|=1}}(x-\mu)'B^{-1}(x-\mu)$$

和

$$\tilde{c}_\Omega=\min_{\substack{\mu\in\Omega_m\\ B\in\Omega_c,|B|=1}}(x-\mu)'B^{-1}(x-\mu).$$

推论 2 设定理 5.4.1 的条件对 $f(\cdot)$, ω_m, Ω_m, ω_c 和 Ω_c 成立。设对所有的 $\alpha\geqslant 0$, $\mu\in\omega_m$ 和 $\eta\in\Omega_m$ 分别蕴涵 $\alpha\mu\in\omega_m$ 和 $\alpha\eta\in\Omega_m$. 如果似然比准则的分布与 $\mu\in\omega_m$ 和 $\Sigma\in\omega_c$ 无关,则它与 (μ,Σ)和 $f(\cdot)$ 也无关.

证 由定理 5.1.1 和

$$\begin{aligned}t(x)=\frac{\tilde{c}_\omega}{\tilde{c}_\Omega}&=\frac{\min\limits_{\mu\in\omega_m,B\in\omega_c,|B|=1}(\alpha x-\alpha\mu)'B^{-1}(\alpha x-\alpha\mu)}{\min\limits_{\mu\in\Omega_m,B\in\omega_c,|B|=1}(\alpha x-\alpha\mu)'B^{-1}(\alpha x-\alpha\mu)}\\&=t(\alpha x),\ \alpha>0.\end{aligned}$$

则推论得证. □

利用定理 5.4.1 及其推论,我们能够通过统一的方法得到许多似然准则,在前面的讨论中我们逐一地得到了它们. 而所使用的方法也是重要的. 这就是为什么我们用这个重要的定理 5.4.1 来结束这一节的原因. 有兴趣的读者可以再用定理 5.4.1 证明这些准则。

到目前为止,主要地是在 $\mathscr{F}_3^+$ 的基础上进行讨论. 当然,我们需要在更大的一些类中建立关于极大似然估计和似然比准则,例如 $\mathscr{F}_2^+$, $\mathscr{F}_1^+$ 或 $\mathscr{F}_s^+$. 方开泰和许建伦(1986)给出了与此有关的结果.

5.5 稳健的不变检验

5.5.1 球对称性的稳健检验

设 $\mathscr{F}^n$ 是关于 R^n 上的 Lebesgue 测度的所有概率密度函数类. 设 $\mathscr{F}_0^n$ 表示球对称概率分布函数类,即

$$\mathscr{F}_0^n = \{f \in \mathscr{F}^n | f \text{ 只通过 } x'x \text{ 依赖于 } x\},$$

并设

$$\mathscr{F}_0^n(\Sigma) = \{f \in \mathscr{F}^n | f(x) = |\Sigma|^{-1/2} q(x'\Sigma^{-1}x)\}.$$

假设样本 x 来自具有 $\mathscr{F}^n$ 中概率分布密度 h 的总体. 我们希望检验

(5.5.1) $\qquad H_0: h \in \mathscr{F}_0^n$ 对立的 $H_1: h \in \mathscr{F}_0^n(\Sigma)$,

其中 Σ 已知且对任意 $\sigma > 0, \Sigma \neq \sigma^2 I_n$.

$G = (0, \infty)$ 是一个变换群,$\alpha \in G$,在 R^n 上的作用是

(5.5.2) $$x \to \alpha x.$$

则检验(5.5.1)的问题在群 G 下保持不变.

引理 5.5.1 在如上的假定下,极大不变统计量是

$$w(x) = x/(x'x)^{1/2}.$$

证 显然,$w(x)$ 在 G 下是不变的,即 $w(\alpha x) = w(x)$ 对任意 $x \in R^n$, $\alpha > 0$. 现在, 若 $w_1(x_1) = w(x_2)$, 即 $x_1/(x_1'x_1)^{1/2} = x_2/(x_2'x_2)^{1/2}$, 则 $x_1 = \alpha x_2$, 其中 $\alpha = (x_1'x_1)^{1/2}/(x_2'x_2)^{1/2} > 0$. 结论得证. □

引理 5.5.2 设 x 是来自具有概率分布密度 $f_\theta(x)$ 的总体 F_θ. 考虑检验 $H_0: \theta \in \omega$, 其对立的 $H_1: \theta = \theta_1$. 设 λ 是 ω 上的一有限测度. 则检验

(5.5.3) $$\varphi(x) = \begin{cases} 1, \text{ 若 } f_{\theta_1}(x) \geqslant k\int_\omega f_\theta(x) d\lambda(\theta) \\ 0. \text{ 若 } f_{\theta_1}(x) < k\int_\omega f_\theta(x) d\lambda(\theta), \end{cases}$$

是水平 $\alpha \in [0,1]$ 的一致最大功效检验, 其中常数 k 被选择使得 $E_\theta[\varphi(x)] \leqslant \alpha$, 对每个 $\theta \in w$.

证 设

$$h(x)=c\int_{\omega}f_{\theta}(x)d\lambda(\theta),$$

其中 $c^{-1}=\lambda(\omega)$,则 $h(x)$ 是密度. 利用 Neyman-Pearson 引理检验其对立假设为 $H_1:x\sim f(x)$ 的 $H_0:x\sim$ 概率密度函数 $h(x)$,我们得到由(5.5.3)定义的检验. 则能够验证, 检验 φ 也是其对立假设为 $H_1:\theta=\theta_1$ 的假设 $H_0:\theta\in\omega$ 的一致最大功效检验. 证明的细节,读者可参见 Lehmann 和 Stein(1948). □

引理 5.5.3 设 x 是一个 n 维随机向量. 考虑检验假设

(5.5.4) $$H_0:x\sim N(0,\sigma^2I_n),\text{其中 }\sigma^2\text{ 未知},$$

其对立假设为 $H_1:x\sim N(0,\Sigma)$,其中 Σ 已知且 $\Sigma\neq\sigma^2I_n$ 则由

(5.5.5) $$\varphi(x)=\begin{cases}1,\text{若 } x'\Sigma^{-1}x/x'x\leqslant k\\0,\text{若 } x'\Sigma^{-1}x/x'x>k\end{cases}$$

定义的检验是在水平 α 上的(5.5.4)的一致最大功效检验. 对给定的 α,在(5.5.5)中的 k 由下式确定:

(5.5.6) $$\int_A p_n(t_1,\cdots,t_{n-1})dt_1\cdots dt_{n-1}=\alpha,$$

其中 p_n 是 Dirichlet 分布 $D_n(1/2,\cdots,1/2;1/2)$ 的概率密度函数,

$$A=\left\{(t_1,\cdots,t_{n-1})\,\middle|\,\sum_{i=1}^{n}d_it_i\leqslant k,t_n=1-\sum_{i=1}^{n-1}t_i\right\}$$

且 d_i 是 Σ^{-1} 的特征根.

证 现在,可以把引理 5.5.2 用来证明之. 利用引理 5.5.2 中的记号,记 $\omega=\{\sigma^2|\sigma>0\}$. 令 λ 是 ω 上的一个有限的测度, 因 $\lambda(A)=I_A(\sigma_0^2)$,其中

$$I_A(\sigma_0^2)=\begin{cases}1,\sigma_0^2\in A,\\0,\sigma_0^2\bar{\in}A.\end{cases}$$

因此

$$\int_{\omega}\exp(-x'x/2\sigma^2)d\lambda(\sigma^2)=\exp(-x'x/2\sigma_0^2).$$

σ_0^2 在以后确定。由引理 5.5.2，当

$$\frac{\exp(-X'\Sigma^{-1}X/2)}{\exp(-X'X/2\sigma_0^2)} \geqslant 1$$

或等价地

$$x'\Sigma^{-1}x/x'x \leqslant \sigma_0^{-2}.$$

时，一致最大功效检验将拒绝 H_0。现取 $\sigma_0^{-2}=k$，其中 k 由(5.5.5)式给定，因为 $x/(x'x)^{1/2} \overset{d}{=} u^{(n)}$。□

引理 5.5.2 和引理 5.5.3 属于 Lehmann 和 Stein (1948)，而这里给出的引理 5.5.3 与原来的形式有些不同。下述定理属于 King (1980)。

定理 5.5.1 设 x 是概率密度函数为 h 的一个 $n\times 1$ 随机向量。则对一固定的 $\Sigma>0$，当检验

$H_0: h\in \mathscr{F}_0^n$，对立假设 $H_1: h\in \mathscr{F}_0^n(\Sigma)$，$\Sigma\neq\sigma^2 I_n$，时，由(5.5.5)定义的检验在群 $G=(0,\infty)$ 下是水平为 α 的一致最大功效不变检验，其 R^n 上的群的变换如(5.5.2)。

证 由于 $w(x)=x/(x'x)^{1/2}$ 是在群 G 下的极大不变的统计量，故任何不变检验必定是 $w(x)$ 的函数。当 H_0 正确时，因 $x\sim S_n(\phi)$，故我们有 $w(x)\overset{d}{=}u^{(n)}$；当 H_1 正确时，因 $x\sim EC_n(0,\Sigma,\phi)$，故我们有 $w(x)\overset{d}{=}\Sigma^{1/2}u^{(n)}/(u^{(n)\prime}\Sigma u^{(n)})^{1/2}$。因此，当 H_0 正确时，

$$w(x)\overset{d}{=}w(z),$$

其中 $z\sim N(0,\sigma^2 I_n)$，$\sigma^2>0$ 任意；当 H_1 正确时，$w(x)\overset{d}{=}w(z)$，其中 $z\sim N(0,\Sigma)$。则由引理 5.5.3，定理得证。□

当 Σ 部分地未知时，定理 5.5.1 能够被推广为包含如下的情形：

(i) $\Sigma=\sigma^2\Sigma_0$，Σ_0 已知，σ^2 未知。

(ii) $\Sigma=\lambda_1(I_n-M)+\lambda_2 M$，$M'=M$，$M^2=M$，$M$ 已知，且 $\lambda_1>\lambda_2>0$ (或 $\lambda_2>\lambda_1>0$)，λ_1,λ_2 未知。

(iii) $\Sigma^{-1}=\lambda_1 I_n+\lambda_2 A$，$A$ 已知，λ_1,λ_2 未知而 $\lambda_1>0,\lambda_2>0$

使得 Σ 是正定阵。

情形(i)留给读者作为练习。对(ii)，因 $\Sigma^{-1} = \lambda_1^{-1}(I_n - M) + \lambda_2^{-1}M$ （为什么?)，故 $x'\Sigma^{-1}x/x'x = \lambda_1^{-1} + (\lambda_2^{-1} - \lambda_1^{-1})x'Mx/x'x$。因此，首先给定 $\lambda_1 > \lambda_2 > 0$，临界域为 $x'Mx/x'x \leqslant k$ 的检验是针对 $H_1: h \in \mathscr{F}_0^n(\Sigma)$，$\Sigma = \lambda_1(I_n - M) + \lambda_2 M$ 已知时检验 $H_0: h \in \mathscr{F}_0^n$ 的一致最大功效检验。由于 $x'Mx/x'x$ 的分布不与 λ_1 和 λ_2 相联系，故临界域 $x'Mx/x'x \leqslant k$ 的检验也是针对

$$H_1: h \in \{\mathscr{F}_0^n(\Sigma) \mid \Sigma = \lambda_1(I_n - M) + \lambda_2 M, \lambda_1 > \lambda_2 > 0\},$$

其中 $M^2 = M, M' = M, M$ 已知，的检验 $H_0: h \in \mathscr{F}_0^n$ 的一致最大功效的不变检验。对(iii)，类似于(ii)临界域为 $x'Ax/x'x \leqslant k$ 的检验是一致最大功效检验。

作为(iii)的一个特例，考虑形如

$$\Sigma^{-1} = \tau(1 + \rho^2)I_n - \tau\rho \begin{Bmatrix} 0 & 1 & & 0 \\ 1 & 0 & \ddots & \vdots \\ & \ddots & \ddots & \vdots \\ 0 & & 1 & 0 \end{Bmatrix}, \quad |\rho| < 1.$$

的 Σ。这样的 Σ^{-1} 产生于序列相关问题中。这时，否定

$$\sum_{i=2}^{n} x_i x_{i-1} \geqslant k$$

对 $\rho^2 > 0$ 是一致最大功效的。

5.5.2 多元检验

设 $\bar{\delta}_p = \{V \mid V \geqslant 0, V: p \times p\}$ 且 Q 是由 $p \times p$ 的矩阵的集合到$[0, \infty)$的函数类，使得对 $q \in Q$，q 在 $\bar{\delta}_p$ 上是凸的

$$\int_{R^{np}} q(X'X)dX = 1$$

和

$$q(BV) = q(VB) \tag{5.5.7}$$

对所有的 $V \in \bar{\delta}_p$ 且 $B \in GL(p)$。进一步设

$$\mathscr{F}(M, \Sigma) = \{f \mid f(X \mid M, \Sigma) \tag{5.5.8}$$

$= |\Sigma|^{-n/2}q(\Sigma^{-1}(X-M)'(X-M)),\ q\in Q\}.$

其中 $M\in R^{np}$ 和 $\Sigma\in\delta_p,\delta_p$ 是 $p\times p$ 的正定阵的集合．显然，若 $X\sim SS_{n\times p}(f)$，即 $X\overset{d}{=}\Gamma XQ$，则对每个 $\Gamma\in O(n)$ 和 $Q\in O(p)$ 有一个 $\bar{\delta}_p$ 上凸的密度 f 且 $f\in Q$．若 $p=1$，则 $\mathscr{F}(\mu,\Sigma)$ 与形如 $f((x-\mu)'\Sigma^{-1}(x-\mu)$ 的(f 是凸的)椭球密度族重合．

例 5.5.1 $\mathscr{F}(M,\Sigma)$ 包含 $N_{n\times p}(M,I_n\otimes\Sigma)$ 的密度． 我们有，$\exp\left\{-\frac{1}{2}W\right\}$ 是一个 δ_p 上的W的凸函数，或等价地 $e^{-t/2}$ 在 $[0,\infty)$ 上是凸的．

例 5.5.2 设 $f(X|M,\Sigma)=c|\Sigma|^{-n/2}|I_n+\Sigma^{-1}(X-M)'(X-M)|^{-(n+p)/2}$． 则 $f\in\mathscr{F}(M,\Sigma)$． 为得到 $q(V)=c|I_n+V|^{-(n+p)/2}$ 在 δ_p 上是凸的；只要注意，$q(X'X)$ 是 $N_{n\times p}(O,I_n\otimes\Sigma)$ 的凸混合物的密度且 $N_{n\times p}(O,I_n\otimes\Sigma)$ 的密度在 $X'X$ 中是凸的．事实上，

$$k\int_{\delta p}|S|^{(n-1)/2}\exp\left\{-\frac{1}{2}(I_p+X'X)S\right\}dS$$

$$=c|I_p+X'X|^{-(n+p)/2}=q(X'X),$$

设 h 是一个 $n\times p$ 的随机矩阵X的密度且考虑检验问题：

(5.5.9) $\quad H_0{:}h\in\mathscr{F}(M,\Sigma),M_2=O,\Sigma\in\delta_p$

其对立的 $H_1{:}h\in\mathscr{F}(M,\Sigma),M_2\neq 0,\Sigma=\delta_p$,

其中 $M=(M_1',M_2',O)'$ 是被分为 $M_i{:}n_i\times p$, $i=1,2$ 且假设 $n_3=n-n_1-n_2\geqslant p$．这是熟知的多元方差分析问题，此时X有密度 $h\in\mathscr{F}(M,\Sigma)$． 若 $p=1$，则它是方差分析的问题．在第六章，我们还要讨论这些问题．

把 $X=(X_1',X_2',X_3')$ 分为 $X_i{:}n_i\times p$, $i=1,2,3$． 则问题(5.5.9)在群 $G=O(n_1)\times O(n_2)\times O(n_3)\times GL(p)\times R^{n_1p}$ 下保持不变，群在X上的作用为

(5.5.10) $\quad X\to gX=(Q_1X_1A'+F,Q_2X_2A',Q_3X_3A')$,

其中 $g=(Q,Q_2,Q_3,A,F)\in G$．诱导群 $\bar{G}=O(n_1)\times O(n_2)\times$

$GL(p) \times R^{n_1 p}$1 在参数空间上的作用为

$$(M_1, M_2, \Sigma) \to \bar{g}(M_1, M_2, \Sigma) = (Q_1 M_1 A' + F, Q_2 M_2 A', A\Sigma A'), \tag{5.5.11}$$

其中 $\bar{g} = (Q_1, Q_2, A, F) \in \bar{G}$。

引理 5.5.4 在如上的假设下，当 $\min(n_2, p) = 1$ 时，在群 G 和 $\bar{G}$ 下的极大不变函数分别是

$$T = \operatorname{tr} X_2(X_3'X_3)^{-1}X_2', \quad \delta = \operatorname{tr} M_2 \Sigma^{-1} M_2'. \tag{5.5.12}$$

证 显然，T 和 δ 在群 G 和 $\bar{G}$ 之下都是不变的. 为使它们是极大不变的，首先，我们设 $n_2 = 1$. 若

$$\operatorname{tr} X_2(X_3'X_3)^{-1}X_2 = \operatorname{tr} Y_2(Y_3'Y_3)^{-1}Y_2$$

和

$$\operatorname{tr} M_2\Sigma^{-1}M_2' = \operatorname{tr} V_2 W^{-1} V_2', (\Sigma > 0, W > 0),$$

则需要证明，存在 $g = (Q_1, Q_2, Q_3, A, F) \in G$ 和 $\bar{g} = (\Gamma_1, \Gamma_2, B, E) \in \bar{G}$ 使得 $X = gY$ 且 $(M_1, M_2\Sigma) = \bar{g}(V_1, V_2, W)$. 事实上，因为 $n_2 = 1$, $\operatorname{tr} X_2(X_3'X_3)^{-1} X_2' = X_2(X_3'X_3)^{-1}X_2' = \operatorname{tr} Y_2(Y_3'Y_3)^{-1}Y_2' = Y_2(Y_3'Y_3)^{-1}Y_2'$，则由 1.6 节的(6)，存在 $\Gamma \in O(p)$ 使得

$$(X_3'X_3)^{-1/2}X_2' = \Gamma(Y_3'Y_3)^{-1/2}Y_2',$$

或等价地

$$X_2 = Y_2(Y_3'Y_3)^{-1/2}\Gamma'(X_3'X_3)^{-1/2}。$$

现在

$$\begin{aligned} X_3'X_3 &= (X_3'X_3)^{1/2}\Gamma\Gamma'(X_3'X_3)^{1/2} \\ &= (X_3'X_3)^{1/2}\Gamma(Y_3'Y_3)^{-1/2} \\ &\quad \times (Y_3'Y_3)(Y_3'Y_3)^{-1/2}\Gamma'(X_3'X_3)^{1/2}. \end{aligned}$$

再由 1.2 节的(6)，存在 $Q_3 \in Q(n_3)$ 使得

$$X_3 = Q_3 Y_3[(X_3'X_3)^{1/2}\Gamma(Y_3'Y_3)^{-1/2}]'.$$

置 $A = (X_3'X_3)^{1/2}\Gamma(Y_3'Y_3)^{-1/2}$, $Q_2 = 1$, $Q_1 = I_{n1}$ 且 $F = -Y_1A' + X_1$. 则 $X_1 = Q_1Y_1A' + F$, $X_2 = Q_2Y_2A'$ 且 $X_3 = Q_3Y_3A'$，即 $X = gY$，其中 $g = (Q_1, Q_2, Q_3, A, F) \in G$. 类似地，能够证明 $\operatorname{tr} M_2\Sigma^{-1}M_2' = \operatorname{tr} V_2W^{-1}V_2'$ 蕴涵，存在 $\bar{g} \in \bar{G}$ 使得 $(M_1, M_2, \Sigma) = \bar{g}(V_1, V_2, W)$.

其次，若 $p=1$，则注意到 $\mathrm{tr}X_2(X_3'X_3)^{-1}X_2'=X_2'X_2/X_3'X_3=[(X_3'X_3)^{-1/2}X_2]'[(X_3'X_3)^{-1/2}X_2]$，我们可以证明，我们所需要的是类似于如上的证明方式。□

为了得到 T 的分布的正式表达式，我们首先考虑 $\widetilde{X}=(X_2', X_3')'$ 的边缘分布。

引理 5.5.5 设 $h\in\mathscr{F}(M,\Sigma)$，其中 $M=(M_1', M_2', 0)'$ 且 $\Sigma>0$ 有形如

$$h(X\mid M,\Sigma)=|\Sigma|^{-n/2}q(\Sigma^{-1}\{(X_1-M_1)'(X-M_1)+(X_2-M_2)'(X_2-M_2)+X_3'X_3\}), \tag{5.5.13}$$

其中 $q\in Q$。则 $\widetilde{X}=(X_2', X_3')'$ 的边缘密度是

$$\tilde{h}(\widetilde{X}\mid M_2,\Sigma)=|\Sigma|^{-(n_2+n_3)/2}\tilde{q}(\Sigma^{-1/2}\{(X_2-M_2)'(X_2-M_2)+X_3'X_3\}\Sigma^{-1/2}) \tag{5.5.14}$$

其中 $\Sigma^{-1/2}\in\delta_p$ 且 $\tilde{q}(V)=\int_{R^{n_1p}}q(Y'Y+V)d\overline{Y}$。而且，$\tilde{q}$ 在 δ_p 上是凸的，且与 (M_1, M_2, Σ) 无关。$\tilde{q}$ 满足

$$\tilde{q}(Q'VQ)=\tilde{q}(V)\text{ 对任何 }V\in\delta_p\text{ 和 }Q\in O(p). \tag{5.5.15}$$

证 由(5.5.13)，利用(5.5.7)把 X_1 变换为

$$Y=(X_1-M_1)\Sigma^{-1/2}$$

且关于 Y 积分 (5.5.13)，则得到(5.5.14)。现 $\tilde{q}$ 变得与 (M_1, M_2, Σ) 无关且由 q 的凸性推出 $\tilde{q}$ 的凸性。而且由(5.5.7)

$$\begin{aligned}\tilde{q}(Q'VQ)&=\int q(Q'(QY'YQ'+V)Q)dY\\&=\int q(QY'YQ'+V)dY=\tilde{q}(V),\end{aligned}$$

因为变换 $\overline{Y}\to\overline{Y}Q'$ 的 Jacobi 行列式是1。□

应用 Wijsman (1967)，Kariya (1981) 的定理可得到 T 的分布。

引理 5.5.6 设 P_δ^T 是在参数 δ 下的 T 的分布。则当 $\min(n_2, p)=1$ 时，对于在 $T=\mathrm{tr}X_2(X_3'X_3)^{-1}X_2'$ 计值的 P_0^T 的 T 的密度给定为

$$h_T(\mathrm{tr}X_2(X_3'X_3)^{-1}X_2'\mid\delta) \tag{5.5.16}$$

$$= \frac{\int_{GL(p)\times O(n_2)} \tilde{q}(AA' + \delta ee' - \nu\delta^{1/2} r_{11}(a_1 e' + e a_1')) |AA'|^{k/2} dA dU(R)}{\int_{GL(p)} \tilde{q}(AA') |AA'|^{k/2} dA},$$

其中

$$\nu = (T/(1+T))^{1/2} = [\mathrm{tr} X_2 (X_3' X_3)^{-1} X_2' / (1 + \mathrm{tr} X_2 (X_3' X_3)^{-1} X_2)]^{1/2}, k = n_2 + n_3 - p,$$
$$e = (1, 0, \cdots, 0)' \in R^p,$$

a_i 是 A 的第 i 列，r_{ij} 是 R 的(i,j)的元素并且 $dU(R)$ 是 $O(n_2)$ 上唯一的不变的概率测度。

证 应用 Wijsman (1967) 定理 4，h_T 给出为 N_δ / N_0，其中

$$N_\delta = \int_{O(n_2)\times GL(p)} \tilde{q}\{\Sigma^{-1/2}(RX_2A' - M_2)'(RX_2A' - M_2) \Sigma^{-1/2} \cdot \Sigma^{-1/2} A X_3' X_3 A' \Sigma^{-1/2}\} \cdot |AA'|^{(n_2+n_3)/2} d\mu(A) dU(R),$$

这里 $d\mu(A) = dA / |AA'|^{p/2}$。测度 $\mu(\cdot)$ 在群 $GL(p)$ 下是左和右不变的，即对所有的 $A \in GL(p)$，$B \in GL(p)$ 和 Borel 集 E 有 $\mu(AEB) = \mu(E)$，其中 $AEB \triangleq \{X | X = AYB, Y \in E\}$。因此，以 $\Sigma^{1/2} A (X_3' X_3)^{-1/2}$ 代替 A 并不改变积分的值；因此

$$(5.5.17)' \quad N_\delta = \int_{O(n_2)\times GL(p)} c_1 \tilde{q}(Au'uA' - Au'R'\eta' - \eta RuA' + \eta\eta' + AA') |AA'|^{k/2} dA dU(R),$$

其中 $c_1^{-1} = [X_3' X_3|^{(n_2+n_3)/2}$，$u = X_2 (X_3' X_3)^{-1/2}$ 且 $\eta = \Sigma^{-1/2} M_2'$。设 $n_2 = 1$ 且设 U_1 和 U_2 是正交矩阵，其中 $\eta'(\eta\eta')^{-1/2}$ 和 $u(u'u)^{-1/2}$ 分别是它们的第一行。则以 $U_1' A U_2$ 代替 A 且利用(5.5.15)就有

$$N_\delta = \int c_1 \tilde{q}(U_1 a_1 a_1' U_1 T - U_1^1 a_1 R' \eta' T^{1/2} - \eta R a_1' U_1 T^{1/2} + \eta\eta' + U_1' AA' U_1) |AA'|^{k/2} dA dU(R)$$

$$= \int c_1 \tilde{q} \left\{ (1+T) a_1 a_1' + \sum_{i=1}^{p} a_i a_i' + \delta ee' - T^{1/2} \delta^{1/2} \times R(a_1 e' + e a_1') \right\} |AA'|^{k/2} dA dU(R),$$

其中 $T = uu' = X_2(X_3'X_3)^{-1}X_2'$ 且 $\delta = \eta'\eta = M_2\Sigma^{-1}M_2'$. 最后，把 a_1 变换为 $a_1/(1+T)^{1/2}$ 再取 N_δ 和 N_0 的比就得到 (5.5.16). 其次，设 $p=1$ 且设 V_1 和 V_2 是 $n_2 \times n_2$ 的正交阵，其中 $\eta'(\eta\eta')^{-1/2}$ 和 $u(u'u)^{-1/2}$ 分别是它们的第1列。则在(5.5.17)中以 V_1RV_2' 代替 R 就有

$$N_\delta = \int c_1\tilde{q}(A^2T + A^2 + \delta ee' - 2Ar_{11}\delta^{1/2}T^{1/2}) \times |AA'|^{k/2}dAdU(R),$$

其中 $T = u'u = X_2'X_2/X_3'X_3$。因此，把 A 变换成 $A/(1+T)^{1/2}$ 则得到(5.5.16)。□

定理 5.5.2 当 $\min(n_2, p) = 1$ 时，临界域为

$$T = \mathrm{tr}X_2(X_3'X_3)^{-1}X_2' > c$$

的检验对问题(5.5.9)是一致最大功效的检验，并且在 $h \in \mathscr{F}(M, \Sigma)$, $M_2 = 0$, 下的 T 的零分布在 $N_{n\times p}(0, I_n \otimes I_p)$ 下的 T 的零分布相同. 也就是说，当 H_0 真确时，$((n_2+n_3-p)/p)T \sim F(p, n_2+n_3-p)$ 若 $n_2 = 1$; $(n_3/n_2)T \sim F(n_2, n_3)$ 若 $p=1$，其中 $F(i,j)$ 表示自由度为 i 和 j 的 F 分布.

证 由定理 5.1.1，最后部分结论得证. 为证第一部分，设 $H(\nu)$ 是(5.5.16)的分子. 则把 A 变换为 $-A$ 并不改变 $H(\nu)$，因此有 $H(-\nu) = H(\nu)$. 因此，利用 δ_p 上 $\tilde{q}$ 的凸性，我们得到，对 $1/2 < \alpha < 1$，有

$$H(\nu) = \alpha H(\nu) + (1-\alpha)H(-\nu) \geqslant H((2\alpha - 1)\nu),\ \nu \in [0,1].$$

这说明 $H(\nu)$ 是 $\nu \in [0,1]$ 的一个非减函数. 所以，把 Neyman-Pearson Lemma 应用于(5.5.16)中的 h_T，就得到最大功效检验，其临界域为

$$\nu = (T/(1+T))^{1/2} > c,$$

或等价地

$$T > c'.$$

由于这个域并不依赖于 δ 和 h，并且对于不变检验来说，H_0 是真确的当且仅当 $\delta = 0$，所以如上的检验是一致最大功效不变检验. □

5.5.1 节和 5.5.2 节的大部分材料取自 King (1980) 和 Kariya (1981)的论文.

5.6 椭球对称性的拟合优度检验

在前面的讨论中,我们假定,样本来自椭球对称分布的总体. 现在,我们要检验一个总体有椭球对称分布,这是一个拟合优度问题. 就如同一元非参数统计一样,有关的分布的某种特征被用来建立检验的方法. 这一节中,我们总假定,所涉及的随机向量有所有的有限阶矩. 这一节的取材主要是由邓(1984).

5.6.1 球对称性的特征

一个随机变量 X 称为由其矩的序列 $\{\alpha_i = E(X^i), i \geqslant 1\}$ 唯一确定, 如果 $E(X^i) = E(Y^i), i = 1, 2, \cdots$,这蕴涵着 $X \overset{d}{=} Y$. 类似地,我们能够定义一随机向量 x 由其矩序列

$$\{\Gamma_{2k} = \mathscr{E}(\underbrace{x \otimes x' \otimes x \otimes \cdots \otimes x'}_{2k\text{ 个因子}}),$$

$$\Gamma_{2k-1} = \mathscr{E}(\underbrace{x \otimes x' \otimes x \otimes \cdots \otimes x}_{2k-1\text{ 个因子}}),\ k \geqslant 1\}$$

唯一确定(见 2.2 节). 熟知,一个 n 维随机向量 x 的分布由所有的 $a'x$, $a \in R^n$, 给定,即 $a'x \overset{d}{=} a'y$,对所有的 $a \in R^n$,当且仅当

$$x \overset{d}{=} y.$$

引理 5.6.1 设 x 是一个随机向量. 若 $a'x$ 对所有的 a 由它的矩序列唯一确定,则 x 由 x 的矩序列唯一确定.

证 设 x 和 y 有相同的矩序列. 则对任意给定的 a, $a'x$ 和 $a'y$ 有相同的矩序列. 因此, $a'y \overset{d}{=} a'x$ 对任给的 a 成立. 这就证明了 $x \overset{d}{=} y$. □

利用引理 5.6.1, 为了验证一个随机向量由它的矩序列唯一

确定，只要证明，对任意给定的 a，$a'x$ 也由其矩序列唯一给定。在一元情形，我们有：

(i) 一个随机变量 X 由其矩序列 $\{\alpha_n = E(X^n), n \geqslant 1\}$ 唯一确定，如果级数 $\sum_{n=0}^{\infty}(\alpha_n/n!)t^n$ 有一个正的收敛半径（见 Loève, 1977, p. 230)。

(ii) 一个随机变量 X 由其矩序列 $\{\alpha_n = E(X^n), n \geqslant 1\}$ 唯一确定，如果

$$\overline{\lim_{n}}\frac{(\alpha_{2n})^{1/2n}}{2n} < \infty,$$

或

$$\sum_{n=1}^{\infty}\alpha_{2n}^{-1/2n} = \infty$$

(见周元勋 1978, p. 280)

由(i)式(ii)直接推出，一个有界的随机变量由其矩序列唯一确定.

例 5.6.1 设 $x \sim N(0,1)$. 则

$$\alpha_n = \begin{cases} 0, & \text{若 } n = 2k+1 \\ (2\pi)^{-1/2}\int_{-\infty}^{\infty} t^n e^{-t^2/2}dt = 2^{-1/2}(n-1)!!, & \text{若 } n = 2k. \end{cases}$$

由(i)，X 由其矩序列唯一确定. 现在，若 $x \sim N(0, I_p)$，则对任意给定的 $a \in R^p$，$a'x \sim N(0,a'a)$ 和 $a'x/(a'a)^{1/2} \sim N(0,1)$，并且 $a'x/(a'a)^{1/2}$ 式等价地，$a'x$ 由其矩序列唯一确定. 因此，$x \sim N(0, I_p)$ 由其矩序列唯一确定.

例 5.6.2 $u^{(n)}$ 由其矩序列唯一确定. 这个结论可由 $|a'u^{(n)}| \leqslant \|a\|$，即 $a'u^{(n)}$ 对每个 $a \in R^n$ 有界的事实推出.

引理 5.6.2 设 x 是一个随机向量且设 $a'x$ 对每个 a 由其矩序列唯一确定. 则 x 的任意仿射变换，如 $Ax+b$ 也是由其矩序列唯一确定.

证 由假设和引理 5.6.1，只要证明，若一元的 X 由其矩序列

唯一确定，则 $X+a$ 对 $a\in(-\infty,\infty)$ 亦然则可. 设 Y 是随机变量. 其矩为

$$E[(X+a)^n]=E(Y^n)=E[((Y-a)+a)^n],\ n\geqslant 1.$$

则对 $n=1$, $E(X+a)=E[(Y-a)+a]$ 蕴涵 $E(X)=E(Y-a)$. 由 $E(X)=E(Y-a)$, $E(X+a)^2=E[(Y-a)+a]^2$ 蕴涵 $E(X^2)=E[(Y-a)^2]$. 一般地，若 $E(X^k)=E[(Y-a)^k]$, $k=1,\cdots,n-1$, 则 $E[(X+a)^n]=E[(Y-a)^n]$. 因此，$X\overset{d}{=}Y-a$ 或等价地，$X+a\overset{d}{=}Y$。□

定理 5.6.1 设 x 为 p 维随机向量且有矩序列 $\{\Gamma_k,k\geqslant 1\}$，并设 $\{\tilde{\Gamma}_k,k\geqslant 1\}$ 是 $J\sim N(0,I_p)$ 的矩序列. 则

(1) 若 $x\sim S_p(\phi)$，则 $\Gamma_k=c_k\tilde{\Gamma}_k$, 其中 $c_k=E((x'x)^{k/2}/E(R)^{k/2}$, $k=1,\cdots$, $R^*\sim\chi_p^2$;

(2) 若 $\Gamma_k=a_k\tilde{\Gamma}_k$, $k\geqslant 1$，则存在 $x_0\sim S_p(\phi_0)$ 使得 x_0 和 x 有相同的矩序列；而且若 x 由其矩序列 $\{\Gamma_k,k\geqslant 1\}$ 唯一确定，则 $x\overset{d}{=}x_0$。

证 为证明(1)，设 $x\overset{d}{=}Ru^{(p)}$，其中 R 和 $u^{(p)}$ 是独立的.

$$R^2\overset{d}{=}x'x,\ y\overset{d}{=}\sqrt{R^*}\,u^{(p)}$$

且 R^* 与 $u^{(p)}$ 独立. 由(2.2.18)，我们有

$$\begin{aligned}\Gamma_{2k}&=\mathscr{E}(x\otimes x'\otimes x\otimes\cdots\otimes x')\\&=\mathscr{E}(R^{2k}(u^{(p)}\otimes u^{(p)\prime}\otimes\cdots\otimes u^{(p)\prime}))\\&=E(R^{2k})\cdot\mathscr{E}(u^{(p)}\otimes u^{(p)\prime}\otimes\cdots\otimes u^{(p)\prime})\\&=c_{2k}\tilde{\Gamma}_{2k},\qquad k=1,2,\cdots.\end{aligned}$$

类似地 $\Gamma_{2k+1}=c_{2k+1}\tilde{\Gamma}_{2k+1}$, $k=0,1,\cdots$. (1)的结论得证.
为证明(2)，设 $\Gamma_{2k}=c_{2k}\tilde{\Gamma}_{2k}=c_{2k}\mathscr{E}(u^{(p)}\otimes u^{(p)\prime}\otimes\cdots\otimes u^{(p)\prime})$. 则由定理 2.2.1 有

$$\begin{aligned}E[(x'x)^n]&=\mathrm{tr}\Gamma_{2n}=c_{2n}\mathrm{tr}\mathscr{E}(u^{(p)}\otimes u^{(p)\prime}\otimes\cdots\otimes u^{(p)\prime})\\&=c_{2n}E(u^{(p)\prime}u^{(p)})^n=c_{2n}.\end{aligned}$$

取 $R\overset{d}{=}(x'x)^{1/2}$ 与 $u^{(p)}$ 独立且置 $x_0=Ru^{(p)}$ 使得 $x_0\sim S_p(\phi)$.

x_0和 x 有相同的矩序列。 最后，若 x 由其矩序列唯一确定，则 $x \stackrel{d}{=} x_0$,即 x 是球对称的。□

推论 设 x 由其矩序列唯一确定。 则 $x \sim S_p(\phi)$ 当且仅当矩序列 $\{\Gamma_k, k \geqslant 1\}$ 与 $y \sim N(0, I_p)$ 的矩序列相对应地成比例，即存在一个序列 $\{a_k, k \geqslant 1\}$ 使得 $\Gamma_k = a_k \tilde{\Gamma}_k$, $k = 1, 2, \cdots$.

定理 5.6.1 及其推论称为球对称分布的矩特征定理。 按这个推论,能够确定一个方法来检验球对称性。设 $x_1, \cdots, x_n$ 独立同分布使得 $x_1 \stackrel{d}{=} x$.若同阶样本矩的比 $\hat{r}^n_{ij}/\hat{r}^n_{kl}$,其中 $\hat{\Gamma}_n = (\hat{r}^n_{ij})$, 与 $\tilde{r}^n_{ij}/\tilde{r}^n_{kl}$,其中 $\tilde{r}^n_{ij}$ 是 $N(0, I_n)$ 的第 n 个矩矩阵 $\tilde{\Gamma}_n$ 的 (i, j) 元素,的差别相当大,则我们拒绝 x 是球对称的假设,下面就讨论这个问题的细节。

5.6.2 球对称性的显著性检验（I）

设 $x_{(1)}, \cdots, x_{(n)}$ 独立同分布且 $x_{(1)} \stackrel{d}{=} x$。考虑显著性检验问题

$$H_0: x \sim S_p(\phi), \text{对某个 } \phi. \tag{5.6.1}$$

已知 H_0 真确当且仅当 $x \stackrel{d}{=} Ru^{(p)}$,其中 $R \geqslant 0$ 和 $u^{(p)}$ 独立。因此,当 $P(x'x = 0) = 0$ 时,H_0 能够分解为两部分:

$$H_{01}: x/(x'x)^{1/2} \stackrel{d}{=} u^{(p)} \tag{5.6.2}$$

和

$$H_{02}: x'x \text{ 与 } x/(x'x)^{1/2} \text{ 独立。} \tag{5.6.3}$$

首先,我们要检验 H_{01}。由例 5.6.2,$u^{(p)}$ 由其矩序列唯一确定,其矩序列为 $\{\Gamma^u_k, k \geqslant 1\}$。因此,我们能够把样本矩与 $\{\Gamma^u_k, k \geqslant 1\}$ 进行比较来检验 H_{01}。设

$$u_{(i)} = x_{(i)}/\|x_{(i)}\|, \quad i = 1, 2, \cdots, n. \tag{5.6.4}$$

因为 $x_{(1)}, \cdots, x_{(n)}$ 独立同分布且 $x_{(1)} \stackrel{d}{=} x$,故我们有 $u_{(1)}, \cdots, u_{(n)}$ 独立同分布,$u_{(1)} \stackrel{d}{=} x/\|x\|$, 并且 $u_{(1)}, \cdots, u_{(n)}$ 可看作来自 $x/\|x\|$

的 n 个样本.

引理 5.6.3 设 $u^{(p)}=(u_1,\cdots,u_p)'$ 的第 k 个矩阵是 $\Gamma_k^u=(r_{ji}^{(k)})$. 若 $r_{ij}^{(k)}=E(u_1^{i_1}\cdots u_p^{i_p})\equiv\mu_{i_1,\cdots,i_p}^u$, $i_1+\cdots+i_p=k$, 则

$$(5.6.5)\qquad r_{ij}^{(k)}=\begin{cases}0 & \text{若某个 } i \text{ 是奇数}\\ \dfrac{\prod_{x=1}^{p}\left(\frac{1}{2}\right)^{[i_x/2]}}{\left(\frac{p}{2}\right)^{[k/2]}} & \text{若 } i_1,\cdots,i_p \text{ 全部是偶数,}\end{cases}$$

其中 $t^{(k)}\triangleq t(t+1)\cdots(t+k-1)$. 而且,设 $m_i=h_1+k_i$, $1\leqslant i\leqslant p$. 则

$$(5.6.6)\qquad \operatorname{cov}(u_1^{h_1}\cdots u_p^{h_p},\ u_1^{k_1}\cdots u_p^{k_p})$$
$$=\begin{cases}0, & \text{若某个 } m_i \text{ 是奇数}\\ \mu_{m_1,\cdots,m_p}^u, & \text{若所有的 } m_1,\cdots,m_p \text{ 是偶数且某个 } h_i \text{ 是奇数}\\ \mu_{m_1,\cdots,m_p}^u-\mu_{h_1,\cdots,h_p}^u\mu_{k_1,\cdots,k_p}^u, & \text{否则.}\end{cases}$$

证 由 $u^{(p)}\overset{d}{=}-u^{(p)}$ 和定理 2.4.2,推出(5.6.5),而由等式

$$\operatorname{cov}(u_1^{h_1}\cdots u_p^{h_p},u_1^{k_1}\cdots u_p^{k_p})=\mu_{m_1,\cdots,m_p}^u-\mu_{h_1,\cdots,h_p}^u\mu_{k_1,\cdots,k_p}^u.$$

推出(5.6.6). □

因此,由(5.6.5)和(5.6.6),我们能够计算 Γ_k^u 和 $\Gamma_{2k}^u\equiv V_k$. 设 $r_{ij}^{(k)}=E(u_1^{i_1}\cdots u_p^{i_p})$, $i_1+\cdots+i_p=k$. 定义 $r_{ij}^{(k)}$ 的样本矩如下:

$$(5.6.7)\qquad \hat{r}_{ij}^{(k)}=\frac{1}{n}\sum_{t=1}^{n}(u_{t1}^{i_1}\cdots u_{tp}^{i_p}),$$

其中 $U=(u_{(1)},\cdots,u_{(n)})'=(u_{ij})$, $u_{(1)},\cdots,u_{(n)}$ 由(5.6.4)给定. 置 $\hat{\Gamma}_k^u=(\tilde{r}_{ij}^{(k)})$. 则对一个大的 n, $\operatorname{vec}\hat{\Gamma}_k^u$ 的渐近分布为

$$N\left(\operatorname{vec}\Gamma_k^u,\ \frac{1}{n}V_k\right)$$

(Kolmogorov 强大数定理). 因此,当对某个 $k\geqslant 1$

$$n[\operatorname{vec}(\hat{\Gamma}_k^u-\Gamma_k^u)'V_k^{-1}\ \operatorname{vec}(\hat{\Gamma}_k^u-\Gamma_k^u)]\geqslant\chi_{f,\alpha}^2,$$

时,我们拒绝 H_{01}, 其中 $f=p^k$ 且 $\chi_{f,\alpha}^2$ 是在显著性水平 α 时 χ_f^2 的

临界点.

若在 $x/\|x\|$ 和 $u^{(p)}$ 之间没有显著的差异，则我们开始检验 H_{02}. H_{02} 真确当且仅当给定 $\|x\|$ 下 x 的条件分布是 R^p 中半径为 $\|x\|$的球面 $S_{\|x\|}=\{y\in R^p \mid \|y\|=\|x\|\}$ 上的均匀分布.把$[0,\infty)$分成 $k+1$ 个线段，$[0,R_1),[R_1,R_2),\cdots,[R_k,\infty)$. 则对样本 $x_{(1)},\cdots,x_{(k)}$，给定 i，考察落入环形区域 $C_i=\{y\in R^p \mid R_{i-1}\leqslant \|y\|<R_i\}(R_0=0,\ R_{k+1}\equiv\infty)$ 的 $x_{(i_1)},\cdots,x_{(i_t)}$，是否他们在 C_i 中均匀分布. 当然，如何选择 $\{R_i,1\leqslant i\leqslant k\}$ 和 k 值得进一步研究. 一般,这个问题的解答与实际模型有联系.

5.6.3 球对称性的显著性检验(II)

设 x 是随机向量且设 $E(\|x\|^k)$，$k=1,2,\cdots$，为已知. 设 $x_{(1)},\cdots,x_{(n)}$ 独立同分布且 $x_{(1)}\overset{d}{=}x$. 我们要检验

$$H_0: x\sim S_p(\phi)\ \text{对某个}\ \phi.$$

这里不必重复 5.6.2 节所使用的方法. 设 $\{T_k,\ k\geqslant 1\}$ 是 x 的矩序列且 $T_k=(t_{ij}^{(k)})$. 若 $t_{ij}^{(k)}=E(x_1^{h_1}\cdots x_p^{h_p})$，$h_1+\cdots+h_p=k$,$x=(x_1,\cdots,x_p)'$,则当 H_0 真确时,有

$$t_{ij}^{(k)}=E(x_1^{h_1}\cdots x_p^{h_p})=\mu^u_{h_1,\dots,h_p}\cdot E(\|x\|^k),\tag{5.6.8}$$

其中 $\mu^u_{h_1,\dots,h_p}$ 如引理 5.6.3 所定义. 类似地,当 H_0 真确时,有

$$\begin{aligned}\operatorname{cov}(x_1^{h_1}\cdots x_p^{h_p},x_1^{i_1}\cdots x_p^{i_p})&=E\|x\|^{2k})\mu^u_{m_1,\dots,m_p}\\&-[E(\|x\|^k)]^2\mu^u_{h_1,\dots,h_p}\mu^u_{i_1,\dots,i_p},\end{aligned}\tag{5.6.9}$$

其中 $h_1+\cdots+h_p=i_1+\cdots+i_p=k$，$m_j=h_j+i_j$，$j=1,\cdots,p$. 利用(5.6.5)，我们也能重写(5.6.8)和(5.6.9). 注意，$E(\|x\|^m),m\geqslant 1$,为已知. 因此，T_k 和 T_{2k} 已知，$k\geqslant 1$. 对样本 $x_{(1)},\cdots,x_{(n)}$,定义 $t_{ij}^{(k)}=E(x_1^{h_1}\cdots x_p^{h_p})$ 如下:

$$\hat{t}_{ij}^{(k)}=\frac{1}{n}\sum_{t=1}^{n}(x_{t1}^{h_1}\cdots x_{tp}^{h_p})\tag{5.6.10}$$

其中 $X=(x_{(1)},\cdots,x_{(n)})'=(x_{ij})$. 置 $\hat{T}_k=(\hat{t}_{ij}^{(k)})$. 则对一个大

的 n 有 $\text{vec}\hat{T}_k \sim N\left(\text{vec}\hat{T}_k, \frac{1}{n} T_{2k}\right)$. 我们认为,对某个 $k \geqslant 1$,当

$$n[\text{vec}(\hat{T}_k - T_k)' T_{2k}^{-1} \text{vec}(\hat{T}_k - T_k)] \geqslant \chi^2_{f,\alpha},$$

时,其中 $f = p^k$,x 不是来自球对称分布.

5.6.4 椭球对称性的显著性检验

设 x 是一个随机向量,具有

$$\mathscr{E}(x) = \mu$$

和

$$\mathscr{D}(x) = \sigma^2 \Sigma$$

其中 μ 和 $\Sigma > 0$ 已知. 设 $x_{(1)}, \cdots, x_{(n)}$ 独立同分布且 $x_{(1)} \overset{d}{=} x$. 考虑检验

(5.6.11) $$H_0: x \sim EC_p(\mu, \Sigma, \phi), \text{对某个 } \phi.$$

由于 μ 和 Σ 已知,我们只须检验 $y = \Sigma^{-\frac{1}{2}}(x - \mu)$ 是球对称的.通过 x 的样本 $x_{(1)}, \cdots, x_{(n)}$,我们可以得到 y 的样本

$$y_{(1)} = \Sigma^{-\frac{1}{2}}(x_{(1)} - \mu), \cdots, y_{(n)} = \Sigma^{-\frac{1}{2}}(x_{(n)} - \mu).$$

使用前面的方法,我们能够检验假设(5.6.11).

若 μ 和 Σ 未知,则我们可以使用 $\bar{x} = \frac{1}{n}\sum_{i=1}^{n} x_{(i)}$ 和

$$\frac{1}{n} S = \frac{1}{n} \sum_{i=1}^{n} (x_{(i)} - \bar{x})(x_{(i)} - \bar{x})'$$

来代替上面的 μ 和 Σ. 令 $\hat{\mu} = \bar{x}$ 且 $\hat{\Sigma} = \frac{1}{n} S$. 这时,我们有

$$x_{(i)} \to z_{(i)} = n^{-1/2} S^{-1/2}(x_{(i)} - \bar{x}), \quad i = 1, \cdots, n.$$

因此,$z_{(1)}, \cdots, z_{(n)}$ 代替 $y_{(1)}, \cdots, y_{(n)}$ 用来检验 $y = \Sigma^{-\frac{1}{2}}(x - \mu)$ 是球对称的假设. 这里,还有一些问题要解决. 邓(1984)研究了矩统计量的渐近分布. 读者可以参考他的文章.

关于球对称性的拟合优度检验, Beran (1979) 和 Koziol (1982)曾讨论过这个问题. 有兴趣的读者可阅读他们的文章.

参 考 文 献

Anderson and Fang (1982c), Anderson, Fang and Hsu(1986), Beran (1979), Bian, Wang and Zhang (1984), Blackwell (1956), Box (1949), Chow (1978), Davis (1971), Deng (1984), Fang and Chen (1984), Fang and Xu (1986), Giri (1977), Hsu (1940), Kariya (1981), Khatri and Srivastava (1971), King (1980), Kres (1975), Lehmann and Stein (1948), Loéve (1977), Mauchly (1940), Quan (1987), Schatzoff (1966) Wijsman (1967), Wilks (1932), 张尧庭，方开泰(1982)，张尧庭，方开泰，陈汉峰(1985).

练 习 5

5.1 设 $X: n\times p$ 是随机矩阵且 $S=X'\left(I_n-\frac{1}{n}11'\right)X$. 把 S 分为

$$S=\begin{pmatrix}S_{11} & S_{12}\\ S_{21} & S_{22}\end{pmatrix},\ S_{11}:q\times q, S_{22}:(p-q)\times(p-q).$$

(i) 典型相关系数 $T(X)$ 是 $S_{12}S_{22}^{-1}S_{21}S_{11}^{-1}$ 的特征值. 证明，$T(X)$ 在 $\mathscr{F}_2^+$ 上是分布自由的（因而在 $\mathscr{F}_3^+$ 上也是），但在 $\mathscr{F}_1^+$ 上不是分布自由的.

(ii) 证明 $\lambda_3(X)=|S|^{n/2}/\mathrm{tr}S/p)^{np/2}$ 在 $\mathscr{F}_3^+$ 上分布自由，但在 $\mathscr{F}_2^+$ 上不分布自由（在 $\mathscr{F}_1^+$ 上也不是分布自由的）. （见定理 5.3.1）

5.2 设 $X\sim LS_{n\times p}(\mu,\Sigma,f)$. 试证明，$T^2=n(n-1)\bar{x}'S^{-1}\bar{x}$ 的分布只通过 $\delta^2=\mu'\Sigma^{-1}\mu$ 依赖于 (μ,Σ).

5.3 设 $\mathscr{F}=\{X|\Gamma X\overset{d}{=}X,\Gamma\in O(n)$ 且对于 $X\in\mathscr{F}$，设 $\mathscr{F}(X)=\{Y|Y\ll X$，其中 $Y\ll X$ 是指关于 X 的分布律，Y 的分布律是绝对连续的. 试证明，若 $t(X)\overset{d}{=}t(X(X'X)^{-1/2})$ 对某 $X\in\mathscr{F}$ 且满足 $P(X'X>0)=1$，则 $t(X)$ 在 $\mathscr{F}(X)$ 上是分布自由的（此结论属于边、王和张，1984）.

5.4 试证明定理 5.1.2（提示：利用练习 5.3）.

5.5 设 $X\sim VS_{n\times p}(\mu,\Sigma,f)$ 且设 f 非增连续，$n>p$. 试建立

一个合适的检验方法来检验 $H_0: \mu_{(1)} = \mu_{(2)}$，其中 $\mu = (\mu'_{(1)}, \mu'_{(2)})'$。

5.6 （并-交原则）设 $X \sim VS_{n\times p}(\mu, \Sigma, f)$，其中 f 非增连续且 $n > p$. 假设 $H_0: \mu = 0$ 是真确的当且仅当 $H_a: a'\mu = 0$ 对任何非零向量 $a \in R^p$ 是正确的. 因此，若至少有一个假设 $H_a, a \in R^p - \{0\}$ 被否定，则 H_0 将被拒绝. 所以 $H_0 = \bigcap\limits_a H_a$. 设 ω_a 表示假设 H_a 的否定域. 显然，H_0 的否定域是 $\omega = \bigcup\limits_a \omega_a$. ω_a 的大小应该是使得 ω 是水平为 α 的 H_0 的否定域。这就是 Roy 的并-交原则. 证明，检验 H_0 的并-交原则也导致 T^2 检验.

5.7 设 x 有密度 h. 检验 $H_0: h \in \mathscr{F}_0^n$，其对立假设为 $H_1: h \in \mathscr{F}_0^n(\Sigma)$, $\Sigma = \sigma^2\Sigma_0, \sigma^2$ 未知 $\Sigma_0 \neq \lambda I_n$ 已知，试建立该检验的临界域. 该检验为如(5.5.2)作用于 R^n 的群 $G = (0, \infty)$ 下的一致最大功效不变检验(见 5.5 节).

5.8 把 5.6 节的结果推广为矩阵情形.

第六章 线性模型

许多有用的模型，如回归模型、方差分析模型和判别分析模型等都能用线性模型来表示。在这一章中，我们要给出线性模型的估计和假设检验的一般理论。然后把这个理论应用于上述的那些模型的研究中去。在6.5节，我们提出双重筛选逐步回归方法并给出使用这个方法的一个例子。

6.1 定义和例

6.1.1 定义

设 Y 是 $n\times p$ 的随机矩阵。如果对于一个给定的 $n\times k$ 矩阵 X 和一个未知的矩阵 B，有

$$Y=XB+E, \tag{6.1.1}$$

其中 E 为满足 $\mathscr{E}(E)=0$ 和 $\mathscr{D}(\mathrm{vec}E)=V\in\Theta$ 的随机矩阵——这是一组特定的 $np\times np$ 矩阵，那么 Y 称为广义线性模型且表示为 $L(Y;X,\Theta)$。

若 $\Theta=\{\Sigma\otimes I_n|\Sigma>0\}$，则 $L(Y;X,\Theta)$ 是通常意义下的线性模型。若 $p=1$ 且 $\Theta=\left\{\sum\limits_{i=1}^{t}\sigma_iV_i\right\}$，其中 $V_1,\cdots,V_t$ 是给定的对称矩阵，则线性模型 $L(Y;X,\Theta)$ 是方差分量模型或混合线性模型。下面几个小节将给出许多例子。

6.1.2 回归模型

设 $L(Y;X,\Theta)$ 是一个线性模型。若 $X=(1Z)$，则 $L(Y;X,\Theta)$ 称为回归模型。矩阵 Y 是对应于 m 个解释变量 $z_1,\cdots,z_m$ 的 n 个观察值的 p 个反应变量的 n 个观察值，方程 (6.1.1) 表示

$\{y_i\}$和$\{z_i\}$之间的关系。把(6.1.1)改写为

$$Y = (1 \quad Z)\begin{pmatrix} b' \\ B \end{pmatrix} + E, \tag{6.1.2}$$

向量 b 称为回归常数，B 称为$\{z_i\}$的回归系数矩阵。

6.1.3 方差分析模型

设 $L(Y;X,\Theta)$ 是一个线性模型．若 X 的元素取值只有 0 和 1，则 $L(Y;X,\Theta)$ 称为方差分析模型．

例 6.1.1 设 $y_1^{(i)},\cdots,y_{n_i}^{(i)} \sim N(\mu_i,\Sigma)$, $i=1,2,\cdots,k$. 考虑一个问题：如何检验假设

$$H_0: \mu_1 = \mu_2 = \cdots = \mu_k.$$

设 $Y=(Y_1',\cdots,Y_k')'$，其中 $Y_i'=(y_1^{(i)},y_2^{(i)},\cdots,y_{n_i}^{(i)}$, $i=1,2,\cdots,k$. 则

$$\mathscr{E}(Y) = \begin{pmatrix} 1 & 0 & 0 & \cdots & 0 \\ 1 & 1 & 0 & \cdots & 0 \\ 1 & 0 & 1 & \cdots & 0 \\ \vdots & \vdots & \vdots & & \vdots \\ 1 & 0 & 0 & \cdots & 1 \end{pmatrix}\begin{pmatrix} \mu_1 \\ \delta_2 \\ \vdots \\ \vdots \\ \delta_k \end{pmatrix}$$

和

$$\mathscr{D}(\mathrm{vec}Y) = \Sigma \otimes I_n, \quad n = \sum_{i=1}^{k} n_i.$$

其中 $\delta_i = \mu_i - \mu_1$, $i=2,\cdots,k$ 且 H_0 能够重写为

$$H_0: \delta_2 = \cdots = \delta_k = 0.$$

显然，X 的元素取值只是 0 或 1.

例 6.1.2 （因子设计）有 k 个因子且 s_i 是第 i 个因子的水平的数目，$i=1,\cdots,k$. 对每个试验，考虑 p 个反应变量．设 $\mu(i,j)$ 是水平 $j, 1 \leqslant j \leqslant s_i$, $i=1,2,\cdots,k$，的第 i 个因子的主要效果的向量．置

$$M_i = (\mu(i,1)\mu(i,2)\cdots\mu(i,s_i))', \quad i=1,2,\cdots,k.$$

则 $M_i'1_{s_i}=0$, $i=1,2,\cdots,k$, 因为效果的总和必定是零. 若 $a_{\alpha i}$ 表示第 α 个试验单元的第 i 个因子的水平,而第 α 次试验的反映变量是 $(y_{\alpha 1},y_{\alpha 2},\cdots,y_{\alpha p})=y_\alpha'$,则

$$\mathscr{E}(y_\alpha)=\mu_0+\mu(1,a_{\alpha 1})+\cdots+\mu(k,a_{\alpha k}),$$
$$\alpha=1,2,\cdots n,$$

其中 μ_0 是常向量. 设

$$x_{\alpha j}^{(i)}=\begin{cases}1, & a_{\alpha i}=j\\ 0, & a_{\alpha i}\neq j\end{cases}\quad 1\leqslant j\leqslant s_i,\ i=1,2,\cdots,k,$$
$$\alpha=1,2,\cdots,n,$$

和 $X_i=(x_{\alpha j}^{(i)})$: $n\times s_i$, $i=1,2,\cdots,k$. 则

$$\mathscr{E}(Y)=\mathscr{E}\begin{pmatrix}y_1\\ \vdots\\ y_n\end{pmatrix}=(1X_1\cdots X_k)\begin{pmatrix}\mu_0'\\ \mu_1'\\ \vdots\\ \mu_k'\end{pmatrix}$$

是 $n\times p$ 的矩阵且

$$\mathscr{D}(\mathrm{vec}Y)=\Sigma\otimes I_n.$$

因此,它是一个线性模型且 X 的元素只能是 0 或 1.

在方差分析模型 $L(Y;X,\Theta)$ 中,矩阵 X 称为设计矩阵.

6.1.4 判别分析

设 $L(Y;X,\Theta)$ 是线性模型. 若 Y 的元素只取值 0 或 1, 则 $L(Y;X,\Theta)$ 称为判别分析模型. 有时 Y 的元素可以是实的(见 6.5.3 节).

设有 k 个 m 维的总体, $X_{1i},X_{2i},\cdots,X_{n_i i}$ 是取自第 i 个总体的样本且

$$\begin{cases}\mathscr{E}(X_{ri})=\mu_i,\\ \mathscr{D}(X_{ri})=\Sigma,\end{cases}\qquad r=1,\cdots,n_i,\ i=1,2,\cdots,k, \tag{6.1.3}$$

其中 $\mu_i{:}\,m\times 1$ 和 $\Sigma{:}\,m\times m, i=1,\cdots,k$。

设 $y_i'=(\underbrace{0\cdots0}_{i-1}\ 1\ \underbrace{0\cdots0}_{k-1})$, $Y_i=1_{n_i}y_i'$ 且

$$X_i=(X_{1i}\cdots X_{n_i i})'{:}\,n_i\times m.$$

考虑 y_i 和 x_i 之间的关系。记

$$Y \triangleq \begin{pmatrix} Y_1 \\ Y_2 \\ \vdots \\ Y_k \end{pmatrix} = \begin{pmatrix} 1 & X_1 \\ 1 & X_2 \\ \vdots & \vdots \\ 1 & X_k \end{pmatrix} \begin{pmatrix} B_0 \\ B \end{pmatrix} + E \triangleq (I X) \begin{pmatrix} B_0 \\ B \end{pmatrix} + E$$

并且设 $\mathscr{E}(E)=0$，$\mathscr{D}(\mathrm{vec}E)=\Sigma\otimes I_n$。则 Y 是线性模型并且 B_0, B 是线性判别函数的系数。因此，一个判别问题可以看作一个回归问题。其他的结果将在 6.5.3 节中讨论。

6.2 最优线性无偏估计

6.2.1 最小二乘估计

设 $L(Y;X,\Theta)$ 是线性模型。若 B 满足

(6.2.1)

$$\mathrm{tr}(Y-X\hat{B})'(Y-X\hat{B})=\min_{B}\ \mathrm{tr}(Y-XB)'(Y-XB),$$

则 $\hat{B}$ 称为 B 的最小二乘估计。

定理 6.2.1 最小二乘估计 $\hat{B}$ 是正规方程

$$X'X\hat{B}=X'Y \tag{6.2.2}$$

的解，因此 $\hat{B}=(X'X)^{-}X'Y$，其中 $(X'X)^{-}$ 是 $X'X$ 的广义逆。

证 由(6.2.2)容易证明

$$\mathrm{tr}(Y-XB)'(Y-XB)=\mathrm{tr}(Y-X\hat{B})'(Y-X\hat{B}) + \mathrm{tr}(\hat{B}-B)'X'X(\hat{B}-B).$$

因此，$\hat{B}$ 是 B 的最小二乘估计。□

注意，对于 $L(Y;X,\Theta)$，我们有

$$\mathscr{E}(AY)=AXB,\ \mathscr{D}(\mathrm{vec}AY)=(I\otimes A)V(I\otimes A'),\quad \text{对每个 } V\in\Theta. \tag{6.2.3}$$

因此，我们有

$$\begin{aligned} &\mathscr{E}(\hat{B})=(X'X)^{-}X'XB \\ &\mathscr{D}(\mathrm{vec}\hat{B})=(I\otimes(X'X)^{-}X')V(I\otimes X(X'X)^{-}),\ V\in\Theta. \end{aligned} \tag{6.2.4}$$

6.2.2 最优线性无偏估计

定义 6.2.1 设 $L(Y;X,\Theta)$ 是线性模型. 参数 $\mathrm{tr}A'B$ 称为是可估的，如果存在 H 使得 $E(\mathrm{tr}H'Y)=\mathrm{tr}A'B$，并且 $\mathrm{tr}H'Y$ 是 $\mathrm{tr}A'B$ 的线性无偏估计（LUE）. 若 $\mathrm{tr}H'Y$ 是 $\mathrm{tr}A'B$ 的线性无偏估计并且

$$\mathrm{var}(\mathrm{tr}H'Y)=\min_{E(\mathrm{tr}G'Y)=\mathrm{tr}A'B}\mathrm{var}(\mathrm{tr}G'Y),$$

则 $\mathrm{tr}H'Y$ 称为 $\mathrm{tr}A'B$ 的最优线性无偏估计（BLUE）.

定理 6.2.2 $\mathrm{tr}A'B$ 是可估计的当且仅当

$$\mathscr{L}(A)\subset\mathscr{L}(X'), \tag{6.2.5}$$

其中 $\mathscr{L}(A)$ 指 A 的列张成的空间.

证 $E(\mathrm{tr}H'Y)=\mathrm{tr}A'B$ 当且仅当 $\mathrm{tr}A'B=\mathrm{tr}H'XB$ 对所有的 B 成立. 这个事实等价于 $X'H=A$，即 $\mathscr{L}(A)\subset\mathscr{L}(X')$. □

由(6.2.5)，方程

$$X'H=A \tag{6.2.6}$$

的全部的解对应于可估参数 $\mathrm{tr}A'B$ 的全部线性无偏估计 $\mathrm{tr}H'Y$. 因此

$$\{\mathrm{tr}A'B\ \text{的线性无偏估计}\}=\{\mathrm{tr}H'Y\,|\,H=(X')^{+}A+(I-XX^{+})U\ \text{对所有的}\ U\} \tag{6.2.7}$$

如果 $\mathrm{tr}A'B$ 是可估的.

由(6.2.3)，可估的 $\mathrm{tr}A'B$ 的线性无偏估计 $\mathrm{tr}H'Y$ 的方差是

$$\mathrm{var}(\mathrm{tr}H'Y)=\mathrm{var}((\mathrm{vec}H)'(\mathrm{vec}Y))=(\mathrm{vec}H)'V(\mathrm{vec}H), \tag{6.2.8}$$

对每个 $V\in\Theta$.

定理 6.2.3 (Gauss-Markov) 设 $L(Y;X,\Theta)$，$\Theta=\{\Sigma\otimes I_n\,|\,\Sigma\geqslant 0\}$，是线性模型. 对每个可估的参数 $\mathrm{tr}A'B$，存在一个唯一的最优线性无偏估计 $\mathrm{tr}A'\hat{B}$，其中 $\hat{B}$ 是最小二乘估计，如果存在 $\Sigma_0>0$ 使得 $\Sigma_0\otimes I\in\Theta$.

证 由(6.2.8)，对于 $\mathrm{tr}A'B$ 的线性无偏估计我们有

$\mathrm{var}(\mathrm{tr}H'Y)=(\mathrm{vec}H)'(\Sigma\otimes I)(\mathrm{vec}H)$

$$
\begin{aligned}
&= \mathrm{tr}\Sigma H'H \\
&= \mathrm{tr}\Sigma[U'(I - XX^+) + A'X^+][(X^+)'A \\
&\quad + (I - XX^+)U] \\
&= \mathrm{tr}\Sigma[A'(X'X)^+A + U'(I - XX^+)U] \\
&\geqslant \mathrm{tr}\Sigma A'(X'X)^+A.
\end{aligned}
$$

因此，$\mathrm{var}(\mathrm{tr}H'Y) = \mathrm{tr}\Sigma A'(X'X)^+A$ 当且仅当 $(I - XX^+)U\Sigma = 0$ 对所有的 $\Sigma \otimes I \in \Theta$ 成立．对 $\Sigma > 0$，如上的结论等价于 $(I - XX^+)U = 0$，因此，$H = (X^+)'A$ 是唯一的．

由(6.2.5)或(6.2.6)，$A' = C'X$ 对可估的 $\mathrm{tr}A'B$ 成立．那么，利用最小二乘估计 $\hat{B} = (X'X)^-X'Y$，我们有

$$
\begin{aligned}
\mathrm{tr}A'\hat{B} &= \mathrm{tr}C'X(X'X)^-X'Y = \mathrm{tr}C'X(X'X)^+X'Y \\
&= \mathrm{tr}A'X^+Y = \mathrm{tr}((X^+)'A)'Y.
\end{aligned}
$$

推论 1　对于可估的 $\mathrm{tr}A'B$ 的最优线性无偏估计 $\mathrm{tr}A'\hat{B}$ 有

$$
\begin{cases}
E(\mathrm{tr}A'\hat{B}) = \mathrm{tr}A'B \\
\mathrm{var}(\mathrm{tr}A'\hat{B}) = \mathrm{tr}A'(X'X)^+A\Sigma.
\end{cases}
\tag{6.2.9}
$$

注．一般地说，B 的最小二乘估计 $\hat{B} = (X'X)^-X'Y$ 不唯一，除非 X 满秩．然而对于 $A'B$ 的每个最小二乘估计，定理 6.2.3 指出，$\mathrm{tr}A'B$ 的最优线性无偏估计 $\mathrm{tr}A'\hat{B}$ 是唯一的且它与 $(X'X)^-$ 的取法无关．

6.2.3　正则性

一般地说，当 Y 是 $n \times 1$ 向量，即 $p = 1$ 时考虑线性模型 $L(Y;X,\Theta)$ 更为方便，因为我们能够用 y 代替矩阵 Y，把 $L(Y;X,\Theta)$ 重写为

$$
\mathscr{E}(y) = (I \otimes X)\beta, \quad \mathscr{D}(y) = V \in \Theta.
$$

定义 6.2.2　$L(y;X,\Theta)$ 称为正则的，如果对每个可估参数 $a'\beta$ 存在最优线性无偏估计．

显然，定理 6.2.3 说明，$L(Y;X,\Theta)$ 是正则的，如果 $\Theta = \{\Sigma \otimes I \mid \Sigma \geqslant 0$ 且不等式至少对某 Σ_0 成立$\}$．这一节中，我们要给出正则性条件．

引理 6.2.1 参数 $\alpha'\beta$ 是可估的当且仅当存在 c 使得 $\alpha'\beta = c'\mathscr{E}(y)$. 由可估性的定义,这是显然的. 这意味着,每个可估的参数都是期望 $\mathscr{E}(y)$ 的线性函数. 设 $\mu = \mathscr{E}(y)$. 则$\{c'\mu \mid c \in R^n\}$是所有可估参数的集合.

推论 1 $c_1'\mu = c_2'\mu$ 当且仅当 $c_1 = c_2 + (I - XX^+)b$.

证 $c_1'\mu = c_2'\mu$ 当且仅当 $(c_1 - c_2)'X\beta = 0$ 对每个 β 成立. 因此,$X'(c_1 - c_2) = 0$,即 $c_1 - c_2 = (I - XX^+)b$. □

引理 6.2.2 (Lehmann 和 Scheffé) $a'y$ 对所有的 $V \in \Theta$ 是 $Va \in \mathscr{L}(X)$ 最优线性无偏估计.

证 现在 $\operatorname{var}(a'y) = a'Va$ 且

$$\begin{aligned}&\operatorname{var}([a + (I - XX^+)b]'y)\\ &= [a + (I - XX^+)b]'V[a + (I - XX^+)b].\end{aligned}$$

因此 $\operatorname{var}(a'y) \leqslant \operatorname{var}([a + (I - XX^+)b]'y)$ 对每个 b 成立当且仅当 $b'(I - XX^+)Va = 0$ 对每个 b 成立,即 $Va \in \mathscr{L}(X)$ 对每个 $V \in \Theta$ 成立. □

容易证明

引理 6.2.3 设 $M(V) = \{a \mid Va \in \mathscr{L}(X)\}$. 则 $M(V)$ 是 R^n 的子空间.

置 $M_0 = \bigcap\limits_{V\in\Theta} M(V)$. 则 M_0 是 R^n 的子空间. 考虑 $a \in M_0$ 的估计 $a'y$. 由引理 6.2.2,每个 $a'y$ 是 $a'\mu$ 的最优线性无偏估计. 注意引理 6.2.1 的推论 1, 我们得到

定理 6.2.4 $L(y; X, \Theta)$ 是正则的当且仅当存在一个子空间 $\mathscr{L}_0 \subset M_0$ 且 $\mathscr{L}_0 + \mathscr{L}(X) = R^n$.

利用这个定理,我们能够证明,许多线性模型是正则的. 这些证明留作本章最后一节的练习.

6.2.4 模型的变异

有时, 我们必须考虑某些特定的线性模型之间的关系并寻求表示其估计的公式.

有三种典型的情形：

(1) 加上解释变量.

考虑模型

(6.2.10) $$\mathscr{E}(Y)=XB,\quad \mathscr{D}(\mathrm{vec}Y)=\Sigma\otimes I_n,$$

其中 $Y:n\times p$, $X:n\times k$ 且 $B:k\times p$,和

(6.2.11) $$\mathscr{E}(Y)=(XZ)\begin{pmatrix}B^*\\ \Gamma\end{pmatrix}.\quad \mathscr{D}(\mathrm{vec}Y)=\Sigma\otimes I_n,$$

其中 $Z:n\times l$。这意味着,在模型(6.2.11)中存在着 l 个附加的解释变量 $z_1,\cdots,z_l$. 设 $\hat{B}$ 和 $(\hat{B}_*,\hat{\Gamma})$ 是分别对应于模型(6.2.10)和(6.2.11)的最小二乘估计. 那么,在它们之间的关系式为

(6.2.12)
$$\begin{cases}\hat{B}_*=\hat{B}-(X'X)^-X'Z\hat{\Gamma},\\ \hat{\Gamma}=G^-Z'(Y-X\hat{B}),\ \text{其中}\ G=Z'(I-X(X'X)^-X')Z.\end{cases}$$

利用(6.2.2)有 $\hat{B}=(X'X)^-X'Y$ 且

$$\begin{pmatrix}X'X & X'Z\\ Z'X & Z'Z\end{pmatrix}\begin{pmatrix}\hat{B}_*\\ \hat{\Gamma}\end{pmatrix}=\begin{pmatrix}X'Y\\ Z'Y\end{pmatrix}.$$

因此

$$\begin{aligned}\begin{pmatrix}\hat{B}_*\\ \hat{\Gamma}\end{pmatrix}&=\begin{pmatrix}X'X & X'Z\\ Z'X & Z'Z\end{pmatrix}^-\begin{pmatrix}X'Y\\ Z'Y\end{pmatrix}\\ &=\left[\begin{pmatrix}(X'X)^- & O\\ O & O\end{pmatrix}+\begin{pmatrix}(X'X)^-X'Z\\ -I\end{pmatrix}G^-(Z'X(X'X)^-\right.\\ &\qquad\left.-I)\right]\begin{pmatrix}X'Y\\ Z'Y\end{pmatrix}\\ &=\begin{pmatrix}\hat{B}-(X'X)^-X'Z\hat{\Gamma}\\ G^-Z'(I-X(X'X)^-X')Y\end{pmatrix},\end{aligned}$$

其中 $G=Z'(I-X(X'X)^-X')Z$.

注. 因为 B_* 和 Γ 的最小二乘估计不唯一，故如上的方程在下述意义下成立： 存在广义逆 $(X'X)^-$ 使得方程是正确的（见 6.2.2 节的注）.

设 Q 和 Q_* 是分别对应于原来的模型和变化了的模型的残差

平方和. 则

$$Q=(Y-X\hat{B})'(Y-X\hat{B})=Y'(I-X(X'X)^{-}X')Y,$$

和

$$\begin{aligned}Q_*&=Y'(I-(X,Z))\begin{pmatrix}X'X & X'Z\\ Z'X & Z'Z\end{pmatrix}^{-}\begin{pmatrix}X'\\ Z'\end{pmatrix}Y\\&=Y'Y-Y'X(X'X)^{-}X'Y\\&\quad-Y'X(X'X)^{-}X'ZG^{-}Z'X(X'X)^{-}X'Y\\&\quad-Y'X(X'X)^{-}X'ZG^{-}Z'Y\\&\quad-Y'ZG^{-}Z'X(X'X)^{-}X'Y+Y'ZG^{-}Z'Y\\&=Y'(I-X(X'X)^{-}X')Y\\&\quad-Y'(I-X(X'X)^{-}X')ZG^{-}Z'(I\\&\quad-X(X'X)^{-}X')Y.\end{aligned}$$

也就是说,

$$Q_*=Q-\hat{\Gamma}'G\hat{\Gamma}$$

其中 $\hat{\Gamma}$ 和 G 由式(6.2.12)给定. 当 $l=1$, $Z=z$, $\Gamma=\gamma$ 时, 置 $d_z=z'(I-X(X'X)^{-}X')z$, 则 $Q_*=Q-d_z\hat{\gamma}\hat{\gamma}'$.

(2) 加观测值.

考虑模型

(6.2.10) $\qquad \mathscr{E}(Y)=XB,\ \mathscr{D}(\mathrm{vec}Y)=\Sigma\otimes I_n$

和

(6.2.13) $\mathscr{E}\begin{pmatrix}Y\\ Y_*\end{pmatrix}=\begin{pmatrix}X\\ X_*\end{pmatrix}B_*,\quad \mathscr{D}\left(\mathrm{vec}\begin{pmatrix}Y\\ Y_*\end{pmatrix}\right)=\Sigma\otimes I_{n+n_*},$

其中 $Y_*:n_*\times p$.

这意味着, 矩阵是反应变量 $y_1,\cdots,y_p$ 的附加的观测值. 设 $\hat{B}$ 和 $\hat{B}_*$ 是分别对于 B 和 B_* 的最小二乘估计. 则它们之间的关系式是

(6.2.14)

$$\hat{B}_*=\hat{B}+(X'X)^{-1}X_*'(I+X_*(X'X)^{-1}X_*')^{-1}(Y_*-X_*\hat{B})$$

如果 $\mathrm{rk}X=k$. 这是因为

$$\hat{B}_* = (X'X + X'_*X_*)^{-1}(X'Y) + X'_*Y_*)$$
$$= [I - (X'X)^{-1}X'_*(I + X_*(X'X)^{-1}X'_*)^{-1}X_*]$$
$$\times (X'X)^{-1}(X'Y + X_*Y_*).$$

注意，$\hat{B} = (X'X)^{-1}X'Y$. 则我们得到(6.2.14).

这就是说，如果我们对 B 使用估计 $\hat{B}$，则差 $Y_* - X_*\hat{B}$ 给出关于参数 B 的某种另外的信息，我们必须调整由 B 到 $\hat{B}_*$ 的估计.

考虑 Q 和 Q_* 的关系. 注意，

$$(Y', Y'_*)\begin{pmatrix} X \\ X_* \end{pmatrix}\hat{B}_* = Y'X\hat{B} + Y'X(X'X)^{-1}X'_*(I$$
$$+ X_*(X'X)^{-1}X'_*)^{-1}(Y_* - X_*\hat{B}) + Y'_*X_*\hat{B}$$
$$+ Y'_*X_*(X'X)^{-1}X'_*(I + X_*(X'X)^{-1}X'_*)^{-1}(Y_* - X_*\hat{B})$$
$$= Y'X\hat{B} + \hat{B}'X'(I + X_*(X'X)^{-1}X'_*)^{-1}(Y_* - X_*\hat{B})$$
$$+ Y'_*Y_* - Y'_*(I + X_*(X'X)^{-1}X'_*)^{-1}(Y_* - X_*\hat{B}).$$

由(6.2.13)，我们有

$$Q_* = Q + (Y_* - X_*\hat{B})'(I + X_*(X'X)^{-1}X'_*)^{-1}(Y_* - X_*\hat{B}).$$

其中 Q_* 只通过 $(X'X)^{-1}$, B 和 Q 依赖于原始的数据. 在计算机上进行计算是很方便的.

(3) 加反应变量.

考虑模型

(6.2.10) $\quad \mathscr{E}(Y) = XB, \quad \mathscr{D}(\mathrm{vec}Y) = \Sigma \otimes I_n$

和

(6.2.15)
$$\mathscr{E}(Y, Z) = X(B_*, \Gamma),$$
$$\mathscr{D}(\mathrm{vec}(Y, Z)) = \begin{pmatrix} \Sigma & C \\ C' & \Sigma_* \end{pmatrix} \otimes I_n.$$

其中 $Y: n \times p$, $Z: n \times q$, $B: p \times p$, $\Gamma: p \times q$ 和 $X: n \times p$.

这就是说，存在 q 个附加的反应变量 $z_1, \cdots, z_q$ 且 Z 是由这些 z'_i 的数据构成. 设 $\hat{B}$ 和 $(\hat{B}_*, \hat{\Gamma})$ 是分别对应于 B 和 (B_*, Γ) 的最小二乘估计. 则它们之间的关系是

(6.2.16) $\quad \hat{B}_* = \hat{B}, \ \hat{\Gamma} = (X'X)^- X'Z.$

Q 和 Q_* 之间的关系是

$$Q_* = \begin{pmatrix} Y' \\ Z' \end{pmatrix}(I - X(X'X)^- X')(Y, Z)$$

$$= \begin{pmatrix} Q & (Y - X\hat{B})'Z \\ Z'(Y - X\hat{B}) & Z'(I - X(X'X)^- X')Z \end{pmatrix}.$$

6.3 方 差 分 量

设 $L(y; X, \Theta)$ 是线性模型,满足

(6.3.1) $$\Theta = \left\{ \sum_{i=1}^{k} \theta_i V_i \middle| \sum_{i=1}^{k} \theta_i V_i \geqslant 0 \right\},$$

其中 $V_1, \cdots, V_k$ 是已知的对称矩阵. 我们感兴趣是估计 θ_i 的线性函数. 这些 θ_i 称为方差分量.

6.3.1 最小二乘法

定义 6.3.1 设 $L(y; X, \Theta)$ 是 Θ 有式(6.3.1)形式的线性模型. 参数 $a'\theta \left(= \sum_{i=1}^{k} a_i \theta_i \right)$ 称为二次可估的或 q 可估的,如果存在一个二次函数 $y'Ay$ 使得 $E(y'Ay) = a'\theta$ 且 $y'Ay$ 是 $a'\theta$ 的二次无偏估计(QUE)类似地, 我们能够定义每个 q 可估的 $a'\theta$ 的全部二次无偏估计的最小方差(BQUE),如果它存在.

注意, $y'Ay = \mathrm{tr}Ayy'$ 且 $\mathrm{tr}A'B$ 是由所有 $n \times n$ 的矩阵形成的空间中的内积, 其中 A 和 B 是 $n \times n$ 的矩阵. 则每个二次型 $y'Ay$ 能够被改写作矩阵 $y'y$ 的一个线性函数. 于是,

(6.3.2) $$\mathscr{E}(yy') = \mathscr{D}(y) + (\mathscr{E}(y))(\mathscr{E}(y))' = \sum_{i=1}^{k} \theta_i V_i + XBB'X'.$$

置 $\eta = \mathrm{vec}BB'$. 则

(6.3.3) $$\mathscr{E}(\mathrm{vec}yy') = (\mathrm{vec}V_1, \cdots, \mathrm{vec}V_k)\theta + (X \otimes X)\eta \triangleq W\theta + (X \otimes X)\eta$$

$$= (W, X\otimes X)\begin{pmatrix}\theta\\ \eta\end{pmatrix}.$$

它也是一个 $\mathscr{D}(\mathrm{vec}yy')$ 的线性模型 $L(\mathrm{vec}yy';(W,X\otimes X),\Omega)$，其中$\Omega$是对于 $\mathscr{D}(\mathrm{vec}yy')$ 的所有矩阵的集合. 在这个新的模型中，每个 q 可估的二次无偏估计也是 $a'\theta$ 的线性无偏估计. 因此，我们能够利用 6.2 节的结果容易得到如下的结论.

(1) $a'\theta$ 是 q 可估的当且仅当

(6.3.4) $$W'(\mathrm{vec}A) = a,\ X'AX = O$$

或

$$\mathrm{tr}V_iA = a_i,\ i = 1,2,\cdots,k;\ X'AX = O.$$

由(6.3.4)和定理 6.2.2，我们得到 q 可估的 $a'\theta$ 的全部二次无偏估计，即 $\{y'Ay \mid A\in Q(a'\theta)\}$，其中

(6.3.5) $$Q(a'\theta) = \{PB + B'PB \text{ 满足 } 2\mathrm{tr}V_iPB = a_i,\ i = 1,2,\cdots,k\}$$

和

$$P = I - XX^+.$$

(2) 对于线性模型(6.3.3)，θ 的最小二乘估计是

(6.3.6) $$\hat\theta_* = \hat\theta - (W'W)^-W'(X'\otimes X')\hat\eta,$$
$$\hat\eta = G^-(X'\otimes X')(\mathrm{vec}yy' - W\hat\theta),$$

其中 $\hat\theta = (W'W)^-W'(\mathrm{vec}\ yy')$ 且

$$G = (X'\otimes X')(I - W(W'W)^-W')(X\otimes X).$$

现在正规方程是

$$\begin{pmatrix} W'W & W'(X\otimes X)\\ (X'\otimes X')W & X'X\otimes X'X\end{pmatrix}\begin{pmatrix}\hat\theta\\ \hat\eta\end{pmatrix} = \begin{pmatrix}W'\\ X'\otimes X'\end{pmatrix}(\mathrm{vec}yy').$$

由对(6.2.12)所用的类似的方法，我们能够得到(6.3.6).

6.3.2 不变二次无偏估计(IQUE)

设 $L(y;X,\Theta)$ 是形为(6.3.1)的线性模型. 我们考虑平移群 $\{\alpha \mid \alpha(y)\to y + X\alpha\}$. 显然，我们有 $\mathscr{D}(y) = \mathscr{D}(\alpha(y))$. 因此，$a'\theta$ 的 q 估计在这个群下必定是不变的.

定义 6.3.2 $y'Ay$ 称为对可估的 $a'\theta$ 是一个不变二次无偏估计，如果 $y'Ay=(y+X\alpha)'A(y+X\alpha)$ 对所有的 α 成立.

引理 6.3.1 $y'Ay$ 是不变二次无偏估计当且仅当 $y'Ay$ 是二次无偏估计且 $X'A=0$.

证明留作练习(见练习 6.6).

因此 $y'Ay$ 是不变二次无偏估计当且仅当 $A=PBP$, $B'=B$ 且 $\mathrm{tr}PV_iPB=a_i, i=1,2,\cdots,k$,其中 $P=I-XX^+$.

设 $z=Py$. 则线性模型 $L(y;X,\Theta)$ 诱导出线性模型 $L(z;X,\Theta_*)$,其中

$$X_*=PX,$$
$$\Theta_*=\{PVP'|V\in\Theta\}=\{PVP|V\in\Theta\},$$

和

$$\Theta_*=\left\{\sum_{i=1}^{k}\theta_iPV_iP\ \middle|\ \sum_{i=1}^{k}\theta_iPV_iP\geqslant 0\right\}$$

如果 Θ 如(6.3.1)所定义. 显然，对于 $L(z;X_*,\Theta_*)$ 的 $a'\theta$ 的每个二次无偏估计都是对 $L(y;X,\Theta)$ 的 $a'\theta$ 的不变二次无偏估计. 因此，我们能够由二次无偏估计的结果得到关于不变二次无偏估计的结果.

6.3.3 极小二次无偏估计

C. R. Rao (1971) 曾提出对于形为(6.3.1)的 $L(y;X,\Theta)$ 估计参数 $a'\theta$ 的方法. 这个方法称为极小二次无偏估计方法(MINQUE). 我们来考虑一个简单的情形.

定义 6.3.3 $y'Ay$ 称为对可估的 $a'\theta$ 是极小二次无偏估计，如果 A 满足

$$(6.3.7)\qquad \begin{cases}X'AX=0,\ \mathrm{tr}V_iA=a_i,\ i=1,\cdots,k\\ \mathrm{tr}AUA(U+2XX')=\min,\end{cases}$$

其中 $U=\sum_{i=1}^{k}V_i$.

定义 6.3.4 一个极小二次无偏估计称为是不变的，如果它是

一个不变的二次无偏估计.

则由(6.3.7)我们有

引理 6.3.2 $y'Ay$ 对于 $a'y$ 是一个不变极小二次无偏估计当且仅当 A 满足

$$(6.3.8)\qquad \begin{cases} AX = 0, \operatorname{tr}V_iA = a_i, i = 1,2,\cdots,k \\ \operatorname{tr}AUAU = \min, \end{cases}$$

其中 $U = \sum_{i=1}^{k} V_i$.

定理 6.3.1 $y'A'y$ 对可估的 $a'\theta$ 是一个不变极小二次无偏估计当且仅当

$$(6.3.9)\ A = \sum_{i=1}^{k} \lambda_i PU_*^+V_{*i}U_*^+P + P(H - U_*^+U_*HU_*U_*^+)P.$$

这里 $\lambda_1,\cdots,\lambda_k$ 是方程

$$\sum_{j=1}^{k} \lambda_j \operatorname{tr}(V_{*i}U_*^+V_{*j}U_*^+) = a_i + \operatorname{tr}V_{*i}(U_*^+U_*HU_*U_*^+ - H),$$

$$i = 1,2,\cdots k$$

的解, $V_{*i} = PV_iP, U_* = PUP$, 且$H$是任意 $n\times n$ 的对称阵.

证 (6.3.8) 等价于

$$\begin{cases} A = PBP;\ \operatorname{tr}PV_iPB = a_i,\ i = 1,2,\cdots,k \\ \operatorname{tr}BPUPBPUP = \min. \end{cases}$$

置

$$U_* = \sum_{i=1}^{k} PV_iP = PUP,\ V_{*i} = PV_iP,\ i = 1,2,\cdots,k$$

和

$$g(B) = \operatorname{tr}BU_*BU_* - 2\sum_{i=1}^{k} \lambda_i \operatorname{tr}(V_{*i}B - a_i).$$

$$0 = dg(B) = \operatorname{tr}\Big[(dB)U_*BU_* + BU_*(dB)U_*$$

$$- 2\sum_{i=1}^{k} \lambda_i V_{*i}(dB)\Big]$$

$$= \operatorname{tr}(2U_*BU_* - 2\sum_{i=1}^{k}\lambda_i V_{*i})(dB).$$

因此，B 是

$$U_*BU_* = \sum_{i=1}^{k}\lambda_i V_{*i} \tag{6.3.10}$$

的解，其中 $\lambda_1,\cdots,\lambda_k$ 由 $\operatorname{tr}V_{*i}B = a_i$，$i = 1, 2,\cdots,k$ 确定. (6.3.10)的一般解是

$$B = U_*^+\left(\sum_{i=1}^{k}\lambda_i V_{*i}\right)U_*^+ + H - U_*^+U_*HU_*U_*^+$$

其中H是任意 $n \times n$ 的对称阵. 因此 $\lambda_1,\cdots,\lambda_k$ 由

$$\sum_{j=1}^{k}\lambda_j\operatorname{tr}(V_{*i}U_*^+V_{*j}U_*^+) + \operatorname{tr}(V_{*i}H - V_{*i}U_*^+U_*HU_*U_*^+) = a_i,$$

$i = 1,\cdots,k$，确定，上式等价于(6.3.9).

我们能用相同的方法得到极小二次无偏估计.

6.4 假设检验

设 $L(Y;X,\Theta)$ 是线性模型. 现在考虑与参数矩阵B有联系的假设检验问题. 设Y的分布属于矩阵椭球等高分布且表示以 $\mathrm{ELSL}(Y;X,\Theta)$，$\mathrm{EMSL}(Y;X,\Theta)$，$\mathrm{EVSL}(Y;X,\Theta)$ 或 $\mathrm{ESSL}(Y;X,\Theta)$(见第三章). 在本节中，我们总假定随机矩阵的密度函数存在. 因此，我们能够使用如在第二章和第三章中导出的那些有关的统计量的分布的结果.

6.4.1 线性假设

设 $\mathrm{ELSL}(Y;X,\Theta)$，$X:n \times k$ 是给定，其参数矩阵为B且考虑线性假设

$$H_0: AB = C, \text{其中 } A:l \times k, B:k \times p, C:k \times p.$$

很容易拒绝H_0，如果 $AB = C$ 是不相容的. 因此，我们一般都假设 $AB = C$ 是相容的. 则 $AB = C$ 的一般解是

$$B = A^+C + (I - A^+A)\Gamma,$$

其中 Γ 是适当大小的任意矩阵。

设 $Z = Y - XA^+C$. 则 $L(Z; X(I - A^+A), \Theta)$ 是与 ELSL $(Y; X, \Theta)$ 有相同结构的一个线性模型. 于是,

$$\begin{aligned}\mathscr{E}(Z) &= X(B - A^+C) = XA^+A(B - A^+C) \\ &\quad + X(I - A^+A)(B - A^+C) \triangleq XT_1T_1'(B - A^+C) \\ &\quad + XT_2T_2'(B - A^+C),\end{aligned}$$

其中 $T = (T_1T_2)$ 是 $k \times k$ 的正交矩阵. 置

$$\Gamma = \begin{pmatrix}\Gamma_1 \\ \Gamma_2\end{pmatrix} = T(B - A^+C) = \begin{pmatrix}T_1' \\ T_2'\end{pmatrix}(B - A^+C)$$

和

$$X_* = (X_{*1}X_{*2}) = (XT_1XT_2).$$

那么

$$\mathscr{E}(Z) = X_{*1}\Gamma_1 + X_{*2}\Gamma_2,$$

和

$$H_0: AB = C$$

等价于

$$H_0: \Gamma_1 = 0.$$

这就证明了,对于 ELSL$(Y; X, \Theta)$, 只需考虑假设 $H_0: T_1 = 0$ 即可。

6.4.2 标准形式

使用下列引理可以得到线性模型的标准形式. 因为其证明容易,故把它留作练习(练习 6.7).

引理 6.4.1 给定矩阵 X, 存在正交阵 $G \in O(n)$ 和非异阵 $P \in GL(p)$ 使得

$$GXP = \begin{pmatrix}I_r & O \\ O & O\end{pmatrix}, \tag{6.4.1}$$

其中 $r = \mathrm{rk}(X)$.

对于 ELSL$(Y; X, \Theta)$, Y 到 Z 的变换定义为

$$Z = GY,$$

其中G是(6.4.1)中的正交阵. 则 $Z - GXB \overset{d}{=} Y - XB$ 且Z也是一个 ELSL$(Z;GX,\Theta)$. 设 $\eta = P^{-1}B$,其中P是(6.4.1)中的非异阵 $P \in GL(p)$. 则

$$\mathscr{E}(Z) = \mathscr{E}(GY) = GXB = GXPP^{-1}B$$

$$= \begin{pmatrix} I_r & O \\ O & O \end{pmatrix}\eta = \begin{pmatrix} \mu \\ O \end{pmatrix},$$

其中 $r = \text{rk}(X)$ 且μ是η的前r行.

这就是说, 对 ELSL$(Y;X,\Theta)$, 其标准型是 $X = (I_r O)'$ 且

$$(6.4.2)\qquad \begin{cases} \mathscr{E}(Y) = \begin{pmatrix} I_r \\ O \end{pmatrix} B = \begin{pmatrix} B_1 \\ B_2 \\ O \end{pmatrix} \\ \mathscr{D}(\text{vec}Y) = \Sigma \otimes I_n, \quad \Sigma > 0, \end{cases}$$

其中 $B_1:s \times p, B_2:(r-s) \times p$ 且 $Y:n \times p$.

考虑线性假设 $H_0: B_1 = 0$. 把Y分为三部分 (Y_1', Y_2', Y_3') 使得

$$\mathscr{E}(Y_1) = B_1,\ \mathscr{E}(Y_2) = B_2,\ \mathscr{E}(Y_3) = O,$$

其中 $Y_1:s \times p, Y_2:(r-s) \times p$ 和 $Y_3:(n-r) \times p$.

考虑群

$$G = \{(G_1,N,G_3,T) \mid G_1 \in O(s), G_3 \in O(n-r),$$
$$N:(r-s) \times p,\ T \in GL(p)\},$$

其作用为

(6.4.3)

$$(G_1,N,G_3,T)(Y_1,Y_2,Y_3) = (G_1Y_1T, Y_2T + N, G_3Y_3T).$$

显然,其检验问题在群G下是不变的. 由(6.4.2)G在Y_2上是可递的,因此,Y_2能够变换为0. 所以, 极大不变量仅是Y_1和Y_3的函数.

引理 6.4.2 G的极大不变量是 $Y_1(Y_3'Y_3)^{-1}Y_1'$ 的非零特征根,如果 $n - r \geqslant p$.

证 $G_1Y_1T(T'Y_3'G_3'G_3Y_3T)^{-1}T'Y_1'G_1 = G_1Y_1(Y_3'Y_3)^{-1}Y_1'G'$ 有与 $Y_1(Y_3'Y_3)^{-1}Y_1'$ 相同的非零特征根. 因此,它是不变的.

设 $Y_1(Y_3'Y_3)^{-1}Y_1'$ 和 $Z_1(Z_3'Z_3)^{-1}Z_1'$ 有相同的非零特征根 $f_1,\cdots,f_t$. 则存在 $s\times s$ 的正交阵 H_1 和 H_2 使得

$$H_1Y_1(Y_3'Y_3)^{-1}Y_1'H_1' = H_2Z_1(Z_3'Z_3)^{-1}Z_1'H_2' = \mathrm{diag}(f_1,\cdots,f_t,0,\cdots,0).$$

因此

$$Y_1(Y_3'Y_3)^{-1}Y_1' = HZ_1(Z_3'Z_3)^{-1}Z_1'H',$$

其中 $H = H_1'H_2$ 是正交阵. 因此,存在正交阵 H_3 使得

$$(Y_3'Y_3)^{-1/2}Y_1' = H_3(Z_3'Z_3)^{-1/2}Z_1'H_1,$$

即

$$Y_1 = HZ_1T,$$

其中 $T = (Z_3'Z_3)^{-\frac{1}{2}}H_3'(Y_3'Y_3)^{\frac{1}{2}}$ 和 $T(Y_3'Y_3)^{-1}T' = (Z_3'Z_3)^{-1}$ 或 $T'^{-1}(Y_3'Y_3)T^{-1} = Z_3'Z_3$.

因此,存在正交阵 H_4 使得

$$Y_3T^{-1} = H_4Z_3$$

即

$$Y_3 = H_4Z_3T.$$

因此 (Y_1,Y_3) 在群 G 下等价于 (Z_1,Z_3). □

由这个引理,任何不变检验都是矩阵 $Y_1(Y_3'Y_3)^{-1}Y_1'$ 的非零特征根 $f_1,\cdots,f_t$ 的函数, 并且 $f_1,\cdots,f_t$ 的分布只依赖于 $B_1\Sigma^{-1}B_1'$ 的非零特征根(见练习 6.9).

注意,当 $r=s=1$ 时,$Y_1=y_1'$ 和 $B_1=\beta_1'$ 都可变为 $1\times p$ 向量,则

$$f_1 = y_1'(Y_3'Y_3)^{-1}y_1$$

是 Hotelling T^2 的倍数. 一般,存在许多不变检验, 但没有一致最大功效不变检验. 我们列出一些统计量如下:

(a) Wilks (1932)

$$W(f_1,\cdots,f_t) = \sum_{i=1}^{t}(1+f_i)^{-1} = |I+Y_1(Y_3'Y_3)^{-1}Y_1'|^{-1}$$

它可用极大似然比方法得到（Anderson 和方开泰，1982c）。

(b) Lawley (1938)

$$V(f_1,\cdots,f_t)=\sum_{i=1}^{t} f_i=\operatorname{tr}(Y_3'Y_3)^{-1}Y_1'Y_1.$$

(c) Pillai (1955)

$$V(f_1,\cdots,f_t)=\sum_{i=1}^{t}(f_i/(1+f_i))=\operatorname{tr}Y_1'Y_1(Y_1'Y_1+Y_3'Y_3)^{-1}.$$

(d) Roy (1957)

$$f_{\max}=\max_{1\leqslant i\leqslant t} f_i.$$

(e) Anderson (1958)

$$f_{\min}=\min_{1\leqslant i\leqslant t} f_1.$$

(f) Gnanadeslkan (1965)

$$U=\prod_{i=1}^{t} f_i/(1+f_i).$$

(g) Olson (1974)

$$S=\prod_{i=1}^{t} f_i.$$

(h) Zhang (1977)

$$\rho=\sum_{i=1}^{t}(1+f_i)^{-1}=\operatorname{tr}(Y_1'Y_1+Y_3'Y_3)^{-1}Y_3'Y_3.$$

我们有随机分解

$$\begin{pmatrix}Y_1\\Y_2\\Y_3\end{pmatrix}\overset{d}{=}\begin{pmatrix}U_1\\U_2\\U_3\end{pmatrix}T\overset{d}{=}=UT,$$

其中 $U:n\times p$ 在 Stiefel 流形 $\{U|U'U=I_p,U:n\times p\}$ 上均匀分布且与 T 独立。因此

$$Y_1(Y_3'Y_3)^{-1}Y_1'\overset{d}{=}U_1T(T'U_3'U_3T)^{-1}T'U_1'\overset{d}{=}U_1(U_3'U_3)^{-1}U_1'.$$

所以，$f_1,\cdots,f_t$ 的联合分布与在正态分布中的联合分布相同，结

果能在许多多元统计的书中找到．因此，上述所有的统计量是分布自由的(见5.1节)．

检验线性假设的例子将在6.5节中给出．

6.4.3 预检验估计和 James-Stein 估计

现在考虑一元线性模型，即 $p=1$，$L(y;X,\Theta)$，其中 $y\sim EC_n(X\beta,I_n,\phi)$，且

$$\begin{cases}\mathscr{E}(y)=X\beta,\ X:n\times k,\\ \mathscr{D}(y)=\sigma^2I_n,\ \sigma>0.\end{cases}\tag{6.4.4}$$

为检验假设

$$H_0:\beta=0\tag{6.4.5}$$

一致最大功效不变检验是 F，其中

$$F=(\hat{\beta}'(X'X)\hat{\beta}/S^2)\left(\frac{n-r}{r}\right),\ r=\mathrm{rk}(X)\tag{6.4.6}$$

$$S^2=y'y-\hat{\beta}'(X'X)\hat{\beta},$$

这在正态情形已被证明．由6.4.2，统计量 F 与 y 有相同的分布，y 是正态分布。

当 $\beta=0$ 被接受时，显然 β 的估计是0；若 $\beta=0$ 不被接受，则 β 的估计是最小二乘估计 $\hat{\beta}=(X'X)^-X'y$，因此，β 的预检验估计 β_{pre} 有如下形式：

$$\hat{\beta}_{\mathrm{pre}}=\alpha I_{(F<c)}\cdot 0+(1-\alpha)I_{(F\geqslant c)}\beta,$$

其中 I_A 是区域 A 的特征函数，C 是由显著性水平确定的且 α 是估计0的权．

可以选择 α 为一常数。但若 F 比临界值大得多，则我们宁愿使用 $\hat{\beta}$ 而不用0．因此，权 α 可以依赖于 y．自然的选择是

$$1-\alpha=\left(1-\frac{c}{F}\right)_+=\begin{cases}1-\dfrac{c}{F}, & F\geqslant c\\ 0, & F<c.\end{cases}$$

这就是说，当 F 的值是大的时候，权要变得更大，如果 $F\geqslant c$ 是正确的；而当 $F<c$ 时，权变为零．当 F 趋于无穷大时 $\hat{\beta}$ 的权

趋于 1．则有

$$\hat{\beta}_{\text{pre}}=\left(1-\frac{c}{F}\right)_{+}\hat{\beta}。\tag{6.4.7}$$

注意(6.4.6)，$\hat{\beta}_{\text{pre}}$ 确实是 $\hat{\beta}$ 的 James-Stein 估计。若 σ^2 已知，且 $X=I$，则

$$\left(1-\frac{c}{F}\right)_{+}=\left(1-\frac{a}{y'y}\right)_{+},$$

和

$$\hat{\beta}_{\text{pre}}=\left(1-\frac{a}{y'y}\right)_{+}y$$

是 $\hat{\beta}$ 的 Stein 正估计，它优于 Stein 估计 $(1-a)/y'y)y$。证明留作为练习(见练习 6.8)。

6.5 应　　用

6.5.1 双重筛选逐步回归方法(DSSR 方法)

为得到一个预报量与几个自变量相联系的最佳的回归方程，存在许多方法，例如“最优子集回归”、“典型回归”和“逐步回归”，等。

当预报量越来越多时，在这些变量中间存在一些关系．有必要提出一个方法能够把这些预报量按照他们的相关性组合在一起并能够选择一组自变量来得到一个“最佳”回归方法组．双重筛选逐步回归方法是由张尧庭和赵臻(1980)提出的．

自变量以 $x_1,\cdots,x_m$ 表示而预报量以 $y_1,\cdots,y_p$ 表示．原始数据以如下的矩阵表示：

$$X=\begin{pmatrix} x_{11} & x_{12} & \cdots & x_{1m} \\ x_{21} & x_{22} & \cdots & x_{2m} \\ x_{n1} & x_{n2} & \cdots & x_{nm} \end{pmatrix}$$

和

$$Y=\begin{pmatrix} y_{11} & y_{12} & \cdots & y_{1p} \\ y_{21} & y_{22} & \cdots & y_{2p} \\ y_{n1} & y_{n2} & \cdots & y_{np} \end{pmatrix}$$

设模型

(6.5.1)

$$\begin{cases} \mathscr{E}(Y)=(I_nX)\begin{pmatrix}\beta_0\\B\end{pmatrix},\ \text{其中}\ Y:n\times p, X:n\times m, \\ \qquad\qquad \operatorname{rk}(I_nX)=m+1 \\ \mathscr{D}(\operatorname{vec}Y)=\Sigma\otimes I_n, \Sigma>0,\ Y\sim \text{ELSL}. \end{cases}$$

其中"$Y\sim$ ELSL"意指,在线性模型(6.5.1)中,Y 的分布为 ELS(·,·,·).

设

$$\bar{x}=\frac{1}{n}X'1,\quad \bar{y}=\frac{1}{n}Y'1$$

和

$$L_{xy}=X'\left(I-\frac{1}{n}J\right)Y,\text{其中}\ J=11'$$

且 L_{yx}, L_{xx} 和 L_{yy} 定义类似. 则我们有

$$(6.5.2)\qquad \begin{cases} \hat{\beta}=L_{xx}^{-1}L_{xy}, \qquad \hat{\beta}_0=\bar{y}'-\bar{x}'\hat{B}, \\ \hat{\Sigma}=(n-m-1)^{-1}Q, \end{cases}$$

其中 $Q=L_{yy}-L_{yx}L_{xx}^{-1}L_{xy}=L_{yy}-\hat{\beta}'L_{xx}\hat{B}$.

如果我们打算添加上或者剔除一个自变量 u, 只要考虑模型(6.5.1)和如下的(6.5.3)的关系则可.

$$(6.5.3)\qquad \begin{cases} \mathscr{E}(Y)=(1Xu)\begin{pmatrix}\beta_0^*\\B^*\\\beta_u^*\end{pmatrix}, \operatorname{re}(1Xu)=m+2, \\ \mathscr{D}(\operatorname{vec}Y)=\Sigma\otimes I_n, \Sigma>0, Y\sim \text{ELSL}. \end{cases}$$

由(6.2.12),我们有

$$
(6.5.4)\qquad \begin{cases} \hat{\beta}_u^* = L_{uu}^{-1}(x)L_{uy}(x) \\ \hat{\beta}_0^* = \bar{y}' - \bar{x}'\hat{\beta}^* - \bar{u}\hat{\beta}_u^* \\ \hat{B}^* = \hat{B} - L_{xx}^{-1}L_{xu}\hat{\beta}_u^{*\prime}, \end{cases}
$$

其中

$$
L_{uy}(x) = L_{uy} - L_{ux}L_{xx}^{-}L_{xy},
$$

$$
L_{uu}(x) = L_{uu} - L_{ux}L_{xx}^{-}L_{xu}
$$

对于模型(6.5.3)在(6.5.2)中的 Q_* 和(6.5.2)中的 Q 之间的关系为

$$
(6.5.5)\qquad Q_* = Q - L_{yu}(x)L_{uu}^{-1}(x)L_{uy}(x),
$$

其中

$$
L_{yu}(x) = L_{yu} - L_{yx}L_{xx}^{-1}L_{xu}
$$

且 $L_{yy}(x)$ 定义类似.

统计量 Λ 和 Λ^*——分别是模型(6.5.1)和(6.5.3)的 Wilks 统计量——用于检验假设：这些 x_i 与 y_i 不相关，即全部回归系数为零. 现在我们有

$$
\frac{\Lambda^*}{\Lambda} = \frac{|Q^*|/|L_{yy}|}{|Q|/|L_{yy}|} = \frac{|L_{yy}(x) - L_{yu}(x)L_{uu}^{-1}(x)L_{uy}(x)}{|L_{yy}(x)|}
$$

$$
= 1 - V_u,
$$

其中

$$
V_u = L_{uu}^{-1}(x)L_{uy}(x)L_{yy}^{-1}(x)L_{yu}(x).
$$

事实上，V_u 是一个多重相关系数，它是在我们接受 x_i 作为自变量的条件下 u 对 y 的“贡献”.

统计量

$$
(6.5.6)\qquad \frac{n-p-m-1}{p}\,\frac{V_u}{1-V_u} \sim F(p, n-p-m-1).
$$

它等价于 Hotelling T^2 且能够用于检验 $H_0:\beta_u^* = 0$.

如果我们要加上或者去掉一个预报量，那么只要考虑模型(6.5.1)和如下的(6.5.7)之间的关系即可.

$$
(6.5.7)\quad \begin{cases} \mathscr{E}(Yz)=(IX)\begin{pmatrix}\beta_{OX} & \beta_{OZ}\\ \beta_X & B_Z\end{pmatrix}, \\ \mathscr{D}(\operatorname{vec}(Yz))=\begin{pmatrix}\Sigma & \Sigma_{yz}\\ \Sigma_{zy} & \Sigma_{zz}\end{pmatrix}\otimes I_n \triangleq \Sigma_*\otimes I_n, \\ \Sigma_*>0,(Yz)\sim \text{ELSL}. \end{cases}
$$

由(6.2.16),我们得到关系式

$$
(6.5.8)\quad \begin{cases} \hat{\beta}_{OX}=\hat{\beta}_O, \quad \hat{B}_X=\hat{B}, \\ \hat{\beta}_{OZ}=\bar{z}-\bar{x}'\hat{B}_Z, \ \hat{B}_z=L_{xx}^{-1}L_{xz}, \\ Q_{**}=\begin{pmatrix}L_{yy}(x) & L_{yz}(x)\\ L_{zy}(x) & L_{zz}(x)\end{pmatrix}. \end{cases}
$$

两个 Wilks 统计量之比是

$$
\begin{aligned}
\frac{\Lambda^{**}}{\Lambda} &= \frac{\begin{vmatrix}L_{yy}(x) & L_{yz}(x)\\ L_{zy}(x) & L_{zz}(x)\end{vmatrix}\Big/\begin{vmatrix}L_{yy} & L_{yz}\\ L_{zy} & L_{zz}\end{vmatrix}}{|L_{yy}(x)|/|L_{yy}|} \\
&= \frac{L_{zz}(x)-L_{zy}(x)L_{yy}^{-1}(x)L_{yz}(x)}{L_{zz}-L_{zy}L_{yy}^{-1}L_{yz}} \\
&= \frac{L_{zz}\begin{pmatrix}x\\ y\end{pmatrix}}{L_{zz}(y)} \\
&= 1-V_z^*
\end{aligned}
$$

且统计量 T^2

$$
(6.5.9)\quad T^2=\frac{n-m-p-2}{m}\,\frac{V_z^*}{1-V_z^*} \sim F(m, n-m-p-2)
$$

能够用于检验假设 $H_0: B_z=0$。

很容易设计一个计算程序(见张尧庭等的文章 1980)。

6.5.2 例

在长江流域，梅雨期的预报很重要．我们选择如下的 30 个 y_i 为预报量和 47 x_i 为自变量。y_1 到 y_{27} 是每年 5 月 1 日至 8 月 31 日每个城市预报站降雨量的总和。

y_1 上海	y_2 南通
y_3 南京	y_4 杭州
y_5 芜湖	y_6 合肥
y_7 九江	y_8 南昌
y_9 汉口	y_{10} 岳阳
y_{11} 长沙	y_{12} 宜昌
y_{13} 恩施	y_{14} 重庆
y_{15} 遵义	y_{16} 成都
y_{17} 宜宾	y_{18} 西昌
y_{19} 昆明	y_{20} 会理
y_{21} 安庆	y_{22} 吉安
y_{23} 衡阳	y_{24} 邵阳
y_{25} 沅陵	y_{26} 芷江
y_{27} 郧县	y_{28} 汉口站年平均流量
y_{29} 汉口站年最高水位	y_{30} 宜昌站年平均流量

一般，x_i 是前一年的数值。

x_1 太阳黑子数

x_2 全国温度等级

x_3 1 月报涡强度

x_4 1 月东亚槽位置

x_5 1 月东亚槽强度

x_6 1 月副高强度指数

x_7 1 月副高面积指数

x_8 1 月亚欧平均环流指数

x_9 拉萨上年 10 月到当年 2 月平均气温

x_{10} 玉树上年 10 月到当年 2 月平均气温

以下五个自变量是该区域海面平均温度：

x_{11} 20°N，120°E 上年 11 月

x_{12} 20°N，125°E 上年 11 月

x_{13} 20°N,130°E 上年 11 月

x_{14} 25°N,125°E 上年 11 月

x_{15} 25°N,130°E 上年 11 月

x_{16} — x_{20} 分别为上述五点上年 12 月海面平均温度

x_{21} — x_{25} 分别为上述五点当年 1 月海面平均温度

x_{26} — x_{36} 下列区域 500mb 当年 1 月高度距平的平均:

70°N—80°N,40°E—70°E;60°N,70°E;

45°N—50°N,0°E;30°N,10°E;

45°N—55°N,80°E—90°E;30°N—40°N,60°E—90°E;

50°N—55°N,110°E—120°E;40°N,120°E — 130°E;

15°N—30°N,100°E—130°E;25°N—30°N, 160°E—170°E;

45°N—50°N,100°W—60°W.

x_{37}—x_{47} 上述 11 区域 500 mb 当年 2 月高度距平的平均.

使用的资料是从 1954—1975 年共 22 年的气象资料. 我们选 F_x 为筛选自变量的临界值, F_y 为筛选预报量的临界值, 计算结果如下:

长江下游分为两组:

(a) 预报量: y_3(南京), y_5(芜湖), y_6(合肥).

自变量: x_7, x_{40}, x_8, x_{15}

$$F_x = 4.2,\ F_y = 1.0$$

回归方程组:

$$y_3 = 5644 - 18.0x_7 - 10.3x_8 - 167.8x_{15} - 23.4x_{40}$$

$$y_5 = 9534 - 4.96x_7 - 8.54x_8 - 323.2x_{15} - 23.6x_{40}$$

$$y_6 = 2456 - 2.20x_7 - 9.60x_8 - 48.7x_{15} - 18.9x_{40}$$

(b) 预报量: y_1(上海), y_4(杭州)

自变量: $x_{35}, x_{47}, x_9, x_{24}$

$$F_x = 4.0,\ F_y = 1.5$$

回归方程组:

$$y_1 = 1312 + 3.76x_9 - 39.7x_{24} - 22.5x_{35} + 16.2x_{47}$$

$$y_4 = -2810 + 15.1x_9 + 133x_{24} - 41.4x_{35} + 10.8x_{47}$$

长江中游分为3组:

(a) 预报量: y_{10}(岳阳),y_{12}(宜昌)

自变量: $x_{35}, x_{40}, x_{47}, x_{34}, x_{11}, x_{15}$

$$F_x = 4.0, \quad F_y = 1.5$$

回归方程组:

$$y_{10} = 9724 + 62.4x_{11} - 422x_{15} + 44.9x_{34} - 3.12x_{36} - 11.20x_{40} + 33.9x_{47}$$

$$y_{12} = 3162 - 12.0x_{11} - 84.4x_{15} - 19.1x_{34} + 19.4x_{36} - 16.5x_{40} + 16.7x_{47}$$

(b) 预报量: y_{21}(安庆), y_{26}(芷江), y_{28}(汉口站年平均流量),y_{30}(宜昌站年平均流量)

自变量: x_4, x_8, x_{25}, x_{35}

$$F_x = 4.0, \quad F_y = 1.5$$

回归方程组:

$$y_{21} = -6298 + 1.72x_4 + 1.03x_8 + 29.8x_{25} - 56.0x_{35}$$

$$y_{26} = -1098 - 22.5x_4 - 7.7x_8 + 247x_{25} - 7.8x_{35}$$

$$y_{28} = -521 + 3.0x_4 + 0.9x_8 + 11.3x_{25} - 4.0x_{35}$$

$$y_{30} = -231 + 2.5x_4 + 0.5x_8 - 0.98x_{25} - 3.0x_{35}$$

(c) 预报量: y_9(汉口), y_{11}(长沙), y_{13}(恩施), y_{24}(邵阳), y_8(南昌),y_{27}(郧县),y_{29}(汉口站年最高水位).

自变量: x_{25}, x_{26}, x_{40}

$$F_x = 4.0, \quad F_y = 1.5$$

回归方程组:

$$y_9 = -4882 + 245.7x_{25} + 0.59x_{26} - 21.8x_{40}$$

$$y_{11} = -4889 + 246.6x_{25} + 0.87x_{26} - 14.2x_{40}$$

$$y_{13} = -1107 + 84.7x_{25} - 6.8x_{26} - 13.6x_{40}$$

$$y_{24} = -824 + 65.8x_{25} - 3.3x_{26} - 17.0x_{40}$$

$$y_8 = -3867 + 208.7x_{25} - 4.3x_{26} - 31.4x_{40}$$

$$y_{27} = 1417 - 44.3x_{25} - 2.8x_{26} - 12.5x_{40}$$

$$y_{29} = 245 + 102.5x_{25} - 2.0x_{26} - 14.7x_{40}$$

长江上游分成两组：

(a) 预报量：y_{16}(成都)，y_{18}(西昌)

自变量：$x_7, x_{36}, x_{38}, x_{40}$

$$F_x = 4.0,\ F_y = 1.5$$

回归方程组：

(b) 预报量：y_{14}(重庆)，y_{15}(遵义)

自变量：x_{27}, x_{31}, x_{34}

$$F_x = 6.0,\ F_y = 1.5$$

回归方程组：

$$y_{16} = 523 + 40.0x_7 - 10.3x_{36} + 12.3x_{38} - 16.5x_{40}$$

$$y_{18} = 756 - 9.9x_7 + 10.9x_{36} - 6.1x_{38} - 7.9x_{40}$$

因此，我们得到 22 个回归方程．其他 8 个预报量 y_2，y_7，y_{17}，y_{19}，y_{20}，y_{22}，y_{23}，y_{25} 未能选入如上的回归方程组，它们必须另外建立回归方程来计算．

有趣的是，由这种方法建立的回归方程组与地理位置相对应．在相同的地区，有共同的影响降雨量的因子．在不同的地区，因子也不同．

6.5.3 判别分析和回归

在 6.1.4 节，我们利用线性模型建立了判别分析模型，因此，一个判别问题可以看成为一个回归问题．我们来进一步研究这个问题．

给定 k 个总体 G_1，$\cdots$，G_k，我们分别由这些总体中取 $n_1, \cdots, n_k$ 个样本，每个样本有 p 个变量．G_i 的数据矩阵是

$$X_i = \begin{pmatrix} x_{11}^{(i)} & \cdots & x_{1p}^{(i)} \\ \vdots & & \vdots \\ x_{n_i1}^{(i)} & \cdots & x_{n_ip}^{(i)} \end{pmatrix},\ i = 1, 2, \cdots, k$$

且总的数据矩阵 X 是

$$X = \begin{pmatrix} X_1 \\ \vdots \\ X_k \end{pmatrix}.$$

这些总体的均值向量与总的均值向量分别表示为 $\bar{x}^{(1)},\cdots,\bar{x}^{(k)}$ 和 $\bar{x}$. 不失一般性，我们可以假定 $\bar{x}=0$. 考虑哑变量 Y，其中 $Y=y_i$ 当样本来自 G_i 时，即

$$y = \begin{pmatrix} y_1 l_{n_1} \\ \vdots \\ y_k l_{n_k} \end{pmatrix}.$$

现在，我们利用这个哑变量来建立回归模型，也就是说，要求出回归系数 β 和 y 使得

$$\begin{cases} Q=(y-X\beta)'(y-X\beta)\to \min, \\ y',y=1. \end{cases} \tag{6.5.10}$$

限制 $y'y=1$ 是自然的也是必要的；否则设 $y=0,\beta=0$；则我们有 $Q=0$.

记

$$A=\sum_{i=1}^{k} n_i \bar{x}^{(i)}\bar{x}^{(i)'},\quad C=\sum_{i=1}^{k} X_i' X_i = X'X$$

和

$$W=C-A=\sum_{i=1}^{k} X_i'\left(I_{n_i}-\frac{1}{n_i}ll'\right)X_i.$$

定理 6.5.1 以 $\hat{\beta}$ 和 $\hat{y}$ 分别表示模型(6.5.10)中的 β 和 y 的最小二乘估计. 则

(i) $\hat{\beta}$ 是相应于关于 A 的 W 的最小特征根 λ_1 的关于 A 的 W 的特征向量.

(ii) $\hat{y}=(\hat{y}_1 1'_{n_1},\cdots,\hat{y}_k 1'_{n_k})'$，其中

$$y_i=\frac{1}{1-\lambda_1}\bar{x}^{(i)'}\hat{\beta}. \tag{6.5.11}$$

证 利用 Lagrange 乘子，我们求得 $\hat{y}_i$ 和 $\hat{\beta}$ 使得

$$Q^*=(\hat{y}-X\hat{\beta})'(\hat{y}-X\hat{\beta})-\lambda(y'y-1)$$

$$= \sum_{i=1}^{k}(n_i\hat{y}_i^2 - 2n_i\hat{y}_i\hat{\beta}'\bar{x}^{(i)} + \hat{\beta}'X_i'X_i\hat{\beta}) - \lambda\left(\sum_{i=1}^{k} n_i y_i^2 - 1\right)$$

是极小值. 设 Q^* 关于 $\hat{y}_i$ 的偏导数等于零. 则我们有

$$\hat{y}_i = (1/1-\lambda)\hat{\beta}'\bar{x}^{(i)}.$$

设 Q^* 关于 $\hat{\beta}$ 的偏导数等于零. 则我们得到

$$(6.5.12)\qquad \left(\sum_{i=1}^{k} X_i'X_i\right)\hat{\beta} = \sum_{i=1}^{k} n_i\hat{y}_i\bar{x}^{(i)}.$$

注意(6.5.11),如上的方程变为

$$C\hat{\beta} = \sum_{i=1}^{k} n_i(1/1-\lambda)\bar{x}^{(i)}\bar{x}^{(i)'}\hat{\beta} = (1/1-\lambda)A\hat{\beta},$$

或

$$(6.5.13)\qquad \left(C - \frac{1}{1-\lambda}A\right)\hat{\beta} = 0,$$

或

$$(6.5.14)\qquad \left(W - \frac{\lambda}{1-\lambda}A\right)\hat{\beta} = 0;$$

因此,$\hat{\beta}$ 是 W 相对于 A 的特征向量. 为了使 Q 达到极小,把(6.5.11)代入 Q 且利用(6.5.12),则我们有

$$\begin{aligned}
Q &= \sum_{i=1}^{k}(n_i y_i^2 - 2n_i\bar{x}^{(i)},y_i\hat{\beta}) + \hat{\beta}'C\hat{\beta} \\
&= \sum_{i=1}^{k}(n_i y_i^2 - n_i y_i\bar{x}^{(i)'}\hat{\beta}) \\
&= (1-\lambda)^{-2}\hat{\beta}'\left(\sum_{i=1}^{k} n_i\bar{x}^{(i)}\bar{x}^{(i)'}\right)\hat{\beta} - (1-\lambda)^{-1} \\
&\quad\times\left(\sum_{i=1}^{k} n_i\hat{\beta}\bar{x}^{(i)}\bar{x}^{(i)'}\hat{\beta}\right) \\
&= (1-\lambda)^{-2}\hat{\beta}'A\hat{\beta} - (1-\lambda)^{-1}\hat{\beta}'A\hat{\beta} \\
&= \lambda(1-\lambda)^{-2}\hat{\beta}'A\hat{\beta}.
\end{aligned}$$

由 $\hat{y}'\hat{y} = 1$, 我们有 $(1-\lambda)^{-2}\hat{\beta}'A\hat{\beta} = 1$ 和 $Q = \lambda$. 使 Q 极

小等价于使 λ 极小． 由(6.5.13)和(6 5.14)显然有 $0\leqslant\lambda\leqslant 1$．因为 $\lambda(1-\lambda)^{-1}$ 是作为(0,1)中的一个单调增函数，故使 λ 极小等价于使关于 A 的 W 的特征根极小．因此，定理得证．□

我们显然能够把如上的结论推广到多于一个哑变量的情形．设哑变量是

(6.5.15)

$$y_i=\begin{pmatrix} y_1^{(i)}l_{n_1}\\ \vdots \\ y_k^{(i)}l_{n_k}\end{pmatrix},\quad i=1,\cdots,l;\ 1\leqslant l\leqslant \min(p,k-1),$$

$$Y=(y_1,\cdots,y_l)$$

且对应的回归系数是 $B=(\beta_1,\cdots,\beta_l)$． 具有这些哑变量的回归模型是

$$(6.5.16)\qquad \begin{cases} Q=\operatorname{tr}(Y-XB)'(Y-XB)\to\min\\ y_i'y_i=\delta_{ij}=\begin{cases}1,i=j,\\ 0,i=j,\end{cases} i,j=1,\cdots,l,\end{cases}$$

其中 Y 和回归系数矩阵 B 是未知的变量．

定理 6.5.2 以 $\hat{B}=(\hat{\beta}_1,\cdots,\hat{\beta}_l)$ 和 $\hat{Y}=(\hat{y}_1,\cdots,\hat{y}_l)$ 分别表示模型(6.5.16)中 B 和 Y 的最小二乘估计．则

(i) $\hat{\beta}_i$ 是对应于关于 A 的 W 的第 i 个最小特征根 λ_i 的关于 A 的 W 的特征向量；

(ii) $\hat{y}_i=(\hat{y}_1^{(i)}l_{n_1}',\cdots,y_k^{(i)}l_{n_k}')'$，其中 $\hat{y}_i^{(i)}=(1-\lambda_i)^{-1}\hat{\beta}_i'\bar{x}^{(j)}$，$i=1,\cdots;j=1,\cdots,k$.

证 因为

$$Q=\sum_{i=1}^{i}(y_i-X\hat{\beta}_i)'(y_i-X\hat{\beta}_i),$$

由类似于定理 6.5.1 中的方法，证明是直接的．因此，我们只要指出

$$\hat{y}_i'\hat{y}_i=\sum_{t=1}^{k}y_t^{(i)}y_t^{(j)}n_t=\sum_{t=1}^{k}\frac{n_t}{(1-\lambda_i)(1-\lambda_j)}\hat{\beta}_i'\bar{x}^{(t)}\bar{x}^{(t)\prime}\hat{\beta}_i$$

$$= \frac{1}{(1-\lambda_i)(1-\lambda_j)} \hat{\beta}_i' \left(\sum_{t=1}^{k} n_t \bar{x}^{(t)} \bar{x}^{(t)\prime} \right) \hat{\beta}_j$$

$$= \frac{1}{(1-\lambda_i)(1-\lambda_j)} \hat{\beta}_i' A \hat{\beta}_j = \frac{1}{\lambda_j(1-\lambda_i)} \hat{\beta}_i' W \hat{\beta}_j = 0.$$

上式的最后一步是因为特征根的性质. □

注：通常，B 的最小二乘估计 $\hat{B}$ 能够直接由 Fisher 判别准则得到. Fisher 的建议是寻找一个线性函数 $a'x$，它使组间平方和与组内平方和之比极小. 也就是说,设

$$Z = Xa = \begin{pmatrix} X_1 a \\ \vdots \\ X_k a \end{pmatrix} = \begin{pmatrix} z_1 \\ \vdots \\ z_k \end{pmatrix}$$

是 X 的列的一个线性组合. 因 $\bar{x} = 0$,则 z 有平方总和

$$z'z = a'X'Xa = a'Ca,$$

它能分为组内平方和的和

$$\sum_{i=1}^{k} z_i \left(I_{n_i} - \frac{1}{n_i} ll' \right) z_i = a' \left(\sum_{i=1}^{k} X_i' \left(I - \frac{1}{n_i} ll' \right) X_i a = a' W a \right.$$

加上组间平方和

$$\sum_{i=1}^{k} n_i \bar{z}_i^2 = \sum_{i=1}^{k} n_i a' \bar{x}^{(i)} \bar{x}^{(i)\prime} a = a' A a,$$

其中 $\bar{z}_i$ 是 z_i 的均值.

Fisher 的准则是使关于 a 的比值

$$\frac{a' A a}{a' W a}$$

极小. 能够证明，在 Fisher 判别模型中的向量 a 是对应于最大特征根的 $W^{-1}A$ 的特征向量. 这就是说,解 a 刚好是定理 6.5.1 中的 $\hat{\beta}$. Fisher 判别模型和回归模型之间的等价性的结论首先由方开泰(1982)得到的. 若哑变量是 0 或 1, Glahn (1968) 讨论了上述两个模型之间的关系.

参　考　文　献

Anderson (1984). Anderson and Fang (1982c), Fang (1982). Glahn (1968), Gnot, Klonecki and Zmyslony (1980), Lawley (1938), Lehmann and Scheffé (1950), Pillai (1955), Rao (1971), Roy (1957), Wilks (1932), 张尧庭(1978)，张尧庭等(1980).

练　习　6

6.1　给定一个线性模型 $L(y;X,\Theta)$ 和子空间 $H_0\subset R^n$，参数 $a'\beta$ 称为 H_0 可估的，如果存在向量 $b\in H_0$ 使得 $b'y$ 是 $a'\beta$ 的线性无偏估计. 试用 6.2.2 和 6.2.3 的结果建立 H_0 可估性、H_0 最优线性无偏估计和 H_0 正则性.

6.2　利用定理 6.2.4 的结论证明定理 6.2.3.

6.3　试用定理 6.2.4 得到线性模型 $L(y;X,\Theta)$ 的正则性条件，其中

(1) $\Theta=\{\sigma^2I\,|\,\sigma>0\}$;

(2) $\Theta=\{\sigma^2I+\rho(J-I)\,|\,\sigma>0\}$;

(3) $y=\mathrm{vec}Y, Y:n\times p, \Theta=\{\Sigma_1\otimes\Sigma_2\,|\,\Sigma_i\geqslant 0,\ i=1,2,\Sigma_1:p\times p,\Sigma_2:n\times n\}$.

6.4　给定一个具有正则性的线性模型 $L(y;X,\Theta)$，试问在什么条件下 $a'\hat{\beta}$ 对每个可估的 $a'\beta$ 是最优线性无偏估计? 其中 $\hat{\beta}$ 是最小二乘估计.

6.5　试证明，对于对称阵 A, $X'AX=0$ 当且仅当 $A=PB+B'P$，其中 $P=I-XX^+$ 且 B 是 $n\times n$ 阵.

6.6　试证明，对所有的 α 和 y, $y'Ay=(y+X\alpha)'A(y+X\alpha)$ 当且仅当 $X'A=0$ 或 $AX=0$.

6.7　证明引理 6.4.1.

6.8　证明

$$E(\hat{\theta}_+-\theta)'(\hat{\theta}_--\theta)\leqslant E(\hat{\theta}_s-\theta)'(\hat{\theta}_s-\theta)$$

其中 $y\sim N(0,I_p)$, $p>2$ 且

$$\hat{\theta}_s = \left(1 - \frac{a}{y'y}\right)y, \quad \hat{\theta}_+ = \left(1 - \frac{a}{y'y}\right)_+ y.$$

6.9 设 $Y = (Y_1', Y_2', Y_3') \sim ELSL(Y; X, \Theta)$ 且设G是引理6.4.2中定义的一个变换群。试证明，矩阵 $Y_1(Y_3'Y_3)^{-1}Y_1'$ 只依赖于 $B_1\Sigma^{-1}B_1$ 的特征根。

参 考 文 献

Anderson, T. W. (1958, 1984), *An Introdution to Multivariate Statistical Analysis*, First and Second Edition, Wiley, New York.

Anderson, T. W., and Fang, K. T. (1982a), Distributions of quadratic forms and Cochran's Theorem for elliptically contoured distributions and their applications, *Technical Report* No. 53, ONR Contract N00014-75-C-0442, Department of Statisties, Stanford University, Califonia.

Anderson, T. W., and Fang, K. T. (1982b), On the theory of multivariate elliptically contoured distributions and their applications, *Technical Report* No. 54, Contract as the above.

Anderson, T. W., and Fang, K. T. (1982c), Maximum likelihood estimators and likelihood ratio criteria for multivariate elliptically contoured distributions, *Technical Report* No. 1, ARO Contract DAAG 29-82-K-0156, Department of Statistics, Stanford University, California.

Anderson, T. W., Fang, K. T., and Hsu, H. (1986), Maximum-likelihood estimates and likelihood-ratio criteria for multivariate ellipically contoured distributions, *The Canad. J. Statist.*, **14**, 55—59.

Anderson, T. W., and Fang, K. T. (1984), Cochran's theorem for elliptically contoured distributions, *Contributed Papers*, China-Japan Symposium on Statistics 4—7, appear in *Sankhyā*, 1987.

Anderson, T. W., and Styan, G. P. H. (1982), Cochran's theorem, rank additivity, and tripotent matrices, *Statistics and Probability. Essays in Honor of C. R. Rao.*, G. Kallianpur, P. R. Krishnaiah, and J. K. Ghosh eds, North-Holland. 1—23.

白志东，苏谆和方开泰等(1980)，随机变量独立性的一个问题，科学通报数理化专刊. 90—92.

Bariloche, F. (1976), Robust M-estimators of multivariate location and scatter, *Ann. Staist.*, 4, 51—67.

Bellman, R. (1970), *Introduction to Matrix Analysis* (2nd ed), McGraw-Hill, New York.

Beran, R. (1979), Testing for elliptical symmetry of a multivarite density, *Ann. Statist.*, **7**, 150—162.

Berger, J. (1975), Minimax estimation of location vectors for a wise class of desities, *Ann. Statist.* **3**, 1318—1328.

Bian, G., Wang, J., and Zhang, Y. (1984), The uniqueness conditions for the distribution of a statistic in the class of left $O(n)$-invariant distributions, *Contributed Papers*, China-Japan Symposium on Statistias, 17—19.

Bian, G. and Zhang, Y. (1984), Estimators and tests of the functional relationship with the left $O(n)$-invariant errors, *Contributed Papers*, China-Japan Symposium on Statistics. 20—22.

Blackwell, D. (1956), On a class of probability spaces, *Proc. Berkeley Symp. Math. Statist, Prob.*, *3rd*, University of California Press, Berkeley, California.

Blyth, C. R. (1951), On minimax statistical decision procedures and their admissibility, *Ann. Math. Statist.*, 22, 22—42.

Box, G. E. P. (1949), A general distribution theory for a class of likelihood ratio criteria, *Biometrika*, 36, 317—346.

Brandwein, A. C. (1979), Minimax estimation of the mean of spherically symmetric distributions under general quadratic loss, *J. Mult. Anal.*, 9, 579—588.

Brandwein, A. R. C., and Strawderman, W. E. (1978), Minimax estimation of location parameter for spherically symmetric unimodal distributions under quadratic, loss, *Ann. Statist.*, 6, 377—416.

Cacoullos, T., and Koutras, M. (1985), Minimum-distance discrimination for spherical distributions, *Statistical Theory and Data Analysis*, K. Matusita ed., Elsevier Science Publishers, North-Holland, 91—102.

Cacoullos, T., and Koutras, M. (1984); Quadratic forms in spherical random variables generalized noncentral x^2-distribution, *Naval Res. Logist. Quart.*, 31, 447—461.

Cambanis, S., Huang, S., and Simons, G. (1981), On the theory of elliptically contonred distributions, *J. Mult. Anal.*, 11, 368—385.

Cambanis, S., Keener, R., and Simons, G. (1983), On α-symmetric multivariate distributions, *J Mult. Anal.*, 13, 213—233.

陈希孺(1964),转移向量的极小极大估计,数学学报,14,276—290.

Chmielewski, M. A. (1980), Invariant scale matrix hypothesis tests under elliptical symmetry, *J. Mult. Anal.*, 10, 343—350.

Chmielewski, M. A. (1981), Elliptically symmetric distributions: A review and bibliography, *Inter. Statist. Review*, 49, 67—74.

Chow, Y. S. (1978), *Probability Theory*, Springer-Verlag, Berlin.

Cohen, A. (1966), All admissible linear estimates of the mean Vector, *Ann. Math. Statist.*, 37, 458—463.

Davis, A. W. (1971), Percentile approxomations for a class of likelihood ratio criteria, *Biometrika*, 27, 349—356.

Dawid, A. P. (1977), Spherical matrix distributions and a multivariate model, *J. R. Statist. Soc.*, 39, 254—261.

Dawid, A. P. (1978), Extendability of spherical matrix distributions, *J. Mult. Anal.*, 8, 559—566.

Dawid, A. P. (1985), Invariance and independence in multivariate distribution theory, *J. Mult. Anal.*, 17, 304—315.

Deng, W. (1984), Testing for ellipsiodal symmetry, *Contributed Papers*, China-Japan Symposium on Statistics. 55—58.

Dykstra, R. L. (1970), Establishing the positive definiteness of the sample covariance matrix, *Ann. Math. Statist.*, 41, 2153—2154.

Esseen, C. (1945), Fourier analysis of distribution function, mathemetical study of the Laplace-Gaussian law, *Acta Math.*, 1—125.

Eaton, M. L. (1981), On the projections of isotropic distributions, *Ann. Stat.*, 9, 391—400,

Eaton, M. L. (1983), *Multivariate Statistics-A Vector Space Approach*, Wiley, New York.

Eaton, M. L., and Kariya, T. (1984), A condition for null robustness, *J. Mult. Anal.*, **14**, 155—168.

范剑青(1984),广义非中心 t,F 和 T^2 分布,研究生院学报,**2**,134—138.

范剑青(1986),椭球等高分布的压缩估计与岭回归估计,应用数学学报,**9**,237—250。

Fan, J. (1986), Non-central Cochran's the orem for elliptically contoured distributions, to appear in *Acta Math. Sinica*(New Ser.), 2. 185—198.

范剑青,方开泰(1985),椭球等高分布的样本均值与样本回归参数的不容许性,东北数学,**1**,68—81.

范剑青,方开泰(1985),椭球等高分布位移参数的 minimax 估计与 Stein 两阶段估计,应用概率统计,**1**,103—114.

Fan. J., and Fang, K. T. (1986), Inadmissibility of the usual estimator for the location parameters of spherically symmetric distributions *Kexue Tongbao*, **34**, 534—537.

Fan, J., and Fang, K. T. (1986), Maximum likelihood characterization of, distributions, to appear in *Acta Appl. Math. Sinica* (English Ser.).

Fang, K. T. (1982), Equivalence between Fisher discriminant model and regression model, *Kexue Tongbao*, **27**, 803—806.

方开泰(1987),关于椭球等高分布的理论,数学进展,**16**,1—15.

Fang, K. T., and Chen, H. F. (1984), Relationships among classes of spherical matrix distributions, *Acta Math. Appl. Sinica* (English Ser.), **1**, 139—147.

Fang, K. T., and Chen, H. F. (1986), On the spectral decompositions and their some subclasses, *J. Math. Res. & Exposition*, No. 14, 147—156.

方开泰,吴月华(1984),二次型分布与 Cochran 定理,经济数学,**1**,29—48.

方开泰,许建伦(1985),关于椭球等高分布参数的似然比检验,东北数学,**2** 1—19.

Fang, K. T., and Xu, J. L. (1986), The direct operations of symmetric and lower-triangular matrices with their applications, *Northeastern Math. J.*, 2, 4—16.

Feller, W. (1971), *An Introdution to Probability Theory and Its Applications*, Vol. II, Wiley, New York.

Fraser, D. A. and Ng, K. W. (1980), Multivariate regression analysis with spherical error, in Multivariate Analysis V, (Krishnaiah, P. R. ed.), North-Holland, Amsterdam, 369—386.

Giri, N. (1977), *Multivariate Statistical Inference*, Academic Press, New York.

Glahn, H. R. (1968), Canonical correlation and its relationship to discriminant analysis and multiple regression, *J. Atmospheric Sci.*, 25, 23—31.

Gnot, S., Klonecki, W. and Zmyslony, R (1980), Best unbiased linear estimation, a coordinate approach free, *Prob. and Math. Statist.*, **1**, 1—13.

Graham, A. (1981), *Kronecker Products and Matrix Calcus: with Applications*, Ellis. Hovwood Limited.

Haff, L. R. (1980), Empirical Bayes estimation of the multivariate normal covariance matrix, *Ann. Statist.*, 8. 586—597.

Halmos, P. L. and Savage, L. J. (1949), Application of Radon-Nikodym Theorem of the theory of sufficient statistics, *Ann. Math. Statist.*, **20**, 225—241.

Hsu, P. L. (1940a), On generalized analysis of variance (I), *Biometrika*, **31**, 221—237.

Hsu, P. L. (1940b), An algebraic derivation of the distribution of retangular coordinate, *Proc. Edin. Math. Soc.* 6, **2**, 185—189.

Hsu, P. L. (1954, 1983), On characteristic functions which coincide in the neighorhood of zero, *Acta Math. Sinica*, **4**, 21—31, and in *Pao-Lu Xsu, Collected Works*, Springer-Verlag.

Huber, P. J. (1964), Robust estimation of the location parameter, *Ann. Math. Statist.*, **35**, 73—101.

James, W. and Stein, C. (1961), Estimation with quadratic loss, *Proc. Fourth Berkeley Symp. Math. Statist. and Prob.*, **1**, 361—379.

Jensen, D. R. and Good, I. J. (1981), Invariant distributions associated with matrix laws under structural symmetry, *J. Royal Statist. Soc., B*, 43, 327—332.

Johnson, N. J. and Kotz, S. (1972), *Distributions in Statistics: Continuous Multivariate Distributions*, Wiley, New York.

Kariya, T. (1981), Robustness of multivariate tests, *Ann. Statist.*, 9, 1267—1275.

Kariya, T. and Eaton, M. L. (1977), Robust tests for spherical symmetry, *Ann Statist.*, **5**, 206—215.

Kelker, D, (1970), Distribution theory of spherical distributions and a location-scale parameter generalization, *Sankhya, A*, **32**, 419—430.

Khatri, C. G. (1970), A note on Mitra's paper "A density free approach to the matrix variate beta distribution", *Sankhyā, A*, **32**, 311—318.

Khatri, C. G. and Srivastava, M. S. (1971), On exact non-null distributions of likelihood ratio criteria for sphericity test and equality of two covariance matrices, *Sankhya, A*, **33**, 201—206.

Kiefer, J. (1957), Invariance, minimax sequential estimation, and continuous time processes, *Ann. Math. Statist.*, 28, 537—601.

King, M. L. (1980), Robust tests for spherical symmetry and their application to least squares regression, *Ann. Statist.*, 8, 1165—1271.

Kingman, J. F. C. (1972), On random sequences with spherical symmetry, *Biometrika*, 59, 492—494.

Kotz, S. (1975), Multivariate distributions at a cross-road, in *Statistical Distributions in Scientific Work, Vol. I*, (G. P. Patil, S. Kotz and J. K. Ord eds), D. Reidel Publ. Co.

Kozial, J. A. (1982), A class of invariant procedures for assessing multivariate normality, to be submitted.

Kres, H. (1975), *Statistische Tateln zur Multivaria Analysis*, Springer-Verlag.

Kshirsagar, A. M. (1961), The noncentral multivariate beta distribution, *Ann. Math. Statist.*, **32**, 104—111.

Kshirsagar, A. M. (1972), *Multivaria Analysis*, Dekker, New York.

Laurent, A. G. (1974), The intersection of random sphere and the noncentral radial error distribution for spherical models, *Ann. Statist.*, **30**, 180—187.

Lawley, D. N. (1938), A generalization of Fisher's Z-test, *Biometrika*, **30**, 180—187.

Lehmann, E. L. and Scheffé, H. (1950), Completeness, similar regions and unbiased estimation Part 1, *Sankhyā*, **10**, 305—340.

Lehmann, E. L. and Stein, C. (1948), Most powerful tests of composite hypothesis, I. Normal ditributions, *Ann. Math. Statist.*, **10**, 495—516.

Li, G. (1984), Moments of random vector and its quadratic forms, *Contributed Papers*, China-Japan Symposium on Statistics, **134**—**135**.

Loéve, M. (1960, 1977), *Probability Theory*, (2nd and 4th edition), Springer-Verlag, Berlin.

Lukacs, E. (1956), Characterization of populations by properties of suitable statistics, *Proc. 3rd Berkeley Symp. Math. Statist. and Prob.*, **2**, University of California Press, Los Angeles & Berkeley.

Marcinkiewicz, J. (1938), Suz les functions independantes III, *Fundamenta Mathematicae*, **31**, 66—102.

Maronna, R. A. (1976), Robust M-estimators of multivariate location and scatter, *Ann. Statist.*, 4, 51—67.

Mauchly, J. W. (1940), Significance test for sphericity of a normal n-variate distribution, *Ann. Math. Statist.*, **11**, 204—209.

Muirhead, R. J. (1980), The effects of elliptical distributions on some standard prosedures involving correlation coefficients: A review, in Multivariate Statistical Analysis (R. P. Gupta ed.), North-Holland.

Muirhead, R. J. (1982), *Aspects of Multivariate Statistical Theory*, Wiley, New York.

Olkin, I. and Selliah, J. B. (1977), Estimating covariances in multivariate normal distribution, in *Statistical Decision Theory and Related Topics*, Vol. 1, (S. S. Gupta and D. S. Moore eds), Academic Press, New York, 313—326.

Pillai, K. C. S. (1955), Some new test criteria in multivariate analysis, *Ann. Math., Statist.*, **26**, 117—121.

Puri, L. P. and Sen, P. K. (1971), *Nonparametric Methods in Multivariate Analysis*, Wiley, New York.

Quan, H. (1987), Some optima parameter tests for elliptically contoured distribution class, *Acta Math. Sinica* (English Ser.), **3**, 1—14.

Quan, H. and Fang, K. T. (1987), Unbiasedness of some testing hypotheses in elliptically contoured population, *Acta Math. Appl. Sinica*, **10**, 211—220.

Quan H., Fang, K. T. and Teng, C. Y. (1985), The applications of information function for spherical distributions, Northeastern Math. J., **5**, 27—32.

Rao, R. (1973), *Linear Statistical In erence and Its Applications*, Second Edi., Wiley, New York.

Rao, C. R. (1971), Estimation on variance and covariance components——MINQUE theory, *J. Mult. Anal.*, **3**, 257—275.

Roy. S. N. (1957), *Some Aspects of Multivariate Analysis*, Wiley, New York.

Schatzoff, M. (1966), Exact distribution of Wilks' likelihood ratio criterion, *Biometrika*, **53**, 347—358.

Schoenberg, I. J. (1938), Metric spaces and completely monotone functions, *Ann. Math.*, 39, 811—841.

Srivastava, M. S. and Khatri, C. G. (1979), *An Introduction to Multivariate Statistics*, North-Holland, New York.

Stein, C. (1956), Inadmissibility of the usual estimator of the mean of a multivariate normal distribution, *Proc. Third Berkeley Symposium Math. Statist. Prob.*, **1**, 197—206.

Strawderman, W. E. (1971), Proper Bayes minimax estimators of the multivariate normal mean, *Ann. Math. Statist.*, 42, 385—388.

Strawderman, W. E. (1972), On the existence of proper Bayes minimax estimators of the mean of a multivariate norma distribution, *Proc. 6th Berkeley, Symp. Math: Statist. Prob.*, Vol. I, 51—55.

Strawderman, W. E. (1974), Minimax estimation of location parameters for certain spherically symmetric distribution, *J. Mult. Anal.*, **4**, 255—264.

Wijsman, R. A. (1967), Cross-sections of orbits and their application to densities of maximal invariants, *Proc. Fifth Berkeley Symp. Math. Statist. Prob.*, *I*, 389—400.

Wilks, S. S. (1932), Certain generalizations of analysis of variance, *Biometrika*, **24**, 471—494.

Xu, J. L. (1984), Inverse Dirichlet distribution and its applications, *Contributed Papers*, China-Japan Symposium on Statistics, 367—370.

张洪青,方开泰(1987),关于左右球对称矩阵分布的几个性质,应用概率统计 **3**,97—105.

张洪青,方开泰(1987),矩阵正态分布的一个刻画,研究生院学报,**4**,22—30.

张尧庭(1978),广义相关系数及其应用,应用数学学报,**4** 312—320.

张尧庭,方开泰(1982),多元统计分析引论,科学出版社,北京.

张尧庭,方开泰,陈汉峰(1985),矩阵椭球等高分布族,数学物理学报,**5**,341—353.

张尧庭,赵臻(1980),双重筛选逐步回归方法,应用数学学报,**3**,161—165.

Zygmund, A. (1951), *Proc. Second Berkeley Symposium*, 369—372.

索　　引

B

Bartlett 分解　143
　广义　162
Bayes 估计　196
Beta 分布　61
变换群　35
　不变函数　35
　轨道　35
　极大不变量　35
　平移群　270
边缘分布　45
　多元正态　56
　椭球等高　86
　Wishart　145
不变分布　82
　例　82
　$n \times p$ 矩阵上　123
不变函数　35
不变检验　221
　一致最大功效　223
不变性
　检验问题　221
　T^2 统计量　223
　t 分布和 F 分布　83

D

Dirichlet 分布　62
　矩　65
　矩阵　150
　密度　61
　逆矩阵　155
　与 χ^2 分布的联系　66
独立性
　多元正态分布　60
　二次型　103
　随机向量　46
　样本均值和样本协方差　186
对称矩阵　2
多元半不变量　54
多元 Gamma 函数　172
多元正态分布　56
　边缘分布　56
　边缘分布的独立性　61
　二元　57
　密度函数　57
　特征函数　56
　条件分布　59
　性质　56—61

E

二次型

　独立性　99
　分布　98
　球对称矩阵　139
　Wishart 矩阵　145
　正态变量　101

F

方差分量模型　269
　不变极小二次无偏估计　271
　二次可估的参数　269
　二次无偏估计　269
　二次无偏估计的最小方差　269

极小二次无偏估计　271
最小二乘法　270
方差分析模型　260
因子设计　260
设计矩阵　261
主要效果　260
分布
Beta　61
单位球上均匀　70
Dirichlet　62
Dirichlet 矩阵　150
多元正态　56
广义方差　144
广义非中心 F　114
广义非中心 χ^2　107
广义非中心 t　112
矩阵 Beta　147
χ^2　61
逆 Wishart　155
球对称　70
T^2 统计量　218
椭球等高　86,87
样本均值　187
样本相关系数　188
样本协方差阵　187
分布自由统计量　212
F 分布　82
非中心　114
矩阵　153
复相关系数　184

G

广义方差　144
广义逆矩阵　12
广义谱分解　164
轨道　35

H

行列式　3
回归模型
反应变量　259
回归系数矩阵　260
解释变量　259
与判别分析的联系　286—289

J

James-Stein 估计　198
极大不变　35
参数　221
分布　222
例　36—39
极大似然估计　178
参数函数　181
均值向量　178
协方差阵　178
极小二次无偏估计　271
极小极大估计　196
渐近分布　229
检验几个协方差阵的相等　229
检验 k 个随机变量集合的独立性　234
球性检验　228
检验几个均值和协方差阵的相等　232
检验几个均值向量相等　224
检验 k 个变量集合缺乏相关性
不变性　236
似然比检验　235
椭球样本的渐近零分布　237
正态样本的渐近零分布　237
中心矩　237
检验 q 个协方差阵的相等
$q=2$ 时的不变性　232
$q=2$ 时的渐近零分布　232
其他检验的统计量　232
似然比检验　231
椭球样本的渐近零分布　231—232

修正的似然比检验　231
检验球对称性
极大不变　241
拟合优度检验　250
稳健检验　241
一致最大功效不变检验　241
检验协方差阵与一个已知矩阵成比例　228
矩
多元分布　52
矩阵　1
半负定　8
半正定　8
Cholesky 分解　10
单位　1
对称　2
对角　2
方　1
非负定　8
非异　4
分块　4
负定　8
行列式　3
和　3
积　3
迹　6
幂等　9
逆　4
谱分解　9
三角　2
特征多项式　7
特征方程　7
特征根　7
特征向量　7
投影　9
退化值分解　11
向量化算子　15
斜对称　2
余子式　13
转置　11
正定　8
正交　2
秩　6
置换　18
子式　3
矩阵 Beta 分布　147
矩阵的向量化　15
矩阵微分　26
均匀分布
在单位球上　70
在 $O(n,p)$ 上　123
均值向量
不可容许性　198
充分性　191
当协方差阵未知时的假设检验　224
分布　187
James-Stein 估计　198
极大似然估计　181
极小极大估计　197
检验几个均值向量相等　225
无偏性　190
样本　175

K

χ^2 分布　61
可容许估计　197
Kronecker 积　16
行列式　18
迹　17
性质　16,17

M

密度　45

N

逆 Wishart 分布　155

P

判别分析 261
平移群 270
平移行为群 35

Q

齐性空间 35
球对称分布 70
  密度 77
球对称矩阵分布
  边缘分布 130
  多元 127
  球对称 124
  向量球对称 128
  右球 124
  族 129
  左球 122
球性检验 228
  渐近零分布 229
  似然比检验 229
  无偏性 229

S

双重筛选逐步回归方法（DSSR 方法） 279
似然比检验 216
  定义 216
  椭球等高分布样本 238—240
Stiefl 流形 43
随机表示
  多元球对称分布 127
  球对称分布 126
  向量球对称分布 128
  左球分布 125

T

特征函数 47
  多元正态分布 56
  椭球等高分布 70
特征向量 7
特征值 7
T^2 检验
  不变性 220
  当协方差阵未知时检验均值向量的假设 216
  分布 218
  似然比检验 218
条件分布 46
  椭球 88
  正态 59
退化值分解定理 11
椭球等高分布 70
  边缘分布 86
  矩阵 137
  均值向量 87
  密度 91
  特征函数 70
  条件分布 88
  性质 84—94
椭球对称 250

W

Wilks Λ 分布 226
Wishart 分布 145
  Bartlet 分解 143
  边缘分布 145
  二次型 146
  密度 145

X

线性模型 259
  方差分量模型 269
  方差分析模型 260
  Gauss-Markov 定理 263
  回归模型 259
  假设检验 273

可估参数 263
模型的变异 265
判别分析 261
线性无偏估计 263
正则性 264
最小二乘估计 262
最优线性无偏估计 263
线性模型的假设检验
标准形式 274
不变检验 275
极大不变量 275
线性假设 273
预检验估计 278
相关系数 53
分布 188
复 184
极大似然估计 178
似然比准则 216
样本 188
协方差阵 53
充分性 191
分布 187
极大似然估计 178
假设检验 228
完全性 191
无偏性 190
相容性 193
样本 175

Y

雅可比行列式 28
因子设计 260
右球分布 124
预极量 279
运算 $\stackrel{d}{=}$ 48

Z

在群下等价 35
正交阵 2
正态分布
独立性 61
均值 58
密度 57
特征函数 56
条件分布 59
协方差 58
正态性的刻划 94
自变量 279
最小二乘估计 262
左球对称分布 122